"无废城市"建设中工业固体废物处理与资源化技术

孟宪栋　侯成林　郝彦龙　主编

中国环境出版集团　哈尔滨出版社 HARBIN PUBLISHING HOUSE

图书在版编目（CIP）数据

"无废城市"建设中工业固体废物处理与资源化技术／
孟宪栋，侯成林，郝彦龙主编． -- 哈尔滨：哈尔滨出版
社，2025. 2. -- ISBN 978-7-5484-8387-8

Ⅰ．X705

中国国家版本馆 CIP 数据核字第 20257M7S06 号

书　　名："无废城市"建设中工业固体废物处理与资源化技术
"WUFEI CHENGSHI" JIANSHE ZHONG GONGYE GUTI FEIWU CHULI YU ZIYUANHUA JISHU

作　　者：孟宪栋　侯成林　郝彦龙　主编
责任编辑：韩金华　刘　硕　李　欣
装帧设计：赫小平

出版发行：哈尔滨出版社（Harbin Publishing House）
社　　址：哈尔滨市香坊区泰山路 82-9 号　　邮编：150090
经　　销：全国新华书店
印　　刷：捷鹰印刷（天津）有限公司
网　　址：www.hrbcbs.com
E-mail：hrbcbs@yeah.net
编辑版权热线：（0451）87900271　87900272
销售热线：（0451）87900202　87900203

开　　本：787mm×1092mm　1/16　印张：18.25　字数：445 千字
版　　次：2025 年 2 月第 1 版
印　　次：2025 年 2 月第 1 次印刷
书　　号：ISBN 978-7-5484-8387-8
定　　价：98.00 元

凡购本社图书发现印装错误,请与本社印制部联系调换。
服务热线：（0451）87900279

编 委 会

前　言

党的十八大以来，以习近平同志为核心的党中央全面加强对生态文明建设和生态环境保护的领导。为进一步改善生态环境，增强固体废物治理能力，持续提升生态系统质量和稳定性，完善生态环境治理体系，2021 年 11 月，中共中央、国务院印发《关于深入打好污染防治攻坚战的意见》，提出"十四五"时期推进 100 个左右地级及以上城市开展"无废城市"建设，鼓励有条件的省份全域推进"无废城市"建设。

"无废城市"建设是推动固体废物领域生态文明体制改革的重要实践，旨在全面贯彻生态优先、绿色发展的理念。该工作通过整合生态文明改革成果，着力构建职责清晰、协作高效的联合工作机制，逐步完善固体废物管理的长效机制。在此框架下，我们重点推进固体废物源头减量、资源循环利用和非法排放防控，力求实现固体废物管理的系统化与精细化。通过实践"无废城市"理念，我们能够有效降低固体废物对环境的负面影响，为深化综合管理改革提供经验支持，并为固体废物领域治理体系和治理能力现代化奠定坚实基础，进一步促进生态文明建设水平的全面提升，并最终形成城市绿色发展方式的新政策。这是基于生态文明战略探索城市可持续发展的一种中国特色模式。

当前我国工业固体废物存量大、增量多，加快推动工业固体废物资源化综合利用，持续提升工业固体废物综合利用能力和水平势在必行。工业固体废物资源化在"无废城市"建设中起着重要作用，它是城市可持续发展的重要手段之一，是解决环境污染，深入推进标本兼治的突破口。工业固体废物资源化可以回收其蕴含的丰富资源和能源，并加速循环利用，以实现废弃物减量、资源化和二次污染协同控制，在此过程中我们通过逐步消纳废弃物，从而有效解决固体废物污染问题，降低固体废弃物对环境造成的负面影响，节约资源，促进循环经济和城市可持续发展。

本书以"无废城市"建设为背景，分别从钢铁工业、发电行业、制药工业、煤化工工业、机械加工工业、采矿工业、石油化学工业及其他行业入手，全面系统地介绍了各类工业固体废物的来源、性质、无害化处理和资源化利用工艺，并对水泥窑协同处置技术在"无废城市"建设中的应用进行了详细描述。本书注重理论与实践相结合，每个章节都列举了相关的应用案例，对各种技术在实际生产过程中的应用进行综合分析，以帮助读者更好地理解本书内容。

本书共含 11 个章节，由河北省固体废物污染防治中心与北方工程设计研究院有限公司共同编写完成。在本书的编写过程中，我们得到了河北钢铁集团石家庄钢铁有限责任公司、河北钢铁集团燕山钢铁有限公司、河北西柏坡发电有限责任公司、中节能河北生物质能发电有限公司、石药控股集团有限公司、石家庄以岭药业股份有限公司、霍邱铁矿区、中国石化石家庄炼化分公司、锦州金利源环保科技有限公司、石家庄成合环保科技有限公司、河北雄泰再生资源有限公司等的大力支持。

本书在编写过程中得到了编者所在单位和同事的热心帮助,我们在此表示由衷的感谢。

本书编写时间仓促,由于编者水平和经验所限,不妥之处在所难免,敬请广大读者批评指正。

目　　录

第1章　绪　　论

1.1　无废城市简介

无废城市是一种先进的城市管理理念,从概念产生到现在已有多年的历史,目前国际上并没有对于无废城市的统一的定义和评定标准。

我国"无废城市"的建设工作于近几年刚刚起步。2018 年,中华人民共和国国务院办公厅印发的《"无废城市"建设试点工作方案》(以下简称《方案》)明确提出,"无废城市"是一种以创新、协调、绿色、开放、共享的新发展理念为指导的城市发展模式。该模式以推动形成绿色发展方式和生活方式为核心,持续推进固体废物的源头减量和资源化利用,努力减少固体废物填埋量,并将其对环境的影响降至最低。《方案》进一步指出,我们应将大宗工业固体废物、主要农业废弃物、生活固体废物、建筑固体废物和危险废物作为重点治理对象。其中,工业固体废物因种类复杂、历史遗留量大,合理处置尤为重要。通过优化资源管理和废物处置措施,我们旨在实现固体废物的减量、无害和资源化利用,推动城市在环境治理与经济发展之间实现可持续平衡,为生态文明建设提供有力支撑。

本书通过介绍城市中常见工业固体废物的资源化利用和安全处置技术,阐明"无废城市"建设过程中工业固体废物处理处置方向,为实现"整个城市固体废物产生量最小、资源化利用充分、处置安全"的目标提供理论支持。

1.2　工业固体废物定义及分类

1.2.1　工业固体废物的定义

工业固体废物是指在工业生产和经营活动全过程中产生的,对原过程已不再具有实用价值而被废弃的所有固态、半固态和除废水以外的高浓度液态物质,如冶金废渣、采矿废渣、燃料废渣、化工废渣等。

1.2.2　工业固体废物的分类

1.2.2.1　按危害状况分类

一般工业固体废物是指未列入《国家危险废物名录(2025 版)》且经国家规定的鉴别标准和方法判定不具有危险特性的工业固体废物。依据其浸出液中污染物的浓度水平,一般工业固体废物可进一步被划分为Ⅰ类固废和Ⅱ类固废。Ⅰ类固废是指通过标准浸出试验后,其浸出液中所有污染物浓度均未超过相关规定的最高允许排放浓度,且 pH 为 6~9 的固体废物。相对地,Ⅱ类固废是指通过相同方法测得的浸出液中,任一污染物浓度超出上述最高允许排放浓度,或其 pH 不为 6~9 的一般工业固体废物。

对一般工业固体废物进行科学分类和管理是提升环境保护水平的重要手段。这种分类方法能够清晰界定不同类型固废的环境风险特性,为制定合理的管理政策和处理措施提供科学依据。在实践中,通过实施分类管理,我们可以促进工业固废的资源化利用,优化资源循环路径,并有效降低其对生态环境的不利影响。这种方法不仅有助于推动工业绿色发展,也为实现环境保护和资源利用的协调统一提供了技术支持和方向指引。

工业危险废物是指列入《国家危险废物名录(2025 版)》或者根据国家危险废物鉴别标准鉴定具有危险特性的工业废物。此类废物成分较复杂,多含有重金属、有毒化学品、强酸强碱等有害成分,具有毒性、腐蚀性、易燃易爆性等特性,其污染具有潜在性和滞后性,主要产自化工、医药、有色金属冶炼、表面处理等行业。

1.2.2.2　按废物性质和行业来源分类

《固体废物分类与代码目录》按废物性质和行业来源将工业固体废物分为 17 个废物种类,分别是:冶炼废渣、粉煤灰、炉渣、煤矸石、尾矿、脱硫石膏、污泥、赤泥、磷石膏、工业副产石膏、钻井岩屑、食品残渣、纺织皮革业废物、造纸印刷业废物、化工废物、可再生类废物、其他工业固体废物。

1.3　工业固体废物的产生状况

1.3.1　工业固体废物产量分析

2010—2021 年,随着我国工业化水平的不断提升,一般工业固体废物的产量整体呈上升趋势。"十二五"期间其产量较为稳定,"十三五"期间其产量呈逐步上升趋势。危险废物产量变化情况与一般工业固体废物基本一致。近年一般工业固体废物及危险废物产生情况如图 1-1 及图 1-2 所示。

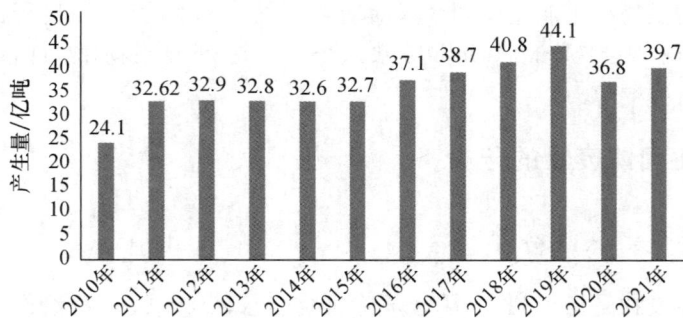

图 1-1　近年一般工业固体废物产生情况

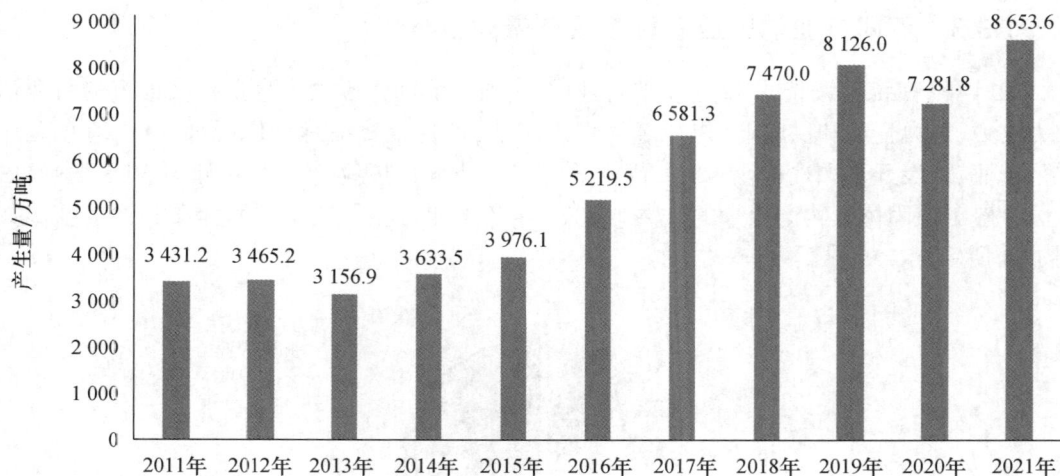

图 1-2 近年危险废物产生情况

1.3.2 不同地区的工业固体废物产量分析

工业固体废物产量与当地工业规模与发展水平息息相关。山西、内蒙古、河北、山东、辽宁是我国历年来产废较多的省(自治区)。近年来,五个省(自治区)的一般工业固体废物产生总量均占全国总量的 40% 以上(图 1-3)。

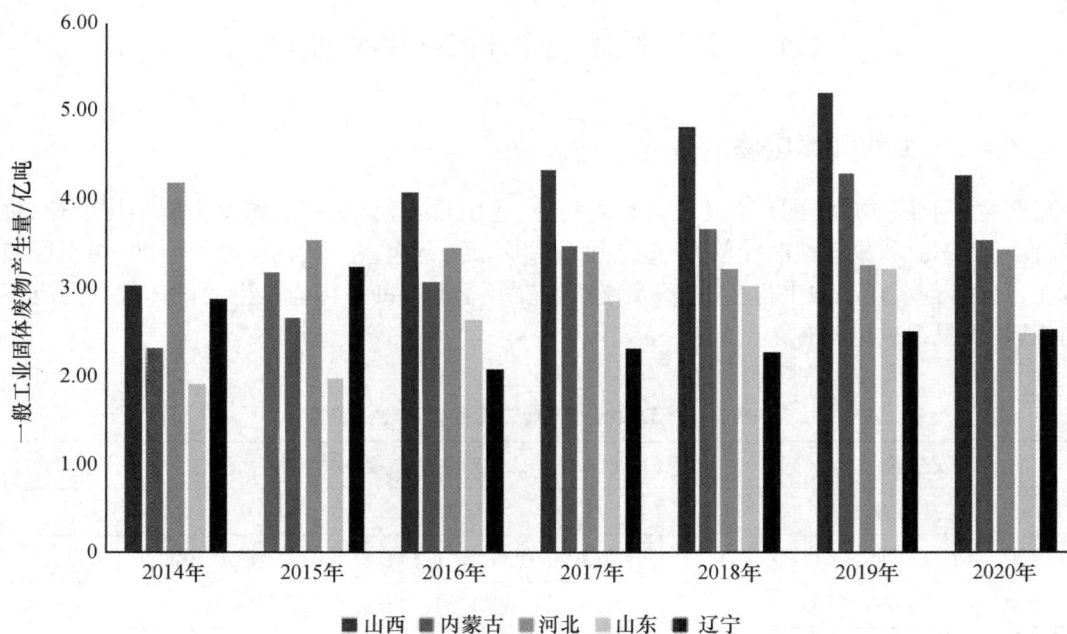

■ 山西 ■ 内蒙古 ■ 河北 ■ 山东 ■ 辽宁

图 1-3 近年五省(自治区)一般工业固体废物产生情况

1.3.3 不同行业的工业固体废物产量分析

2021 年,在统计调查的 42 个工业行业中,一般工业固体废物产生量排名前五的行业依次为电力、热力生产和供应业,黑色金属矿采选业,黑色金属冶炼和压延加工业,有色金属矿采选业,煤炭开采和洗选业。5 个行业的一般工业固体废物产生量合计为 30.5 亿吨,占全国一般工业固体废物产生量的 77%。2021 年各工业行业一般工业固体废物产生情况如图 1-4 所示。

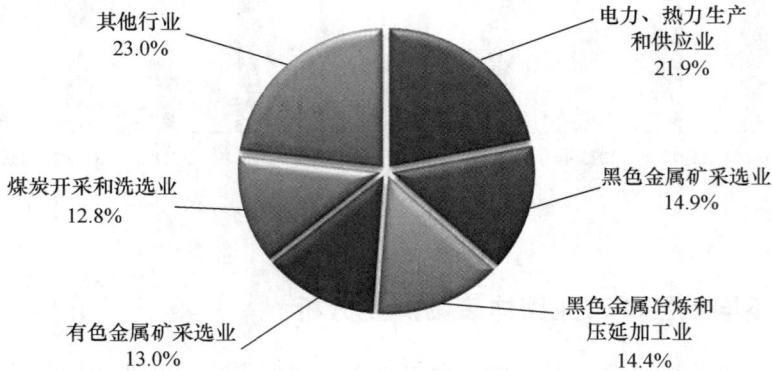

图 1-4 2021 年各工业行业一般工业固体废物产生情况

1.4 工业固体废物的来源与性质

1.4.1 工业固体废物的来源

产生工业固体废物的行业主要有矿业行业、冶金行业、交通和机械及金属结构行业、化工行业、核工业和放射性医疗单位、造纸和木材及印刷行业、建筑行业、电力行业、纺织服装行业、制药行业、食品加工行业、电器及仪器仪表行业等。每种行业产生的固体废物各有不同,其性质及组成也各有特点(表 1-1)。

表 1-1 工业行业产业工业固体废物一览

发生源	产生的主要固体废物
矿业行业	废石、煤矸石、矿渣、尾矿等
冶金行业	高炉矿渣、钢渣、各种有色金属渣、粉尘、污泥等
交通、机械、金属结构行业	金属、渣、砂石、陶瓷、涂料等
化工行业	化学药剂、金属、塑料、橡胶、陶瓷、沥青、油毡等
核工业和放射性医疗单位	金属、含放射性废渣、粉尘、污泥、器具和建筑材料等

发生源	产生的主要固体废物
造纸、木材、印刷行业	刨花、锯末、碎木、化学药剂、金属填料、塑料、木质素等
建筑行业	金属、水泥、黏土、陶瓷、石膏、石棉、砂、石、纸、纤维等
电力行业	炉渣、粉煤灰、烟土等
纺织服装行业	纤维、金属、塑料、橡胶等
制药行业	药渣等
食品加工行业	肉类、谷物、蔬菜、硬壳果、水果、烟草等
电器及仪器仪表行业	金属、玻璃、木、橡胶、塑料、化学药剂、研磨料、陶瓷、绝缘材料等

1.4.2　工业固体废物的性质与组成特征

本部分我们主要讲述我国产量较大的几种工业固体废物的性质与组成特征。

1.4.2.1　煤矸石

煤矸石是煤炭开采与加工过程中产生的副产物,由多种矿物质组成,属于一种复杂的沉积岩。其主要化学成分包括二氧化硅、氧化铝,同时还含有高岭土、蒙脱石、长石等(表 1-2)。依据岩石类型,其可被分为黏土岩、砂岩、碳酸盐岩和铝质岩等,不同地区的煤矸石还可能含有其他可溶性盐类及重金属盐类。经过高温处理后,煤矸石表现出显著的表面活性,这为其资源化利用提供了重要的可能性和发展前景。

表 1-2　煤矸石化学成分

成分	SiO_2	Al_2O_3	CaO	MgO	Fe_2O_3	R_2O	烧失量
含量	40%~65%	15%~35%	1%~7%	1%~4%	2%~9%	1.0%~2.5%	2%~17%

1.4.2.2　尾矿

尾矿主要源于铁矿、锰矿、铬矿、常用有色金属矿、贵金属矿、稀有稀土金属矿、土砂石矿、石棉及其他非金属矿采选过程。

尾矿一般由矿石、脉石及围岩中所含矿物组成,以脉石为主,其主要化学成分为 SiO_2、CaO、MgO、Fe_2O_3、K_2O、Na_2O 等。各种化学成分所占的百分比与矿石、脉石和围岩的矿物组成有关。根据矿物组成,尾矿可分为铁矿尾矿、黄金尾矿、铜矿尾矿和铅锌矿尾矿等。

a.铁矿尾矿。全国铁矿尾矿中一般含铁 8%~12%,如按全国现有铁矿尾矿 26 亿吨估算,铁资源量仍有 2.08 亿~3.12 亿吨。例如,湖北大冶铁矿是一个多金属共生矿,已查明的元素有 34 种,其中包括铁 239 万吨,铜 2 万吨,金 3 267 kg,银 2 934 kg,钴、镍、硒、硫也达到综合回收标准。

b.黄金尾矿。黄金尾矿品位大多数在每吨 1 g 以上,技术水平低的尾矿中金品位能达到 2~3 g;在一些品位高和难选冶的金精矿尾矿中,金品位可达 3~5 g 甚至更高。同时尾矿中还含有 Cu、Pb、ZnS、Fe、Ag、Sb、W 等。例如,在湘西金矿沃溪矿区中,1 号尾矿库堆存的尾矿有 35.27 万吨,金、锑、钨的平均品位分别为 4.18 g/t、0.714%、0.16%。该尾矿中的金属于微细粒金,其中 10 μm 微粒金占 29.61%,与脉石连生及包裹的金占 39.77%。

c.铜矿尾矿。从铜矿尾矿中,我们可以选出铜、金、银、铁、硫、萤石、硅灰石、重晶石等多种有用成分。例如,铜绿山铜矿尾矿中含 Au 0.32 g/t,Ag 3.1 g/t,Cu 0.57%,Fe 22% 等。武山铜矿尾矿中含有多种有用元素,其中 Cu 0.69%,Si 7.94%,Fe 0.12%,As 0.12%,Ba 0.85%,CaO 0.281%,Mg 0.086%,Al_2O_3 1.17%,SiO_2 46.88%,Au 0.614 g/t,Ag 17.14 g/t,由此可见,尾矿中的 Cu、Si、Au、Ag 均具有很高的综合回收价值。

d.铅锌矿尾矿。中国铅锌多金属矿产资源丰富,矿石常伴生有铜、银、金、铋、锑、硒、碲、锡、钨、钼、锗、镓、铊、硫、铁及萤石等。全国银产量的 70% 来自铅锌矿石。银矿物主要为自然银、辉银矿、金银矿及黑硫银矿。柴河铅锌矿自投产至 1990 年积存尾矿 363 万吨。按处理尾矿 85 万吨计,送浮选的矿量为 15 万吨,可产铅精矿 1 890 吨(46% Pb)、硫精矿 10 542 吨(35% S)、硫化锌精矿 5 840 吨(45% Zn)、氧化锌精矿 18 991 吨(35% Zn)。另外,铅精矿中含银 3 212 kg。

1.4.2.3 赤泥

赤泥主要源于常用有色金属冶炼,是铝土矿在提取氧化铝之后产生的强碱性工业固体废弃物,因为赤泥的氧化铁含量较高,看起来和红色泥土相似,被称为赤泥。根据铝土矿的特点和工艺条件,每产生 1 吨氧化铝将会附带产生 1.0~2.5 吨的赤泥,全世界赤泥的年产量约为 1.5 亿吨。目前,赤泥的主要处置方式仍是堆存,利用率仅 15%。

由于铝土矿种类不同,生产工艺不同,赤泥的物相组成和化学组成也不相同,主要矿物有硅酸二钙、水化石榴石、一水硬铝石、水化铝酸三钙、含水硅酸钙等,目前氧化铝的生产方式主要有烧结法、联合法和拜耳法三种,次要矿物有钙霞石、赤铁矿、方钠石、钙钛矿等。国外生产工艺多采用拜耳法,我国生产工艺多采用烧结法与联合法。不同生产工艺下赤泥的化学组成如表 1-3 所示。赤泥的物理性质如表 1-4 所示。

表 1-3 不同生产工艺下赤泥的化学组成

厂家	生产方法	SiO_2	Fe_2O_3	Al_2O_3	CaO	Na_2O	TiO_2
山东某铝厂	烧结法	21.8%	9.5%	6.0%	47.1%	2.1%	2.4%
郑州某铝厂	联合法	20.4%	8.2%	7.6%	44.7%	3.0%	7.3%
贵州某铝厂	拜耳法	12.8%	4.1%	26.4%	26.2%	4.4%	8.0%

表 1-4 赤泥的物理性质

指标	熔点/℃	碱度/pH	粒度/mm	相对密度	表观相对密度
参数	1 200~1 250	10~12	0.08~0.25	2.7~2.9	0.8~1.0

1.4.2.4　粉煤灰

粉煤灰主要来自电力、热力的生产和供应业及其他使用燃煤设施的行业,是从燃煤过程产生的烟气中收捕下来的细微固体颗粒物。燃煤锅炉的粉煤灰产生示意如图 1-5 所示。

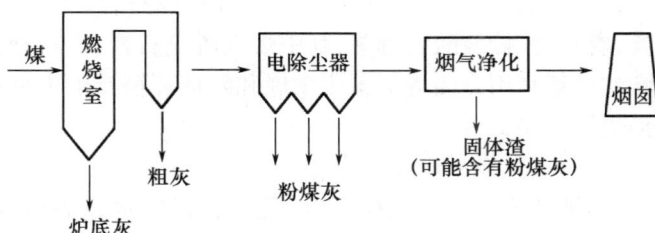

图 1-5　燃煤锅炉的粉煤灰产生示意

电子显微镜观察表明,粉煤灰由多种粒子构成,其中球形颗粒占总数的 60% 以上。粉煤灰的组成常与煤种、燃烧程度等有关。典型粉煤灰的矿物组成如表 1-5 所示。

表 1-5　典型粉煤灰的矿物组成

矿物名称	石英	莫来石	赤铁矿	磁铁矿	玻璃体
范围	0.9%~18.5%	2.7%~34.1%	0~4.7%	0.4%~13.8%	50.2%~79.0%
均值	8.1%	21.2%	1.1%	2.8%	60.4%

我们对某电厂粉煤灰进行观察,在颗粒成分方面,粉煤灰主要由厚壁及实心微珠、不规则多孔体和碳粒等构成,分别占 38%~45%、38%~40% 和 7%~8%,还包含漂珠、铁珠等少量成分。玻璃体因其较高的化学内能,成为粉煤灰活性的主要来源。其颗粒细度及分布受煤粉细度影响,筛余量在 10%~30%,其中 0.5~2 mm 的颗粒占 65%~70%,显示出颗粒大小的相对集中性。比表面积的测定进一步表明,普通粉煤灰为 2 500~2 600 cm^2/g,而通过电除尘器后期分离的细灰可达 3 500~5 700 cm^2/g,与水泥比表面积相近,体现了其较高的物理活性。粉煤灰的相对密度介于 1.95~2.36,而松散密度则因干湿状态的差异分别为 650~850 kg/m^3 和 1 250~1 450 kg/m^3。某电厂粉煤灰的化学成分如表 1-6 所示。

表 1-6　某电厂粉煤灰的化学成分

成分	SiO_2	Al_2O_3	Fe_2O_3	CaO	MgO	SO_3	Na_2O	K_2O	烧失量
范围	33.9%~59.7%	16.5%~35.4%	1.5%~15.4%	0.8%~9.4%	0.7%~1.9%	0.2%~1.1%	0.2%~1.1%	0.7%~2.9%	1.2%~23.5%
均值	50.6%	27.2%	7.0%	2.8%	1.2%	0.3%	0.5%	1.3%	8.2%

1.4.2.5　工业副产石膏

工业副产石膏主要源于基础化学原料制造行业及常用有色金属冶炼行业。

工业副产石膏是工业生产过程中通过化学反应生成的一种以硫酸钙为主要成分的副产物,亦被称为化学石膏或工业废石膏。根据产出行业和品种,其主要类型包括烟气脱硫石膏、氟石膏、钛石膏、磷石膏、柠檬酸石膏等,其中烟气脱硫石膏和磷石膏占总产量的绝大部分。工业副产石膏的合理利用在促进资源化发展和降低环境影响方面具有显著作用,为实现绿色循环经济提供了重要支持。

a.烟气脱硫石膏

烟气脱硫石膏,又称排烟脱硫石膏或硫石膏,是一种以二水硫酸钙($CaSO_4 \cdot 2H_2O$)为主要成分的工业副产品,其纯度通常不低于93%。烟气脱硫石膏产生于燃煤或燃油烟气脱硫过程中。该过程采用石灰或石灰石浆液,通过洗涤器与烟气中的二氧化硫(SO_2)发生化学反应,生成硫酸钙和亚硫酸钙。随后,亚硫酸钙在氧化条件下进一步转化为硫酸钙,最终形成烟气脱硫石膏。这种工业副产石膏具有资源化利用的潜力,可为循环经济发展提供了支持。

b.磷石膏

磷石膏是一种湿法磷酸工艺过程中产生的固体废弃物,主要表现为灰黑色或灰白色,颗粒直径一般为 5~50 μm,结晶水含量在 20%~25%。其主要成分为二水硫酸钙,同时还含有未完全分解的磷矿、残余磷酸、氟化物、酸不溶物及有机质等成分。其中,氟和有机质的存在对磷石膏的资源化利用具有显著影响。通过合理处理和优化利用,磷石膏可成为资源化发展的重要原料,助力固体废弃物综合治理。我国是世界磷肥生产和消费大国,生产量和消费量均居世界首位。2015 年,我国磷石膏的产生量在 8 000 万吨左右,其利用量为 2 400 多万吨,综合利用率仅为 30%。

c.氟石膏

氟石膏,是用硫酸酸解萤石制取氟化氢所得的以无水硫酸钙为主的副产品。目前世界上生产氟化氢的方法主要是用硫酸酸解萤石。氟石膏的排放量与氟化氢的产量密切相关。我国是世界上萤石储量大国,探明储量占世界总储量的1/3。由于资源丰富,近年来我国的氟化氢生产量迅猛增长,2018 年合计产能 201.1 万吨,按每吨氟化氢排出氟石膏 3.4 吨计,我国年排出氟石膏达 683.74 万吨。目前其绝大部分未被利用,占用大量土地而露天堆放,已成为严重污染环境的工业废渣。

d.柠檬酸石膏

柠檬酸石膏是利用硫酸酸解柠檬酸时产生的一种工业废渣,主要成分为二水硫酸钙。目前,我国柠檬酸年产能占世界的 70% 左右,年产量占世界的 65% 左右,是全球最大的柠檬酸生产国。2015 年,我国柠檬酸产量超过百万吨,柠檬酸石膏的产生量超过 150 万吨。柠檬酸石膏大部分处于堆放状态,该石膏自由水分高,还含有一定量的残余酸和有机物,综合利用困难。此外,随着气温的上升,堆场会因残余酸散发出酸腐气息,或产生扬尘,影响大气环境;堆场渗沥出的废水,对地下水造成污染。

e.钛石膏

钛石膏是采用硫酸法生产钛白粉时,为治理酸性废水,加入石灰(或电石渣)以中和大量的酸性废水而产生的以二水石膏为主要成分的废渣。一般来说,使用硫酸法生产1吨钛白粉,就会产生6~7吨钛石膏。根据2019年约298万吨硫酸法钛白粉产量计算,共产生钛石膏超过1 900万吨。

1.5　工业固体废物的污染与危害

工业固体废物源于工业生产过程,其成分复杂,是一种被废弃的宝贵资源。化工、冶金等行业固体废物中大多数含有重金属及部分有机有毒污染物,但若处置不当则会造成严重的环境污染。工业固体废物虽具有较低的迁移和扩散特性,但其大量排放和堆积占用了大量土地资源,导致与工农业生产及居民生活空间的用地矛盾日益显现,尤其在矿区表现尤为突出,造成土地资源的极大浪费。此外,工业固体废物还可能通过多种途径对大气、水体、土壤及生物环境产生污染,进而对人体健康构成威胁。这一问题已成为全球关注的环境议题之一,加强管理和资源化利用对缓解环境压力和实现可持续发展具有重要意义。

1.5.1　工业固体废物对水体的污染

工业固体废物对水体的污染主要体现在其不当处理所引发的多重污染效应。在随意倾倒或简易填埋过程中,工业固体废物通过堆放腐烂释放出大量酸性和碱性有机污染物,同时将废渣中的重金属溶解,形成复合型污染源,包括有机物、重金属和病原微生物。雨水渗透后,污染物随渗滤液流入地表水体或渗入土壤,进一步通过地表径流和地下水流扩散,导致地表水和地下水受到污染。这种污染不仅加剧了原本稀缺的淡水资源危机,还对水生动植物的生存环境造成威胁,表现为水质下降、水域面积减少等。工业固废污染对水体的破坏性影响显著,其防治亟须引起高度关注。

1.5.2　工业固体废物对大气的污染

工业固体废物对大气的污染,主要表现在:固体废物中的尾矿、粉煤灰、干泥和固体废物中的尘粒随风进入大气中,直接影响大气能见度和人的身体健康,成为粉尘污染的主要来源;工业固体废物对大气环境的污染主要表现为其分解和燃烧过程中产生的有害物质及其不当贮存管理所带来的风险。在自然条件作用下,有机物分解产生恶臭和有毒气体,直接对大气质量造成不良影响。此外,废物焚烧过程中释放的有害气体进一步加剧了大气污染。飞扬的粉煤灰、工业粉尘及干泥颗粒悬浮于空气中,显著降低了空气质量。煤矸石和粉煤灰等固废因管理不当易发生氧化甚至自燃,从而释放大量硫氧化物和氮氧化物,对环境和人体健康产生不利影响。自燃引发的火灾不仅难以扑灭,还可能导致严重事故。对此,强化工业固废的科学管理和规范处置是改善大气环境质量的重要途径。

1.5.3　工业固体废物对土壤的污染

工业固体废物中常含有大量有毒有害物质,其对土壤的危害比较严重。有毒废渣长期堆存,工业固体废物经过雨雪溶淋作用后,溶解成分随水分渗透至土壤,导致有毒有害物质在土壤中富集。这一过程使得渣堆周围的土壤发生酸化、碱化或硬化,甚至引发重金属污染。土壤中的有毒物质不仅会通过地表径流进入水体,还可能被作物吸收,进而危害农业生产和食品安全。通过生物链,这些有毒物质最终可能影响人体健康,带来长期的生态和健康风险。土壤污染的有效治理和监控显得尤为重要,可以减少其对环境和人类的负面影响。

1.5.4 工业固体废物对动植物和人体的危害

工业固体废物含有大量重金属和有机污染物,有机污染物对动植物和人体的生存生活环境不利,而重金属则通过食物链进入动植物及人体体内,对动植物生长发育及人体健康构成很大危害。各种工业固体废物对于人体健康和动植物生长、发育的危害相比于城市生活固体废物更加严重。

工业固体废物引起的环境污染纠纷增多,这已成为影响社会稳定的负面因素。

危险工业固体废物具有以下特性:a.易燃性;b.腐蚀性;c.反应性;d.传染性;e.毒性;f.放射性。危险工业固体废物的污染途径与一般工业固体废物基本相同,处置不当的危险工业固体废物同样会通过水体、大气、土壤等造成污染。不同的是,危险工业固体废物造成的危害往往更为严重。尽管从数量上来说,危险工业固体废物只占一般工业固体废物的1%左右。危险工业固体废物由于种类繁多、成分复杂,并且具有多种危害特性,如毒害性、爆炸性、易燃性、腐蚀性、化学反应性、传染性和放射性等,导致我们对其处理面临严峻挑战。这些废物的危害具有长期性、潜伏性和滞后性,若处理不当,极可能对环境和人体健康构成重大威胁。由于其在自然界中无法降解或具有较高稳定性,这些废物可能通过生物富集过程积累,进一步加剧其危害性。一旦其危害特性爆发,可能引发灾难性的后果。因此,针对危险工业固体废物的妥善处置和管理显得尤为重要,以防止其对生态环境和公共健康造成严重影响。

1.6 工业固体废物处理及利用现状

2010—2021年,我国工业固废综合利用量整体上呈增长趋势。处置量呈先上涨后降低的趋势,2010—2019年呈上涨趋势,2019—2021年有下降趋势,2019处置量为近几年最高值(图1-6)。

根据《2021年中国生态环境统计年报》发布的城市工业固废统计数据分析,2021年,工业固体废物产生量39.7亿吨,综合利用量22.7亿吨,处置量8.9亿吨,综合利用量和处置量分别占产生总量的57.2%和22.4%,综合利用仍为处理工业固体废物的主要途径(图1-7)。

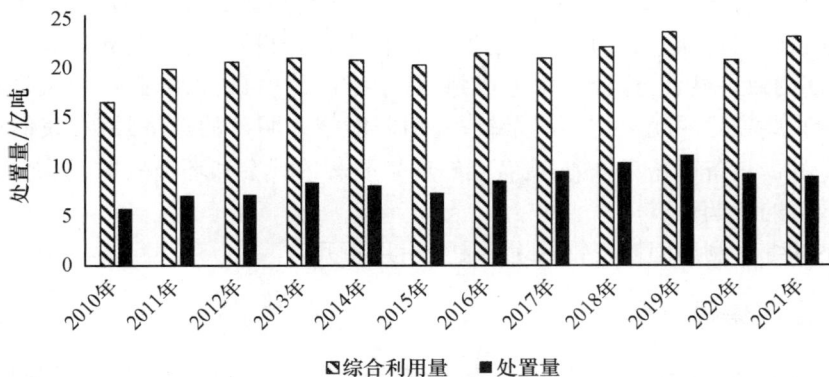

图 1-6　2010—2021 年我国工业固体废物综合利用量与处置量情况

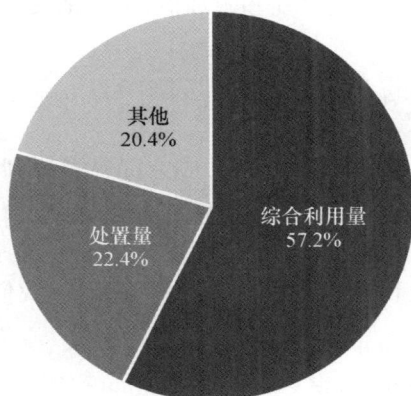

图 1-7　2021 年我国工业固体废物综合利用量与处置量情况

1.7　工业固体废物资源化利用

　　资源综合利用作为我国经济与社会发展的重要战略方针,是实现节约资源、治理污染、保护环境、推动可持续发展的关键措施。它不仅有助于优化资源配置,提高经济增长质量,还能有效促进经济增长方式的转型,促进固体废物的资源化与减量。通过资源综合利用,我们可以将大量工业固体废物转化为有用资源,减少对自然资源的依赖,降低环境污染的压力。

　　根据相关指导意见,到 2021 年,我国的大宗固体废物累计堆存量已达到 600 亿吨,年新增堆存量接近 30 亿吨,其中赤泥、磷石膏、钢渣等废物的利用率仍较低,造成大量土地资源的浪费,并存在较大的生态环境安全隐患。为应对这一挑战,到 2025 年,国家计划显著提高煤矸石、粉煤灰、尾矿等大宗固废的综合利用能力,预计这些固废的综合利用率将达到 60%。这一目标的实现不仅有助于资源的循环利用,也能有效减轻环境负担。

　　我国当前财力有限,短期内无法投入大量资金用于废弃物资源化。在选择废弃物综合利用途径和项目时,我们必须遵循一定的原则,应优先选择投资较少、废弃物利用量大的项目,以确保短期内效果显著,选择技术上成熟、易于推广的项目,以降低技术风险并加速应用普及。尽管某些项目的废弃物利用量较小,但若能带来明显的经济效益,我们也应予以优先考虑。产品需具备市场竞争力,或者能够产生显著的社会和环境效益,从而实现经济、社会与环境效益的协调发展。

　　目前消纳和综合利用固体废物的途径主要有以下几种。

1.7.1　生产建材

　　各类工业废渣,如粉煤灰、煤矸石、矿渣、炉渣、页岩等,均可作为基料用于制造空心砖、实心砖和砌块等建筑材料,以替代传统的黏土砖,或通过不同处理方式制造生态水泥。这些方法不仅有助于大规模消耗固体废物,而且技术成熟、成本较低,易于推广应用。进一步提升固体废物处理技术、提高产品的性能和附加值,是未来发展的关键方向,有助于实现资源的高效利用与环境保护目标。

1.7.2　回收或利用其中的有用组分

　　开发新产品以替代某些传统工业原料,已成为提升资源利用效率的重要手段。例如,煤矸石可用于沸腾炉发电,洗矸泥可作为工业或民用燃料,钢渣可作为冶炼熔剂,赤泥可用于塑料制造或开发新型复合材料。这些措施不仅有助于节约原材料,还能降低能耗,提高经济效益。此外,通过从烟尘和赤泥中提取钙和钾等元素,我们可以进一步促进资源的循环利用,推动绿色经济的发展。

1.7.3　提取各种有价值金属

　　有色金属渣中通常含有金、银、钴、镍等其他金属,部分金属的含量可达到或超过工业矿床的品位。某些矿渣中稀有贵重金属的回收价值甚至高于主金属。提取这些有价值金属是固体废物资源化的重要途径,有助于提高资源利用效率。

1.7.4　筑路、筑坝与回填

　　工业固体废物在筑路、筑坝和回填方面的应用,因投资少、用量大、技术成熟且易于推广,已成为一种有效的资源利用途径。在许多国家,粉煤灰的综合利用率可达 50%~70%。我国部分地区在这一领域也取得了显著进步,合理利用废弃物,既节约了资源,又推动了环境保护。例如,使用粉煤灰筑路,1 千米公路所需的灰料可达数万吨,并且回填后我们可覆土开辟耕地、林地或进行住宅建设。这种方式不仅减少了固体废物的堆存量,还能提高土地利用效率,具有重要的经济和社会效益。

1.7.5　生产农肥和土壤改良

　　许多工业固体废物中富含硅、钙及多种微量元素,其中部分还含有磷等有用成分,这使其具备作为农业肥料的潜力。这类废物包括粉煤灰、炉渣、钢渣等,可用于制备硅钙肥或钙镁磷肥。在农田施用过程中,这些废物不仅能够为作物提供必要的营养元素,还可以改善土壤结构,提高作物产量,并增强植物对磷的吸收能力。此外,它们还能作为石灰的补充来源。为了确保安全性和有效性,我们必须严格检验其是否含有有毒物质,并结合具体农田条件科学施用,以避免潜在的不良影响。通过科学管理,工业固体废物的农业利用能够实现资源的高效循环,同时促进农业的绿色可持续发展。

第2章 常见工业固体废物处理及资源化技术概述

工业固体废物的处理包括预处理、处理、处置三个过程。预处理是指在对固体废物回收利用或者处理之前对其进行的分选、破碎、压缩等,以利于后续处理。处理是指通过物理、化学和生物手段,将废物中对人体或环境有害的物质分解为无害物质,或转化为毒性较小的,适于运输、贮存、资源化利用和最终处置的物质一种过程。处置是指固体废物经一系列处理后最终的安置方式。实际操作中,这三种过程相互渗透,相互交叉,无明显的界限。

目前,处理和处置工业固体废物的技术主要包括焚烧、热解和填埋等。每种处理方法具有不同的优缺点,适用范围也各异。

2.1 工业固体废物的预处理技术

工业固体废物的预处理一般可分为两种情况:其一是分选作业之前的预处理,主要包括筛分、破碎等,以使废物单体分离或分成适当的级别,以更利于下一步工序的进行:其二是运输前或最终处理前的预处理,主要包括破碎、压缩和固化等,其目的是使废物减容以利于运输、贮存、焚烧或填埋等。

2.1.1 筛分

筛分也称筛选,是根据固体废物颗粒的粒度差异,利用筛子使废物中粒度小于筛子孔径的细粒物料透过筛面,而大于筛子孔径的粗粒物料留在筛面上,从而完成粗、细物料的分离过程。破碎之前进行筛分,可以预先筛选出无须进行破碎的产品,提高破碎作业的效率,防止过度破碎并节省能源。

2.1.2 压实

压实处理是一种通过机械方式增加固体废物聚集度的技术,其主要目的是减小废物的体积,从而便于后续的运输、储存和填埋。这一方法通常适用于那些压缩性能较高且复原性较低的废物,如家用电器、纸制品和废金属等。通过压实,废物的密度得以显著提高,有效降低了占地空间,并且在填埋过程中解决体积过大而造成的填埋空间不足的问题。

2.1.3 破碎(磨碎)

破碎处理是通过施加外力将较大体积的废物分解成较小的颗粒,以使后续的处理过程更加高效,尤其在焚烧、填埋和堆肥过程中,废物的处理效果得到明显提升。破碎方法多种多样,包括冲击、剪切、挤压和摩擦等,不同的破碎方式具有不同的处理效率和适应性。选择合适的破碎方式,不仅能够提高废物处理的效率,还能够减少能源消耗和设备磨损,从而降低总体处理成本。

2.1.4　分选

固体废物资源化和减量的实现依赖于有效的分选技术。通过分选,我们能够将废物中有用的成分提取出来再利用,同时将有害物质有效隔离。分选的基本原理是基于物料在不同性质上的差异。我们可以利用物料的磁性与非磁性、粒径、比重等差异来实现分选。根据废物的不同特性,我们可以设计和制造多种分选设备,这些设备涵盖筛选、重力分选、磁力分选、涡电流分选及光学分选等方式。这些手段不仅有助于废物的有效管理,也推动了资源的循环利用和环境保护目标的实现。

2.1.5　固化

通过物理–化学方法将有害固体废物固定或包容在密实的惰性固化基材中的方法。固化处理根据固化基材的不同可分为沉固化、沥青固化、玻璃固化及胶质固化等。浸出率和增容比固化处理的要求:a.固化产物应具有良好的抗渗透性、良好的机械性及抗浸出性、抗干湿、抗冻融特性;b.固化过程中能量和材料消耗要低,增容比要低;c.固化工艺过程简单,便于操作;d.固化剂来源丰富,价廉易得;e.处理费用低。

2.2　填　埋　技　术

填埋技术是指采取防渗、铺平、压实、覆盖等措施对固体废物进行处理的方法。该方法采用底层防渗、固体废物分层填埋、压实后顶层覆盖土层等措施,将固体废物最终置于符合环境保护规定要求的场所。

工业固体废物填埋场分为一般工业固体废物填埋场和危险废物填埋场。

一般工业固体废物填埋场一般应包括以下单元:a.防渗系统、渗滤液收集和导排系统;b.雨污分流系统;c.分析化验与环境监测系统;d.公用工程和配套设施;e.地下水导排系统和废水处理系统(根据具体情况选择设置)。

一般工业固体废物填埋场又分为Ⅰ类场和Ⅱ类场。Ⅰ类场采用天然基础层或者改性压实黏土类衬层或具有同等以上隔水效力的其他材料作为防渗衬层,Ⅱ类场应采用单人工复合衬层作为防渗衬层(图 2-1)。

危险废物填埋场由若干个处置单元和构筑物组成,主要包括以下单元:a.接收与贮存设施;b.分析与鉴别系统;c.预处理设施 d.填埋处置设施(其中包括防渗系统、渗滤液收集和导排系统);e.封场覆盖系统;f.渗滤液和废水处理系统;g.环境监测系统;h.应急设施及其他公用工程和配套设施。

危险废物填埋场分为柔性和刚性两种类型。

柔性填埋场优点:造价低,技术相对成熟,操作简便。缺点:对地质条件要求较高,入场废物处理面临着众多挑战和限制,尤其是在预处理、渗漏污染控制和后期管理方面要求较高。尽管刚性填埋场在地质条件上相对宽松,有助于减少渗漏污染的发生,但其建设成本较高,且相关的规范和管理措施尚未完全成熟。此外,废物处理过程中,如何采用高效、环

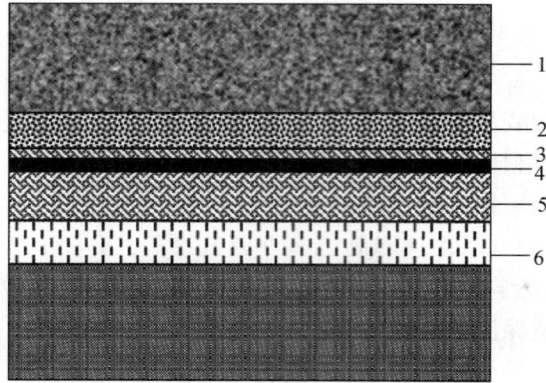

1-一般工业固体废物;2-渗滤液收集和导排层;3-保护层;4-人工防渗衬层(高密度聚乙烯膜);
5-黏土衬层;6-地下水导排层(可选)

图 2-1　单人工复合衬层系统示意

保的处理方法,同时降低对生态环境的影响,也是亟待解决的重大问题。随着技术的不断
发展,如何在提高处理效率的同时,确保环境安全和可持续性,仍然是废物管理领域的重要
研究课题。

　　柔性填埋场采用双人工复合衬层作为防渗层的填埋处置设施。以有机合成材料和黏
土配合作为防渗构造,目前是危险废物填埋场的主要构造(图 2-2)。

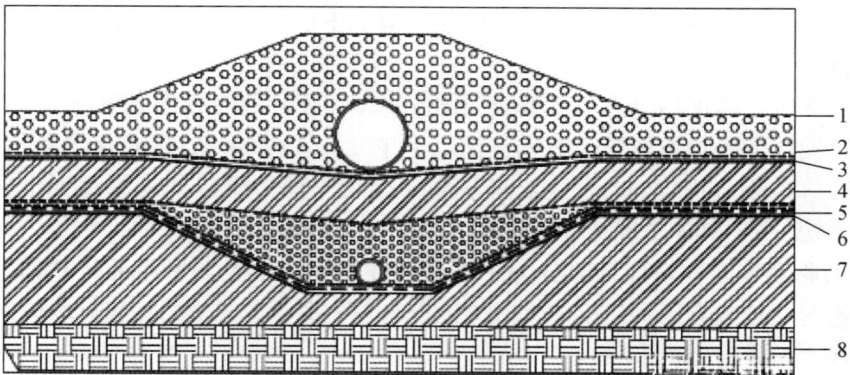

1-渗滤液收集和导排层;2-保护层;3-主人工衬层;4-压实黏土衬层;5-渗漏检测层;
6-次人工衬层;7-压实黏土衬层;8-基础层

图 2-2　双人工复合衬层系统示意

　　刚性填埋场是采用钢筋混凝土作为防渗阻隔结构的填埋处置设施。以钢筋混凝土作
为框架和基础防渗结构,配合有机合成材料作为防渗构造(图 2-3)。

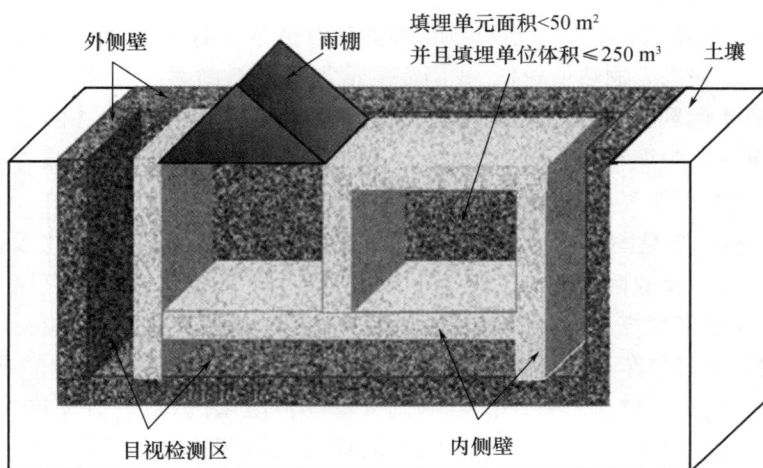

图 2-3　刚性填埋场示意(地下)

2.3　焚　烧　技　术

　　焚烧技术作为固体废物处理的一种重要方法,以其高温燃烧的基本原理和显著的优势,在现代废物管理中发挥了关键作用。其核心机制是通过 800 ~1 000 ℃的高温焚烧,将废物中的可燃成分转化为高温燃烧气体和稳定的固体残渣,并释放热量,从而实现无害化处理。焚烧技术的无害化处理效果尤为突出,能够彻底消除废物中的病原体,同时通过现代化的尾气处理装置,将有害气体和烟尘控制在严格的排放标准范围内,确保对环境的最小影响。焚烧还具有显著的减量效果,其高效分解能力可使废物重量减少约 80%,体积减小 90% 以上,某些先进设备甚至能将体积缩减至原来的 5% 以下,从而大幅减少对填埋场的需求,有效节约土地资源。此外,焚烧技术为废物处理增添了经济价值,其通过废热锅炉将高温烟气转化为蒸汽用于供热或发电,同时回收铁磁性金属等资源,促进了固体废物的循环利用。在实际应用中,焚烧技术还因占地面积小、尾气排放少的特点,在经济发达的城市中表现出极高的适用性。其选址灵活,这不仅能够减少运输成本,还可在市区附近布局,有效服务于废物产生密集的区域。同时,该技术运行不受天气影响,全天候的高效性与可靠性进一步凸显了其优势。

　　但此法也有明显的缺点,除了投资昂贵、操作运行费用高、对炉内废物的热值有一定要求(一般不能低于 3 360 kJ/kg)外,焚烧过程还将产生导致二次污染的多种有害物质与气体,如有机卤化物、氮氧化物、二噁英等,这将增加后续的尾气处理成本。

2.3.1　焚烧工艺系统

　　焚烧工艺系统指从固体废物的前处理到烟气处理的整个过程,主要包括废物预处理系统、贮存及进料系统、焚烧系统、废热回收系统、发电系统、供水系统、废气处理系统、废水处理系统、灰渣收集与处理系统。

a.废物预处理系统:根据工业废物性质、种类和数量等的不同,常需要对其施加破碎、分选等预处理操作。如果废物热值较低,我们需酌情加入燃料助燃。焚烧工艺系统设计中我们大部分采用液体燃料和气体燃料。相比来说,液体燃料容易贮存,气体燃料容易燃烧。常用的固体燃料主要为煤和焦炭;常用的液体燃料有重油、渣油、有机废液等;常用的气体燃料有碳氢化合物、天然气、煤气等。

b.贮存及进料系统是固体废物焚烧处理过程中至关重要的组成部分,主要由废物贮坑、抓斗、破碎机、进料斗及故障排除/监视设备构成。废物贮坑负责废物的存储、混合及去除大型垃圾,通常为每座焚烧炉配备一个,确保多座焚烧炉的供料稳定。进料斗位于每个焚烧炉的上方,贮坑通过吊车与抓斗实现废物的输送。操作人员通过监控屏幕或目视观察垃圾进入炉体的速度,来调整进料频率。若遇到大型物件阻塞进料口,故障排除装置能够将其推出并返回贮坑。对于不可燃或较大的物品,操作人员可通过抓斗将其取出,送至破碎机进行处理,以确保顺利进料并提高系统的运行效率。

c.焚烧系统是焚烧炉的核心设备,由炉床和燃烧室组成。炉床通常采用机械可移动式设计,确保废物充分翻转和燃烧。燃烧室位于炉床上方,为废气提供足够的停留时间。一、二次空气分别从炉床下方和上方喷入,提升废物燃烧效率和废气混合效果,从而提升系统性能。

d.废热回收系统由布置在燃烧室四周的锅炉管道、过热器、节热器、吹灰设备、蒸汽导管和安全阀等组成。锅炉炉水循环系统为封闭系统,通过循环炉水的热力学相变化释放能量供发电机使用。为确保系统高效运行,我们需定期排放炉水,清除管内积累的污垢,维持设备性能稳定。

e.发电系统通过锅炉产生的高温高压蒸汽驱动发电机的涡轮叶片,进而产生电力。在蒸汽经过急速冷凝后,未凝结的蒸汽被导入冷却水塔进行冷却,并储存在凝结水贮槽中。冷却后的水通过给水泵被重新送入锅炉管道,进入下一轮发电循环。在此过程中,部分蒸汽可以被抽出用于次级用途,如空气预热等。此外,给水处理厂提供的补充水将注入除氧器,除氧器通过特殊的机械结构去除水中的溶解氧,有效防止锅炉管道的腐蚀,确保系统的稳定运行。

f.供水系统通过先进的水处理技术为锅炉及其他工艺设备提供高质量水源。活性炭吸附技术能够有效去除水中悬浮物、胶体和有机杂质;离子交换则通过去除硬度离子、降低导电率来优化水质;反渗透技术以高效的截留性能生产纯水或超纯水,满足高精度工业需求。这些技术的综合应用不仅确保了水质安全,还显著降低了设备腐蚀和结垢风险,从而延长了设备使用寿命,提高了整体运行效率。

g.废气处理系统的目标在于对焚烧炉废气中的污染物进行有效治理。湿式或干式洗涤塔通过化学中和或物理吸附,去除酸性气体如二氧化硫和氮氧化物,减少其对大气的侵害。滤袋集尘器则以高效过滤的方式捕集颗粒物,显著降低烟尘排放量。此外,运用重金属处理技术对废气中的汞、铅等有毒元素进行净化,能够进一步提升该系统的环保性能,达到日益严格的排放标准。这一系统不仅保护了生态环境,还为实现清洁生产奠定了技术基础。

h.废水处理系统以物理、化学和生物技术的多元化设计应对复杂的水质处理需求。物理处理通过沉淀、过滤等方法去除大颗粒悬浮物,为后续处理提供良好条件;化学处理利用中和、氧化还原和混凝工艺降解或去除水中难以分离的污染物;生物处理通过微生物代谢降解有机物,实现废水的深度净化。该系统的最终目标是使处理后的水质达标排放或实现循环利用,以缓解水资源短缺问题,同时保障环境安全和资源的可持续利用。

i.灰渣收集与处理系统的主要任务是处理焚烧产生的底灰和飞灰。通过合并或分开收集方式,我们根据灰渣性质优化处理工艺,避免污染扩散。固化技术通过添加稳定剂将重金属固定在惰性基质中,防止其溶出;熔融工艺则利用高温将有机毒物分解并将灰渣转化为惰性物质,从根本上降低环境风险。这些技术的应用不仅有效控制了重金属和有机毒物的二次污染,还实现了灰渣的安全处置,为废弃物资源化利用提供了更多可能性。

2.3.2　焚烧技术与设备

目前市场上常见的焚烧设备有:机械炉排炉、流化床炉、回转窑炉等。机械炉排炉的主要特点是原料无须进行严格的预处理,流化床炉的特点是垃圾悬浮燃烧,空气与垃圾充分接触,燃烧效果好,但是流化床炉燃烧需要颗粒大小均匀的燃料,对垃圾的预处理要求严格。回转窑炉的特点是将垃圾投入连续、缓慢转动的筒体内焚烧直至燃尽,能够实现垃圾与空气的良好接触和均匀充分燃烧。

回转窑炉:回转窑炉是工业固体废物焚烧中使用较为广泛的一种炉型。图 2-4 为将回转窑炉作为干燥和燃烧炉使用时的示意。

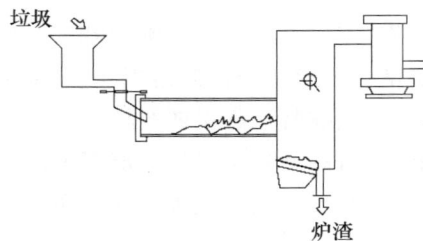

图 2-4　将回转窑炉作为干燥和燃烧炉使用时的示意

机械炉排炉:在焚烧流程中,机械炉排炉通常安装于燃烬段后,主要功能是确保炉渣中的未燃物得到彻底燃烧。除了这种设计,部分焚烧系统还采用不带燃烬段的回转窑炉。机械炉排炉的核心特征在于炉排的活动性,其性能直接影响固体废物焚烧处理的效果。该类型焚烧设备能够实现焚烧过程的连续化和自动化。根据炉排结构的不同,机械炉排炉一般分为链条式、阶梯往复式和多段滚动式等类型,国内中小型焚烧炉大多采用链条式或阶梯往复式炉排结构。

流化床炉:流化床炉的特点是适用于焚烧高水分的物质等。流化床炉工艺示意如图 2-5 所示。

流化床炉主要通过沸腾(鼓泡)流化状态进行焚烧。固体废物在投入炉内前通常被粉碎至 20 mm 以下,与炉内高温流动砂(650~800 ℃)充分接触混合,瞬时气化并燃烧。未燃烬的成分与轻质固体废物一同进入上部燃烧室继续燃烧。上部燃烧室通常占总燃烧量的

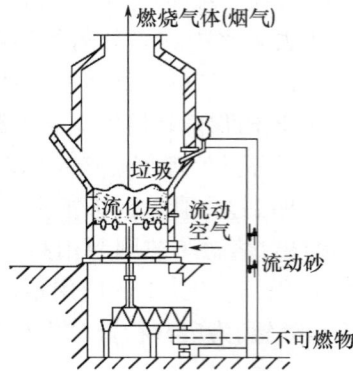

图 2-5 流化床炉工艺示意

40%左右,其容积为流化床层的 4~5 倍,且温度比下部高 100~200 ℃,因此也被称为二燃室。流化床炉具有炉体较小、炉渣热灼减率低等优点,同时炉内活动部件较少。然而,相较于机械炉排炉,流化床炉存在流化砂循环系统复杂、磨损较大、燃烧空气平衡难以控制等问题,且温度和空气量的精确调节较为困难。

2.4　热　解　技　术

热解是一种在无氧或缺氧条件下,通过加热有机物使其发生裂解反应的过程,主要产生气体、液体和固体产物。热解的主要气体产物包括氢气、甲烷和一氧化碳,而液体产物则包括甲醇、丙酮等化合物,固体产物则通常是焦炭或炭黑。与焚烧相比,热解是一个吸热过程,而焚烧则是放热过程。因此,热解的产物不仅与焚烧产生的物质不同,二者的存储和运输方式也有显著区别。热解产物通常更适合于存储和远距离运输,且因其高能量密度,具有较大的商业化价值。

2.4.1　热解工艺类型

一个完整的热解工艺包括进料系统、反应器、回收净化系统、控制系统几个部分。其中,反应器部分是整个工艺的核心,热解过程在其中发生,其类型决定了整个热解反应的方式及热解产物的成分。

a.按反应器的类型可分为:固定床反应器、流化态燃烧床反应器、反向物流可移动床反应器等。

b.根据供热方式的不同,热解过程可分为直接加热法和间接加热法。直接加热法通过被热解物部分燃烧或为热解反应器提供补充燃料,直接产生热量;而间接加热法则通过将被热解物与供热介质分离,利用干墙式导热或中介热传递介质(如热砂料或熔化金属床层)来实现热量的传递。

2.4.2　热解技术与设备

a.固定床反应器(固定燃烧床反应器)

在热解过程中,固定床反应器利用废物燃烧产生的热量为热解反应提供所需的热能。固定床反应器通常采用逆流物流方向设计,以确保废物能够最大限度地转化为燃料,同时减少颗粒物污染,提高环境友好性。然而,固定床反应器在实际应用中仍面临一些技术难题,例如在处理黏性燃料时,我们可能需要对废物进行预处理。此外,低温环境下,产生的焦油成分容易导致管道堵塞,影响反应器的稳定性和效率。

b.流化床反应器(流化态燃烧床反应器)

流化床反应器通过较高气体流速使气体与燃料流向相同,从而使固体废物颗粒悬浮在气流中,这种设计有助于提升反应效率并优化燃烧过程。流化床反应器适用于含水量较高或波动较大的废物,能够有效处理多种复杂废物。此外,流化床反应器的设备体积相对较小,存在热损失问题,可能影响整体能效。因此,如何减少热损失并提高热解效率,是流化床反应器应用中的一个重要课题。

c.旋转窑

旋转窑是一种间接加热的高温分解反应器,废料在旋转过程中与燃烧室内壁释放的热量进行反应。这种反应器通常需要将废物破碎至小于5 cm的尺寸,以确保反应能够完全进行。旋转窑的优点在于其能够处理大体积和多样化的废物,且其高温反应环境能够有效促进有机物的裂解。然而,废物破碎过程可能需要额外的能量投入,因此其总体能效和经济性需要根据具体应用进行评估。

d.双塔循环式热解反应器

该系统包括固体废物热分解塔和固形炭燃烧塔,特点在于将热解与燃烧反应分开进行。热解所需的热量由热解生成的固体炭或燃料气在燃烧塔内燃烧提供。惰性热媒体(如砂)在燃烧炉内吸收热量,被流化气鼓动形成流化态,随后通过联络管返回燃烧炉进行加热,再次供应热解炉热量。

2.5　水泥窑协同处置技术

水泥窑协同处置技术是一种由水泥工业提出的创新废弃物处理技术,主要通过水泥高温煅烧窑炉焚烧固体废物。在这一过程中,有机物被彻底分解并实现无害化处理,所释放的热量被水泥生产系统回收,从而最大化能量利用效率。同时,其产生的灰渣作为水泥的组成部分直接进入水泥熟料生产中,既实现了废弃物的资源化利用,又有效减少了废物的体积。与传统的填埋、焚烧等废物处理方法相比,水泥窑协同处置技术具有显著优势。新型干法水泥工艺本身具备较高的温度、大量热量、稳定的工况及较长的气流滞留时间,这些特性有助于废弃物的充分燃烧及分解。强烈的湍流、碱性气氛及水泥熟料的固化作用,使得该技术在处理一般工业固废时具有独特的优势,能够有效实现工业固废的减量、无害与资源化(表2-1)。

表 2-1　水泥窑协同处置技术处置的常见工业废物

固体	废纸、造纸废弃物、石油焦炭、石墨灰、木炭、塑料废弃物、橡胶废弃物、纤维粉煤灰、高炉渣、煤矸石、硅藻土、废石膏、有色金属灰渣等
液体	石化废弃物、油漆厂废弃物、化学废弃物、溶剂废弃物、稀释废弃物等

　　水泥窑协同处置技术包括工业固体废物储存及预处理单元、上料单元、水泥回转窑单元、尾气处理单元和监测单元。在原有的水泥生产线基础上,我们需要对投料口进行改造,还需要必要的投料装置、预处理设施、符合要求的贮存设施和实验室分析能力。入窑配料中重金属污染物的浓度应满足《水泥窑协同处置固体废物环境保护技术规范》(HJ 622—2013)的要求。

　　废弃物通过多个喂料点进入水泥生产过程,主要途径包括窑头主燃烧器、窑尾烟室、上升烟道、预分解炉及分解炉的三次风管进口。废弃物焚烧后的残渣可以通过与传统原料相同的方式进入窑系统,如通过常规的原料喂料系统。然而,对于含有低温挥发性成分或剧毒有机物的废弃物,我们必须通过窑系统的高温区域进行喂入,以确保其有效分解。水泥窑协同处置技术处置废弃物的关键在于合理选择废弃物的投喂方式和投喂位置,以确保废弃物在高温环境下得到充分燃烧并被无害化处理。

　　废弃物的合理处置应根据废弃物的特性,结合高温区域对加入物料的要求,确定合适的预处理工艺。这一过程不仅能提高废弃物的热值和组分利用效率,还能提升热能的合理利用水平,优化废弃物的综合利用效果。通过合理调配废弃物的热值与成分,我们能够增强水泥窑协同处置技术的节能替代效应,进一步提升经济效益。与此同时,为了有效控制废弃物焚烧过程中产生的大气污染物和重金属排放,我们必须应用科学合理的处理工艺,并通过优化生产技术实现清洁排放,从而实现环境友好的废弃物处置。最后,水泥窑协同处置技术处置废弃物时,需确保水泥及其下游产品的性能不发生显著变化,因此,我们应严格控制可能影响水泥矿物水化过程及产品性能的有害元素,如锌、铜、磷、氟等,以保障最终产品的质量。

2.6　常见的资源化利用技术

　　固体废物的资源化利用系统一般可分为三部分:前处理系统、后处理系统及能源转化系统。

2.6.1　前处理系统

　　前处理系统主要进行废弃物质的回收,即处理废弃物并从中回收指定的二次物质,如纸张、玻璃、金属等物质。

2.6.2　后处理系统

　　后处理系统主要进行物质的转换,即通过一定技术使废弃物中某些组分被再利用,转化为新的物质形态,推动资源的循环利用。将废玻璃、废橡胶等转化为铺路材料,以及将高炉矿渣、粉煤灰等用于生产水泥及其他建设材料,我们能够有效实现废弃物的资源化。此外,有机垃圾和污泥的堆肥处理亦促进了废物的再生利用。

a.提取各种有价值组分

固体废物资源化的重要途径之一是提取其中最有价值的组分。例如,从有色金属废渣中提取贵重金属如金、银、钴、锑、硒、碲、钯等,其中某些稀有贵金属的经济价值甚至可超越主金属。这一过程不仅有助于废物的有效利用,还能促进资源的再生和经济效益的提升。常见的处理技术有:液膜分离技术、贫化处理技术、生物浸出回收技术、溶剂萃取处理技术、火法富集处理技术、浮选回收技术、电解处理技术、电积处理技术、离子交换处理技术、湿法冶金技术。

b.生产建筑材料

工业固体废物的资源化利用为建筑材料行业的可持续发展提供了重要支持。以高炉渣、钢渣、铁合金渣为代表的工业固废,我们通过先进技术手段将其转化为建筑材料,不仅实现了废物回收和资源化目标,还为循环经济提供了可操作的解决方案。例如,高炉渣和钢渣经过适当处理后,可作为混凝土集料、道路材料或铁路道渣,满足了建筑工程对多功能材料的需求;粉煤灰及炉渣的应用更显高效,它们被广泛用于水泥生产,不仅提高了生产效率,还显著降低了资源浪费。此外,将炉渣和矿渣与石灰、石膏、水混合后生产的硅酸盐制品,如蒸汽养护砖、砌块和大型墙体材料,为建筑材料的多样化增添了新的维度,同时满足了不同建筑项目的功能需求。与此同时,冶金炉渣的深加工进一步催生了新材料的开发,如铸石、微晶玻璃及矿渣棉与轻质集料的组合应用,为建筑行业的发展提供了更多可能性。这些实践和创新不仅提高了工业固废的附加值,还推动了绿色建筑材料的发展进程,对资源高效利用和环境保护作出了重要贡献。

固体废物的资源化利用在农业领域展现出巨大潜力。粉煤灰、高炉渣、钢渣和铁合金渣等废物可作为硅钙肥直接施用于农田,改善土壤质量。钢渣含磷量较高,可用于生产钙镁磷肥,这进一步提升了农业生产效率,实现了资源的高效循环利用。

许多工业固体废物具有较高的热值,如粉煤灰中碳含量超过 10%,我们可以通过回收利用将其转化为能源。通过焚烧这些废物,我们不仅可以减少废物量,还能产生蒸汽,实现能源的回收与利用,推动资源的高效循环。

经过适当加工处理后,工业固体废物可替代某些工业原料,节约资源。例如,煤矸石可替代焦炭用于磷肥生产;高炉渣可作为滤料和吸收剂处理废水;粉煤灰可作为塑料制品的填充剂或过滤介质,既能提升效果,又能回收木质素,促进资源的有效循环利用。

2.6.3　能源转化系统

能源转化系统主要进行能量的转换,通过化学或生物的方法从废物的处理过程中回收能量,包括热能和电能。例如,通过有机废弃物的焚烧处理可回收热量,还可以进一步发电;利用垃圾或污泥厌氧消化产生沼气,作为能源供企业和居民供热或发电;利用废塑料热解制取燃料油和燃料气等。

第3章　钢铁工业固体废物处理及资源化技术

3.1　概　　述

随着近十年来我国钢铁工业迅猛发展,钢铁产能迅速增长,随之而来的环保问题受到越来越多人的关注和重视。钢铁行业具有资源、能源密集,生产规模大,工序多、流程长等特点,其会产生大量固体废物,成为环境污染大户。随着国家环保政策、准入制度越来越严格,钢铁工业可持续发展战略面临着严峻的挑战。对于钢铁固体废物的处理利用,秉持"减量化、资源化、无害化"原则是根本的途径。

3.1.1　钢铁行业概况及发展趋势

钢铁行业是以黑色金属的采选、冶炼和加工为核心的工业领域,涵盖了多个细分行业,包括铁矿石、铬矿石、锰矿石的采选,炼铁、炼钢及钢铁加工业,铁合金的冶炼等。作为国家重要的基础原材料行业,钢铁行业不仅为许多其他行业提供原料,也在现代社会的基础设施建设和经济发展中起着至关重要的作用。

钢铁产品主要由铁元素构成,常见的形式有生铁、粗钢和钢材等。这些产品是通过复杂的冶炼过程,经过一定的加工形成的基础金属。而铁合金作为钢铁生产中重要的原料,主要用于炼钢过程中的脱氧和合金添加,因此在统计上我们一般将其归类为钢铁生产的原材料。钢丝及其制品,如钢丝绳、钢绞线等,虽然属于钢铁制品的加工成品,但不直接作为钢铁基础产品计入统计范围。

钢铁行业的产业链可分为上游、中游和下游三个环节。上游主要包括铁矿石、煤炭、石灰石等原材料的采集及能源供应;中游则是钢铁的生产过程,涵盖生铁、粗钢和钢材的制造;下游应用领域广泛,包括建筑、机械、汽车、船舶、家电及能源等多个行业,支撑着各类产业的进一步发展和应用。这一产业链的高效运作和协同发展,决定了钢铁行业在全球经济中的核心地位。

3.1.2　钢铁工业主要生产工艺

钢铁工业主要生产工艺包括炼铁、炼钢、铸钢、轧钢等。

3.1.2.1　炼铁

铁矿石种类繁多,主要包括磁铁矿、赤铁矿、褐铁矿和菱铁矿。除了铁的化合物外,铁矿石中还包含硅、锰、磷、硫等脉石化合物,这些成分对冶炼过程具有重要影响,特别是在冶炼效率和产品质量方面。原矿石被开采后无法直接用于冶炼,因此我们需要运用粉碎、选矿、洗矿等一系列处理工艺,以获得适合冶炼的铁精矿或粉矿。在经过适当处理后,铁精矿与焦炭和熔剂被混合，送入高炉中进行烧结处理，形成适宜高炉冶炼的混合物。在高炉冶炼过程中，焦炭燃烧产生的热量使炉内温度升高至约 1 500 ℃，促使铁矿中的氧分离。二氧化碳作为还原剂，通过还原反应将铁矿中的氧去除，生成铁水。熔剂的作用是与矿石中的杂质反应，形成流动性好的熔渣，从铁水中有效分离这些杂质。最终，通过这一冶炼过程，我们得到纯净的铁水，作为炼钢的基础原料，进一步满足钢铁生产的各项需求。

3.1.2.2　炼钢

炼钢过程的核心目标是通过去除生铁中的多余碳及其他杂质（如硫、磷等）来优化钢的化学成分，并根据需要添加适量的合金元素。生铁在冶炼过程中依靠碳的还原作用，因此碳含量较高，而钢材与之主要区别在于碳含量，通常生铁中的碳含量超过 2.11%，而钢材的碳含量一般保持在 1% 以下。炼钢的关键任务是将生铁通过高温熔化和精炼去除多余的元素，并实现合金化。

炼钢的主要工艺包括转炉、平炉和电弧炉，其中以氧气顶吹转炉和电弧炉为主。转炉工艺适用于铁水与废钢的混合炼钢，其以高效和适应性强的特点广泛用于普通钢生产，占全球总产量的 70% 以上。而电弧炉则因其对废钢熔炼的卓越适配性，成为高质量合金钢生产的首选，市场份额超过 20%。随着技术的发展，平炉因其能耗高、效率低已被淘汰，转炉与电弧炉的结合进一步推动了钢铁工业的现代化。这种技术进步不仅实现了资源的高效利用，还减少了对环境的负面影响，体现了可持续发展的理念。

3.1.2.3　铸钢

铸钢作为炼钢的下游工序，在工艺与技术上同样呈现出显著的现代化特征。当前，铸钢工艺以连续铸造为主流，与传统的钢锭铸造相比，连续铸造直接将钢水转化为钢坯，大幅度提升了生产效率，同时显著降低了能源消耗与生产成本。其与转炉炼钢的结合更进一步实现了高效一体化生产，成为现代钢铁工业的重要标志。其技术优势体现在金属回收率的提高及对资源的充分利用上，这不仅提升了企业的经济效益，也为全球钢铁工业的可持续发展奠定了技术基础。在这样的工艺优化过程中，钢铁行业展现了与时俱进的创新能力和追求卓越的生产理念。

3.1.2.4　轧钢

铸钢出来的钢锭和连铸坯，放入旋转的轧辊中间，从轧辊中间通过，被连续碾轧，这使它伸展变薄，轧制成各类钢材。轧制方式包括热轧和冷轧。

3.1.3　钢铁工业固体废物概述

3.1.3.1　钢铁工业生产工艺流程

钢铁工业生产工艺流程主要分为长流程和短流程两种类型。长流程工艺以铁矿石为原料，通过"高炉—转炉"工艺生产钢铁。其生产过程首先是原料准备，包括烧结矿和焦炭等。其次我们将原料投入高炉进行冶炼，获得液态铁水。再次，通过转炉吹炼去除杂质，我们得到钢水。在此基础上,钢水还需经过二次精炼,以进一步纯化。最后,经过连铸成型和轧制,各种钢材形成。短流程工艺则以废钢为原料,通过电炉工艺生产钢铁。废钢经过破碎、分选和预热处理,然后我们在电弧炉中利用电能熔化废钢,并去除杂质。经过二次精炼后,钢水得到纯化并达到合格标准,之后的工序与长流程类似,包括连铸和轧制等。相比长流程,短流程更加环保、节能,因为其利用了废钢资源,减少了对铁矿石的依赖,并能显著降低二氧化碳排放量。

3.1.3.2 钢铁工业固体废物的来源与分类

钢铁工业从铁矿开采、钢铁冶炼到加工制造各环节都有废渣产生,这些废渣通称为钢铁工业固体废物。其中包括:尾矿、高炉渣、钢渣、含铁尘泥、粉煤灰与铁合金渣和化铁炉渣等。

3.1.3.3 钢铁工业固体废物的性质

钢铁工业固体废物的成分相当复杂,化学成分及矿物组成如表3-1及表3-2所示。

表3-1 钢铁工业固体废物的化学成分

	CaO	SiO_2	Al_2O_3	MgO	Fe_2O_3	MnO	TiO_2	P_2O_5	FeO
尾矿	1.12%~2.68%	68.24%~72.16%	10.74%~14.82%	2.24%~3.25%	—	0.45%~0.95%	—	—	—
高炉渣	36.98%~45.54%	32.62%~41.37%	7.63%~17.34%	3.52%~11.61%	0.88%~4.21%	0.08%~4.30%	0.15%~1.10%	—	0.10%~1.38%
钢渣	39.30%~48.14%	10.15%~19.82%	1.54%~4.76%	3.42%~12.04%	0.22%~33.37%	1.11%~4.96%	0.45%~1.00%	0.56%~4.08%	7.34%~14.06%
含铁尘泥	12.32%~17.47%	2.50%~7.08%	1.12%~2.75%	2.69%~4.55%	—	—	2.53%~8.28%	37.95%~54.10%	30.56%~31.62%
粉煤灰	0.50%~8.00%	40.51%~59.27%	15.90%~32.70%	0.40%~2.23%	2.03%~19.07%	1.00%~2.80%	1.50%~20.00%	—	—
铁合金渣	3.09%~48.44%	27.20%~43.33%	7.46%~22.86%	6.76%~32.23%	—	0.16%~9.41%	0.15%~0.27%	0.01%~0.02%	0.42%~1.58%
化铁炉渣	48.51%~55.00%	25.80%~28.50%	9.15%~13.20%	2.12%~3.50%	0.30%~1.00%	0.10%~0.60%	—	—	—

表 3-2　钢铁工业固体废物的矿物组成

种类	矿物组成
尾矿	赤铁矿、钾钠斜长石、角闪石、石英、蛋白石、长石
高炉渣	慢冷:硅酸二钙(Ca_2SiO_4)、钙铝黄长石（$2CaO \cdot Al_2O_3 \cdot SiO_2$）、镁黄长石、钙长石、硫化钙等晶体 急冷:无定形活性玻璃体
钢渣	在冶炼过程中随着碱度提高，依次发生下列反应: $CaO+RO+SiO_2 = CaO \cdot RO \cdot SiO_2$ $2(CaO \cdot RO \cdot SiO_2)+CaO = 3CaO \cdot RO \cdot 2SiO_2+RO$ $3CaO \cdot RO \cdot 2SiO_2+CaO = 2(2CaO \cdot SiO_2)+RO$ $2CaO \cdot SiO_2+CaO = 3CaO \cdot 2SiO_2$ 主要矿物为硅酸三钙、硅酸二钙、橄榄石、蔷薇辉石、RO 相
铁合金渣	硅锰渣:锰蔷薇辉石、硅酸钙、混合晶体、钙长石、黄长石、水淬后为玻璃体 碳素铬铁渣:尖晶石、橄榄石、辉石、铬镁矿、董青石、水淬后为玻璃体 精炼铬铁渣:硅酸二钙、尖晶石、蔷薇辉石、橄榄石、黄长石、硅酸三钙
化铁炉渣	与高炉渣相似
含铁尘泥(高炉瓦斯灰、瓦斯泥、转炉尘泥)	铁、赤铁矿、钾钠斜长石、角闪石
粉煤灰与炉渣	活性二氧化硅和活性三氧化二铝的玻璃体、石英、莫来石、磁铁矿、橄榄石的晶体和未燃碳

3.1.3.4　钢铁工业固体废物的利用途径

钢铁工业固体废物的主要利用途径如表 3-3 所示。

表 3-3　钢铁工业固体废物的主要利用途径

种类	主要利用途径
尾矿	1.作井下充填料;2.尾矿免烧砖;3.生产快硬水泥;4.代替砂、石作混凝土骨料;5.作微晶玻璃花岗岩、陶瓷、建材
高炉渣	1.粒化高炉渣作水泥混合材料;2.粒化高炉渣作水泥;3.粒化高炉渣作砖;4.高炉渣作硅肥;5.慢冷渣作混凝土骨料、道路材料;6.膨胀矿渣珠作混凝土轻骨料;7.作矿渣棉、铸石、微晶玻璃原料
钢渣	1.作炼铁烧结矿原料;2 作炼铁熔剂;3.生产钢渣水泥;4.钢渣配烧水泥熟料;5.钢渣作水泥、混凝土掺和料;6.作道路工程材料;7.作工程回填料;8.作地面砖、墙体材料
铁合金渣	1.作水泥混合材料;2.作砖和建筑砌块;3.作工程骨料;4.作铸石制品;5.作肥料

种类	主要利用途径
化铁炉渣	1.作水泥混合材料;2.作建筑工程骨料
含铁尘泥	1.作烧结矿原料;2.作球团矿原料
粉煤灰与炉渣	1.作水泥混合材料;2.作混凝土掺和料;3.作工程建筑材料;4.作烧结砖;5 作粉煤灰陶粒;6.分选漂珠作耐火、保温材料;7.作公路路基材料;8.作复合磁化肥料

钢铁工业固体废物综合利用还存在诸多短板,主要表现为:

a.固体废物利用板块管理粗放,综合利用企业经营困难

钢铁企业在管理上普遍存在粗放的问题,尤其是在固体废物的产生、流转和回用方面,缺乏有效的统一协调和系统的管理机制。固体废物的综合利用作为一项系统工程,通常由多个子部门独立处置或外包处理,导致业务分散。这种管理模式不仅影响了废物的综合利用效率,还制约了相关技术发展和利用水平的提升。另外,由于钢铁、水泥行业产能过剩的影响,固体废物综合利用企业生产经营困难,直接影响综合利用水平。受北方施工冬歇期市场形势低迷的影响,一些钢铁产能集中地区的水渣出现大量堆存、填埋现象;由于技术、市场认可、生产成本等原因,钢渣粉生产线产能利用率不高,很多钢铁企业钢渣微粉生产线亏损严重,处于停产半停产状态。

b.固体废物资源化利用方式单一,部分难以实现利用

钢渣的深度综合利用一直是钢铁行业面临的重要挑战。钢渣产品中的磁选粉由于铁品位较低且含有较高的磷硫杂质,这使其在内部生产循环中的利用受限。钢渣粉作为主要的钢渣尾渣产品,通常与矿渣微粉混合后用于生产水泥或混凝土,但其活性较低、磨机故障率较高,并且面临着投资大、成本高的问题,这导致钢渣粉在水泥中的掺加比例仅为5%至7%,利用量有限,从而影响了生产线的产能,给企业带来了巨大的成本压力。含铁尘泥的回收利用途径单一,尤其是含锌的含铁尘泥,直接返回生产线会影响工艺,且难以实现有价元素的综合回收。一些非钢企业仅简单回收锌,然而这一过程会引发严重的污染问题。同时,轧钢铁皮生产磁粉等初级产品,导致市场竞争激烈,且高品质的氧化铁供给不足。随着脱硫技术的普及,脱硫副产物如脱硫石膏和脱硫灰的品质较差,且由于销售市场的区域限制,其综合利用面临较大困难。最后,钢铁生产中,钢渣和铁渣的余热回收系统及综合利用系统集成,仍面临难题,亟须我们进一步解决,以提高资源的有效利用水平。

c.与其他社会行业之间缺乏有效协同,循环有待加强

经过近些年发展,钢铁行业内循环经济取得很大发展,与水泥行业之间形成的循环经济产业链也取得较大发展;但在新产品开发、产品深加工领域与建材、道路工程、农业、电磁材料、化工等之间的产业链还只停留在初步运用阶段,钢厂消纳、处理含Cr渣、赤泥、废塑料等社会或其他企业的废弃物的功能尚未充分开发,行业之间循环产业链、行业与社会之间大循环工作有待进一步加强,以发挥协同效应。如钢渣在公路中主要作为半刚性基层材料,作为沥青混合料的系统研究有待进一步深入,其利用量远低于美国等发达国家;钢渣、炉渣、脱硫副产物硫胺等综合利用产品在农田中使用的安全性、适用性和商品化等问题,未

有农田长期施用无害化影响的综合评价报告,导致综合利用产品处于限制登记状态。

本部分我们主要选择其中排量和对环境危害较大的钢渣、高炉渣、除尘灰、脱硫灰、含铁尘泥五种废物作为代表,讨论其来源、性质、资源化利用问题。

3.2　钢　　渣

3.2.1　钢渣的来源和性质

3.2.1.1　钢渣的来源

钢渣是炼钢过程中排放的废渣,主要源于铁水中的氧化物、废钢中的杂质、金属炉料、造渣剂(如石灰石、萤石等)、氧化剂、脱硫产物及被侵蚀的炉衬材料等。炼钢过程利用氧气或空气氧化铁水中的碳、硅、锰、磷等元素,并与石灰石反应生成熔渣,进而促进钢渣的形成。钢渣可依据多种标准进行划分,按炼钢炉型可分为转炉钢渣、平炉钢渣和电炉钢渣;根据生产阶段的不同,平炉钢渣可细分为初期渣和后期渣,而电炉钢渣则分为氧化渣和还原渣;此外,钢渣还可以根据其化学性质被分为碱性渣和酸性渣。钢渣的产量通常占粗钢产量的 15%~20%,其产生量与冶炼方法、铁水中杂质的含量密切相关。在钢铁冶炼过程中,钢渣不仅是炼钢过程中的副产物,而且其成分和性质在一定程度上受冶炼方法的影响,这决定了其资源化利用的潜力和途径。因此,合理分类与高效利用钢渣,已成为现代冶金工业中重要的研究领域。

3.2.1.2　钢渣的组成

钢渣主要由钙、铁、硅、镁、铝、锰、磷等氧化物构成,其中钙、铁和硅氧化物比重较大。不同炉型和钢种的使用会导致各成分的含量存在显著差异,这反映了炼钢工艺对钢渣成分的影响。以氧化钙为例,一般平炉熔化时的前期渣中其含量达 20% 左右,精炼和出钢时的钢渣中其含量达 40% 以上;转炉钢渣中含量常在 50% 左右;电炉氧化渣中其含量为 30%~40%,电炉还原渣中其含量为 50% 以上。钢渣的化学成分如表 3-4 所示。

表 3-4　钢渣的化学成分

名称	CaO	FeO	Fe_2O_3	SiO_2	MgO	Al_2O_3	MnO	P_2O_5
转炉钢渣	45%~55%	5%~20%	5%~10%	8%~10%	5%~12%	0.6%~1%	1.5%~2.5%	2%~3%
平炉初期渣	20%~30%	27%~31%	4%~5%	9%~34%	5%~8%	1%~2%	2%~3%	6%~11%
平炉后期渣	40%~45%	8%~18%	2%~18%	10%~25%	5%~15%	3%~10%	1%~5%	0.2%~1%

名称	CaO	FeO	Fe$_2$O$_3$	SiO$_2$	MgO	Al$_2$O$_3$	MnO	P$_2$O$_5$
电炉氧化渣	30%~40%	19%~22%	—	15%~17%	12%~14%	3%~4%	4%~5%	0.2%~0.4%
电炉还原渣	55%~65%	0.5%~1.5%	—	11%~20%	8%~13%	10%~18%	—	—

钢渣的矿物组成主要包括硅酸三钙、硅酸二钙、钙镁橄榄石、钙镁蔷薇灰石、铁酸二钙、RO 相及游离石灰等。这些矿物的形成与钢渣的化学成分密切相关,尤其与其碱度存在显著联系。炼钢过程中,随着石灰的不断加入,钢渣的矿物组成发生变化。在炼钢初期,钢渣的主要矿物为钙镁橄榄石,其中镁可被铁和锰取代。当碱度逐步提高时,橄榄石会吸收氧化钙并转变为蔷薇辉石,同时释放出 RO 相。随着石灰含量的进一步增加,硅酸二钙和硅酸三钙逐渐生成。这一过程表明,钢渣的矿物组成不仅受到炼钢原料及反应条件的影响,还受到石灰添加量和碱度变化的直接调控。

3.2.1.3　钢渣的性质

a.碱度

钢渣的碱度是指其中 CaO 含量与 SiO$_2$、P$_2$O$_5$ 含量之和的比值,公式为 $R = CaO/(SiO_2 + P_2O_5)$。根据碱度的不同,钢渣可被分为低碱度渣(R 为 1.3~1.8)、中碱度渣(R 为 1.8~2.5)和高碱度渣(R>2.5)。碱度的变化直接影响钢渣的矿物组成及其处理性能。

b.活性

3CaO·SiO$_2$ 和 2CaO·SiO$_2$ 等活性矿物具有水硬胶凝性,能够在水中固化并形成强度。随着钢渣碱度的增加,尤其是当碱度大于 1.8 时,钢渣中 2CaO·SiO$_2$ 和 3CaO·SiO$_2$ 的含量会显著增加,达到 60%~80%。随着碱度进一步提高,3CaO·SiO$_2$ 的比例也会逐步增大。当碱度达到 2.5 时,钢渣的矿物组成则以 3CaO·SiO$_2$ 为主。这一变化表明碱对钢渣矿物相的形成与分布具有重要影响。

c.稳定性

钢渣中含有游离氧化钙(f-CaO)、MgO、3CaO·SiO$_2$、2CaO·SiO$_2$ 等成分,这些组分在特定条件下呈现不稳定性。只有当 f-CaO 和 MgO 基本被消解后,钢渣才会趋于稳定。这一过程对于钢渣的性质和应用至关重要。

d.耐磨性

钢渣的耐磨程度与其矿物组成和结构有关。若把标准砂的耐磨指数设为 1,则高炉渣的耐磨指数为 1.04,钢渣的耐磨指数为 1.43。钢渣比高炉渣还耐磨,因而钢渣宜作路面材料。

3.2.2　钢渣处理方法

钢渣是炼钢生产中产生的废弃物,为了减少炼钢厂的环境污染,确保钢渣处理满足"少投入、快产出、钢渣效益最大化,不少钢铁厂开始在市场上寻找优质的钢渣处理方法。

3.2.2.1　钢渣处理方法简介

钢铁厂炼钢产生的钢渣在出渣场所用渣罐进行盛装,倾翻装置将渣罐抱紧并移动渣罐,将钢渣倾倒至滚筒/热闷罐中,通过滚筒/热闷工艺对钢渣进行预处理,实现渣铁分离,同时激发钢渣的稳定性和活性;预处理后的钢渣经过振动给料筛筛除大块渣钢后,进入破碎磁选系统,通过棒磨机对钢渣破碎除铁提纯;提纯后的钢渣尾渣金属铁含量小于2%,细度小于10 mm。其中金属料可进行回收返回钢铁厂进行烧结和炼钢;5 mm以下钢渣进入粉磨系统,通过钢渣球磨机进行粉磨,新型环保又高效,生产出来的钢渣粉比表面积为400~500 m^2/kg,通过配比应用于水泥和混凝土掺和料,实现钢渣的高价值资源化利用。

a.冷弃法

冷弃法是一种传统的钢渣处理方法,通常将钢渣倒入渣罐进行缓冷,然后将其直接运输至渣场进行处置。这种方法在中国钢铁厂中较为常见,但存在诸多局限性。首先,冷弃法需要较高的设备投资和维护成本,且处理效率较低。钢渣经过缓慢冷却后,往往形成较为坚硬的固体块,这使得后续的钢渣加工和资源化利用面临困难。其次,冷却后的钢渣排放不畅可能会对炼钢过程产生负面影响,增加了钢铁生产的难度。因此,新建炼钢厂在考虑生产工艺时,应避免采用冷弃法,以提高生产效率和资源利用率。

b.热泼法

热泼法是随着炼钢炉容量的增加和氧气吹炼技术的普及而发展起来的一种钢渣处理工艺。该方法将钢渣快速倒入渣罐后,利用分层冷却和水分的加速作用,使钢渣快速降温,从而有效提高了排渣效率。与冷弃法相比,热泼法能更好地控制钢渣的冷却过程,促进钢渣的快速固化,减少了运输和处理过程中的困难。冷却后的钢渣可以经过破碎、筛分及磁选等工艺,进一步被加工和利用,为钢渣的资源化利用提供了更加高效的途径。钢渣热泼法工艺流程如图3-1所示。

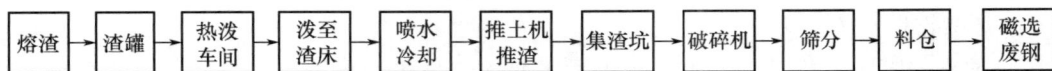

熔渣 → 渣罐 → 热泼车间 → 泼至渣床 → 喷水冷却 → 推土机推渣 → 集渣坑 → 破碎机 → 筛分 → 料仓 → 磁选废钢

图3-1　钢渣热泼法工艺流程

热泼法虽然需要大型装载和挖掘机械,设备损耗较大,且占地面积广,破碎加工过程中粉尘量较大,但其工艺相对成熟,操作安全可靠,排渣速度较快。这些优势使其成为全球范围内转炉钢渣处理加工普遍采用的方法,能够有效提高钢渣处理效率。

c.盘泼水冷法

盘泼水冷法是一种在钢渣处理过程中应用的工艺,通常在钢渣车间设置高架泼渣盘。熔渣通过吊车泼洒至渣盘上,形成厚度为30~120 mm的渣层,随后喷洒水分,促使钢渣迅速冷却并破裂。冷却后的渣体被翻倒并倒入运渣车,再通过喷水进一步降温,最终将其倒入水池中进行进一步冷却和粉碎。该方法操作安全、环境友好、污染较小,且处理过程较为简便。然而,由于其工艺环节较多,操作烦琐且生产成本较高,因此其适用范围受到一定限制。

d.钢渣水淬法

钢渣具有较高的碱度和黏度,这导致其水淬处理具有较大难度。自20世纪60年代后期,水淬工艺的研究逐步开展,并在一些国家进行试验。然而,该工艺在工业生产中的广泛应用,特别是在转炉钢渣处理方面,主要得益于中国的技术进步。水淬工艺的基本原理是通过压力水的作用在高温液态钢渣流出和下降过程中进行分割和击碎,并利用水与高温熔渣的接触实现急速冷却,促使钢渣产生应力集中从而破裂。这一过程不仅伴随热交换,还使熔渣粒化。根据不同炼钢设备及工艺布置,水淬工艺可呈现出多种形式,主要包括三种不同方式。

e.倾翻罐-水池法

在中大型炼钢车间,倾翻罐-水池法是一种常见的钢渣处理工艺,主要将钢渣倒入水池中进行水淬冷却。这一方法特别适用于钢渣物化性能较为稳定、流动性较好的情况。其基本原理是通过倾翻渣罐将熔渣投入水池中,同时利用压力水流对水池进行搅动,有效防止局部水温过高,避免钢渣在水池中形成块状物。该工艺不仅能提高水淬效率,还能够减少钢渣冷却过程中可能出现的不均匀情况,确保钢渣颗粒的质量稳定。倾翻罐-水池法的优势在于适应大规模的钢渣处理需求,能够处理较大数量的钢渣,同时通过水流的搅动增强冷却效果,避免冷却过程中渣块的形成,提高生产效率。

f.中间罐(开孔)-压力水-水池(或渣沟)法

中间罐(开孔)-压力水-水池(或渣沟)法主要用于处理平炉、电炉及小型转炉等炼钢设备中的钢渣。此工艺在渣罐上打孔并采用节流装置控制渣流量,从而确保钢渣与压力水的相遇能够迅速发生,进行高效冷却。冷却后的钢渣形成颗粒状,随后通过水力输送到集渣池中。这种处理方式特别适合处理较为复杂的渣料,并能够高效地将钢渣冷却至粒状,便于后续的运输与储存。由于使用压力水对钢渣进行快速冷却,这一方法在提高水淬效率、缩短冷却时间及减少能耗方面具有显著优势。此外,该方法还能实现钢渣颗粒的较好分散,使得冷却后的渣料质量更加均匀,具有较强的工业应用价值。

g.炉前直接水淬工艺

炉前直接水淬工艺适用于渣量较少或需要连续排渣的炼钢工艺。该方法将熔渣通过导渣槽直接导入水淬槽中进行快速冷却,简化了传统的渣处理工艺流程。与其他冷却方式相比,炉前直接水淬工艺减少了冷却过程中的过渡环节,减少了占地面积和设备投资,同时能够快速有效地降低钢渣温度,提高钢渣质量的稳定性。该工艺特别适合小规模生产或需要高频次排渣的生产线,直接将熔渣引入水淬槽,可以在保证冷却效果的同时提升生产效率。此外,水淬后形成的钢渣颗粒质量稳定,广泛适用于建筑、烧结等多个领域,具有较高的经济效益和应用前景。

3.2.2.2 钢渣处理步骤

钢渣处理工艺通过一系列步骤实现了钢渣的高效利用,推动了资源的循环再利用。

a.第一阶段,钢渣处理首先经过预处理,主要用的是盘泼和热闷工艺。对于一些粒径超过初碎要求的大颗粒进料,我们需要使用锤破进行处理,预处理后的钢渣满足设备进料要求。

b.第二阶段,钢渣加工分离工艺也就是通常所说的破碎筛分,主要是将常温下钢渣经均匀给料、粗碎、中碎等,对原料进行破碎和分离。采用的设备有钢渣专用颚式破碎机、圆锥式破碎机及筛分设备。

c.第三阶段,除铁,在破碎和筛分构成中圆锥式破碎机是禁止过铁的,在生产线中加入除铁装置对其进行过铁,保证设备的正常运行。

d.第四阶段,钢渣精加工工艺,粉磨。经过破碎和磁选的物料,通过筛分后进入磨机,可以获得不同细度的物料,用于制作砖、钢渣水泥和混凝土等。

钢渣处理方法可实现整个钢渣处理过程的机械化和连续化,从各方面最大限度地降低投产运行后的经营成本,因此,采用该方案进行钢渣处理在经济方面可实现效益的最大化。通过新兴干法钢渣破碎磁选工艺处理后的钢渣,渣、钢分离彻底,我们所得废钢产品品位高,可很好地满足炼钢厂的使用要求,避免了低品位钢渣给炼钢厂造成的硫磷等有害元素富集、渣量大喷溅、不能准确称量造成浇铸缺陷等影响。钢渣破碎磁选工艺处理后的钢渣,尾渣中金属铁含量低于 1.5%,最大限度地回收了钢铁料,节约资源,避免浪费。

3.2.3　资源化和综合利用

20 世纪初期,国外开始研究钢渣的利用问题,但由于钢渣成分复杂多变,其利用率始终不高,许多国家积累了大量弃置的钢渣,既占用土地,又对环境造成影响。然而,随着矿源和能源的紧张及炼钢和综合利用技术的发展,钢渣的有效利用逐渐得到关注,相关处理和资源化利用逐步成为可能,这推动了钢渣的综合利用进程。20 世纪 70 年代以来各国钢渣的利用率迅速提高,美国每年产生 1 700 多万吨钢渣,利用率最高,在 20 世纪 70 年代已达到排、用平衡。

近年来,中国每年产生 15 亿吨左右钢渣,由于对钢渣的处理利用进行了大量的研究,到 2019 年我国钢渣利用率已达 86% 左右,1 吨钢渣的经济效益高达 40 元左右,取得了良好的经济效益和环境效益。钢渣的主要利用途径是在钢铁公司内部自行循环,代替石灰作为熔剂,返回高炉或烧结炉内作为炼铁原料,也可以用于公路路基、铁路路基及作为水泥原料,改良土壤等。钢渣的常用用途如图 3-2 所示。

3.2.3.1　作为冶金原料

a.作烧结熔剂

转炉钢渣作为一种重要的工业副产品,因其独特的化学成分和替代性,已经在冶金行业中得到广泛应用。转炉钢渣含有 40% ~ 50% 的 CaO,每吨钢渣可替代 0.70 ~ 0.75 吨石灰石,并可加工成小于 8 mm 的钢渣粉,作为烧结熔剂。钢渣的添加量一般控制在 4% ~ 8%,我们根据矿石品位和含磷量的不同进行调整。适量的钢渣能够提高烧结矿的质量,改善结块率、转鼓指数等关键指标,且能降低风化率,提升烧结成品率。钢渣经过水淬处理后,形成的颗粒结构有助于提高烧结效率,减少燃料消耗,优化烧结过程。此外,钢渣作为烧结熔剂,能够回收其中的钢粒、氧化铁等资源,实现了钢铁冶炼过程中的高效资源循环,进一步促进了工业废料的再利用。我国在钢渣用于烧结方面进行了大量的研究工作,不少钢厂取

铁路碎石　　　　　　钢渣筑路　　　　　　钢渣肥料

烧结矿　　　　　　钢渣砖块　　　　　　钢渣水泥

图3-2　钢渣的常用用途

得了较好效益。例如某钢厂在烧结矿中配入水淬转化炉钢渣后,其技术经济效果为烧结机利用系数提高10%以上;转鼓指数提高2%~4%;焦耗降低5%;FeO降低2%。虽然铁品位降低1%~2%,但高炉利用系数仍提高0.1 t/(d·m³);焦比每吨铁降低31 kg。

b.作高炉或化铁炉熔剂

钢渣中含有大量的铁、钙和镁等化学元素,这些成分使其具备了良好的熔剂特性。将钢渣直接返回高炉或化铁炉,我们能够有效回收其中的铁资源,并替代部分石灰石和白云石等传统熔剂,从而节省了能源和资源。这一做法不仅提高了资源利用效率,还减少了环境污染,尤其在烧结能力较弱的高炉中尤为适用,能够显著提升生产过程的经济性与可持续性。

c.作炼钢返回渣

在转炉炼钢过程中,钢渣的返回应用展现了显著优势。高碱度的返回钢渣能够加速成渣过程,促进钢液中杂质的去除,从而提高钢水的质量。此外,返回钢渣有助于减少对炉衬的侵蚀,延长炉龄,从而降低了耐火材料的消耗。这一过程不仅优化了原料的配比,还提升了整体生产效率,降低了炼钢成本。通过合理利用返回钢渣,我们不仅增强了炼钢过程的稳定性,还提高了经济效益。

d.回收废钢

钢渣中常常含有一定量的废钢和钢粒,这些金属资源可以通过磁选等处理工艺被有效提取出来,重新用于炼钢过程中作为调温剂。通过这一过程,我们不仅提高了钢渣的综合利用率,还减少了废钢的浪费,特别在低磷区域,钢渣的回收利用能够实现较高比例的金属回收,进一步推动了钢铁生产的资源循环利用,符合现代绿色制造的发展需求。

3.2.3.2　用于建筑材料

a.生产水泥

钢渣作为一种工业副产品,因其独特的水硬胶凝性和含有硅酸三钙、硅酸二钙、铁铝酸盐等活性成分,广泛应用于水泥生产中。其显著的水硬性使得钢渣可以作为无熟料或少熟料水泥的原料或掺和料,极大地促进了资源的循环利用。钢渣水泥的生产不仅能够减少传统水泥生产过程中对自然资源的依赖,还可以减少二氧化碳的排放,从而在环保和可持续发展方面发挥重要作用。

目前市场上已有多种类型的钢渣水泥,其中包括无熟料钢渣矿渣水泥、少熟料钢渣矿渣水泥及钢渣沸石水泥等。不同类型的钢渣水泥具有各自的特点和应用领域。无熟料钢渣矿渣水泥主要依赖于钢渣本身的化学反应活性,适用于一些低强度需求的领域;少熟料钢渣矿渣水泥则通过添加少量熟料,优化了水泥性能,广泛应用于建筑施工中。钢渣沸石水泥则在其基础上加入了沸石成分,进一步提高了强度和耐久性。钢渣水泥具有许多优点,首先,其适宜蒸汽养护,能有效提高养护效率;其次,钢渣水泥在后期强度的提升上表现出色,具有较高的长期强度;此外,钢渣水泥还具有良好的耐腐蚀性和耐磨性,特别适用于恶劣环境中的基础设施建设;其低水化热特性使其在大型工程中更加安全。生产过程方面,钢渣水泥的制造过程较为简单,设备需求少,能耗和生产成本较低,具有明显的经济优势。然而,钢渣水泥也存在一定的局限性。其早期强度相对较低,且其性能在一定程度上受到钢渣成分和加工工艺的影响,导致钢渣水泥在某些领域的应用受到限制。尤其在高强度需求的工程中,钢渣水泥的使用面临一定挑战。

在中国,钢渣水泥的生产能力已接近 30 万吨,并且由于钢渣中含有 40%～50% 的氧化钙,钢渣水泥的水泥性能得到了提升,有助于降低生产成本,并增强水泥的强度和耐久性。钢渣水泥的类型与应用日益多样化,主要有两种:一种是以石膏为激发剂的无熟料钢渣矿渣水泥,适合作为砌筑砂浆和墙体材料;另一种是以水泥熟料为激发剂的钢渣矿渣水泥,标号较高,广泛应用于大坝建设和道路铺设等领域。随着技术的不断进步,钢渣水泥的应用前景仍然广阔。

b.作筑路与回填工程材料

钢渣碎石因其独特的物理和化学特性在工程建设中展现了广泛的应用潜力。其较大的容积密度、高强度和粗糙的表面赋予其优异的耐磨性和稳定性,与沥青材料的牢固结合使其成为铁路和公路建设的理想选择。钢渣具有显著的板结能力,尤其适用于沼泽和沿海地区的筑路与造地工程。作为公路碎石材料,钢渣不仅满足了大规模需求,还具备良好的渗水和排水性能,从而显著提升了沥青混凝土路面的耐磨性和防滑性能。在铁路道砟应用中,钢渣除具有高强度和稳定性外,其低导电性有效避免了对铁路电信系统的干扰。

尽管钢渣在使用过程中可能因体积膨胀而出现问题,但国际上普遍通过洒水堆放并自然陈化的方式进行处理,以避免膨胀、破裂和粉化的风险。在中国,钢渣作为工程材料使用有严格要求,经陈化处理后的钢渣粉化率不得超过 5%,同时需具备适当的粒径级配,最大块径应小于 300 毫米。为确保性能稳定性,钢渣常与粉煤灰、炉渣或黏土混合使用。此外,为避免潜在风险,钢渣被严格禁止作为混凝土骨料使用。这些措施有效提升了钢渣在工程领域的应用安全性与可靠性,为资源循环利用和可持续发展提供了技术支撑。

3.2.3.3 用于农业

a.作钢渣磷肥

钢渣作为一种以钙和硅为主要成分的复合矿质肥料,富含多种植物所需的养分,兼具速效性与长效性。在冶炼过程中,由于经历了高温煅烧,其主要成分的溶解度显著提升,全量中的1/3~1/2甚至更高比例可溶解,为植物吸收提供了便利。此外,钢渣中还含有锌、锰、铁、铜等多种微量元素,这些成分能够在不同土壤和作物条件下发挥多重肥效作用。实践证明,无论是高含磷量的钢渣还是普通钢渣,在酸性和缺磷的碱性土壤中均能有效促进作物生长,展现出显著的农业增产潜力。

在实际施用中,钢渣磷肥的使用方法需科学规划以确保效果。作为基肥施用时,其需与耕作结合并与种子保持适当间距;与有机堆肥混合使用可增强其在中性和碱性土壤中的综合肥效;避免与某些氮素化肥混用以减少养分流失。同时,根据土壤酸碱性的合理配比施用,有助于避免土壤酸化或板结现象,进而确保肥效的可持续性和长期稳定性。

b.作硅肥

钢渣中含有丰富的硅元素,具有作为硅肥的潜力。将钢渣磨细至60目以下后,其可作为水稻生产的硅肥,施用后能够有效促进水稻生长,通常可带来约10%的增产效果。

c.作酸性土壤改良剂

含有较高 Ca、MgO 的钢渣经磨细后,可作为酸性土壤的改良剂,我们利用其磷和微量元素能提高农作物的抗病虫害能力。

3.3 高 炉 渣

3.3.1 来源、分类和组成

a.高炉渣的来源

高炉渣是冶炼生铁时从高炉中排出的废物。炼铁的原料主要是铁矿石、焦炭和助熔剂。当炉温达到1 400~1 600 ℃时,炉料熔融,矿石中的脉石、焦炭灰分和助熔剂及其他杂质,与铁水中不溶的成分反应,形成以硅酸盐和铝酸盐为主的高炉渣,浮于铁水之上。

每生产1 t 生铁高炉渣的产生量,随着矿石品位和冶炼方法不同而变化。一般地,采用贫铁矿炼铁时,每吨生铁产生1.0~1.2 t 高炉渣;采用富铁矿炼铁时,每吨生铁只产生0.25 t 高炉渣。由于近代选矿和炼铁技术水平的提高,高炉渣量已大大下降。

b.高炉渣的分类

高炉渣的分类可以依据不同标准,常见的两种分类方法分别从冶炼生铁的品种和碱度两方面展开。

根据冶炼生铁的品种进行分类,主要包括生铁矿渣、炼钢生铁矿渣和特种生铁矿渣。生铁矿渣通常由铁矿石与焦炭在高炉中冶炼时生成,具有较为基础的化学组成;炼钢生铁矿渣则是在炼钢过程中,由高炉渣与废钢料及其他合金元素反应生成,化学成分较为复杂,且具有较高的工业应用价值;特种生铁矿渣则是在特定冶炼条件下,按需生产的矿渣,通常具有特殊的化学和物理性质,广泛用于建筑、农业等领域。

根据碱度(M)来划分高炉渣的类型,具体可分为碱性矿渣($M>1$)、中性矿渣($M=1$)和酸性矿渣($M<1$)。碱性矿渣的 M 值大于1,通常含有较多的氧化钙和氧化镁,适用于需要较高碱度的冶金工艺;中性矿渣的 M 为1,具有平衡的酸碱性质;酸性矿渣的 M 小于1,通常

富含二氧化硅和氧化铝,呈现酸性特征,适用于特定的钢铁冶炼过程。

c.高炉渣的组成

高炉渣的主要成分包括二氧化硅（SiO_2）、氧化铝（Al_2O_3）、氧化钙（CaO）、氧化镁（MgO）、氧化锰（MnO）、氧化铁（Fe_2O_3）和硫（S）等,其中氧化钙、二氧化硅和氧化铝占据了大部分比重,合计超过90%。氧化钙是高炉渣的主要成分之一,通常用于调节矿渣的酸碱度,并对渣的流动性和冶炼过程中的脱硫作用起到重要作用;二氧化硅则影响矿渣的熔点和黏度,是高炉渣的基础性成分之一;氧化铝则在矿渣的矿物相形成中起着重要作用,能够改善矿渣的机械性能。氧化镁、氧化锰和氧化铁则主要与冶炼过程中的各类金属反应,影响高炉渣的物理性质及对环境的适应性。硫是一种重要的杂质元素,我们通常需要在冶炼过程中通过合理控制手段来减少其含量,避免对产品质量产生负面影响。高炉渣化学成分如表3-5所示。

表 3-5　高炉渣化学成分

名称	CaO	SiO_2	Al_2O_3	MgO	MnO	Fe_2O_3	TiO_2	V_2O_5	S	F
高铁渣	23%~46%	20%~35%	9%~15%	2%~10%	<1%	—	20%~29%	—	<1%	
锰铁渣	28%~47%	21%~37%	11%~24%	2%~8%	5%~23%	0.1%~1.7%	—	0.1%~0.6%	0.3%~3.0%	
含氟渣	35%~45%	22%~29%	6%~8%	3.0%~7.8%	0.1%~0.8%	0.15%~0.19%	—	—	—	7%~8%

高炉渣的化学成分随矿石的品位和冶炼生铁的种类不同而变化。当冶炼炉料固定和冶炼正常时,高炉渣的化学成分的波动是很小的,这对综合利用是有利的。中国高炉渣大部分属于中性矿渣,碱性率一般为0.99%~1.08%。

高炉渣的矿物组成受生产原料及冷却方式的显著影响。碱性高炉渣主要由黄长石(如钙铝黄长石和钙镁黄长石)构成,并含有少量硅酸二钙、假硅灰石等矿物成分。这些矿物的出现与冶炼过程中使用的原料类型密切相关,尤其是石灰石和矿石的比例对渣的性质有决定性作用。酸性高炉渣的矿物组成则依赖于冷却速率的变化。快速冷却通常会导致玻璃体的形成,缓慢冷却则有利于矿物的结晶,如黄长石、辉石和斜长石等矿物的生成。此外,高钛高炉渣的主要矿物为钙钛矿和钛辉石,而锰铁高炉渣则主要包含锰橄榄石。

根据高炉渣的化学成分和矿物组成,高炉渣属于硅酸盐材料范畴,适于加工制作水泥、碎石、骨料等建筑材料。

3.3.2　处理技术

在利用高炉渣之前,我们需要进行加工处理。其用途不同,加工处理的方法也不相同。国内通常是通过高炉渣水淬处理、矿渣碎石处理、膨胀矿渣和膨胀矿渣珠处理等工艺对其加以利用。

a.高炉渣水淬处理工艺

高炉渣水淬处理工艺是当前国内高炉渣处理的主要技术之一。该工艺将热熔状态的高炉渣迅速冷却,以实现对高炉渣的资源化利用和对环境影响的控制。根据不同的操作方式,水淬处理工艺主要包括渣池水淬和炉前水淬两种形式。渣池水淬工艺将熔渣从高炉引出,运至远离炉口的水池中进行急速冷却。这一方法的显著优势在于其能够有效节约水资源,减少水的使用量。然而,渣池水淬也存在一定的环境挑战,尤其是在处理过程中容易产生大量的渣棉和硫化氢气体,这些副产物不仅对空气质量产生影响,还可能造成污染。炉前水淬工艺通过高压水流将熔渣快速冷却并将其转化为颗粒状水渣,随后通过不同的输送系统将其送至沉渣池进行沉淀处理。炉前水淬工艺根据渣的处理和输送方式的不同,可分为炉前渣池式、水力输送渣池式和搅拌槽泵送法等几种类型。炉前渣池式适用于小型高炉,其将熔渣直接冲入高炉旁的沉渣池内,通过简单的机械设备将水渣取出并转运。该方法的优点在于省去了渣罐运输过程,减少了设备投入,简化了操作。然而,其缺点也较为明显,尤其是在处理过程中可能会产生有害气体,污染周围环境,影响设备正常运行。水力输送渣池式则在一定程度上改善了炉前水淬的操作条件。熔渣经过高压水流冷却后,通过渣沟输送到渣池进行沉淀,并通过吊车等机械设备进行取渣。此种方法有两种供水方式:直流和循环供水,其中循环供水能有效减少用水量并降低环境污染。尽管该工艺在运输和污染控制方面有所优化,但在过滤环节仍存在一定技术难题,尤其是渣水中的悬浮物对水泵的磨损影响较大,需定期维护。搅拌槽泵送法,也称为拉萨法,是另一种高炉渣水淬处理技术。

b.矿渣碎石处理工艺

矿渣碎石是高炉渣在指定渣坑或渣场冷却后,经过挖掘、破碎、磁选和筛分等处理得到的致密碎石材料。其生产工艺主要包括热泼法和堤式法两种。该材料具有良好的力学性能和环保特性,广泛应用于建筑、道路等领域。热泼法是将熔渣分层浇泼在坑内或渣场上,泼完后,喷洒使热渣冷却和破裂,达到一定厚度后,我们即可用挖掘机等进行采掘,用汽车运到处理车间进行破碎、磁选、筛分加工,并将产品分级出售。该方法生产工艺简单,但有许多不足之处。目前国外多采用薄层多层热泼法,该法每次排放的渣层厚度为 4~7 cm、6~10 cm 和 7~12 cm。相比过去常用的单层放渣,该法的优点是操作容易;渣坑容积大;放出的渣层薄,熔渣中的气体容易逸出,渣的密度大;分层放渣时产生的玻璃态物质,易被上层的熔渣充分结晶化并得到退火。堤式法是用渣罐车将热熔矿渣运至堆渣场,沿铁路路堤两侧分层倾倒,待形成渣山后,再进行开采,即可制成各种粒级的重矿渣。堤式法实际上是一种开采渣山的方法,国内某些钢铁企业历年抛渣形成渣场后,为了利用重矿渣、挖掉渣山而采取的一种开采方法。

c.膨胀矿渣和膨胀矿渣珠处理工艺

膨胀矿渣是将高炉熔渣急速冷却形成的多孔轻质矿渣。其生产工艺包括喷射法、喷雾器、堑沟法和滚筒法等。该材料因质轻和良好的热隔离性能,广泛应用于建筑、保温等领域。喷射法是欧、美有些国家使用的方法。一般是在熔渣倒向坑内的同时,坑边有水管喷出强烈的水平水流进入熔渣,使渣急冷增加黏度,形成多孔状的膨胀矿渣。喷出的冷却剂可以是水,也可以是水和空气的混合物,其压力为 0.6~0.7 MPa;喷雾器堑沟法是苏联生产膨胀渣的主要方法,其工艺类似于喷射法。使用的喷雾器为渐开线式的喷头或用装有小孔的水管制成。喷雾器设在沟的上边缘。放渣时,由喷雾器向渣流喷入压力为 0.5~0.6 MPa 的水流,水流能够充分击碎渣流,使熔渣受冷增加黏度,渣中的气体及部分水蒸气固定下来,形成多孔的膨胀矿渣;滚筒法是国内常用的一种方法。此法工艺设备简单,主要由接渣槽、溜槽、喷水管和滚筒组成。膨胀矿渣珠的生产工艺以热熔矿渣的急冷和冷却膨胀为核心过程。当熔渣通过溜槽时,受到高压水流的冲击,与水混合后进入高速旋转的滚筒,通过击碎、抛甩和持续冷却具有膨胀效果。冷却后的膨胀矿渣珠因多孔、质轻且表面光滑的特性,具有良好的应用性能。该工艺水耗较低,释放的硫化氢气体较少,减轻了对环境的污染。同时,膨胀矿渣珠无须后续破碎加工,可直接作为轻混凝土骨料使用,展现了较高的生产和应用效率。

3.3.3　资源化利用技术

高炉渣是冶金工业中数量最多的一种渣。为了处理这些废渣,国家每年要耗用大量资金用于修筑排渣场和铁路线,浪费了大量人力、物力。目前中国每年排出量已达 3 亿吨左右,主要应用首先是把热熔渣制成水渣,用于生产水泥和混凝土,其次是生产矿渣骨料,少量高炉渣用于生产膨胀矿渣珠和矿渣棉。中国目前高炉渣的利用率在 85% 左右,每年仍有数百万吨高炉渣弃置于渣场,而英国、美国、德国和日本等工业发达国家,自 20 世纪 70 年代以来就已做到当年排渣,当年用完,全部实现了资源化。

3.3.3.1　水渣作建材

中国高炉渣主要用于生产水泥和混凝土。中国有 75% 左右的水泥中掺有水渣。水渣因其潜在的水硬胶凝性能,在水泥熟料、石灰、石膏等激发剂作用下,可展现出较好的水硬性,是一种优质的水泥原料。该材料不仅具有较高的强度和稳定性,还在建筑行业中得到了广泛应用。

a.矿渣硅酸盐水泥

矿渣硅酸盐水泥是由硅酸盐水泥熟料、粒化高炉渣及适量石膏研磨制成的一种水硬性胶凝材料,其水渣含量因水泥标号而变化,通常在 20%~70%。凭借较高的渣料利用率,矿渣水泥已成为生产中广泛应用的重要品种,特别适用于 400 号以上等级水泥的制造。该材料表现出较强的抗溶出性和抗硫酸盐侵蚀能力,在水上工程、海港及地下工程中具有显著优势。同时,矿渣水泥水化热较低,非常适用于大体积混凝土的施工。尽管其早期强度较低,但后期强度增长明显,施工时我们需加强早期养护。此外,其抗冻性能在循环干湿或冻融环境下相对较差,因此不适用于水位变化频繁的工程结构。

b.石膏矿渣水泥

石膏矿渣水泥是一种由约 80% 的水渣、15% 的石膏及少量硅酸盐水泥熟料或石灰混合研磨而成的水硬性胶凝材料。石膏在该水泥中的作用是提供水化所需的硫酸钙成分,充当硫酸盐激发剂;而少量硅酸盐水泥熟料或石灰则起到碱性活化作用,促进铝酸钙和硅酸钙的水化,属于碱性激发剂。石灰的加入量一般不超过 3%~5%,硅酸盐水泥熟料的掺入量通常在 5%~8%。该种水泥具有较低的生产成本,良好的抗硫酸盐浸蚀性和抗渗透性,特别适用于水利工程的混凝土结构以及各种预制砌块的制造。

c.石灰矿渣水泥

石灰矿渣水泥是一种水硬性胶凝材料,由粒化高炉矿渣、生石灰或消石灰以及少量天然石膏按比例磨制而成。石灰的掺入量通常控制在 10%～30%,其主要作用是激发矿渣中的活性成分,形成水化铝酸钙和水化硅酸钙,从而提高水泥的胶凝性能。掺量不足会影响矿渣活性的发挥,而掺量过高则可能引发凝结异常、强度下降和安定性问题。因此,石灰的掺量应依据原料成分优化调整,一般控制在 12%～20%。此水泥适用于蒸汽养护混凝土预制品及地下工程等领域。

d.矿渣砖

用水渣加入一定量的水泥等胶凝材料,经过搅拌、成型和蒸汽养护而成的砖。其生产工艺流程如图 3-3 所示。

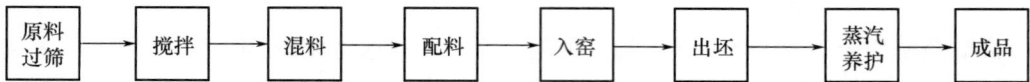

原料过筛 → 搅拌 → 混料 → 配料 → 入窑 → 出坯 → 蒸汽养护 → 成品

图 3-3 矿渣砖生产工艺流程

矿渣砖的生产采用粒度不超过 8 毫米的粒化高炉矿渣作为主要原料,通过合理配比并经过特定工艺制成。生产过程中,蒸汽温度一般控制在 80～100 ℃,养护时间约为 12 h,出窑后即可投入使用。标准配比通常为 87%～92% 的粒化高炉矿渣、5% 至 8% 的水泥和 3%～5% 的水,制成的砖强度可达约 10 MPa,适用于普通房屋和地下建筑。此外,将 47% 的矿渣粉与 60% 的粒化高炉矿渣混合,并在 1.0～1.1 MPa 蒸汽压力下蒸压 6 h,其也可获得较高的抗压性能。这种工艺提升了矿渣砖的力学性能,扩大了其在建筑领域的应用范围。

e.矿渣混凝土

矿渣混凝土是一种以水渣为主要原料,辅以激发剂如水泥熟料、石灰和石膏,通过加水碾磨并与骨料混合制成的建筑材料。该材料生产过程简便,可满足小型混凝土预制厂的生产需求。在物理力学性能方面,矿渣混凝土的抗拉强度、弹性模量、耐疲劳性能及钢筋黏结力与传统普通混凝土相近,显示出相似的结构稳定性。此外,矿渣混凝土具有显著的优势,尤其是在抗水渗透性能和耐热性能上表现突出。其抗水渗透性能优秀,适用于对防水性要求较高的工程,而耐热性能则使其适用于 600 ℃ 以下的热工工程,强度可达到 50 MPa。自20 世纪中期以来,矿渣混凝土在中国建筑工程中得到了广泛应用,凭借其稳定的产品质量和可靠的性能,展示出良好的市场推广前景。

3.3.3.2 矿渣碎石的利用

矿渣碎石的物理性能与天然岩石相似,具备良好的稳定性、坚固性、撞击强度、耐磨性和韧度,能够满足各类工程的要求。其应用领域包括公路、机场、地基工程、铁路道砟、混凝土骨料以及沥青路面等。矿渣碎石的使用量大,作为替代天然石料的材料,其具有较高的资源利用价值,符合现代工程建设的要求,尤其在资源紧张的情况下,具有重要的经济和环境意义。

　　a.配制矿渣碎石混凝土

　　矿渣碎石混凝土是以矿渣碎石作为骨料配制的混凝土,其制作工艺与普通混凝土相似,但水泥浆中所需的水量略高,通常增加量为重矿渣质量的 1%~2%。这种混凝土具有与普通混凝土相当的物理力学性能,同时展现出良好的保温性、热稳定性、耐热性、抗渗性和耐久性。与天然骨料混凝土相比,矿渣碎石混凝土在强度相当的情况下,具有约 20% 的容重减少。矿渣碎石混凝土自中华人民共和国成立以来已在多个重要建筑项目中得到广泛应用,并取得了良好的实际效果。例如鞍钢集团有限公司的许多冷却塔是 20 世纪 30 年代用矿渣碎石混凝土建造的,至今仍完好;鞍钢集团有限公司的 8 号高炉基础也是 20 世纪 30 年代建造的,其矿渣碎石混凝土的基础良好。

　　b.矿渣碎石在地基工程中的应用

　　矿渣碎石的强度与天然岩石的强度大体相同,其块体强度一般都超过 50 MPa,矿渣碎石的颗粒强度完全符合地基工程的要求,能够有效承受地基负荷。作为处理软弱地基的材料,矿渣碎石在中国已有几十年的应用历史,广泛用于大型设备的混凝土结构,如高炉基础、轧钢机基础和桩基础等,展现了良好的工程适用性和稳定性。

　　c.矿渣碎石在道路工程中的应用

　　矿渣碎石具有较慢的水硬性和良好的光线漫射性能,摩擦系数较大,适用于道路建设。以矿渣碎石为基料的沥青路面,不仅具有较高的亮度和良好的防滑性能,还展现出优异的耐磨性,能够有效缩短制动距离。此外,矿渣碎石相较于普通碎石,具有更高的耐热性能,适用于喷气式飞机跑道等特殊工程。

　　d.矿渣碎石在铁路道砟上的应用

　　矿渣碎石作为铁路道砟材料,能够有效减少列车行驶时产生的振动,并具有良好的噪声吸收性能。尽管其在中国铁路上的应用历史较长,但大规模使用始于中华人民共和国成立后。至今,矿渣道砟已广泛应用于钢铁企业的专用铁路线上,尤其在鞍山钢铁集团有限公司,自 1953 年起,矿渣道砟在多种铁路线路上得到广泛应用,并且在木轨枕、预应力钢筋混凝土轨枕和钢轨枕等方面表现良好。经过几十年的实际使用,矿渣道砟在哈尔滨至大连的一级铁路干线上的应用效果依然良好,展现了长期的稳定性和可靠性。

3.3.3.3　膨珠作轻骨料

　　近年来发展起来的膨珠生产工艺制取的膨珠质轻、面光、自然级配好、吸声、隔热性能好,可以制作内墙板、楼板等,也可用于承重结构。其用作混凝土骨料可节约 20% 左右的水泥,中国采用膨珠配制的轻质混凝土容积密度为 1 400~2 000 kg/m²,较普通混凝土轻 1/4 左右,抗压强度为 9.8~29.4 MPa,热导率为 0.407~0.528 W/(m·K),具有良好的物理力学性质。

3.3.3.4　高炉渣的其他应用

　　高炉渣不仅是冶金行业中的副产品,还可用于生产一些特殊性能的产品,这些产品在市场上的应用虽不如常规材料广泛,但其高附加值和独特性能使其在特定领域中具有重要地位。其中,矿渣棉和微晶玻璃是两种较为典型的高炉渣衍生品,具有广泛的应用前景。

矿渣棉作为一种重要的矿物纤维材料,是以高炉渣为主要原料,熔化后再经过精制获得的白色棉状物质。矿渣棉具备重量轻、保温、隔热、隔声及防震等多种性能,因此在许多工业领域中有着重要应用。生产矿渣棉的常用方法包括喷吹法和离心法。喷吹法通过蒸汽或压缩空气将熔融高炉渣吹成纤维状物质,离心法则将熔化的高炉渣倒入回转的圆盘中,利用离心力将其甩成纤维。这些方法的共同目标是通过对高炉渣的物理处理,将其转化为具有较强纤维化性能的矿渣棉。矿渣棉的主要原料为高炉渣,占比 80% ~ 90%,其余 10% ~ 20% 则由白云石、萤石及其他矿物组成。矿渣棉的应用领域包括冶金、机械、建筑、化工和交通等行业,具体产品有保温板、保温毡、吸音板、耐火板、耐热纤维等。这些产品在保温、隔热、吸音和防火等方面表现出色,尤其在冶金与建筑行业中,有着不可替代的作用。

微晶玻璃是一种近年来发展起来的新型无机材料,广泛应用于冶金、化工、机械等领域。高炉渣作为微晶玻璃的重要原料之一,与硅石及其他冶金渣一起混合,在熔化后通过特定的工艺处理,最终形成微晶玻璃。其生产过程包括将高炉渣与硅石及结晶促进剂在高温下熔化,随后通过吹、压等传统玻璃成型技术成型,并经过一定温度下的保温和冷却处理使其结晶,形成具有独特性能的玻璃材料。矿渣微晶玻璃的主要化学成分包括 SiO_2、Al_2O_3、CaO、MgO 等,其结晶催化剂通常是氟化物、磷酸盐及多种金属氧化物。其力学性能比普通玻璃更强,硬度接近高碳钢,耐磨性不亚于铸石,热稳定性优异,电绝缘性能与高频瓷接近。微晶玻璃在冶金、化工、煤炭等行业中得到广泛应用,特别是在防腐层、耐磨层的制造及溜槽、管材等设备中,表现出较好的使用效果。

3.4 除 尘 灰

3.4.1 来源和性质

钢铁冶金过程中伴随产生大量粉尘,其总量通常占钢铁生产总量的 8% 至 12%。其中,烧结粉尘、高炉粉尘、转炉粉尘和电炉粉尘的产生量因工艺而异。根据来源及特性,粉尘可分为烟气除尘灰和环境除尘灰。烟气除尘灰主要源于生产工艺中烟气的净化,如烧结机和高炉煤气系统的除尘。而环境除尘灰则通过常温下的环境保护措施收集,以减少粉尘排放。这些粉尘性质较稳定,具有一定利用价值,同时对生产过程的直接影响较小。

3.4.2 处理技术

炼钢除尘灰是指在炼钢过程中产生的含有高浓度的粉尘和有害物质的废气经过除尘设备处理后所得到的固体废物。这些废物中含有大量的铁、钢、铬、镍等金属元素,同时还含有一定量的有害物质,如二氧化硫、氮氧化物等。如果不加以处理,这些废物会对环境和人体健康造成严重的危害。

针对炼钢除尘灰的处理方法,目前主要有以下几种:

回收利用法:将除尘灰中的铁、碳等金属元素进行回收利用,可以用于生产钢铁、水泥等行业。这种方法可以减少废物的产生,同时还可以节约资源。

焚烧法:将除尘灰进行高温焚烧,可以将有害物质彻底燃烧掉,同时还可以减少废物的体积。但是这种方法需要消耗大量的能源,同时还会产生有害气体。

填埋法:将除尘灰填埋在专门的填埋场中,可以减少废物的体积,但是这种方法会对土地和地下水造成污染。

固化法:将除尘灰进行固化处理,可以将其转化为固体块状物,从而减少废物的体积。这种方法可以有效地防止废物的二次污染,但是固化剂的选择和使用我们需要谨慎。

炼钢除尘灰的处理方法需要根据具体情况进行选择,同时还需要考虑到环保、资源利用等方面的因素。只有采用科学合理的处理方法,我们才能最大限度地减少废物的产生和对环境的影响。

3.4.3　资源化利用技术

钢铁企业除尘灰的综合利用问题,随着人们环保要求的日益提高越加受到行业内重视。采用不同的工艺对除尘灰进行处理,分离其中的碳、铁、锌及氯盐,不仅可以减轻企业的环境负担,而且可以获得良好的经济效益。

3.4.3.1　作为烧结、球团配料

转炉灰、转炉污泥和氧化铁皮等含铁量较高的固体废料(通常超过 60%)具有较低的 K_2O 和 Zn 含量,因而可直接作为烧结配料的原料。采用此方法时,精确的操作和岗位间的密切配合至关重要,要求按照一定顺序投放、定量配加并均衡使用,同时我们可通过加水湿润以改善其造球性能。该方法的优点在于操作简便、处理成本低,但也存在一定的缺点,如可能引发烧结生产波动,影响烧结矿的质量,并且有害元素仍会在烧结过程中循环。

3.4.3.2　采用转底炉技术

针对烧结除尘灰和泥在钢铁工序内部循环中有害元素富集的问题,转底炉技术已被验证为一种高效的解决方案。粉尘中锌、铅、钾、钠和氯等的富集,不仅对环境构成威胁,还可能影响钢铁生产的质量与安全。因此,切断这些有害元素在生产系统中的循环至关重要。转底炉技术将冶金粉尘进行高效分离,实现了铁与锌、铅、钾、钠、氯等元素的有效分离,并生成金属化球团。该技术在国际上得到广泛应用,其工业实践表明,对除尘灰和泥的处理可回收 90% 以上的锌和铅,且直接还原球团的金属化率达到 70% 左右。这不仅为高炉炼铁提供了优质原料,也显著提升了粉尘资源的综合利用效率,具有重要的经济和环境意义。转底炉技术流程示意如图 3-4 所示。

我国已成功掌握转底炉生产金属化球团的技术,该技术实现了铁矿粉、除尘灰、泥及含铁废弃物的高效利用。转底炉直接还原的基本工艺流程包括铁矿粉与煤粉按照特定比例混合后,加入适量的黏结剂,经混合设备充分搅拌后,送入对辊压球机压制成含碳球团矿。球团矿通过烘干处理后,水分被有效去除,从而增强了强度。在转底炉中,球团矿由振动布料机均匀分布在炉底,经过燃料燃烧产生的辐射传热作用,依次进入预热和还原阶段。金属化过程在 1 000~1 300 ℃的高温环境下持续 15~20 min 完成,同时锌被气化并通过废气系统排出。

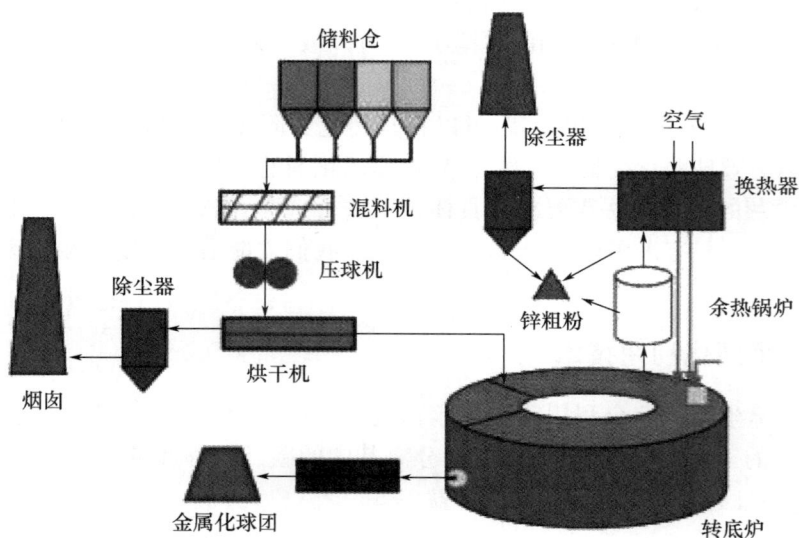

图 3-4　转底炉技术流程示意

转底炉排出的金属化球团通过冷却设备冷却至 100 ℃以下,并进入成品仓储存。炉内采用煤气作为燃料,废气经余热锅炉产出蒸气,并利用换热器预热助燃空气。此外,废气被引导至烘干系统处理球团,并经除尘后排放。回收的锌粉尘可作为锌冶金的原料使用。对低铁含量且高杂质的原料进行预处理,可显著提升转底炉的生产效率与金属化效果。

3.4.3.3　火法回转窑提锌工艺

火法回转窑提锌的原理基于高温还原反应。在 1 100~1 250 ℃的温度条件下,我们利用无烟煤或焦粉作为还原剂,将除尘灰中的锌化合物还原为金属锌。由于锌的沸点较低,金属锌以蒸气形式进入烟气中,在低温区域被氧化,形成氧化锌,并通过除尘器收集为烟尘。此过程有效地实现了锌的回收与提纯。主要化学反应如下。

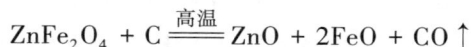

$$ZnFe_2O_4 + C \xrightarrow{\text{高温}} ZnO + 2FeO + CO\uparrow$$

火法回转窑提锌工艺流程如图 3-5 所示。

配料工艺在火法回转窑提锌的生产过程中具有重要意义,尤其在控制物料中固定碳含量的稳定性方面。固定碳作为还原反应的核心成分,直接影响着锌等金属氧化物的还原效率。配碳量不足会导致窑内高温段缩短,进而降低脱锌效果;而过多的碳则可能造成液相过多,进而导致窑内结圈问题,影响窑的稳定性与运行效率。因此,精确控制配料中各成分的比例,尤其是碳的含量,对于提升脱锌率和生产效能至关重要。

混合后的物料通常需要进行造粒处理,以确保颗粒度在 3~5 mm,防止颗粒度过细的物料随烟气未经过焙烧直接进入沉降室。造粒过程中,我们采用滚筒造粒机或圆盘造粒机,以增强物料的流动性和稳定性,这不仅提高了物料在窑内的反应效率,还有效避免了物料因颗粒度过小而造成的逸散和损失。

转炉灰　脱氯提盐后高炉布袋灰　返料　焦粉
计量　　　　　计量　　　　　计量　　计量

配料

混合造粒

返料 ← 窑头除尘 ← 回转窑焙烧 → 窑尾除尘 → 返料

窑渣　　　烟气

水淬　　　沉降室 → 返料

返回烧结　余热钢炉 → 次氧化锌

布袋除尘

氧化锌　脱硫脱硝

尾气排放

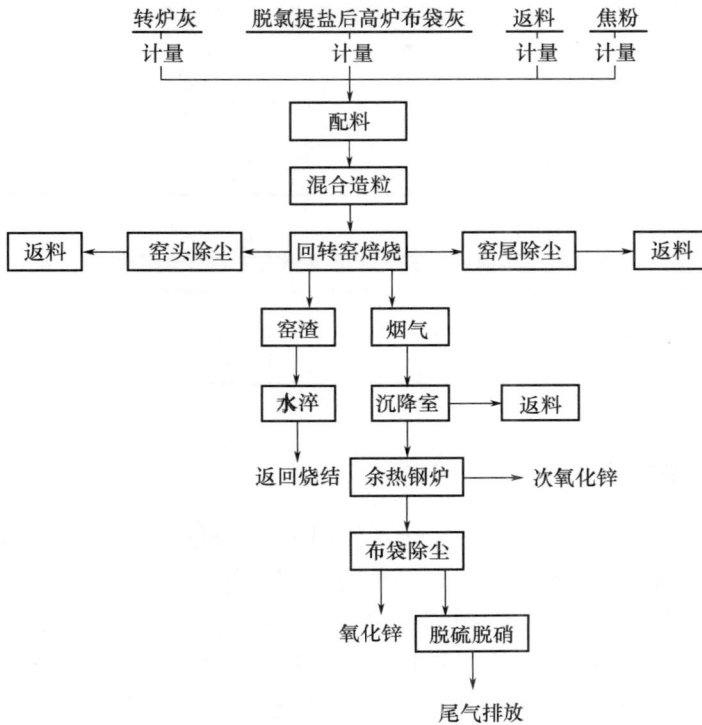

图 3-5　火法回转窑提锌工艺流程

回转窑的温度段划分对物料的处理效果有着直接的影响。回转窑系统的温度分布从窑头至窑尾有不同的阶段,包括干燥段、预热段、燃烧段和冷却段。高温段位于燃烧段,温度可达到 1 100~1 250 ℃,是锌还原反应的关键区域,占据窑体长度的约 1/3,是锌脱除的主要反应区。为了减少焦粉或无烟煤的使用比例并降低碳排放,我们通常在窑头配备高炉煤气辅热燃烧系统,以控制温度并提高能源的利用效率。控制窑体转速,物料保持适当的滚动状态,对于提高锌脱除效率至关重要。

沉降室在回转窑系统中起着关键作用,主要负责收集未被完全焙烧的大颗粒物料。通过重力作用,这些物料在未经过完全焙烧时进入沉降室并被分离回收,避免污染次氧化锌产品,确保产品质量的稳定性。同时,沉降室为锌的氧化反应提供了空间,进一步提升了锌的脱除效率。返料量通常是衡量生产顺利与否的重要指标,窑尾负压越大,返料量往往也越高。

在烟气排放方面,回转窑通过余热锅炉回收烟气中的热能,转化为蒸气,从而提高了能源的综合利用率。灰斗中收集的低锌品位灰尘,通常为 15%~30%。此外,布袋除尘器有效回收次氧化锌,并逐步提升品位,从而显著提高锌的回收率。

某钢厂火法回转窑提锌工艺的原料配比和窑渣配比如表 3-6、表 3-7 所示。

表 3-6 某钢厂火法回转窑提锌工艺的原料配比

原料	TFe	Zn	配比
脱氮提盐后高炉布袋灰	29.87%	3.3%	20%
转炉灰	52.5%	6.41%	67%
焦粉	—	—	13%

表 3-7 某钢厂火法回转窑提锌工艺的窑渣配比

成分	TFe	Zn	配比
含量	62.24%	0.57%	53.07%

3.4.3.4 熔融还原工艺

熔融还原技术是世界上唯一一种完全不使用焦炭、烧结及球团工艺的冶金技术,在冶金行业节能环保、资源利用、能源拓展、产品重塑、流程创新等方面均具有显著的工艺优势、革命性的技术意义及行业应用前景,是目前冶金行业最重要的高新技术之一。

熔融还原炉从下往上依次为铁浴区、换热区、燃烧区及煤气室;为确保喷入的物料能够产生还原及燃烧反应,熔融还原炉铁浴区需要存储 300~350 吨的铁水,铁浴区存储铁水作为反应式:

$$3C+2Fe_2O_3 \xrightarrow{\text{高温}} 4Fe+3CO_2 \uparrow$$

还原反应的催化条件,同时换热区需要存储 150~200 吨渣,一是防止铁浴区铁水直接接触富氧热风被氧化,二是喷溅起的渣将热量从燃烧区带入铁浴区;所以正常生产期间熔融还原炉内始终存有 500 吨左右的渣和铁水,这样才能够确保熔融还原炉内还原反应的正常进行。铁浴区存留的铁水不可过多,否则会有损坏设备及工艺的风险,正常生产时大量的矿粉、煤粉及溶剂通过喷吹系统持续喷入炉子内的铁水及渣层中,铁水持续产出,所以要求熔融还原炉连续性出铁以维持炉子内的铁水液位,并将烟气中携带的大量粉尘进行分级与循环回收利用,以促进熔融还原炉生产的连续性与稳定性,并达到循环经济的目的。

3.4.3.5 氧化炉工艺

氧化炉工艺的主要工艺流程说明如下:

a.混料与投料。在开炉时刻(第一次投料)首先向炉内加入无烟底煤,将其加热至暗红色后,再鼓风使其至赤红,将制备好的混合料(采用人工混料)投放在底煤上,在以后的连续生产中,焦炭的燃烧达能提供高温,无须再加入底煤。

b.焙烧与氧化。投料后随即向炉内送入空气并开始鼓风并排放废气,使团矿中的水分及部分低沸点的杂质被除去,焙烧温度控制在 1 200 ℃左右,使含锌除尘灰中的锌变为气态形式,对于含锌除尘灰中的氧化锌,我们则经过 CO 和 Fe(锌渣中)将其还原成单质锌,再形成锌蒸气(在还原室内完成);高温锌蒸气与空气中的氧气发生反应生产氧化锌(在氧化室内完成)。回转窑内温度分为四个带,即干燥带、预热带、反应带、降温带。其中反应带最长,温度最高,反应带炉料的最高温度可达 1 100~1 300 ℃,窑尾温度为 700~750 ℃。

c.冷却与收尘。生产的氧化锌粉随炉气首先进入沉降室,将含杂质较多的 ZnO 粉截留,然后进入炉气冷却系统。冷却系统分为两段:第一段为水箱冷却塔,第二段为钢管冷却器。冷却系统除了有冷却作用外,还有重力收集氧化锌粉的作用。经冷却后的气体再由引风机送入布袋收集装置收集氧化锌。氧化锌进入布袋底部集料斗,由人工包装入袋即为氧化锌成品。

钢厂除尘灰再生氧化锌生产线通过对除尘灰和焦煤的细碎处理,制备小于 40 目的颗粒料,再将锌炉料与焦煤按一定比例混合,形成均匀的混合料。该混合料经过造粒,制成有效直径为 8~15 mm 的颗粒后,投入氧化锌回转窑中进行冶炼。该技术在处理含锌矿石或工业渣时,能够显著降低焦炭或燃煤的使用量,提升氧化锌的生产效率。通过此工艺生产的氧化锌具有较高的生产率、良好的产品质量及较少的结瘤现象。

3.4.3.6　转炉灰压块

转炉炼钢的过程是氧气被吹入铁水中,使铁水中的碳等元素被氧化,吹炼过程中由于铁等元素的氧化,将产生大量的烟尘。常用的除尘方法有湿法除尘和干法除尘。湿法除尘大概就是在管道中喷水,然后将污水进行处理。但湿法除尘不能保证完全吸收烟尘,因此我们将炼钢炉旁漏出来的烟尘通过抽风,用布袋收集,出来的即转炉灰。成分大约有氧化铁、石灰、二氧化硅等。

转炉灰的资源化利用方法是将转炉灰压块,返回转炉炼钢,主要有热压块、冷压块两种。

a.热压块

热压块工艺是一种利用高温和高压将粉尘加热至自燃点后,经过高压压球机压制成块的技术。此工艺无须使用黏结剂,所生产的粉尘团块具有较高的强度,适用于转炉冷却材料的处理。热压块工艺的一个主要优点是其能够替代废钢或矿石,降低原材料成本。

热压块工艺也面临一些挑战。首先,该工艺需要在高温环境下操作,并且必须隔绝空气以避免自燃过程的失控;其次,设备投资较大,工艺要求严格,尤其是设备的故障率较高,这可能影响生产的稳定性。尽管如此,随着技术的进步和设备的不断优化,热压块工艺在钢铁行业的应用前景依然广阔,尤其是在废料再利用和资源回收方面展现了巨大的潜力。

b.冷压块

冷压块工艺是通过向除尘灰和污泥中添加适量添加剂,并采用冷固法制成转炉造渣剂压块的一种技术。这一工艺不仅能够增强造渣效果,还能有效提升脱磷率和化渣效果,钢铁生产过程的稳定性与安全性。冷压块的使用显著提高了转炉炼钢过程中的原料利用率和生产效率,同时防止了喷溅现象的发生,保障了操作人员的安全。与热压块工艺相比,冷压块工艺的设备投资较小,操作环境要求较低,因此在实际应用中更具经济性和可操作性。冷压块工艺对添加剂选择和配比要求严格,且其成品的质量稳定性在生产过程中需要精确控制。

3.4.3.7　除尘灰选矿回收

除尘灰的可利用价值较高,我们可以通过选矿工艺技术对除尘灰进行分选处理。针对除尘灰中的有用元素或矿物的不同,除尘灰选矿中常用的工艺有磁选(回收铁)、重选(回收铁)、浮选(回收碳、锌)、火法(铅、锌等重金属)、湿法(铅、锌等重金属)。

除尘灰中有用元素主要是铁、碳、铅、锌,部分布袋除尘灰中可选铟、镍(不锈钢灰)等。其中选铁在除尘灰利用的各类用途中较为普遍。磁选在除尘灰选铁中具有重要的意义,不管是哪类除尘灰,在提取其中的含铁矿物时,磁选机是必不可少的。磁选在除尘灰选矿中使用普遍,磁选对于除尘灰的选矿来说具有适应粒级广、回收率高的优点。

通过选矿工艺处理后,我们分离出铁精粉、炭精粉和尾泥等,其中铁精粉和炭精粉可作为烧结原料返回高炉炼铁,尾泥作为铁质调节剂被送水泥厂制作水泥,也可作为添加原料生产内燃型节能砖。

3.4.3.8　用于矿山采空区膏体充填材料

地下采空区问题已成为制约矿山深部开采的关键,尤其是在地压增大的背景下,地下采空区易发生坍塌事故,影响矿山的安全与稳定。为应对这一问题,金属矿山尾砂充填技术已成为当前最为广泛应用的充填工艺。该技术主要采用自流输送方式,通过立式砂仓进行系统操作。系统创新性地引入活化造浆技术,并通过喷嘴布置将全尾砂直接泵送至砂仓,经过高效沉淀、澄清脱水处理,利用高压水/气活化尾砂,将极细粒尾砂制备成高浓度砂浆,进而进行采场充填,有效保障了矿山开采过程的稳定性与安全性。

充填材料主要是采用本矿的煤矸石、自备电厂的粉煤灰,配以胶结材料。对于利用价值不大或者难以回收的除尘灰,其可以被用作膏体充填材料的配料。

3.4.3.9　制作电炉泡沫渣

高炉灰和除尘灰的应用前景广阔,尤其在电炉氧化期冶炼中,作为造泡沫渣的理想原料其表现出特殊的优势。由于其含有约40%的高碳成分和30%的高铁成分,主要成分为氧化钙和二氧化硅,能够有效促进泡沫渣的形成。实验研究表明,除尘灰能够在渣面上生成气泡,进而提升电弧热效率,形成较为厚实且持久的泡沫渣层。与传统焦粉相比,除尘灰不仅能完全替代焦粉,且在降低生产成本的同时,还能提高生产效率,提供一种新的降本增效方案。

3.4.3.10　用于水泥熟料优化配料

钢铁行业的除尘灰还可作为水泥熟料的优化配料,除尘灰含有较多铁元素,可作为铁质校正原料;同时,高炉除尘灰中 Al_2O_3 含量较高, SiO_2 含量低,符合铝质校正原料的要求。

3.5　含铁尘泥

含铁尘泥是钢铁生产中不可避免的固体废物,主要源于干法除尘、湿法除尘及废水处理过程。这些废物的全铁含量一般在 30% ~70%。在传统的高炉–转炉钢铁生产工艺中,粉尘和污泥等固体废物的生成量巨大,通常占钢铁产量的 10% 左右。以 2017 年为例,中国钢铁企业的尘泥产生量约为 8 000 万吨,数量庞大。若采用简单的烧结或球团工艺处理尘泥并将其重新送入高炉,这可能引发锌等元素的循环富集问题,进而对含铁炉料、焦炭及炉内耐火材料产生负面影响,严重时可破坏高炉的稳定性并缩短其使用寿命。因此,含铁尘泥的资源化回收和利用,成为推动中国钢铁行业实现绿色、可持续发展的关键因素。

3.5.1　含铁尘泥的来源

钢铁企业在各个生产工序中都会产生大量尘泥,主要源于烧结球团、高炉炼铁、炼钢及轧钢等环节。尘泥中包含了铁、碳、锌等有价值元素,其中铁的含量通常在 30% ~70%,显示了较高的资源回收价值。从资源再利用的角度来看,这些尘泥具有巨大的回收潜力。然而,钢铁冶炼过程中产生的尘泥来源复杂,物相组成繁杂且粒度分布不均,增加了回收和处理的难度。在钢铁冶炼长流程生产过程中,烧结粉尘、高炉粉尘、转炉粉尘和电炉粉尘的产生量分别为 8~25 kg/t 烧结矿、20~30 kg/t 铁、8~20 kg/t 钢和 10~20 kg/t 钢。其中,高炉工艺产生的尘泥量最大,占比约 51%,主要由高炉重力灰和布袋灰组成;转炉工艺产生的尘泥占比约 22%;轧钢工艺产生的氧化铁鳞约占 19%;电炉工艺尘泥占比为 6%;烧结除尘灰的产生量最少,占 2%。这些数据表明,尘泥的成分复杂且分布广泛,但其回收利用仍具有显著的经济与环保价值。

3.5.2　含铁尘泥处理工艺

钢铁企业尘泥的处理工艺在实现资源回收和环保方面扮演着重要角色。尘泥的特征工艺参数主要包括有价值元素的质量分数、尘泥的成型性能、自还原性能及熔分性能等关键指标。尘泥中有价值元素的质量分数,尤其是全铁质量分数、锌质量分数和碱金属质量分数,直接影响着资源的回收效率和后续处理工艺的选择。成型性能和自还原性能同样是影响工艺效率的重要因素,尤其是平均粒径、碳质量分数和碳氧原子比,这些特性决定了尘泥在后续工艺中的行为与反应性。碱度作为一种重要的工艺参数,对尘泥的成型性能和自还原性能均有显著影响,因此其调控在工艺设计中具有不可忽视的作用。

钢铁企业尘泥的处理方法主要可分为物理法、湿法和火法三大类。这些方法各有特点,适用于不同类型的尘泥及其所含有价值元素的特性。物理法通常作为预处理手段,用于改善尘泥的物理性能,为后续处理工艺奠定基础。湿法处理工艺,尤其是碱浸和酸浸两种方法,适用于处理含有较高锌量的尘泥,能够有效浸出尘泥中的金属氧化物,通过一系列后续工艺如电解、结晶等,提取出金属锌和铁氧化物等有价值的资源。湿法处理工艺的优势在于其能够较为全面地回收多种金属元素,且工艺步骤的灵活性较高,能够适应不同含金属成分的尘泥。火法处理工艺则包括烧结法、球团法、粉尘喷吹法、直接还原法、熔融还原法等多种方法。回转窑和转底炉是火法处理工艺中的代表性设备,前者主要用于还原焙烧含铁尘泥,能够充分利用尘泥中的铁、碳资源,同时有效回收铅、锌等有价值元素。该工艺的特点是操作简便,设备成熟,且可处理规模较大。特别是在日本和欧洲等地区,回转窑工艺已经得到了广泛的应用。转底炉作为另一种有效的处理设备,其优势在于能够处理较低强度的原料,并且其密封性和操作性较好,有助于提高处理效率和降低能源消耗。转底炉处理工艺已在国内外多个钢铁厂投入使用,取得了良好的效果。

此外,OxyCup 工艺是一种结合了烧结与还原技术的创新型火法处理工艺,能够实现钢铁企业尘泥的综合回收和利用。该工艺具有较强的原料适应性,既可以处理含锌粉尘等细颗粒固体废物,也能处理较为粗大的块状废料,如渣钢和铁鳞等。通过该工艺,最终产品不仅可以用于转炉炼钢,还能回收热值较高的煤气、炉渣及富锌粉尘等副产品,从而实现资源的多维度回收和综合利用。该工艺的优势在于其高效的资源回收能力和广泛的适用性,已被多个国际钢铁企业采纳,并取得了显著的经济效益。太原钢铁集团有限公司于 2011 年引进了 OxyCup 工艺处理尘泥。

DK 工艺的原料以转炉除尘灰为主,加入石英砂用来调节炉渣碱度,配加少量的粗颗粒铁矿粉来改善烧结料层透气性,还原剂为焦炭,利用小高炉进行生产,需要大量的氧气、空气。该工艺可以利用闲置的小烧结机和小高炉,生产技术和设备成熟稳定,不需要新的投资,是一种技术风险较低的节能高效钢铁厂含铁废料处理技术,该工艺在德国 DK 公司得到工业应用。北京科技大学也于 2009 年提出了一种处理钢铁厂含铁废料的方法,获得了国家专利。该方法利用中小高炉处理钢铁企业含铁废料,将整个钢铁厂的废料集中在中小高炉中处理,从而使尘泥中有害元素对整个钢铁厂的生产影响得以有效降低。

3.5.3 含铁尘泥处置新思路

中国钢铁行业亟需实现从粗放型向集约环保型转型,以符合国家可持续发展战略的要求。目前,我国钢铁企业普遍采用将尘泥返回烧结炉的处理方法,然而这一方式会对高炉的稳定运行产生一系列负面影响。如何在确保环境友好性的同时,实现钢铁企业尘泥中有价值元素的高效回收和充分利用,从而提升其附加值,已成为当前行业亟须解决的关键问题。

回转窑工艺、转底炉工艺、OxyCup 工艺及 DK 工艺在回收钢铁企业尘泥资源方面均具有一定的成效,但从综合角度来看,我们仍需根据我国实际情况开发更为适合的尘泥处理技术。近年来,某些科研单位提出的新型熔融法工艺,结合了 OxyCup 工艺与小高炉工艺的优点,显示出较强的原料适应性,并避免了传统高温烧结工艺中的环境污染问题。该新工艺将含锌铁尘泥与还原剂、黏结剂混合冷固结压块,再通过熔融炉冶炼,能够高效分离铁水和熔渣,且最终产品可用于转炉炼钢或生产铸铁。此外,该工艺通过烟气净化系统回收富锌烟尘和利用煤气发电,进一步提升了资源回收率和经济效益。总之,采用该新型熔融法处理尘泥,不仅能优化资源利用,还能有效减少污染,具有较强的应用前景。

3.6 脱 硫 灰

3.6.1 来源和性质

随着我国对二氧化硫(SO_2)排放控制的要求日益严格,烟气脱硫技术迅速发展。脱硫装置的广泛应用使脱硫产物数量显著增加,脱硫灰的综合利用问题逐渐成为新的挑战。半干法脱硫灰的成分复杂,主要由脱硫剂、脱硫产物和飞灰等物质组成,其中亚硫酸钙的存在使得脱硫灰在利用过程中具有较为不稳定的性质,增加了其处理和资源化利用的技术难度。目前,半干法脱硫灰的应用仍处于研究阶段,尚未形成成熟的利用模式,且大量脱硫灰被堆放或弃置,带来了潜在的二次污染问题。因此,探索其合理利用途径,尤其是促进亚硫酸钙转化,已成为研究的重点。

在半干法烟气脱硫产物中,亚硫酸钙($CaSO_3$)含量较高,将其转化为其他稳定物质,有助于改善以其为原料生产的建材的力学性能和耐久性,从而具有显著的环境效益和经济效益。研究表明,通过催化和氧化的处理方法,我们可以有效促使亚硫酸钙转化,为脱硫灰的资源化利用提供新的途径。在建材生产过程中完成亚硫酸钙的转化,能够减少其对环境的负面影响,推动脱硫灰的高效利用。

钢铁生产过程中的 SO_2 排放问题也日益严重,尤其是在烧结工序中,钢铁企业的 SO_2 排放量占其总排放量的 50%~70%。为此,半干法和干法脱硫技术在烧结烟气脱硫中被广泛应用,这些技术具有投资低、脱硫效率高等优点。然而,这些脱硫过程同时会产生大量的脱硫灰,如何实现脱硫灰的资源化利用,减少其带来的二次污染,是当前亟待解决的问题。部分脱硫灰已经被利用,但绝大部分仍被堆弃,形成了环境负担。因此,脱硫灰的有效利用不仅能缓解环境压力,还能为钢铁行业提供新的资源循环利用模式。

3.6.2　成分分析

3.6.2.1　化学组成分析

下表是脱硫灰的 X 射线荧光光谱仪分析结果,脱硫灰的化学组成如表 3-8 所示。

表 3-8　脱硫灰的化学组成

成分	Na_2O	MgO	Al_2O_3	SiO_2	SO_3	Cl	K_2O	CaO	Fe_2O_3
含量	0.22%	1.22%	0.34%	0.65%	34.81%	3.06%	1.63%	56.19%	1.00%

从上表我们可以看出脱硫灰的化学成分主要是 CaO 和 SO_3,且其含量超过 90%,因此脱硫灰被归类为高硫高钙灰。CaO 和 SO_3 的高含量主要源自脱硫过程中石灰浆与烟气中的 SO_2 反应时,过量的石灰浆未完全与 SO_2 反应而残留在灰分中。此外,脱硫灰中还含有一些杂质,如氯(Cl)、钾(K)和铁(Fe),而二氧化硅(SiO_2)和铝土矿(Al_2O_3)的含量相对较低,这说明该灰不具备水硬性,无法形成具有一定强度的水泥化合物。

3.6.2.2　矿物组成分析

脱硫灰中的主要矿物是 $CaSO_3 \cdot 0.5H_2O$、$Ca(OH)_2$ 及 $CaCO_3$。脱硫过程中过量脱硫剂石灰浆吸收烟气中的 SO_2,主要反应过程为

$$2Ca(OH)_2 + 2SO_2 = 2CaSO_3 \cdot H_2O + H_2O$$

由于烟气中的氧气含量较低,脱硫反应未能完全将 $CaSO_3$ 氧化为 $CaSO_4$。因此,脱硫产

物主要以 $CaSO_3 \cdot 0.5H_2O$ 的形式存在。$Ca(OH)_2$ 是未反应的脱硫剂残留物,表明反应并不完全,而 $CaCO_3$ 则是 $Ca(OH)_2$ 与烟气中 CO_2 反应生成的产物。这一现象表明,脱硫灰的矿物成分受限于脱硫过程中的氧气供应和反应的完成度。

表 3-9 为我们利用碘量法和氢氧化钙含量滴定法测定的脱硫灰的主要矿物组成。

表 3-9 脱硫灰的主要矿物组成

成分	$CaSO_3 \cdot 0.5H_2O$	$Ca(OH)_2$	$CaSO_4$
含量	29.64%	24.05%	28.13%

在 XRD 监测图中没有 $CaSO_4$ 的特征峰,可能是因为脱硫过程中 $CaSO_3$ 被氧化为 $CaSO_4$ 时反应温度较高、速率较大,导致 $CaSO_4$ 结晶不完善,因此我们检测不到其衍射特征峰。

3.6.2.3 SEM 表征

图 3-6 为脱硫灰的 SEM 图,其中图 3-6(b)是图 3-6(a)的局部放大图。由图 3-6(a)和图 3-6(b)我们可以看出,烧结烟气脱硫灰呈现出两种不同的颗粒形态,分别为不规则细碎状和较大规则球状。后者的表面具有明显的多孔粗糙结构,颗粒内部表现为疏松的构造。这一现象与高温气固反应过程中的物理化学变化密切相关。在脱硫过程中,由于脱硫产物难以形成液相,固相反应无法有效促进颗粒致密化,从而导致了这些多样化颗粒形态的生成。高温下,脱硫产物如 $CaSO_3$ 等的形成及其后续转化,未能有效促进颗粒重结晶和致密化,进而影响了颗粒形态的均匀性及其结构特征。图 3-7 为脱硫灰微观形貌。

图 3-6 脱硫灰的 SEM 图

3.6.2.4 粒度特征分析

烧结烟气脱硫灰呈灰白色细粉末状,其粒径分布范围从 1.42~8.77 μm,主要粒径集中在 6.18 μm,颗粒分布均匀。该脱硫灰的比表面积为 7.74 m²/g,密度为 2.23 g/cm³,约为普通水泥的 2/3。这些物理特性表明,脱硫灰的颗粒较为细小,并具有较高的比表面积,因此具有较强的吸附性和反应活性。其相对较低的密度和独特的粒径分布,表明其在建筑材料或其他工业中的应用潜力,尤其是在与水泥或其他胶凝材料的复合应用中,其可以展现出

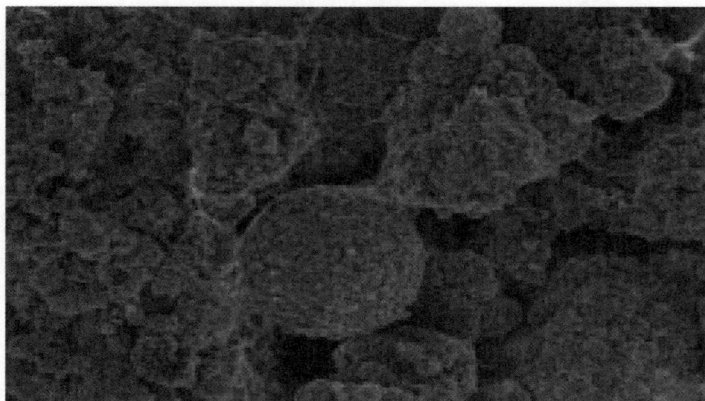

图 3-7　脱硫灰微观形貌

不同于传统水泥的物理性能和化学活性。

3.6.2.5　TG-DTA 分析

脱硫灰粒径分布如图 3-8 所示。图 3-9 为脱硫灰的 TG-DTA 曲线。由图 3-9 可知：DTA 曲线出现了三个主要的吸热峰和一个放热峰。359 ℃、432 ℃和 707 ℃处的吸热峰分别对应着脱硫灰中水分脱除和 $CaSO_3 \cdot 0.5H_2O$ 的失水现象。特别是在 707 ℃时出现的吸热峰与 $Ca(OH)_2$ 的分解反应密切相关。488 ℃处的放热峰则与 $CaSO_3$ 的氧化增重反应相对应。这些热分析特性反映了脱硫灰在加热过程中的水分脱除、化学转化及氧化反应过程，揭示了其在高温环境下的热稳定性及反应机制。

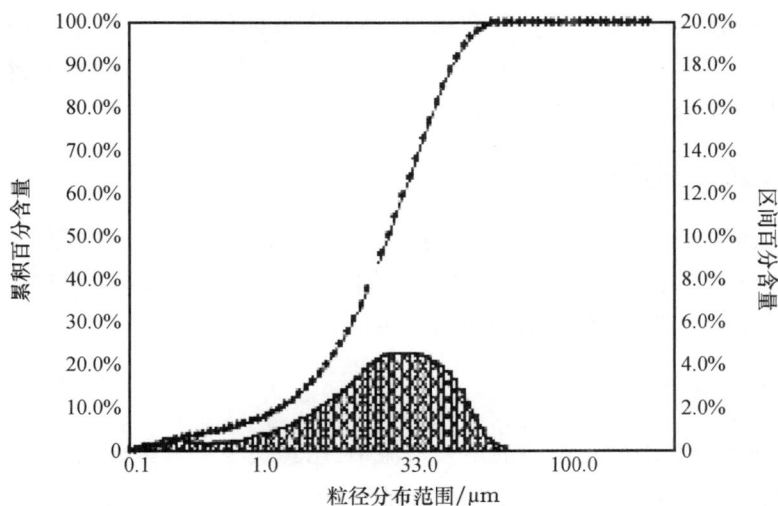

图 3-8　脱硫灰粒径分布

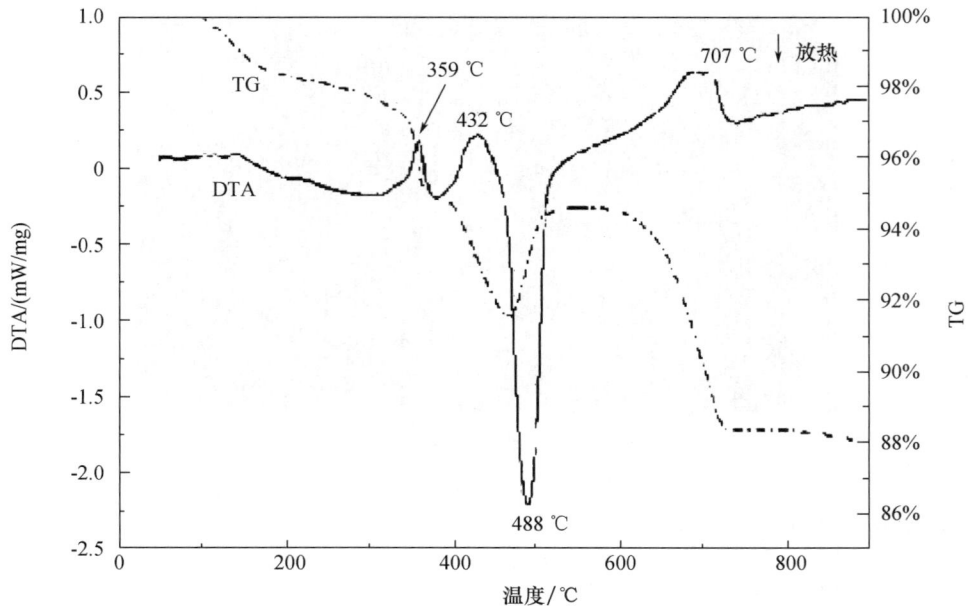

图 3-9　脱硫灰的 TG-DTA 曲线

3.6.2.6　脱硫灰特征总结

脱硫灰是一种含有高钙和高硫的固体废弃物,主要由 CaO 和 SO_3 组成,具有特殊的矿物成分,其矿物组分主要包括 $CaSO_3 \cdot 0.5H_2O$、$CaSO_4$、$Ca(OH)_2$ 和 $CaCO_3$ 等。脱硫灰的颗粒形态较为不规则,表面粗糙且结构松散,细度较小,其中粒径约为 6.18 μm,比表面积为 7.74 m^2/g。这些物理特性使得脱硫灰在储存、运输等方面面临一定挑战。热分析结果表明,$CaSO_3$ 在约 432 ℃时会发生氧化,而 $Ca(OH)_2$ 则在 707 ℃时会发生分解,这些热特性对于其资源化利用具有重要的指导意义。

3.6.3　资源化利用技术

钙基半干法烧结烟气脱硫副产物的处理面临较大挑战,主要由于其成分复杂且波动性较大,且高含量的 $CaSO_3$ 对建筑材料稳定性形成影响。同时,其细小粒度和低密度也给运输和储存带来不便,但其在某些领域仍具有应用价值。

3.6.3.1　矿渣微粉添加剂

脱硫副产物作为矿渣微粉添加剂掺入水泥中,已经成为一种重要的资源化利用途径。研究表明,脱硫副产物掺量在不超过 3%的情况下,对水泥强度的影响较小,符合国家标准对矿渣微粉的要求。具体而言,掺入脱硫副产物的矿渣微粉在密度、流动性和含水量等方面均达到了相应的标准,其比表面积也达到了 400 m^2/kg 以上,28 天的活性指数符合相关规定。低掺量时,脱硫副产物对矿渣微粉的性能影响较小,因此其在水泥生产中的应用具有较好的前景。通过合理控制掺量,我们可以在不降低水泥性能的前提下,减少脱硫副产物的废弃,提升资源利用效率。

3.6.3.2　制作免烧砖

在利用脱硫副产物、粉煤灰及建筑垃圾制备免烧砖时,亚硫酸钙($CaSO_3$)含量的变化对砖体的强度有明显影响。研究表明,随着 $CaSO_3$ 含量的增加,免烧砖的抗压强度会有所下降,这主要是由于 $CaSO_3$ 参与反应时生成的物质对强度的贡献较少。尽管如此,当 $CaSO_3$ 的含量被控制在 10% 以下时,砖体仍能达到 MU15 优等品标准,这显示出其较强的工程适用性。此外,经过压蒸处理后,砖体未出现明显的稳定性问题,这表明脱硫副产物在免烧砖制备中的应用具备技术稳定性。

3.6.3.3　水处理剂

烧结烟气脱硫副产物的碱性特性使其在废酸水处理过程中具有潜在的替代作用。传统的废酸水处理中,我们使用生石灰进行中和,但这一过程需要消耗大量资源且可能产生二次污染。研究表明,烧结烟气脱硫副产物中含有一定比例的未反应碱性物质(25% ~ 35%),这些物质能够有效替代生石灰,起到中和酸性物质的作用,从而处理酸性废水。经过这一处理,废水中的酸性成分被中和并转化为环保的副产物,这些副产物在经过处理后可作为优质的建筑材料。

3.6.3.4　用于铺路三合土

脱硫副产物在铺路三合土中的应用显示了其独特的胶凝性和碱性特征。通过与酸性物质反应,脱硫副产物能够形成硅酸钙类化合物,这些化合物具有良好的强度特性,可以有效增强三合土的稳定性。由于脱硫副产物具有膨胀特性,合理配比后,它能够替代传统的水泥、石灰和沙子,作为一种环保且经济的材料,满足铺路工程的技术要求。与传统铺路材料相比,脱硫副产物的使用不仅能有效减少资源浪费,还能降低生产过程中的能源消耗,满足现代绿色建筑材料的要求。通过进一步研究和优化配方,脱硫副产物有望在铺路三合土及其他相关工程中得到更加广泛的应用,推动建筑行业向更加环保、节能的方向发展。

3.6.3.5　脱硫灰的改性

脱硫灰中的主要成分 $CaSO_3$ 影响了其可利用性,而 $CaSO_4$ 却是可被利用的物质,我们可以考虑利用加热的方法将 $CaSO_3$ 氧化成 $CaSO_4$ 再综合利用。

相关企业在积极探索和研究中,成功开发了多项应用技术。研究表明,在温度为 400 ~ 500 ℃,反应时间为 30 ~ 60 分钟的条件下,脱硫灰中 $CaSO_3$ 的氧化率可达 40.4% ~ 100.0%。在 500 ℃、反应时间为 60 分钟时,$CaSO_3$ 的氧化率达到最高值 100.0%。当温度超过 450 ℃ 时,$CaSO_3$ 的氧化率始终保持在 80% 以上(图 3-10)。

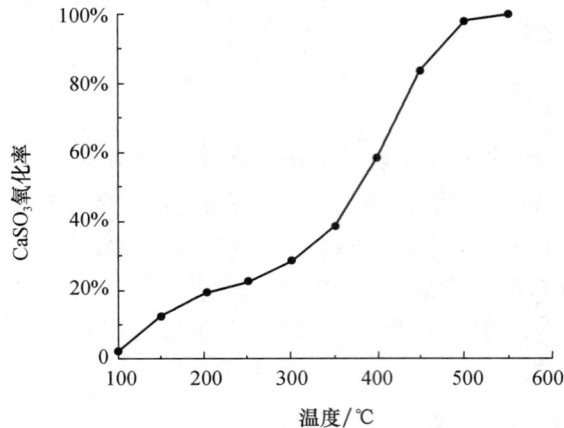

图 3-10　温度对 $CaSO_3$ 氧化率的影响

3.7　典 型 案 例

3.7.1　河钢石钢

河钢集团有限公司石家庄钢铁有限责任公司成立于 1957 年,是京津冀地区唯一的专业化特钢棒材生产企业,已成长为国内外高端装备制造业的重要供应商,稳居国内特钢棒材行业前列。公司主要产品涵盖轴承钢、齿轮钢、弹簧钢、易切削非调质钢、优质碳结钢及合金结构钢,广泛应用于汽车、工程机械、铁路、石油、矿山、船舶和海洋工程等多个关键领域,具备强大的市场影响力和技术优势。为了适应现代工业的发展需求,河钢石钢在生产工艺上不断创新。公司于 2020 年投产的石钢新区,采用电炉短流程特钢工艺,不仅提升了生产效率,还显著降低了能源消耗和环境污染。该项目的成功实施,使得河钢石钢在智能制造、钢铁产业转型及城市钢厂搬迁等方面树立了行业标杆。生产流程方面,公司融合了长流程(烧结、炼铁、炼钢、轧钢)与短流程(电炉炼钢、轧钢)的优势,确保了产品质量的稳定性与生产的灵活性,进一步巩固了其在全球特钢领域的领先地位。

其主要生产设施包括 1 座 500 t/d 白灰竖窑、2 座废钢加工车间、2 座 130 t 炼钢电炉、3 座 130 t LF 精炼电炉、2 座 130 tRH 精炼电炉、4 台连铸机、4 条轧钢生产线。设计产能为粗钢 200 万 t/a,棒材 192 万 t/a。石钢生产工艺流程如图 3-11 所示。

电炉除尘灰是电弧炉炼钢过程中通过烟尘捕集器及袋式除尘器收集的废弃物,通常占炉料装入量的 1%~2%。该废料富含 40%~50% 的铁元素,且含有锌、钾、钠、铅及氯等多种元素,这些成分对高炉生产具有显著危害。例如,锌、钾和钠的氧化物可能引发炉壁结瘤,影响炉况,甚至缩短高炉的使用寿命;铅的积聚则可能干扰炉内操作,带来安全隐患。电炉除尘灰不能直接用于高炉。针对其处理,现有技术主要包括火法、湿法及二者结合方法、固化或玻化处理及直接填埋。然而,火法和湿法处理通常伴随高成本和较大投资,且资源回

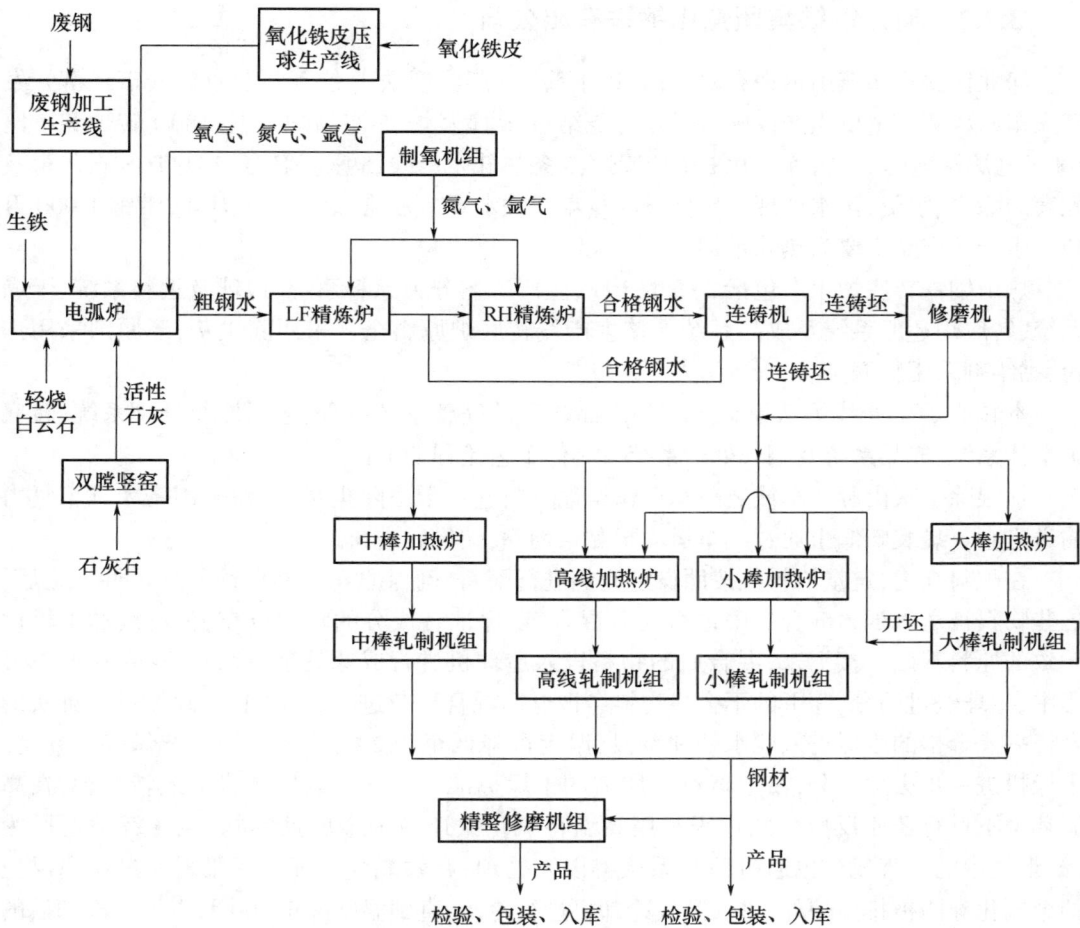

图 3-11　石钢生产工艺流程

收效果有限。固化或玻化处理及填埋则未能有效回收其中的有价值金属,造成资源浪费。因此,优化电炉除尘灰的处理技术,实现高效的资源回收与再利用,已成为亟待解决的关键问题。

a.废钢加工工序:废钢除尘灰产生量 2 600 吨/年,2021 年实际产生量 606.48 吨,全部委外处置,主要用于回收。

b.白灰窑工序:白灰窑竖窑、石灰石转运、成品转运除尘灰。成品转运除尘灰由白灰窑回用;白灰窑竖窑、石灰石转运除尘灰全部委外处置,2021 年实际产生量 1 385.453 吨,其中498.113 吨由白灰窑自行利用,转移量 887.34 吨,用于建材行业使用。

c.炼钢工序:炼钢精炼除尘灰、连铸中间包、RH 除尘灰等炼钢厂除尘灰环评预计产生量9 400 吨/年,2021 年实际产生量 2 872.26 吨,最终去向水泥制品厂,作为水泥行业添加剂。

d.轧钢工序:轧钢除尘灰 2021 年实际产生量 1 013.08 吨,委外处置。

3.7.2 河北钢铁集团燕山钢铁有限公司

河北钢铁集团燕山钢铁有限公司(以下简称"燕山钢铁")位于河北省迁安市经济开发区火车站西侧。主要生产设施包括 4 台烧结机、6 座竖炉、5 座高炉、4 座 180 t 转炉和 1 座 100 t 电炉及配套 LF 精炼炉和 RH 精炼炉,3 条热轧生产线、5 座套筒窑、2 座 TGS 石灰窑及配套的除尘、脱硫、污水处理等环保设施。年产铁水 677 万吨,钢坯 795 万吨,带钢 1 000 万吨。生产的产品主要为热轧带钢。

燕山钢铁转底炉生产包括 2 条生产线,生产工艺分为原料系统、造球及返料系统、干燥系统、转底炉还原系统及成品系统。该生产线转底炉原料全部采用除尘灰,还原剂采用焦粉,黏结剂采用膨润土。

本转底炉生产线为从原料入厂到产品出厂的完整工艺流程,包括原料处理系统、转底炉本体系统、成品系统及烟气处理系统。具体工艺流程如下:

加湿除尘灰由翻斗车或装载车运输至地下料仓。干法除尘灰、焦粉采用密闭罐车气力输送进仓。袋装膨润土通过汽车运输至黏结剂库,破袋后进仓。

在配料仓内,定量给料机按照设定比例进行配料,确保原料的准确性与均匀性。之后,这些物料被送入强力混合机中进行充分混合,以保证各成分的均匀分布,为后续加工提供一致的原料基础。接下来,混合后的物料进入造球机进行成球处理,形成生球。在这一过程中,生球经过筛分,筛下的不合格物料会被返回混合环节进行再次加工,确保每一批次的合格率。合格的生球进入脱水处理阶段,湿度被降低至约 2%,这为干燥环节做好了准备。干燥机进一步去除水分,使生球符合所需的干燥标准。干燥后的生球将进入转底炉,在高温环境下进行还原反应。此过程利用高温将氧化铁还原为金属铁,同时氧化锌被还原为锌,烟气中的有害成分也通过回收系统得以被处理,有效减少了环境污染。经过还原反应的金属化球团被排出炉外,进入卧式冷却机进行冷却,直到温度降至 200 ℃以下。冷却后的产品经过筛分,合格的金属化球团进入储存区,而筛下的粉末则通过压球处理后进入成品仓。

从转底炉出来的高温烟气,先通过沉降室,之后经过余热锅炉进行余热回收。余热锅炉出来的烟气经过掺冷,由袋式除尘器净化后作为生球干燥烟气回用,氧化锌在余热回收过程中和袋式除尘器中被逐级回收。转底炉工艺流程如图 3-12 所示。

无废城市理念一头连着减污,一头连着降碳。钢铁行业作为高耗能、高污染行业,其生产过程中多种固废可被合理利用,发展潜力巨大。以钢铁产业为重点引领减污降碳协同增效,促进传统产业转型升级,推动工业固体废物源头减量和资源化利用,促进全量化利用,以资源化利用节约能源,以能源化利用优化能源结构,各相关企业运用好相关技术,提高固体废物资源化利用率,打造钢铁冶金行业"固体废物不出厂"的全量化利用模式。

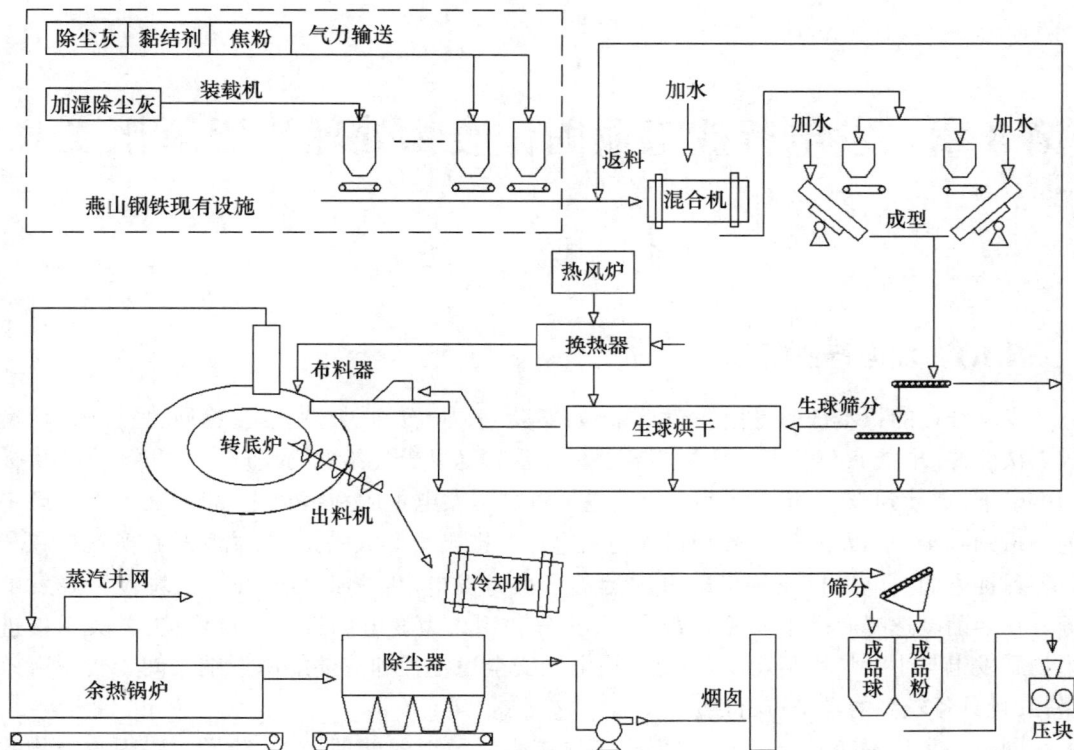

图3-12 转底炉工艺流程

第4章 发电行业工业固体废物处理及资源化技术

4.1 概 述

4.1.1 发电行业概况

发电企业的根本任务是把一次能源(如煤炭、水力、石油、天然气、生物质、垃圾等)转换成二次能源(电能),然后通过电网将合格的电能输送并分配给电力用户。在"碳中和"目标的推动下,预计到2050年我国非石化发电量将占总发电量的90%以上,煤炭在电力生产中的比重则降至5%以下,这一转型对火力发电行业提出了巨大的挑战,尤其是在实现低碳和净零目标方面。电力行业的发电方式涵盖了火力发电、生物质发电及生活垃圾焚烧发电等。在当前碳达峰和碳中和的大背景下,充分利用火力发电的现有资源优势,并灵活推进生物质发电与生活垃圾焚烧发电,是解决电网安全稳定性和清洁能源消纳之间矛盾的有效路径,且具备较高的经济可行性。

同时,"无废城市"的建设不仅促进了城市生活垃圾的处理,也推动了大宗固体废物的综合利用。根据相关政策要求,我们已明确提出对大宗固废资源化利用的支持政策,尤其是在推动粉煤灰、脱硫石膏及垃圾焚烧飞灰等工业固废资源化利用方面,这成为当前关注的重点。这一过程的推进对促进资源循环利用和实现可持续发展具有重要意义。发电行业产生的工业固体废物是"无废城市"建设中重点关注的方面,尤其是粉煤灰、脱硫石膏、生活垃圾焚烧飞灰等,本部分我们将着重介绍粉煤灰、脱硫石膏、生活垃圾焚烧飞灰的来源、性能、主要资源化技术及应用案例,助力"无废城市"建设向纵深推进。

4.1.2 火力发电技术

火力发电是通过化石燃料的燃烧将化学能转化为热能,通过动力机械将热能转换为机械能,再通过驱动发电机将机械能转换为电能的发电技术。实现这种电能转换技术的工厂称为火力发电厂,其中,完成上述能量转换过程的设备组合称为火力发电机组。火力发电的燃料构成主要是自然界蕴藏量极丰富的化石燃料,包括固体燃料(主要为煤炭)、液体燃料(主要为原油及重油、柴油等石油制品)、气体燃料(主要是天然气、液化天然气、煤层气及由煤炭转换的各种煤气)。火力发电主要有蒸汽动力发电、内燃机发电、燃气轮机发电,以及燃气-蒸汽联合循环发电。在上述发电基础上发展起来的热电联产电厂,使火电机组既发电又供热,进一步提高了热能的利用率。

火力发电厂主要生产系统包括燃烧系统、汽水系统和发电系统。

4.1.3　生物质发电技术

生物质发电是一种将生物质能转化为电能的可再生能源发电方式。通过将秸秆等生物质加工成适宜燃烧的燃料形式,生物质燃料在锅炉中被充分燃烧,其储存的化学能转化为热能。锅炉内的水被加热后产生饱和蒸汽,再经过过热器的进一步加热,转化为过热蒸汽。过热蒸汽进入汽轮机,驱动发电机组旋转,将蒸汽的内能转化为机械能,并最终通过发电机将机械能转化为电能。

生物质发电厂的设备与传统燃煤发电厂相似,主要包括生物质水冷振动炉排锅炉、生物质循环流化床锅炉及联合炉排锅炉。当前,在我国的生物质直燃发电厂中,水冷振动炉排锅炉的应用较为广泛。同时,蒸汽发电机组普遍采用高温高压抽凝式汽轮机组,这些设备确保了生物质发电系统的高效运行。

4.1.4　生活垃圾焚烧发电技术

生活垃圾焚烧是一种有效的垃圾处理技术,虽然其成本较高、技术较为复杂,但在全球范围内得到了广泛应用。自 20 世纪 70 年代以来,多个国家通过立法和政策推动垃圾焚烧技术的发展,促进了这一技术的普及。尤其在一些发达国家,生活垃圾焚烧技术的应用和发展取得了显著发展。在焚烧过程中,垃圾首先通过分类收集后被送入焚烧炉进行高温焚烧,释放的热能通过余热锅炉转化为蒸汽,并驱动汽轮机组发电,最终产生电能。

为了提高垃圾的热值,我们通常会对垃圾进行堆放处理,以去除部分渗滤液,从而减少垃圾的含水率,进而增加其热值。在焚烧过程中,脱硝系统通过控制氮氧化物的生成,减少环境污染。焚烧后的废气进入余热锅炉,进一步转化为蒸汽,驱动汽轮机发电,部分电力满足厂区的需求,剩余电力则接入电网系统。此外,垃圾焚烧后的炉渣经过冷却处理,以确保废物的妥善处置和资源的最大化利用。

生活垃圾焚烧发电厂主要生产系统包括焚烧炉排炉、余热锅炉、汽轮机、烟气净化系统、烟塔合一技术和垃圾渗滤液处理系统。

4.1.5　我国发电行业工业固体废物处理及资源化利用范围

发电行业工业固体废物处理及资源化利用范围主要是指火力发电厂、生物质发电厂和生活垃圾焚烧发电厂的固体废物综合利用,其中,固体废物主要有粉煤灰、脱硫石膏和生活垃圾焚烧飞灰等。

粉煤灰是在燃煤供热、发电过程中,一定粒度的煤在锅炉中经过高温燃烧后,由烟道气带出并经除尘器收集的粉尘,以及由锅炉底部排出的炉渣的总称。目前,电厂粉煤灰综合利用途径主要包括生产建材(水泥、砖瓦、砌块、陶粒),建筑工程(混凝土、砂浆),筑路(路堤、路面基层、路面),回填(结构回填、建筑回填、填充矿井、海涂等),农业(改良土壤、生产复合肥料、造地),粉煤灰充填料,从粉煤灰中回收有用物质及其制品等。

脱硫石膏是对含硫燃料(煤、油等)燃烧后产生的烟气进行脱硫净化处理而得到的工业副产石膏。随着燃煤电厂烟气脱硫装置数量的增加,脱硫石膏产生量逐年提高。2019 年我国重点工业企业的脱硫石膏产生量为 1.3 亿吨,同比增长 8.3%,脱硫石膏综合利用量为

9 617.4 万吨,同比增长 4.3%,其中利用往年贮存量为 75.9 万吨,同比下降 37.7%。

我国脱硫石膏的利用途径主要集中于多个领域。首先,脱硫石膏可直接利用,主要作为水泥缓凝剂和盐碱地土壤改良剂,具有较高的实用价值。其次,脱硫石膏经过焙烧处理后,可以转化为建筑石膏,并广泛应用于纸面石膏板、石膏砌块、粉刷石膏等建筑制品中。最后,脱硫石膏在农业、矿山填埋灰浆、公路路基等领域也展现出良好的应用潜力。某些脱硫工艺,如氨法脱硫、活性焦脱硫及有机胺脱硫,不仅能高效去除烟气中的硫分,还可回收硫酸、化肥等副产品,实现资源的综合利用。

生活垃圾焚烧飞灰是在垃圾焚烧过程中,由于燃料高温燃烧产生的固体颗粒,具有较为复杂的物理性质。飞灰的颗粒主要呈球形,表面光滑且微孔较小,部分颗粒在熔融过程中发生粘连,形成不规则的蜂窝状结构。飞灰的产生量约占焚烧总量的 4%,其粒径通常在 1~100 μm,具体特性则受到烟气处理工艺、焚烧条件和废料种类等多方面因素的影响。

2020 年,焚烧成为我国城乡生活垃圾最主要的处理方式,处理量 16 322.54 万吨,占比 54%;2021 年,我国城乡生活垃圾焚烧量增长到 20 792.26 万吨,占比 66%,参照住房和城乡建议部公开数据,我国 2021 年焚烧处理垃圾产生 624 万~1 040 万吨飞灰,目前主流的处理方式是将飞灰螯合固化后进行填埋。飞灰加入水泥或螯合剂后,其特性更加稳定,被送去填埋。现阶段我国对生活垃圾焚烧飞灰资源化利用的技术还处于经验积累阶段,生活垃圾焚烧飞灰资源化的主要技术包括飞灰与水泥生料混合燃烧制备水泥熟料;高温烧结/熔融制备建材;非高温重金属固化技术;资源化提取高价值金属等。

4.2　粉　煤　灰

4.2.1　粉煤灰的来源

粉煤灰是在燃煤供热、发电过程中,一定粒度的煤在锅炉中经过高温燃烧后,由烟道气带出并经除尘器收集的粉尘,以及由炉底排出的炉渣的总称。粉煤灰主要由各种玻璃微珠组成,占灰渣总量的 70%~85%。

燃煤灰渣来自煤炭燃烧后的无机物质,灰渣的产量主要取决于燃煤灰分,国内电厂用煤的灰分变化范围很大,平均为 20%~30%。燃煤在锅炉中不能充分燃烧时,粉煤灰中就会保留少量的挥发物和未燃尽炭。

总的来说,粉煤灰的形成可大致分为三个阶段。

第一阶段,煤粉在初期燃烧过程中,主要经历挥发分的气化过程。煤粉中所含的有机质在高温下被气化,释放出一系列气体和挥发性物质。这一阶段的燃烧主要涉及挥发分的燃烧,同时形成具有多孔结构的碳粒,这些碳粒比原煤粉的比表面积更大。煤粉在此阶段并未完全燃烧,且煤灰依旧保持原煤粉不规则的碎屑状,但由于碳粒的多孔性,其比表面积有所增加。

第二阶段,随着燃烧过程的持续,煤粉中的有机质逐步完全燃烧,碳粒内部的有机成分被完全氧化,转化为气体,并释放出大量热能。在这一阶段,煤中的矿物质发生了重要的化学反应,水分被脱除,矿物质逐渐分解并氧化为无机氧化物,如二氧化硅、二氧化铝等。煤灰的结构发生了显著变化,原本的碎屑状颗粒变为多孔的玻璃体,这种玻璃体的形成使得煤灰的比表面积虽然有所减小,但其物理性质和化学性质发生了较大的转变。

第三阶段,在燃烧的进一步进行中,煤灰中的多孔玻璃体开始逐渐熔融,并在高温下发生收缩。熔融过程使得煤灰颗粒的孔隙率逐渐减少,同时颗粒的圆度增加,粒径变小,最终转变为密实的球形颗粒。这一阶段的熔融过程伴随着物质的聚集与重排,这使得煤灰的比表面积进一步降低。随着熔融温度的提高,煤灰的物理形态发生了较大的变化,由初期的碎屑状和多孔玻璃体逐步过渡为圆形的密实颗粒。

煤粉燃烧后的粉煤灰生成过程复杂而精细。首先,煤粉进入锅炉后,燃烧形成了细颗粒,这些颗粒释放热量并转化为粉煤灰。随着燃烧温度的不断升高,矿物质发生了不同程度的转化。在 400 ℃ 时,矿物质如高岭土开始转化,而在 900 ℃ 以上,形成了莫来石和无定型石英。当温度达到 800 ℃ 时,碳酸盐分解,释放出二氧化碳,并生成石灰等氧化物。在超过 1 100 ℃ 的高温下,石英溶解在熔融的铝硅酸盐中,最终在温度达到 1 650 ℃ 时开始挥发。此时,煤灰颗粒在锅炉内受到湍流作用的影响,形成了滴状物质,这些滴状物质在冷却过程中形成了玻璃微珠,其中部分浮于水面形成漂珠,部分沉于水底形成沉珠。这样的细化过程不仅影响了煤灰的形态,也影响了其后续的物理和化学性质。

粉煤灰作为燃煤过程中的重要副产物,具有复杂的多相物质结构。其颗粒细小且不均匀,其中小颗粒的玻璃性和化学活性较强,而大颗粒则展现出更显著的矿物学差异。粉煤灰的物理和化学性质受到煤种、燃烧温度、氧气供给等因素的影响,导致其颗粒形态和化学成分的差异。这些差异决定了粉煤灰的多样化应用潜力,例如在建筑材料中的应用、作为吸附材料使用。小颗粒的玻璃性和较强的化学活性使得粉煤灰具有较好的反应性,能够在水泥等建筑材料中发挥作用;而大颗粒则更倾向于作为填充材料或用于土壤改良。粉煤灰的综合特性使其在多个领域中具有较大的应用价值,同时也对其后续的资源化利用提出了更高的要求。

我国电厂以湿排灰为主,通常,湿灰的活性比干灰低,且费水费电,污染环境,也不利于综合利用,为了保护环境,并有利于粉煤灰的综合利用,采用高效除尘器,并设置分电场干灰收集装置,是今后电厂粉煤灰收集、排放的发展趋势。

4.2.2　粉煤灰的主要性能

4.2.2.1　物理性质

粉煤灰的物理性能的波动性较大,涵盖了颜色、密度、细度、比表面积、含水率及抗压强度等多个指标。这些物理性质的差异性主要由多种因素共同作用决定。首先,燃煤种类、煤粉细度、燃烧方式、温度及电厂的除尘效率和排灰方式都会直接影响粉煤灰的物理特性。例如,粉煤灰的细度存在显著差异,具体表现为以 45 μm 筛余量为例,有些粉煤灰小于 12%,而有些则几乎完全保留在 45 μm 筛上,这表明不同粉煤灰的颗粒大小差异很大。此外,粉煤灰的需水量和减水效果也表现出较大的差异,有些粉煤灰符合标准,能有效地减少水泥混合物中的需水量,而另一些则因需水量比基准试件高出 30%,而减水效果较差。在抗压强度方面,粉煤灰的 28 天抗压强度差异同样明显,有些粉煤灰仅达到基准试件的

37%,而另一些则可接近基准强度的85%。

粉煤灰的物理性质如表4-1所示。

表4-1 粉煤灰的物理性质

容重/(kg/cm³)	粒度/μm	空隙度/%	比表面积/(cm²/g)	需水量比	28天抗压强度比
0.5%~1.0%	17%~40%	60%~75%	2 000~4 000	89%~130%	37%~85%

4.2.2.2　化学性质

煤粉炉粉煤灰主要由二氧化硅(SiO_2)、三氧化二铝(Al_2O_3)、氧化铁(Fe_2O_3)组成,除此之外,还含有少量钙、镁、钾、钠和磷的氧化物。不同粉煤灰各种组分的比例不同(表4-2)。

表4-2 粉煤灰的化学成分

成分	SiO_2	Al_2O_3	CaO	MgO	Fe_2O_3	K_2O	Na_2O
含量范围	30%~60%	8%~40%	1%~15%	0.3%~3.0%	3%~25%	0.3%~3.0%	0.1%~0.4%

化学成分是粉煤灰的重要性质之一,对粉煤灰有重要影响。主要的化学成分有 SiO_2、Al_2O_3、Fe_2O_3 和 FeO,约占总量的80%以上。次要的化学成分为 CaO、MgO、SO_2、Na_2O 及 K_2O 等。上述成分中,SiO_2 及 Al_2O_3 为酸性氧化物,而 CaO 及 MgO 则为碱性氧化物。因此,作为活性混合物材料的粉煤灰,依其化学成分,我们可计算其碱性率,以初步评定其活性。

4.2.2.3　颗粒组成

粉煤灰的颗粒组成,可以从形貌上粗略地分为球状颗粒、多孔颗粒和不规则颗粒三大类。

a.球状颗粒。球状颗粒由硅铝玻璃体组成,呈圆球形,表面一般比较光滑,但光滑程度不同,有的球形表面有微小的α-石英和莫来石析晶。球形微珠又可分为沉珠、漂珠、磁珠和实心微珠。

b.多孔颗粒。多孔颗粒分为两类:一类为多孔碳粒;另一类是在高温下熔融生成的硅铝多孔玻璃体。粉煤灰中的碳粒一般是形状不规则的多孔体,但电厂粉煤灰中也有一些接近珠状的,称为碳珠。碳珠内部多孔,结构疏松,容易破碎,孔腔吸水性高,颗粒偏粗,45 μm 粒径以上的颗粒比例较高。多孔玻璃体富集了粉煤灰中的硅和铝,但人们很少称它为富硅或富铝玻璃体,而仍称它为多孔玻璃体。一般玻璃体既有开放性孔穴,也有封闭性孔穴。

c.不规则颗粒。不规则颗粒一部分是结晶矿物及碎片,一部分是玻璃体碎屑。不规则颗粒包括钝角颗粒、碎屑、黏聚颗粒等。

4.2.2.4　粉煤灰分类

粉煤灰可按状态、性质、氧化钙含量、细度和烧失量等方式进行分类。

　　粉煤灰根据状态可分为湿灰、原状干灰、调湿灰、分级灰和磨细粉煤灰。湿灰是在湿式出灰系统中,粉煤灰沉淀于灰场和沉灰池中,之后我们可通过挖掘机械或抓斗取出并供应用户。原状干灰是在干除灰电厂中,所有灰分混合在一起,形成原状干灰或统灰。调湿灰在调湿装置中添加适量水分,将干灰转化为湿状。分级灰则是将电除尘器在不同电场收集的灰进行分级,依据粒度要求筛选出的符合标准的颗粒。磨细粉煤灰是通过专用设备将低品位、无序的原状粉煤灰磨细,形成相对稳定、有序的产品。

　　粉煤灰根据其性质和脱硫工艺的不同,可以分为硅铝灰和钙硫灰两类。硅铝灰主要由普通煤燃烧(如无烟煤和烟煤)产生,其 SiO_2 和 Al_2O_3 含量通常超过 80%。这类粉煤灰的干灰非堆积质量密度在 0.5~0.8 kg/L,而堆积后的密度为 0.8~0.9 kg/L。硅铝灰的化学组成决定了其在建筑、工程及环境领域可以广泛应用,尤其在水泥生产和土壤改良中具有重要作用。相比之下,钙硫灰则由褐煤燃烧产生,具有较低的 SiO_2 和 Al_2O_3 含量(通常低于 40%),但其 CaO 含量可高达 40%。钙硫灰的干灰非堆积质量密度为 1.1~1.3 kg/L,堆积后的密度为 1.3~1.5 kg/L。

　　根据粉煤灰中的氧化钙含量,粉煤灰可分为低钙粉煤灰、中钙粉煤灰和高钙粉煤灰。低钙粉煤灰通常源自无烟煤或烟煤的燃烧,其特点为高硅铝、低钙,外观浅灰或灰黑色,具有火山灰特性,广泛应用于大多数电厂生产。相较之下,高钙粉煤灰主要来自褐煤或次烟煤的燃烧,具有较高的氧化钙含量和较低的二氧化硅含量,外观淡黄或浅灰色。在化学成分上,高钙粉煤灰的 FeO、Al_2O_3 和 SiO_2 含量较低,而 CaO、MgO、SiO_2 和 Na_2O 含量较高。尽管其矿物组成包含与低钙粉煤灰相同的矿物,诸如石英和莫来石等,但其强度较低,尤其是莫来石的强度下降明显。高钙粉煤灰的物理性质表现为较大的细度、更高的密度、更小的需水比和更强的强度贡献。此外,粉煤灰还可根据细度和烧失量的不同,进一步分类为细灰、中灰和粗灰,以满足不同使用要求。这些分类标准为粉煤灰的选择与应用提供了明确的指导,确保了其在建筑材料中的合理使用,进而提高了水泥与混凝土的性能。

4.2.3　粉煤灰主要处理及资源化技术

　　国内粉煤灰处置方式主要有三个阶段。一是向江河排灰阶段。20 世纪 70 年代以前建设的火电厂,少数曾经将灰渣直接排入江河。1979 年,有 1 028 万吨燃煤电厂的灰渣排入江河,严重污染了水体,对生态和民生影响极大。通过除灰技术的改进、输灰系统的改造、加强灰场建设等措施,电厂排入江河灰渣在 1986 年减到 425 万吨,1990 年进一步减少到 382 万吨,到 1995 年底,国家电力部所属火电厂向江河排灰的这一存在多年的历史遗留问题得到了解决。二是干除灰应用阶段。干除灰、调湿灰碾压灰场有利于环境保护和粉煤灰综合利用。20 世纪 70 年代以前建设的电厂,大部分采取水力除灰,除部分排入江河外,大部分排入灰场。一方面由于灰场防渗问题没有得到有效解决,对土壤和地下水造成影响;另一方面,由于老灰场管理水平低,造成扬尘,给局部环境带来严重污染。20 世纪 80 年代建设的电厂在大力进行粉煤灰综合利用的同时,对新灰场和服役期满的灰场都采取了必要的防污染措施。进入 20 世纪 90 年代以后,干除灰、调湿灰碾压技术开始推广应用,调湿灰碾压灰场不但有节水作用,还可以通过复垦防治扬尘,并达到节约土地的目的。三是灰渣综合利用阶段。将电厂灰渣变废为宝,符合对废物处理的"减量化原则",具有经济、环境和社会综合效益。在国家政策的引导下,我国粉煤灰综合利用取得了突出成就,我国粉煤灰利用居世界先进水平。

4.2.3.1 粉煤灰综合利用途径分类

粉煤灰的综合利用可以根据不同的应用途径分为七大类。首先,可用于生产建筑材料,如水泥、砖瓦、砌块等。其次,粉煤灰在建筑工程中广泛用于混凝土、砂浆等施工材料的生产。第三,粉煤灰被应用于筑路工程中,如修筑路堤和路面基层等。第四,粉煤灰还可用于回填工作,填补低洼地、矿井等区域。第五,在农业中,粉煤灰可用于土壤改良、复合肥料的生产等。第六,粉煤灰在环境工程中的应用也逐渐增多,尤其在废水处理和消声方面。最后,粉煤灰还可用于从中回收或生产有用物质,如漂珠、微珠、氧化铝等。这些利用方式有效促进了资源的循环利用。

4.2.3.2 粉煤灰在建材行业中的利用

粉煤灰的化学成分与黏土相似,并且具备火山灰特性,能够在特定的条件下与水发生反应,生成具有水泥胶凝特性的物质,从而表现出一定的强度。这一特性赋予了粉煤灰在水泥、混凝土和墙体材料生产中的广泛应用潜力。随着技术的发展,粉煤灰在建筑行业的应用已经较为成熟,特别是在水泥和混凝土的生产中,粉煤灰的掺入不仅能够提升材料的性能,还能够有效降低成本,推动建筑材料的绿色发展。为规范粉煤灰的使用,相关国家标准应运而生,如《用于水泥和混凝土中的粉煤灰》(GB/T 1596—2017)及《粉煤灰混凝土应用技术规范》(GB/T 50146—2014)等。这些标准为粉煤灰在建筑领域的应用提供了技术依据,确保了其使用的科学性、规范性和安全性。

在新型墙体材料及装配式建筑中,粉煤灰也发挥了重要作用。粉煤灰与传统的黏土等建筑材料相比,化学成分相似,但具备一些独特的优势,特别是在与其他建筑原材料配合时,能够显著改善水泥的性能。通过粉煤灰的综合利用技术,我们已经研制出多种不同类型的水泥产品,包括硅酸盐水泥、硅酸三钙水泥、硫铝酸钙水泥等。这些水泥类型不仅展示了粉煤灰的再利用价值,还为建筑行业提供了多样化的水泥选择,从而进一步扩大了粉煤灰在建筑领域中的应用空间,推动了建筑材料的多元化和创新。

粉煤灰还可用于制造粉煤灰砖和砌块等建筑材料。通过特定的加工技术,粉煤灰作为主要原料,结合适当的胶凝材料和外加剂,可以生产出多种形式的建筑产品。粉煤灰砖和砌块不仅具有较低的生产成本,而且具有良好的导热性能和较轻的重量,这使得其在建筑工程中具备明显的竞争优势。这些特性使粉煤灰在绿色建筑材料中的应用前景广阔,符合节能环保的要求,并在降低建筑成本的同时优化了建筑材料的性能。

此外,粉煤灰还在加气混凝土的生产中得到了应用。加气混凝土是一种由含钙材料(如水泥、生石灰等)与含硅材料(如砂、粉煤灰、废渣等)混合,并与发气剂(如铝粉)等辅料按一定比例配合,经过一系列工艺制成的轻质多孔建筑材料。加气混凝土具有优良的隔热、隔音和防火性能,是现代建筑工程中理想的建筑材料,特别是在需要提高建筑物能效和舒适度的场所。通过利用粉煤灰制造加气混凝土,我们不仅能够有效地回收利用粉煤灰,还能促进建筑材料的绿色转型。

粉煤灰加气混凝土制品生产一般可以分为原料加工制备、配料浇注、坯体静停与切割蒸压养护、脱模加工、成品堆放包装等几个工序(图 4-1)。

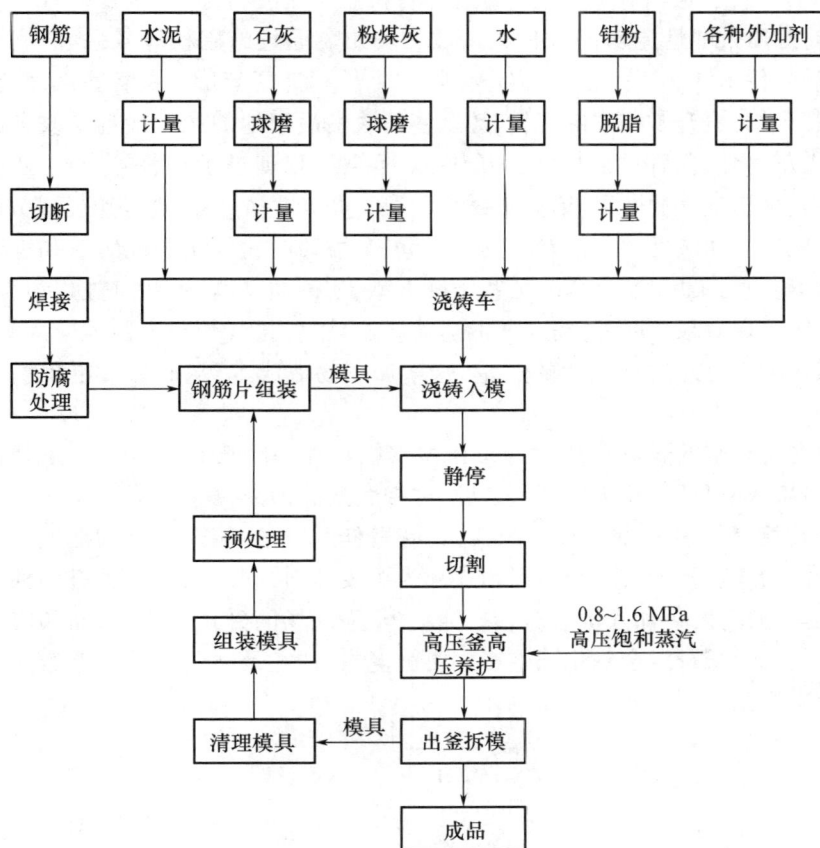

图 4-1　粉煤灰加气混凝土制品生产流程示意

4.2.3.3　粉煤灰在筑路行业中的利用

粉煤灰作为一种优良的道路工程材料,具有广泛的应用前景,尤其在公路建设和矿区充填方面表现出独特的优势。粉煤灰主要应用于公路路堤填筑、基层及底基层的结合料,能够显著提升工程材料的性能。尽管粉煤灰在初期使用时可能会略微影响混凝土的早期强度,但随着时间的推移,粉煤灰的加入可显著提高混凝土的抗压强度、耐久性及长期稳定性。这种性能提升,使其在公路工程中得到广泛应用,并已积累了诸多成功案例。自 20 世纪 60 年代以来,多个国家在混凝土路面工程中逐步采用粉煤灰,积累了宝贵的实践经验。与此同时,粉煤灰的应用逐步扩展到港口工程,特别是 1997 年相关规范的发布,为粉煤灰在港口填筑和混凝土中的使用提供了技术支持。此外,低钙粉煤灰的使用也逐渐得到推广,特别是在堆场、道路及地基处理等领域,其应用展现出良好的效果。

4.2.3.4 粉煤灰在农业方面的利用

粉煤灰作为一种土壤改良材料,具有显著的农业应用潜力,尤其是在改善土壤理化性质方面,尤其对黏质及酸性土壤的改良效果尤为突出。通过施用粉煤灰,我们能够有效提升土壤的透气性、保水性和肥力,从而促进作物的生长和提高产量。在某些地区的试验中,粉煤灰的应用已显著提升了稻田的产量,甚至使得改良后田地的产量接近未改良田地的两倍。此外,粉煤灰对甘薯等作物的生长也有积极影响,不仅促进了甘薯的增产,还在提高其营养成分方面表现出良好的效果,诸如 β-胡萝卜素、可溶性糖、还原糖等重要成分的含量显著提高。粉煤灰的农业应用并非没有限制。根据相关标准,粉煤灰的施用量和土壤类型必须严格控制,以避免污染风险。例如,某些土壤类型,如砂质土壤,不适宜施用粉煤灰,因为其可能没有土壤改良效果。此外,粉煤灰的运输成本较高,尤其是当大面积应用时,每亩土地所需的粉煤灰数量可能达到较大的用量,这增加了物流成本,从而在一定程度上限制了其广泛应用。

粉煤灰中含有丰富的微量元素,如 Cu、B、Mo 等,可作一般肥料,也可加工制成高效肥料使用,如生产粉煤灰磁化肥、粉煤灰钙镁磷肥、硅钾肥或硅钙钾肥等。

粉煤灰磁化肥是一种新型的复合肥料,具有极佳的肥效,能配制出满足地区不同农作物需要的养分。粉煤灰复合磁化肥是以粉煤灰为主要原料,利用其本身含有多种农作物所需要的微量元素的特性,再加入优质氮、磷、钾肥,经强磁场的磁化作用,从而形成养分极高的磁化复合肥料。粉煤灰复合磁化肥生产主要由混料、造粒及磁化三道工序组成。粉煤灰复合磁化肥的生产工艺流程如图 4-2 所示。

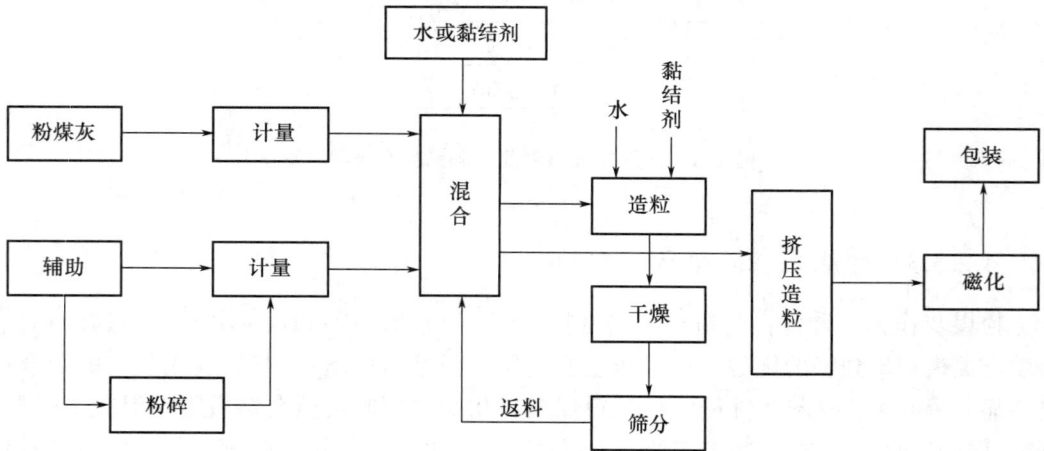

图 4-2 粉煤灰复合磁化肥的生产工艺流程

配料的确定应综合考虑土壤特性、粉煤灰的物理化学性质、化肥成分、气候条件、水质及作物生长需求。理想情况下,配料的选择应由当地农科部门通过试验验证,以确保最佳效果。此外,借鉴其他地区的成功经验也可为配料方案的制定提供参考。粉煤灰的造粒工艺旨在优化肥料的运输和施用,同时延长肥料的效用,减少结团和挥发的风险。理想的颗粒粒度应控制在 2~3 mm,必要时我们可根据需求生产较大颗粒,粒度可达 5~10 mm。颗粒的机械强度通常要求达到 8 N/cm²,以保证其耐用性和稳定性。

造粒设备主要包括盘式和挤压式两种类型。盘式造粒机具有结构简单的优点,但在某些情况下可能需要额外的干燥处理;而挤压式设备虽成本较高,且磨损较为严重,但其造粒后通常无须额外干燥。造粒过程中,我们需适量添加水分,某些情况下也可加入少量其他添加剂,以确保颗粒的质量和稳定性。磁化过程对提高肥料效果具有关键作用,我们必须在特定的磁化条件下进行,如磁化强度、时间和方向等。磁化器可分为水磁和电磁两类,其中水磁不依赖电源,但体积较大,且磁场衰退较快,清理起来也较为困难。磁场强度一般控制在 2 000~4 000 Gs,磁化时间为 2~4 s,最终产品的含水量要求低于 5%。

4.2.3.5 粉煤灰在环境工程行业中的利用

粉煤灰作为燃煤电厂的废弃物,具有较大的比表面积和良好的吸附性能,这使其在环保工程中的应用前景广阔。特别是在水体污染物的去除方面,粉煤灰通过其特有的吸附性和化学反应能力,能够有效去除水体中的有害物质,如磷酸盐和悬浮物,帮助改善水质。粉煤灰的资源化转化不仅解决了其作为废弃物的环境问题,还实现了"变废为宝",通过回收利用可为环保领域提供廉价且高效的解决方案。随着人们对环境保护要求的提高,粉煤灰在环保领域的应用潜力不断被发掘,为促进可持续发展和循环经济贡献力量。

4.3 脱硫石膏

4.3.1 脱硫石膏的来源

脱硫石膏,亦称排烟脱硫石膏、硫石膏或 FGD 石膏,是通过对含硫燃料(如煤、油等)燃烧后产生的烟气进行脱硫处理所得到的工业副产物。其主要成分为二水硫酸钙,与天然石膏相似,含量通常≥93%。这一副产物具有较高的资源化利用价值,广泛应用于建筑、农业等领域。

4.3.1.1 石膏分类

石膏按理化性质分为生石膏、熟石膏和硬石膏,具体分类如下。

a.二水硫酸钙(生石膏)

生石膏($CaSO_4 \cdot 2H_2O$)又称二水硫酸钙或二水石膏,根据生产来源不同,分为天然石膏和工业副产石膏,脱硫石膏属于后一类。

目前,生石膏主要用于生产熟石膏(中间产品)和用作水泥添加剂、盐碱地改良剂等。优级石膏(雪花石膏、纤维石膏)磨细 180 目以上成为食用石膏粉,可用于饲料加工、食用菌栽培、豆腐制作、药片生产和食品添加剂等。

b.半水石膏(熟石膏)

熟石膏又名半水硫酸钙,或半水石膏,是由二水石膏经过加热脱去其中的一个半结晶水而制成,主要作为胶凝材料或用于生产石膏制品和制作各种模具。根据结晶形态的不同,半水硫酸钙又可以分为 α 型半水石膏和 β 型半水石膏。

α 型半水石膏一般需要在溶解或压力条件下由二水硫酸钙脱水生成,硬化后具有较高的密实度和强度,可用作高强度材料。如,陶瓷模具、雕塑、石膏线条、粉笔生产和高档建筑等。

β 型半水石膏是建筑石膏的主要成分。建筑石膏生产方便,成本低,在常压条件下便可以脱水制备,硬化后具有很好的绝热吸音性能和较好的防火性能、吸湿性能。主要用于生产石膏板、石膏砌块、嵌缝石膏粉、粉刷石膏粉等石膏板墙和石膏装饰板、黏接石膏等。

c.无水石膏(硬石膏)

当二水石膏加热至 400 ℃ 以上时,石膏将完全失去水分,成为硬石膏。硬石膏主要用于制造农肥和代替石膏作为硅酸盐水泥的缓凝剂。

4.3.1.2 脱硫石膏的产生

脱硫石膏是烟气脱硫过程中的副产品。该过程采用石灰-石灰石为主要吸收剂,通过与烟气中的二氧化硫反应,去除燃煤或燃油产生的有害气体。首先,将石灰-石灰石粉加水制成浆液,泵送至吸收塔与烟气充分接触,二氧化硫与浆液中的氢氧化钙发生反应,生成硫酸钙和亚硫酸钙。反应达到一定饱和度后,产物被排出吸收塔并经过浓缩、脱水处理,其水分含量降低至10%以下,最终形成二水石膏和亚硫酸钙的混合物,随后通过输送机输送至石膏贮仓进行堆放。这一过程不仅实现了烟气中的二氧化硫去除,同时为石膏资源化利用提供了基础。石灰石-石膏湿法烟气脱硫工艺流程如图4-3所示。

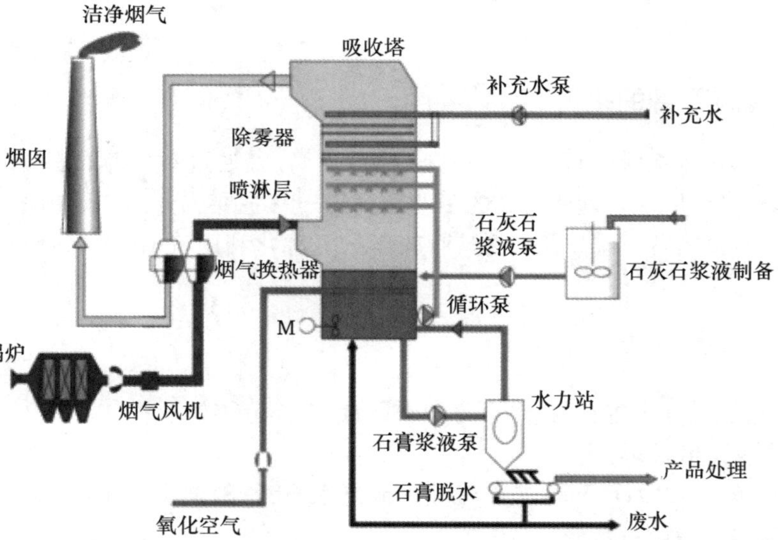

图4-3 石灰石-石膏湿法烟气脱硫工艺流程

4.3.2 脱硫石膏的主要性能

4.3.2.1 与天然石膏的差异

脱硫石膏与天然石膏在化学成分上均为二水硫酸钙,因此在许多物理和化学特性上表现出相似性。两者在煅烧过程中生成的建筑石膏粉及石膏制品,在水化动力学特性、凝结特性和物理性能上没有显著差异。这使得脱硫石膏在许多应用中能够作为天然石膏的有效替代品。然而,尽管在矿物学和物理化学性能上具有高度相似性,二者在原始状态、力学性能及化学成分(特别是杂质成分)上仍存在一定差异。脱硫石膏中的杂质,特别是硫酸钙之外的其他成分,影响了其脱水特性、易磨性及煅烧后的力学和流变性能。因此,脱硫石膏的加工性和性能表现受其杂质含量的影响。值得注意的是,尽管存在这些差异,脱硫石膏与天然石膏在矿物相、转化后的形态及物理化学性能方面基本一致,这使得脱硫石膏在许多领域完全能够替代天然石膏。两者均不含放射性,对人体健康无害,这为它们在建筑材料和陶瓷模具等领域的广泛应用提供了保障。

a.外观

脱硫石膏的外观颜色通常受燃烧煤种及烟气除尘效果的影响,常见的颜色为灰黄色或灰白色,其中灰色主要由于未燃尽的碳含量较高,并含有少量 $CaCO_3$ 颗粒。相比之下,天然石膏粉呈白色粉状,化学成分与脱硫石膏相似,杂质主要为黏土类矿物。

b.形成过程

脱硫石膏形成过程与天然石膏完全不同。天然石膏是在缓慢、长期的地质历史时期形成的,其中的杂质基本上分布于晶体表面,且黏土类矿物晶体结构完整且发育良好。脱硫石膏在浆液中快速沉淀形成,可溶性盐和惰性物质在晶体内部和表面都有分布。

由于脱硫石膏与天然石膏在物理和化学性质上的差异,传统的以天然石膏为原料的煅烧设备和生产工艺并不完全适用于脱硫石膏。因此,我们必须采用专门为工业副产石膏设计的生产工艺和设备。脱硫石膏的粒径较小,未经过煅烧时容易被气流吹走,因此不适合使用流态化煅烧设备。此外,脱硫石膏的粒径分布较为狭窄,制备成熟石膏粉后,需要进行粉磨改性以产生粒度级差,从而提高其凝结强度。在粉磨过程中,碾压力形成的级差效果较差,而劈裂力产生的改性效果最佳,碰撞力次之。因此,选择改性磨具时我们应考虑其力学特性。

4.3.2.2　脱硫石膏的化学成分

脱硫石膏的品位较高,在化学成分特别是在杂质成分上与天然石膏有所差异。由于燃烧过程中使用的燃料(特别是煤)和洗涤过程中使用的石灰/石灰石,在脱硫石膏中常有碳酸盐、二氧化硅、氧化镁、氧化铝、氧化钠(钾)等杂质,表 4-3 为脱硫石膏化学成分分析。

表 4-3　脱硫石膏化学成分分析

样品成分	SiO_2	Al_2O_3	Fe_2O_3	CaO	K_2O	SO_3
天然石膏	7.45%	2.64%	1.14%	27.46%	—	39.59%
山西电力有限公司太原第一热电厂	3.26%	1.90%	0.97%	31.93%	0.15%	40.09%
宝山钢铁股份有限公司	4.37%	1.73%	0.87%	32.7%	—	43.10%
华能南京热电有限公司	2.17%	1.00%	0.08%	33.1%	0.03%	45.48%
南通天生港发电有限公司	1.93%	0.40%	0.26%	34.75%	0.02%	41.27%

4.3.2.3 脱硫石膏的颗粒特性

天然石膏由于开采及加工过程,石膏颗粒一般不超过200目,所含杂质与石膏之间易磨性相差较大,天然石膏粗颗粒多为杂质。由于FGD工艺对石灰石的特殊要求及其加工工艺,脱硫石膏颗粒直径一般为20~60 μm,由于颗粒过细而带来流动性和触变性问题,在工艺中往往应进行特殊处理,改善晶体结构。脱硫石膏虽是细颗粒材料,但是比表面积相对较小。脱硫石膏颗粒粒径多集中在20~60 μm,粒度分布曲线窄而瘦,这种颗粒级配会造成煅烧后建筑石膏加水量不易控制,流变性不好,颗粒离析、分层现象严重,制品表观密度会偏大、不均。

4.3.2.4 脱硫石膏的颜色和含水量

天然石膏通常呈白色,而高质量的脱硫石膏亦可呈现纯白色,但许多脱硫石膏则显示出黄色或深灰色,这主要是由于烟气除尘不完全,导致杂质较多,影响其外观。相比之下,天然石膏的含水量通常低于10%,而脱硫石膏的含水量则常常高于10%,甚至达到20%。较高的含水率增加了脱硫石膏的黏性,在装载、提升和运输过程中容易引发堵料和黏附问题,进而影响生产的顺利进行。

4.3.3 脱硫石膏主要处理及资源化技术

4.3.3.1 脱硫石膏综合利用途径分类

脱硫石膏是燃煤电厂烟气脱硫过程中的副产物,其产生量与SO_2的排放量密切相关。每吨SO_2的排放可产生约2.7吨脱硫石膏。例如,一个30万kW的燃煤电厂,每年排放的脱硫石膏量可达到3~6万吨。随着燃煤电厂的持续扩展,脱硫石膏的产量将逐年增加,预计将成为继粉煤灰之后的第二大固体废弃物。这不仅会占用大量土地资源,还可能引发二次污染,我们若不采取有效的综合利用措施,可能导致严重的环境问题。

目前,我国脱硫石膏的利用方式主要分为两类:一是直接利用,主要用于水泥缓凝剂、盐碱地土壤改良等;二是将其焙烧成建筑石膏后用于生产纸面石膏板、石膏砌块、粉刷石膏等石膏制品。尽管脱硫石膏在水泥、石膏板、农业等领域已有一定应用,但尚未形成规模化的工业利用体系,亟须进一步拓展其应用范围并实现资源化转化。

4.3.3.2 脱硫石膏在建筑制品中的利用

脱硫石膏作为燃煤电厂烟气脱硫过程中的副产品,其应用潜力逐渐被充分认识。通过优化其纯度和性能,脱硫石膏可广泛用于石膏砌块、石膏粉及粉刷石膏、纸面石膏板等建筑材料的生产。这些应用不仅充分利用了脱硫石膏的资源特性,还具有较低的造价、轻质、良好的防火性能及施工简便等优势,开辟了石膏制品的新市场,推动了固废资源的综合利用。例如,脱硫石膏和粉煤灰混合制成的空心砌块墙体材料,凭借其轻质、防火性和成本效益,已被广泛应用于建筑领域。经处理后的脱硫石膏还可用于制备防水剂或防火板材,从而拓展其在建筑材料中的应用范围。脱硫石膏在生产纸面石膏板中的应用,以其轻质、防火、抗展性及保温隔热等优良性能,已广泛应用于工业和民用建筑领域,展示出强劲的市场发展潜力。通过将脱硫石膏与水泥或粉煤灰等材料混合,研究发现,其能够有效提高地基强度,并符合国家路面基层标准。这一应用不仅能显著节约建材资源和降低成本,还能增强土壤的抗压能力,具有显著的经济和环境效益。在水泥生产中,脱硫石膏作为缓凝剂,能够调节水泥的凝结时间,并在合适的工艺条件下提高水泥的强度。其钙和硫成分也有助于硫酸联产水泥,减少废渣产生,因此,脱硫石膏的资源化利用不仅提升了水泥性能,降低了生产成本,还推动了绿色建筑材料的应用。其工艺流程如图4-4所示。利用此法,我们可有效改善我国硫、钙资源缺乏局面,实现经济效益、环境效益和社会效益。

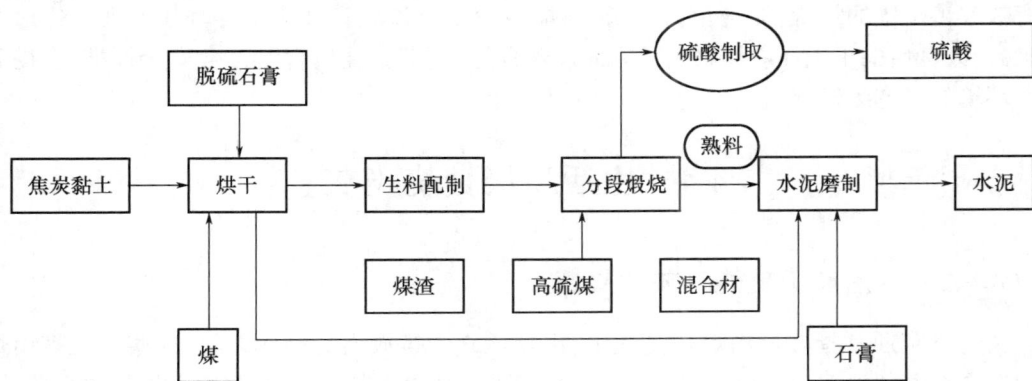

图 4-4　脱硫石膏制备硫酸联产水泥工艺流程

4.3.3.3　脱硫石膏在建材中的利用

粉刷石膏及其衍生产品在建筑和装饰行业中具有广泛应用,尤其是在满足现代建筑节能和环保需求的背景下,展现出重要的市场价值和发展前景。作为一种绿色建材,粉刷石膏不仅符合国家对建筑节能的相关政策要求,还在一定程度上取代了传统的水泥砂浆和混合砂浆,逐渐成为建筑施工中的重要材料。通过不同的加工工艺,许多生产电厂烟气脱硫石膏的厂家将其转化为建筑石膏和粉刷石膏,这一过程推动了该材料在北方地区的逐步推广。相关行业数据显示,粉刷石膏的需求量每年增长超过20%,这表明该材料在建筑行业中的市场潜力巨大,特别是在室内抹灰领域,具有不可忽视的应用价值。

纸面石膏板是利用脱硫石膏生产的重要建筑材料,近年来在我国得到了快速发展,特别是在江苏、浙江等地区,电厂脱硫石膏的利用率不断提升。随着生产技术的进步和生产规模的扩大,部分企业已经开始建设以100%脱硫石膏为原料的大型生产线。这些发展表明,纸面石膏板在建筑行业中的市场需求稳步增长。根据统计,2009年全国纸面石膏板累计产量已达到13亿平方米,这一数据充分反映了纸面石膏板在我国建筑行业中的重要性。

然而,石膏砌块作为一种轻质高强、具有良好加工性的墙体材料,尽管在建筑设计中具有较高的应用价值,仍面临诸多挑战。其高生产成本、大能耗及运输半径有限等问题限制了其在市场中的普及。尽管如此,石膏砌块的轻质特性和优良的隔墙性能使其在大开间灵活隔断的设计需求中具有重要潜力。随着生产工艺的改进和技术的不断发展,石膏砌块的产业化进程有望逐步加速。

4.3.3.4 改良土壤

根据相关统计数据,我国部分地区的盐碱土地广泛分布,严重制约了农业生产和生态环境的可持续发展。长期以来,盐碱地改良一直是一个亟待解决的技术难题。作为一种传统的改良剂,石膏的应用历史悠久,但其高昂的成本限制了其广泛推广。近年来,脱硫石膏的出现为盐碱地改良提供了新的可能。与天然石膏相比,脱硫石膏的环境污染物含量显著降低,符合国家环保标准,且具有较高的性价比。通过使用脱硫石膏改良土壤,我们不仅能够有效改善土壤的结构,促进植被生长,还能减少水土流失和沙尘暴等环境问题。经过实践检验,改良后的土地在农作物生长方面表现良好,且其重金属含量符合安全标准,有助于生态环境的可持续发展。

4.4 生活垃圾焚烧飞灰

4.4.1 生活垃圾焚烧飞灰的来源

焚烧飞灰通常指在燃料燃烧过程中,由烟道气中排放出的固体颗粒,这些颗粒多由煤等燃料在高温条件下(1 300~1 500 ℃)燃烧产生。焚烧飞灰中含有如盐、可溶性重金属、二噁英等有害物质,属于危险废物,因此,若要进行安全填埋,我们必须先对其进行无害化处理。

4.4.2 生活垃圾焚烧飞灰的主要性能

飞灰的理化特性受到多种因素的影响,主要包括垃圾的组成、焚烧炉的类型及烟气净化系统的配置,因此其表现出显著的多样性。不同焚烧技术所产生的飞灰量也存在较大差异。例如,传统的机械炉排炉产生的飞灰量相对较少,仅占入炉垃圾量的1.5%~4.0%;而采用流化床焚烧炉技术时,飞灰量则显著增多,占入炉垃圾量的10%~20%。这种差异主要源于焚烧过程中温度、气流和燃烧效率的不同,飞灰的产生和特性在不同炉型中表现出差异。

飞灰的形态和结构也受到焚烧技术的显著影响。流化床焚烧炉产生的飞灰颗粒通常较大且无规则,而机械炉排炉产生的飞灰颗粒则较小且多呈球形,这种形态上的差异与不同炉型的燃烧过程和烟气动力学特性密切相关。此外,飞灰的化学成分中,钙、氯、钠、钾等氧化物或盐类是主要成分,氯离子通常以可溶性氯化物或氯酸盐的形式存在,其含量一般可达10%~40%。氯盐的存在不仅增加了飞灰无害化及资源化利用的难度,而且提升了飞灰中重金属的浸出毒性,严重影响了资源化产品的稳定性。

在飞灰的处置过程中,氯盐挥发带来的挑战尤为突出。在焚烧过程中,氯盐挥发会导致设备堵塞、腐蚀等问题,这不仅增加了设备维护的难度,也影响了飞灰的后续处理效果。尤其是在水泥窑协同处置过程中,氯盐会对窑炉设备造成不可逆的损害,影响水泥产品的质量,难以达到相关标准要求。因此,水洗预处理作为飞灰资源化的重要环节,显得尤为关键。水洗预处理能够有效去除飞灰中的氯盐等有害物质,并且通过回收水洗液中的氯化钾等成分,推动资源的高效利用。这一技术不仅有助于改善飞灰的无害化程度,还为其后续资源化利用奠定了基础。

垃圾焚烧过程中产生的二噁英是一个不可忽视的影响环境的因素。二噁英作为氯代含氧三环芳烃类化合物,存在于烟气中并可转移至灰相。尽管通过一系列措施如燃烧装置升级、烟气快速降温和烟道清灰等可以降低烟气中的二噁英浓度,但其完全去除仍具有较大困难。二噁英的存在使得飞灰无法直接资源化,因此,降低二噁英含量并实现飞灰的无害化处置成为飞灰安全处理的必要条件。这也提示,飞灰的进一步资源化利用依赖于其无害化处理技术的进步。

重金属是飞灰中主要的有毒成分之一,其含量受垃圾焚烧工艺、垃圾成分等多种因素的影响,赋予飞灰一定的浸出毒性。由于垃圾分类尚未完善,塑料、织物、纸品等垃圾中常常混入金属元素,这些金属在垃圾焚烧过程中可能会挥发,随烟气上升并在烟气处理系统中冷却凝结,最终富集于飞灰中。常见的重金属包括汞、铅、铜、镉、铬、锌和镍等。研究表明,机械炉排炉产生的飞灰中重金属含量普遍较高,尤其是铅和镉,其含量较流化床焚烧炉飞灰多。重金属的积聚不仅会对环境造成影响,也会对人类健康构成潜在威胁。

4.4.3　生活垃圾焚烧飞灰主要处理及资源化技术

飞灰的物理化学特性为其资源化和处置提供了新的发展方向,尤其是在水泥窑协同、高温烧结/熔融及非高温建材生产技术方面,具有重要的应用潜力。飞灰含有丰富的矿物质和金属元素,这些成分使其在建材生产和金属提取等领域具有较高的利用价值。为了规范飞灰的资源化利用,《生活垃圾焚烧飞灰污染控制技术规范》明确了相关的污染控制要求,并为飞灰的安全处置提供了具体指导。飞灰的主要资源化技术包括水泥窑协同技术,它能有效利用飞灰替代传统原料;高温烧结/熔融技术能够将飞灰转化为高附加值的建材产品;此外,非高温建材生产和高价值金属提取技术也为飞灰的资源化提供了多种可行路径。特别是高价值金属的提取,成为当前飞灰资源化的重要途径,不仅有助于减少资源浪费,也推动了循环经济的发展。

4.4.3.1　混合燃烧制备水泥熟料

水泥和混凝土作为建筑行业的基础材料,其生产工艺在全球范围内广泛应用。尽管传统水泥生产技术已经非常成熟,但在制造过程中仍然存在显著的环境影响。首先,石灰石的煅烧过程不仅需要大量的能源,还会释放大量的二氧化碳,这一温室气体的排放对气候变化产生了不容忽视的负面影响。其次,生产过程中需要大量黏土和石灰石作为原材料,这进一步加剧了自然资源的消耗。此外,煅烧过程中释放的酸性气体,如二氧化硫和氮氧化物,也对环境造成了污染。然而,近年来,飞灰作为一种潜在的替代原料,已被证明在水泥生产中具有重要的环保和资源利用价值。飞灰不仅与水泥生产所需的原料化学成分相似,而且其与水泥原料一同混合燃烧,能够显著降低二氧化碳的排放。同时,飞灰中潜在有害物质在高温和碱性环境下能够得到有效固定,从而避免了有毒元素和有机污染物的释放。因此,水泥窑协同处置飞灰技术为飞灰的资源化利用提供了有效途径,已经成为业界推崇的主流技术,并且在中国得到了广泛应用和推广。水泥窑协同处置飞灰工艺流程如图

4-5 所示。

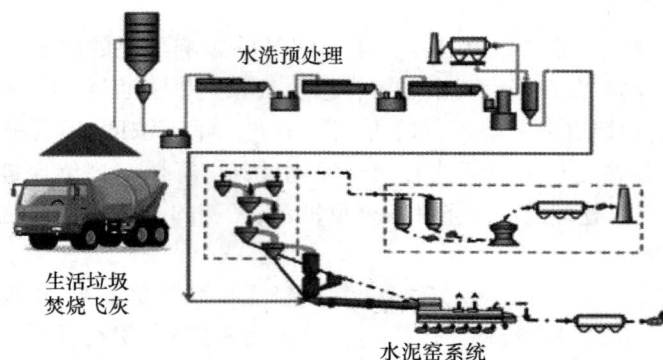

图 4-5　水泥窑协同处置飞灰工艺流程

飞灰中可溶盐的含量通常超过 30%,且以氯盐为主,这些成分显著影响飞灰的后续处置与资源化利用。飞灰水洗作为一种有效的预处理方法,能够显著降低飞灰中的可溶盐和氯含量,从而满足水泥窑协同处置的质量要求。水洗过程中,影响脱盐效果的因素众多,主要包括水灰比、水洗频率、水洗温度、搅拌频率及水洗时间,其中水灰比对脱盐效果的影响最为显著。为了在确保脱盐效果的同时兼顾经济性,水灰比通常控制在 5:1 至 10:1,这样既能高效去除盐分,又能降低水的消耗。此外,通过回收水洗废水中的结晶盐,我们不仅实现了可溶盐的去除,还能够实现水的循环利用,使得实际水灰比得以进一步优化,低于 1:1。尽管有研究表明 CO_2 鼓泡能提高难溶盐的脱除效率,但这一技术尚未在工业生产中广泛应用。

飞灰水洗的脱盐机理主要涉及氯化物晶体的溶解、离子在固体晶格中的内扩散,以及灰粒周围液膜的外扩散等复杂过程。这些机理的有效作用为水洗提供了理论基础,并且进一步促进了水洗技术的应用。在全球范围内,水泥窑协同处置飞灰的研究已取得显著进展,特别是在欧盟地区,水泥窑协同处置生活垃圾焚烧飞灰的技术已经实施多年,且取得了显著成果。考虑到国内飞灰的氯含量普遍较高,水洗技术通常被采用以有效降低氯含量至 1%以下,满足水泥窑协同处置的要求。通过这一工艺,我们不仅能够实现飞灰的无害化处理和资源化,还能有效降低处理过程中的能耗,减少水泥原料的消耗,具有显著的经济与环境效益。

高浓度氯盐的存在会降低水泥质量,并可能对水泥窑设备造成腐蚀。因此,规范性文件对飞灰中氯元素的含量有严格要求,通常规定进入水泥窑的飞灰中氯含量应控制在 2%以内,并尽可能低于 1%。在这一背景下,水洗技术成为飞灰资源化过程中不可或缺的关键环节,其在减少环境污染和节约资源方面具有重要的意义。

水洗耦合水泥窑协同处置工艺流程如图 4-6 所示。

经过多年发展,国内水泥窑协同处置生活垃圾焚烧飞灰的技术已取得一定进展,但仍面临诸多挑战。首先,经过水洗处理后的湿灰通常含水率较高,约为 30%,在存储过程中容易发生板结,导致后续处理困难。为了保证其顺利进入水泥窑,我们需要对湿灰进行破碎,

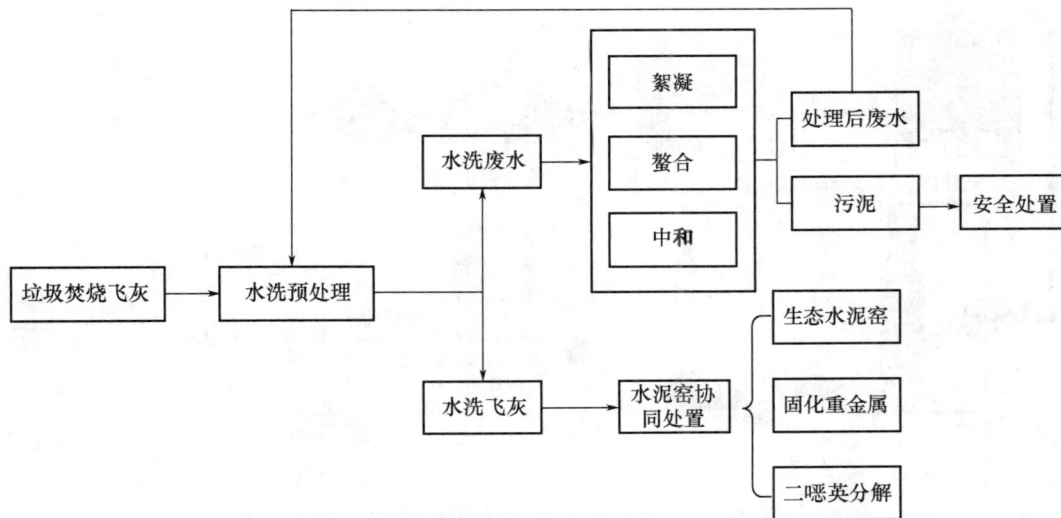

图 4-6　水洗耦合水泥窑协同处置工艺流程

否则无法有效利用。其次,湿灰的入窑方式通常为与生料混合,但此方式对湿灰的含水率和粒径等提出了较高要求,增加了布料和混合的复杂性。此外,飞灰的组成因不同焚烧厂而异,这要求水泥厂根据飞灰的具体成分及其与原料的匹配情况进行合理配料,以确保最终水泥中重金属、氟、氯、硫等元素的含量符合标准,防止超标问题。

4.4.3.2　高温烧结/熔融制备建材

水泥窑协同处置技术在飞灰资源化处置领域逐渐成熟,然而由于产能和地域的局限性,其难以广泛满足日益增长的需求。相比之下,高温烧结/熔融处理技术在飞灰减容、重金属固化及二噁英降解等方面表现出显著优势,成为飞灰无害化处理的重要途径。熔融处理后,生成的玻璃态熔渣通常用于填埋,但经过高温预处理后,其也可作为建筑材料中的胶凝剂或掺和料,具有一定的应用前景。尽管高温烧结/熔融技术能有效地减小飞灰的体积并稳定其中的有害物质,但其高能耗和较低的经济价值仍然限制了其广泛应用。因此,研究者正致力于探索该技术在生产微晶玻璃、泡沫玻璃、轻骨料、陶瓷砖等建筑材料中的应用,旨在提升其资源化利用价值,推动飞灰的循环经济发展。

利用新型回转窑,对飞灰进行高温煅烧解毒处理,可协同处置污染土壤,生产建材基材,实现飞灰及污染土的无害化处置和资源化利用,其工艺流程如图 4-7 所示。飞灰在高温煅烧过程中二噁英类污染物彻底降解,烟气经急冷降温至 200 ℃以下,避开二噁英再合成温度区间,其彻底消解。飞灰中的挥发性重金属(如 Zn、Pb、Cu、Cd)及可溶盐等物质在高温煅烧过程中被浓缩,并在急冷降温阶段凝结成浓缩灰,从而实现污染物的富集。与此同时,不易挥发的重金属在高温条件下通过硅酸盐反应被固化于矿物晶格中。这一过程有效降低了建材基材中的重金属含量及其浸出量,有助于飞灰的无害化处理。

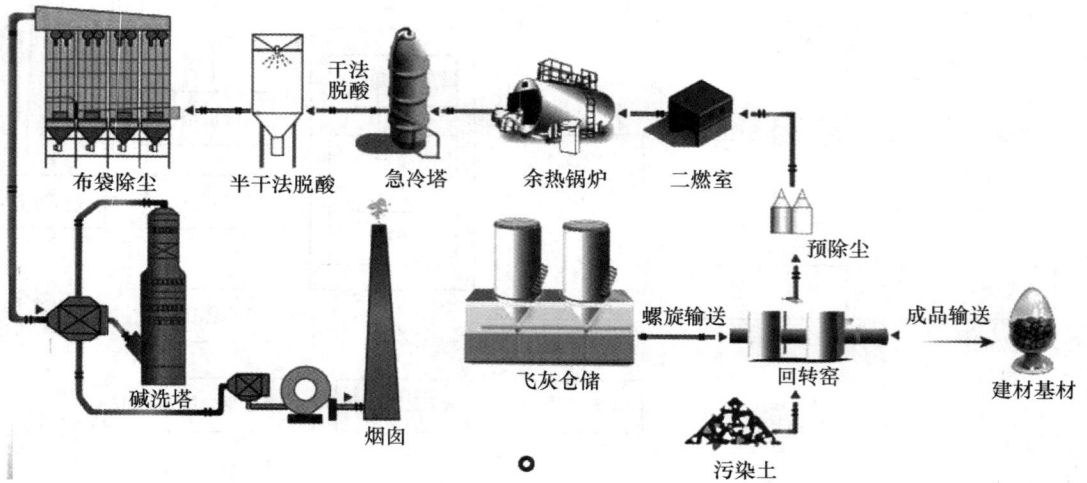

图4-7 飞灰高温烧结/熔融制备建材工艺流程

4.4.3.3 飞灰微波解毒制陶粒技术

将飞灰进行微波加热处理,分解其中的二噁英,然后我们对处理后的飞灰进行药剂稳定化处理,利用重金属稳定剂稳定其中的重金属,再与硅酸盐水泥或其他外加剂混合造粒,经自然养护后制成免烧型飞灰陶粒,用于填埋场覆土或路基材料。其中主要工艺包括微波解毒、废气处理、稳定化处理和固化成型等过程,其工艺流程如图4-8所示。

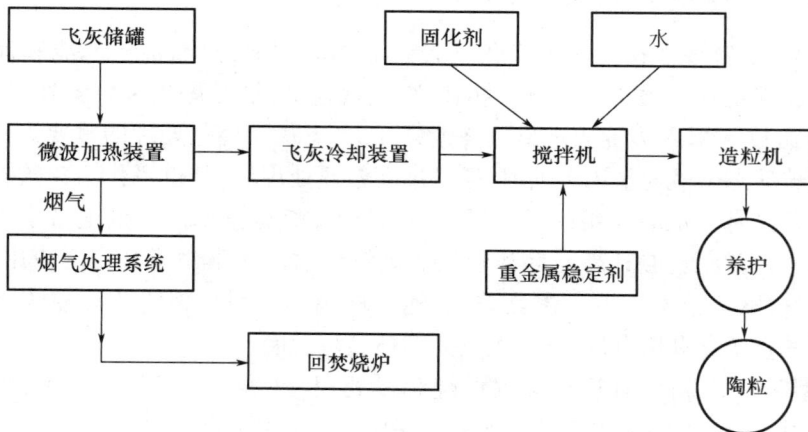

图4-8 飞灰微波解毒+免烧型制陶粒工艺流程

飞灰由干灰库中卸出后,经计量后通过螺旋输送机送入微波加热器,喂料速度为10.0 t/h左右,飞灰在微波加热器内停留近20分钟,加热温度为600~800 ℃,从而飞灰中95%以上的二噁英得以消解。

飞灰由微波加热器中卸出后,首先通过高效换热装置冷却至一定温度以下,然后与重金属稳定剂、固化剂等进行充分混合,使其中的重金属形成不易浸出的形态,完成飞灰稳定化,经过稳定化处理的飞灰进入成型设备进行挤压造粒,成型的陶粒坯料由输送设备送入陶粒养护室中进行恒温保湿养护,成品送往堆场临时储存。为防止飞灰泄漏,在飞灰卸料、输送、配料、搅拌、成型过程中,我们均进行负压操作,并配置高效袋除尘器捕集飞灰。

4.5　典　型　案　例

4.5.1　火力发电厂固废处理应用案例

本部分火力发电厂固废以河北某火电厂为例。

河北某火电厂,装机容量为 4×300 MW 燃煤机组,始建于 1991 年 12 月,分三期建设,一期 1#、2#机组分别于 1993 年 12 月、1994 年 11 月投产,二期 3#、4#机组分别于 1998 年 10 月、1999 年 6 月投产。

火电厂燃料煤采用山西平朔煤;校核煤种为山西西山煤。耗煤量为 1 309 吨/时,年耗煤量 850 万吨。

4.5.1.1　生产工艺

火力发电厂基本生产过程:燃料在锅炉中燃烧加热水使之成为蒸汽,将燃料的化学能转变成热能,蒸汽压力推动汽轮机旋转,热能转换成机械能,然后汽轮机带动发电机旋转,将机械能转变成电能。河北某火电厂主要生产工艺流程如图 4-9 所示。

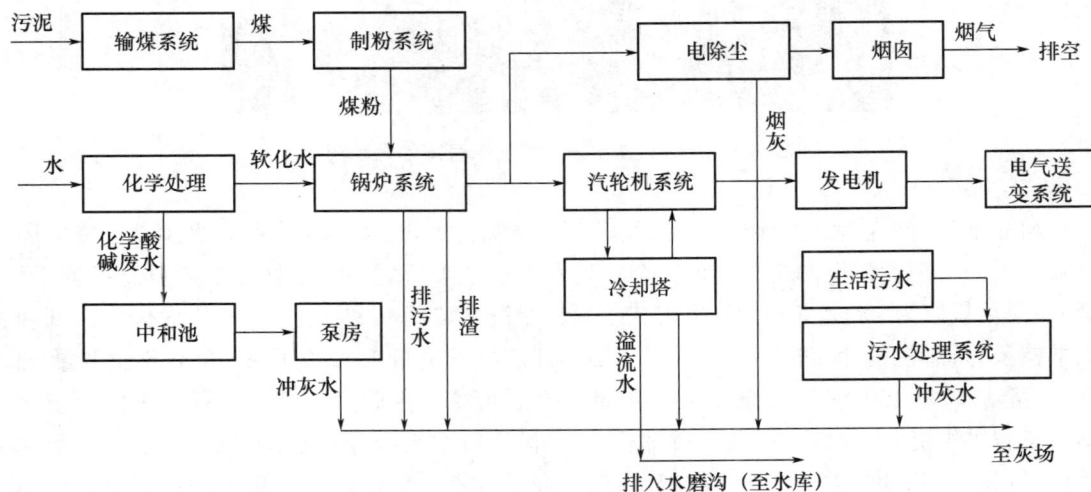

图 4-9　河北某火电厂主要生产工艺流程

4.5.1.2　固体废物治理措施

固废包括炉渣、石膏、粉煤灰,处置方式均采用协议处置方式,与有资质的第三方签订处置合同,并要求处置单位出具处置说明(表4-4)。

表4-4　固体废物产生处置一览

名称	季度产生量/吨	第三方处置方式
炉渣	44 223.98	建筑材料综合利用
石膏	72 542.42	建筑材料综合利用
粉煤灰	243 708.74	建筑材料综合利用

4.5.2　生物质发电厂固废处理应用案例

本部分生物质发电厂固废以河北某生物质能发电有限公司为例(图4-10)。

图4-10　河北某生物质能发电有限公司现场

河北某生物质能发电有限公司是国家发展和改革委员会核准的、由河北建设投资集团有限责任公司控股建设的全国首批三个秸秆发电示范项目之一。秸秆发电项目总投资2.6亿元,建设规模为2×12 MW抽汽凝汽式供热机组配2×75 t/h秸秆直燃炉,以农作物秸秆和果木枝条为燃料,设计年燃用秸秆17万~20万吨,年发电量13 200万kW·h,年供热量53万GJ,能够满足100万m²采暖需要。项目投产后可减轻因腐烂和焚烧秸秆产生的环境污染、节省煤炭资源,减少SO_2和灰渣排放;项目设计以中水为冷却水;项目为当地居民集中供热,可关停小锅炉,实现节能、降耗和环保等社会效益。晋州项目还是全国首个全部采用国产技术和国产设备的项目,填补了国产秸秆发电领域的空白,推动了秸秆发电产业国产化。

项目于2006年5月开工建设,2007年7月、9月通过试运营。项目全部采用我国自主研发、设计、制造的设备,在各方努力下,项目2008年1月进入商业运营,目前年耗用各类秸秆30万吨,年发电量可达16 000万kW·h。

根据秸秆成分及秸秆消耗量,本项目固体废物产生量如表 4-5 所示。

表 4-5　固体废物产生量

名称	产生量/(t/h)	产生量/(t/a)	备注
渣量	0.41/0.27	2 252/1 457	设计燃料/校核燃料
灰量	2.32/1.5	12 764/8 259	设计燃料/校核燃料
灰渣总量	2.73/1.77	15 016/9 716	设计燃料/校核燃料
备注	每天按 20 h,每年按 5 500 h 计;灰渣比按 85:15 计算		

固体废物为炉渣及锅炉烟尘除尘器收集下来的飞灰,炉渣产生量 2 252 t/a,除尘器收集的飞灰 12 764 t/a。炉渣和飞灰均由各自仓底卸料装置装袋外运作为农家草木灰肥料返田。

第5章 制药工业固体废物处理及资源化技术

5.1 概　述

5.1.1 我国制药行业总体情况

制药行业在全球经济中占据着举足轻重的地位,尤其与人类生命健康息息相关,是21世纪最具发展潜力的行业之一。随着科技的进步和人们健康需求的日益增长,制药行业不断推动医学和公共卫生领域发展。自中华人民共和国成立以来,尤其是改革开放40余年来,中国制药产业迅速崛起,企业数量不断增加,技术水平和药品质量也持续提升,逐渐成为全球制药产业的重要一环。我国制药产业划分较为细致,涵盖了化学药品原料药制造、化学药品制剂制造、中成药制造、中药饮片加工、生物药品制造、卫生材料及医药用品制造、医疗仪器设备及器械制造及制药专用设备制造八大子产业。中国不仅在化学原料药的生产方面处于全球领先地位,还能生产多达1 500种化学药品原料药、40多种现代中药剂型以及8 000余种中成药品种。与此同时,生物制品的生产也逐步扩展,包括疫苗、类毒素、抗血清等在内的300多种生物制品,其中现代生物工程药品已达到20种,且每年生产的预防制品达9亿人份。中国制药产业的迅猛发展不仅提升了国内药品供应能力,也为全球药品市场提供了重要支持。

5.1.2 制药工业的特点

5.1.2.1 科学性、技术性

随着科学技术的不断发展,制药生产中现代化的仪器仪表、电子技术、自动控制的一体化设备得到了广泛应用,无论是产品设计、工艺流程的确定,还是操作方法的选择,都有严格的规范化要求,采用相应的技术手段、设备和设施,其技术性强。

5.1.2.2 生产分工细致、质量控制体系完善

制药工业既有严格的分工,又有密切的配合。在医药生产系统中有原料药合成厂、制剂药厂、中成药厂,还有医疗器械设备厂等。这些医药企业各自的生产任务不同,只有密切配合,才能最终完成药品的生产任务。产品质量必须具有统一的标准,并严格执行。世界上各个国家都有自己的法律和规范,用法律的形式将药品生产经营管理规范确定下来,这说明了医药企业确保产品质量的重要性。药品生产企业必须严格按照《药品生产质量管理规范》的要求进行生产;厂房、设施、卫生环境必须符合相应的技术标准;为保障药品的质量创造良好的生产条件;生产药品所需的原料、辅料及直接接触药品的容器、包装材料必须符

合药用要求;研制新药必须按照《药物非临床研究质量管理规范》和《药物临床试验质量管理规范》进行;药品的经营流通必须按照《药品经营质量管理规范》的要求进行。

5.1.2.3　生产技术复杂、危险因素多

在药品的生产过程中,所用的原料、辅料产品种类繁多,技术复杂程度高。在原料药生产过程中,单元操作大致可由回流、蒸发、结晶、干燥、蒸馏、过滤等串联组合,但由于一般化学原料药的合成都包含有较多的化学单元反应,且往往伴随着副反应,这使得整个工艺操作过程与参数控制变得复杂化。且在连续操作过程中,所用原料、反应的条件不同,又多是管道输送,原料和中间体多为易燃易爆、腐蚀性等有害物质。操作技术的复杂性和多样性,说明制药过程的危险性高,发生安全事故的风险高。

5.1.2.4　生产的比例性、连续性

制药工业生产的比例性主要由工艺原理和生产设施的设计所决定。通常,制药工业的生产过程中,不同工厂、车间和生产小组之间需要保持严格的比例关系。如果这种比例失调,将直接影响产品的产量和质量,甚至可能引发生产事故并导致停产。此外,从原料到产品通常都是通过封闭管道进行运输,采用自动控制系统进行调节,各环节之间紧密联系,任何一个环节的中断都可能导致生产系统停滞,影响整个生产流程的连续性。

5.1.2.5　高投入、高产出

制药工业作为以新药研发为核心的行业,其发展依赖于大量资金的投入。这种高投入模式带来了显著的产出和经济效益,使得某些发达国家的制药业总产值跻身全球前列,仅次于军火、石油和汽车行业。然而,当前制药相关的精细化工生产多采用间歇性或半间歇性操作,工艺复杂且多变。尽管自动化控制水平逐步提升,仍存在现场操作人员多、工艺控制不当及反应安全风险意识不足等问题,易导致事故发生,严重时可能引发火灾、爆炸或中毒事故。

5.1.3　制药过程固体废物产生环节

我国制药行业根据生产工艺可划分为四大类,分别为发酵类、化学合成类、制剂类和中药类。每类工艺均涉及特定的固体废物产生环节。不同类型的生产工艺特点决定了其固体废物的种类和处理难度,这进一步影响废物管理与资源化利用的策略。

5.1.3.1　发酵类药物制造

发酵类药物主要包含能够选择性抑制或消除特定微生物或肿瘤细胞的化学物质,如抗生素、维生素和氨基酸等。其生产过程可分为胞内提取和胞外提取两类。在发酵过程中,培养基由碳源、氮源和无机盐组成,并通过调控培养液的 pH 和温度,促进菌丝或发酵液的生成。根据提取方式的不同,胞内提取药物通过菌丝浸出获得,而胞外提取药物则通过发酵液获得。无论何种方式,精细处理步骤包括结晶、精制、破碎、筛分、混合和包装,最终得到成品。发酵类药物制造过程废物产生环节如图 5-1 所示。

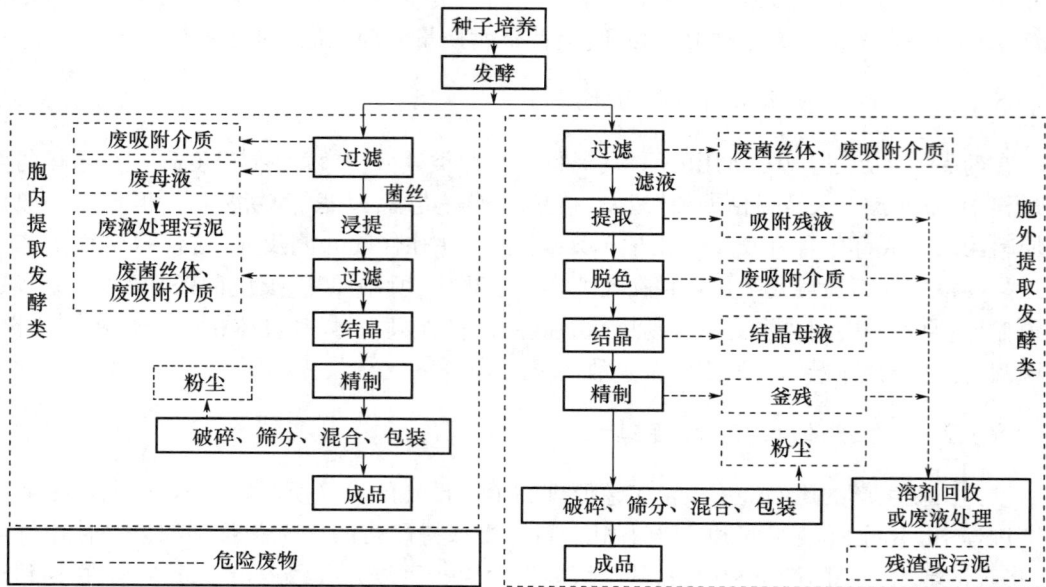

图 5-1　发酵类药物制造过程废物产生环节

发酵类过程中产生的固体废物如下。

在发酵类药物的生产过程中,各类固体废物的有效处理对环境保护和可持续发展具有重要意义。废菌丝体通常在过滤、脱色和结晶等过程中产生,其含有较高的有机物,若不妥善处理,容易造成污染。废吸附介质如废活性炭或废树脂,常在吸附处理过程中积聚,处理不当会导致资源浪费和环境风险。溶剂残渣则是在溶剂回收过程中产生,若未能高效回收,将增加环境的负担。废气吸附处理中产生的废吸附介质,含有污染物,必须合理处置以防止二次污染。同时,废水或废液处理过程中产生的污泥,若不经过有效处置,会对水体环境造成严重影响。此外,粉尘通常在破碎、筛分、混合及包装过程中产生,我们通过布袋除尘器收集。妥善管理这些固体废物对于推动绿色生产、实现资源循环利用和促进生态环境保护具有重要作用。

5.1.3.2　化学合成类药物制造

化学合成类药物的制造过程涉及化学原料或药物中间体作为起始反应物,通过一系列化学反应合成药物的基本结构,并对其进行改造和修饰,以获得目标产物。该过程包含提取、分离、精制等步骤,这些步骤与发酵类药物的制造过程相似,都是通过精细操作得到高纯度的药物成品,确保药物质量和有效性。化学合成类药物制造过程废物产生环节如图 5-2 所示。

化学合成类药物制造过程中产生的固体废物如下。

化学合成药物的生产过程中,会产生多种固体废物。包括化学反应过程中废弃的催化剂、反应釜残留物、提取和精制过程中的废釜残及过滤过程中产生的废过滤材料。此外,干

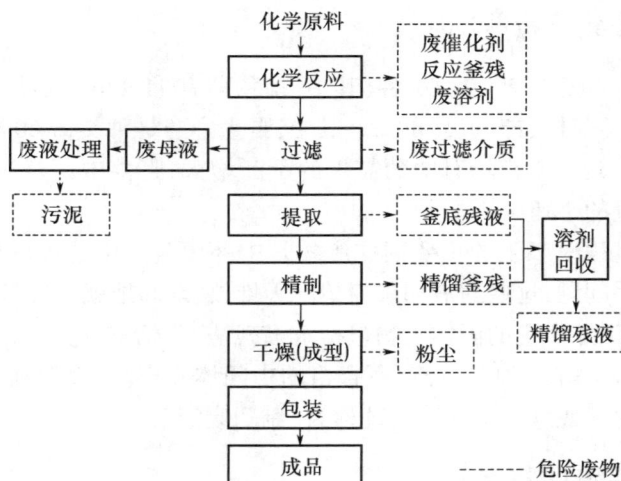

图 5-2　化学合成类药物制造过程废物产生环节

燥过程会生成粉尘,过滤等环节则会产生废母液,经处理后形成污泥。这些废物需要有效管理和处置,以减少对环境的影响。

5.1.3.3　制剂类药物制造

制剂类制药是指药物活性成分和辅料通过混合、加工和配置,形成各种剂型药物的过程,通常分为固体剂型、半固体剂型、液体剂型、气体剂型。生产过程为通过混合、加工、配制、分装等过程,将药品制备成成品。

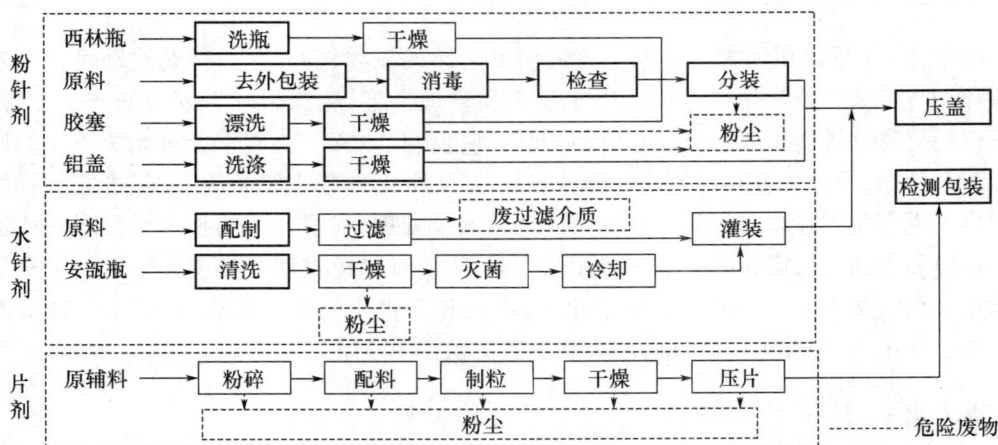

图 5-3　制剂类药物制造过程废物产生环节

由图 5-3 可知,制剂类药物制造过程中产生的主要固体废物:a.药物过滤和药品分装厂房洁净空气产生的废过滤介质;b.粉碎、配料、制粒、干燥、分装过程产生的粉尘。

5.1.3.4 中药类药物制造

目前我国天然中草药共有 12 807 种,其中,植物药有 11 146 种,动物药有 1 581 种,矿物药有 80 种。植物类药材占比超过 87%。其中,野生中药材种类占 80% 左右,栽培药材种类占 20% 左右。随着近年来市场对中药需求的不断增大,野生中药资源遭到严重破坏,同时生产过程产生大量的中药废渣。

中药企业生产过程中产生的主要固体废物是中药废渣。中药提取后药渣的排放和处理是中药提取的棘手问题,这些药渣如果简单露天堆放,渐渐地就会发酵霉烂,污染环境。

综上所述,制药工业产生的固体废物包括蒸馏残渣、失活催化剂、废活性炭、胶体废渣、反应残渣(如铁泥、锌泥等)、中药废渣、不合格的中间体和产品,以及通过沉淀、混凝、生化处理等方法产生的污泥残渣。这些废物统称为"制药废渣"。

5.1.4 制药废渣的特点

a.危险废物多。制药废渣中,有相当一部分具有毒性、反应性、腐蚀性等特性,对人体健康和环境有危害或潜在危害。

b.再资源化的可能性大。制药废渣的性质、数量、毒性与原料路线、生产工艺和操作条件有很大的关系。一般情况下,废渣的数量比废水、废气少,污染也没有废水、废气严重,但废渣的组成复杂,且大多含有高浓度的有机污染物,有些还是剧毒、易燃、易爆物质。因此,我们必须对药厂废渣进行适当处理,以免造成环境污染。

5.1.5 制药废渣的防治原则与措施

5.1.5.1 废渣的防治原则

减量化、资源化和无害化是制药废渣污染防治的三大核心理念,旨在推动可持续发展的循环经济模式。减量化通过优化生产工艺和管理措施,从源头减少废渣的产生和排放,这不仅能提高资源使用效率,还能降低企业的环境负担。资源化侧重于对无法避免的废渣进行综合利用,通过回收有价值的资源和能量,最大限度地减少资源浪费,促进废弃物的再生利用。无害化则强调对无法回收的废渣进行安全处理,采取先进的技术手段降低或消除其对环境和生态的污染风险。这三者相辅相成,为实现绿色发展和环境保护提供了重要的技术路径和实践指导。通过实施减量化、资源化和无害化的综合策略,我们不仅能够有效提升资源利用率,还能为构建低碳经济和生态文明做出贡献。

5.1.5.2 废渣防治措施

a.废渣的预处理。是指采用各种方法,将废渣转变成便于运输、储存、回收利用和处置的形态。预处理常涉及废渣中某些组分的分离与浓集,因此往往又是一种回收材料的过程。预处理的技术主要有压实、破碎、分选和脱水等物理技术。

b.一般处理方法。废渣的成分和性质存在显著差异,因此其处理方式需因材施策。一般而言,我们应首先评估废渣是否含有可回收的贵重金属或其他有价值的物质,以及是否具有毒性。对于具有回收价值的成分,我们应优先提取资源,再进行后续处理。通过科学合理的处理方法,可实现资源高效利用,同时减少环境风险,推动资源化与污染防治目标的实现。对于后者,我们先要除毒后才能进行处理。废渣经回收或除毒后,一般可进行最终处理。

5.2 废渣的预处理技术

废渣预处理是指采用物理、化学或生物方法,将废渣转变成便于运输、储存、回收利用和处置的形态。预处理常涉及废渣中某些组分的分离与浓集,因此往往又是一种回收材料的过程。预处理技术主要有压实、破碎、分选和脱水等。例如:对于焚烧和堆肥的废渣,我们通常要进行破碎处理,以便增加其比表面积,提高反应速率;废渣的资源回收利用,我们需进行破碎和分选处理。

5.2.1 压实

压实又称压缩,是利用机械的方法减少废渣的孔隙率,增加其密度。当废渣受到外界压力时,各颗粒间相互挤压、变形或破碎从而达到重新组合的效果。经压实处理后,废渣的体积减小,更便于装卸、运输和填埋。压实不适合用于含易燃易爆成分的材料及含水废物。

固体废物的压实设备称为压实器。压实器有固定及移动两种形式。固定式和移动式压实器的工作原理大体相同,均由容器单元和压实单元构成。前者容纳废物料,后者在液压或气压的驱动下依靠压头将废物压实。

常见的废渣压实器有水平式压实器、三向联合压实器和回转式压实器等。

5.2.2 破碎

废渣的破碎是在外力的作用下破坏固体废渣间的内聚力,使大块的固体废渣分裂为小块,小块的固体废渣分裂为细粉的过程。经破碎处理后,固体废渣变成适合进一步加工或能经济地再处理的形状与大小。有时我们也将破碎后的废渣直接填埋或用作土壤改良剂。

固体废渣破碎的方法按原理可分为物理法和机械法,物理法包括低温冷冻破碎、湿式破碎;机械法主要包括冲击、剪切、挤压 3 种类型。

冲击破碎包括重力冲击与动冲击两种形式。重力冲击是通过物体落至硬质表面实现破碎,而动冲击则是当物料撞击硬质且高速旋转的表面时,因无支撑状态而产生的破碎效果,伴随颗粒向破碎板或出口方向的加速运动。剪切破碎以切割或撕裂方式处理物料,特别适用于低硅含量的松软废渣。挤压破碎通过将物料置于两个硬质表面之间施加压力实现破碎,适合处理硬质、脆性及易碎材料。各类破碎方式应根据物料特性选择,以实现高效处理与资源化利用的目标。

a.辊式破碎机

辊式破碎机是利用冲击剪切和挤压作用进行破碎的,用两个相对旋转的辊子抓取并强制送入要破碎的废渣。其抓取作用取决于该种物料颗粒的大小和物性、各辊子的大小和间隙等特征。该种破碎机主要用于破碎脆性材料,而对延性材料只能起到压平的作用。

b.颚式破碎机

颚式破碎机主要利用冲击和挤压作用,为挤压型破碎机械。其可分为简单摆动型、复杂摆动型和综合摆动型3种,以前两种应用较为广泛。该破碎机主要用于建材和化学工业等领域。颚式破碎机结构简单、操作维护方便、工作可靠,适用于破碎中等硬度和坚硬的物料。

c.冲击式破碎机

冲击式破碎机可分为锤式破碎机和反击式破碎机。锤式破碎机是一种最普通的工业破碎设备,锤式破碎机利用冲击、摩擦和剪切作用,可分为单转子和双转子两类。此种破碎机可破碎质地较硬的物料,还可破碎含水分及油质的有机物等,破碎后物料的粒度均匀。反击式破碎机是一种新型高效破碎设备,该设备具有破碎比大、构造简单、外形尺寸小、安全方便、易于维护等优点,适合破碎中硬、软、脆、韧性、纤维性物料。

除此以外,还有属于粉磨的球磨机和自磨机,以及低温破碎技术、湿式破碎技术和半湿式破碎技术等。

5.2.3 分选

分选技术通过机械或人工的方式对固体废渣中的可回收物料进行分类、分离,实现了废物的高效资源化。常见的机械分选方法包括筛分、重力分选、磁力分选和电力分选,这些技术根据物料的物理或化学特性进行选择,能有效提高分选效率和资源回收率。

a.筛分

筛分是一种通过筛子将粒度较宽的颗粒群分成较窄粒度范围的过程。该过程可分为物料分层和细粒透过筛子两个阶段,其中物料分层为分离的必要条件,而细粒透过筛子则是分离的最终目标。为了确保物料能够有效通过筛面分离,物料和筛面之间必须具有适当的相对运动,使得筛面上的物料层呈松散状态,并按照颗粒大小分层,形成粗粒位于上层,细粒位于下层的排列结构,从而使细粒通过筛孔。根据筛分的任务,筛分作业可分为多种类型,如独立筛分、准备筛分、预先筛分等。用于废渣处理的筛分设备主要包括固定筛、筒形筛、振动筛和摇动筛,其中固定筛、筒形筛和振动筛应用最为广泛。

b.重力分选

重力分选是一种通过利用物料颗粒在介质中密度或粒度差异来实现分选的技术方法。它通过自然重力或外加力的作用,使不同密度或粒度的物料在活动介质中产生分层,从而完成物料的分离。常见的重力分选方法包括气流分选、惯性分选、重介质分选和摇床分选等。每种方法根据不同物料的特性选择最适合的技术路径。例如,气流分选适用于轻质颗粒的分离,而重介质分选则常用于处理密度差异明显的矿物。重力分选的优势在于其操作简单、成本低廉且节能,广泛应用于矿物、废料及回收处理等领域。通过合理选择介质和调整分选参数,我们能够有效提高物料的分选精度和处理效率。

c.磁力分选

磁力分选利用物料中不同物质的磁性差异,通过在不均匀磁场中进行分选,使具有磁性的物质被磁场吸引至磁选设备,而非磁性物质则依靠机械力被留在物料层中。该方法在金属回收、矿物选矿、废弃物处理等领域得到了广泛应用。磁力分选的主要原理是基于物料的磁性差异,其使得不同磁性物质在磁场中的行为不同,从而实现高效的分离。常见的磁选设备包括磁鼓、磁棒和滚筒式磁选机等。磁力分选的一个显著优势是其高效性和准确性,尤其是在复杂废料或多种矿物的分选过程中,其可以有效提取有价值的磁性金属成分,减少资源浪费。然而,对于非磁性物质或磁性差异较小的物料,磁力分选的效果相对较差,因此常与其他分选方法结合使用。

　　d.电力分选

电力分选是基于废渣中不同组分的电性差异,在高压电场中分离物料的一种技术。电力分选的原理是利用物料颗粒在电场中受电力、重力和离心力的作用产生不同的分离效果。导电颗粒与非导电颗粒在电场中的运动特性不同,导致它们受到不同的电力作用,从而实现分选。该技术特别适用于处理具有显著电性差异的物料,例如电子废弃物中的金属和塑料的分离。电力分选的优点在于它能够高效分离导电性和非导电性物质,尤其适用于处理复杂的废物或多成分混合物。此外,电力分选设备通常具有较高的分选精度和较强的适应性,能够在较短时间内完成高效的分离操作。随着电力分选技术的不断发展,其在资源回收和环境保护等领域的应用前景广阔。

5.2.4　脱水

固体废物的脱水问题主要涉及制药工业废水处理厂产生的污泥及其他高含水固体废渣。当含水率超过90%时,我们需进行脱水减容以便于包装与运输。常用脱水方法包括机械脱水和固定床自然干化脱水两类,二者均可有效降低含水率。机械脱水是以过滤介质两边的压力差为推动力,使水分强制通过过滤介质成为滤液,固体颗粒被截留为滤饼,达到除水的目的。机械脱水的方法按压力差的不同有真空过滤脱水、压滤脱水、离心脱水等。真空过滤脱水是在过滤介质的一面造成负压;压滤脱水是通过加压将水分压过过滤介质;离心脱水是在高速旋转下,通过水的离心作用将其除去。自然干化脱水是利用自然蒸发和底部滤料,土壤进行过滤脱水。

5.3　无机废渣的处理技术

无机废渣的处理通常采用化学方法,其主要目的是通过化学转化将废渣中有毒有害的化学成分无害化。根据废渣成分和性质的不同,我们可选择相应的处理方法。由于化学转化的反应条件复杂且受多种因素影响,化学方法适用于处理单一成分或性质相近的混合废渣,而对成分复杂的废渣则不宜采用。常见的化学处理方法包括中和法、氧化还原法、沉淀法、化学浸出法和化学稳定化法,其能够有效减少环境风险并提升废渣处理效率。

5.3.1　中和法

中和法处理的对象主要是制药工业中产生的酸、碱性泥渣。处理的原则是根据废物的酸碱性质、含量及废渣的量选择适宜的中和试剂并确定中和试剂的加入量和投加方式,再设计处理的工艺及设备。中和法广泛应用于处理酸性或碱性泥渣,我们常用中和试剂包括石灰、氢氧化物或碳酸钠等处理酸性泥渣,硫酸或盐酸处理碱性泥渣。在多数情况下,为降低成本,我们可通过混合酸、碱性泥渣实现"以废治废"。中和法设备分为罐式机械搅拌与池式人工搅拌,分别适用于大规模与小规模处理需求。

有些废渣经过处理后得到综合利用,如在萘普生的合成工艺中,其丙酰化工序产生的 $AlCl_3$,$AlCl_3$ 可由中和法变为高效净水剂聚合氯化铝。

5.3.2 氧化还原法

通过氧化或还原反应,我们可以将废渣中能够发生价态变化的有毒、有害成分转化为无毒或低毒且化学性质稳定的物质,从而实现无害化处理或资源回收。这些反应有效降低了废渣的环境风险,为进一步的废物处理和资源化利用提供了可行的途径,有两种方法:煤粉焙烧还原法和药剂还原法。

煤粉焙烧还原法是将铬渣与适量的煤粉或废活性炭、锯末、稻壳等含碳物质均匀混合,加入回转窑中,在缺氧的条件下进行高温焙烧(500~800 ℃),利用焙烧过程中产生的 CO 作还原剂,使铬渣中的六价铬被还原为三价铬。

药剂还原法在酸性介质中,可以用 $FeSO_4$、Na_2SO_3、$Na_2S_2O_3$ 等为还原剂,将六价铬还原为三价铬。

还原法处理铬渣一般较难处理彻底,且处理费用也较高。经过上述无害化处理的铬渣,可用于建材工业、冶金工业等部门。

5.3.3 沉淀法

常用的沉淀技术包括硫化物沉淀、硅酸盐沉淀、碳酸盐沉淀、磷酸盐沉淀等。

a.硫化物沉淀

在重金属稳定化技术中,硫化物沉淀剂广泛应用于重金属的处理。硫化物沉淀剂主要包括三种类型:可溶性无机硫沉淀剂、不可溶性无机硫沉淀剂和有机硫沉淀剂。作为一种重要的重金属稳定化方法,硫化物沉淀具有显著优势,尤其是大多数重金属硫化物的溶解度低于氢氧化物,从而提供了更强的稳定性。为确保硫化物的稳定性并防止 H_2S 逸出或沉淀物再溶解,我们通常需要将 pH 控制在 8 以上。

硫化物沉淀剂的添加量应根据具体的实验需求来确定,因为多种金属离子,如钙、铁、镁等,可能与硫离子发生竞争反应,影响沉淀的效果。因此,硫化物沉淀剂应在固化基材添加之前加入,以避免干扰沉淀过程。

有机硫沉淀剂相较于无机硫沉淀剂,具备多项独特优势。由于有机含硫化合物具有较高的分子量,与重金属形成的不可溶性沉淀通常具有优异的工艺性能,便于沉降、脱水和过滤等后续操作。此外,在实际应用中,有机硫沉淀剂能够有效降低废水或废渣中的重金属浓度,并且适应的 pH 范围较广,体现了其在重金属稳定化领域的优越性。

b.硅酸盐沉淀

硅酸盐与重金属离子中的金属离子反应,形成低溶解度的沉淀物。这些沉淀物的稳定性较高,且 pH 为 2~11 都能保持有效,因此具有较强的操作灵活性。然而,实际应用中,硅酸盐沉淀法也存在一定的局限性,主要体现在反应速度较慢、沉淀难以分离及可能出现的二次污染等问题。因此,虽然硅酸盐沉淀法在理论上具有较好的前景,但其在处理某些特殊污水时可能受到限制。

c.碳酸盐沉淀

碳酸盐沉淀法具有较低的溶解度,理论上能够更有效地去除重金属离子,尤其是在较高浓度的情况下。然而,碳酸盐沉淀法在低 pH 环境下存在一定的缺陷。由于低 pH 条件下二氧化碳容易逸出,导致生成的沉淀物多为氢氧化物而非碳酸盐,这使得方法的实际应用受到了一定的限制。此外,氢氧化物的沉淀溶解度相对较高,处理效果可能受到影响。

d.磷酸盐沉淀

用磷酸盐对重金属危险废渣进行稳定化处理的机理主要有两种:吸附作用和化学沉淀作用。可溶性磷酸盐(如磷酸钠)的处理机理主要是化学沉淀作用,即通过加入磷酸盐药剂及溶剂水,使可溶的重金属离子转化为难溶或溶解度较小的稳定的磷酸盐,从而达到稳定重金属的目的。而一些磷矿石(如磷灰石)的处理机理则是吸附反应和化学沉淀反应同时进行。研究表明,磷灰石与铅离子的相互作用主要表现为广义的吸附作用,包括矿物水界面的二维加积—表面吸附作用和固相的三维生长—沉淀作用。我们通常所提到的吸附作用,指的是表面吸附作用,属于两种主要机理之一。

5.3.4　化学浸出法

化学浸出法通过选择合适的化学溶剂,如酸、碱、盐水溶液等,与废渣反应,促进有用组分的选择性溶解,从而实现资源回收和废物处理。这种方法尤其适用于含有重金属的固体废渣处理,并在制药、化工等行业中得到广泛应用,尤其是在废催化剂的处理上。催化剂使用一段时间后,由于活性丧失,废催化剂数量通常较大,我们需要通过化学浸出法来有效回收其中的有用金属。

回收的过程由以下步骤组成。

浓 HNO_3 为浸出剂与废催化剂反应生成 $AgNO_3$、NO_2 和 H_2O。

$$Ag+2HNO_3 \xrightarrow{\quad\quad} AgNO_3+NO_2\uparrow+H_2O$$

$$AgNO_3+NaCl \xrightarrow{\quad\quad} AgCl\downarrow+NaNO_3$$

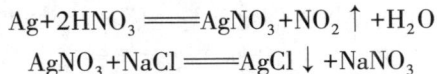

5.3.5　化学稳定法

常规的固化/稳定化技术在处理废渣时面临着一些不可忽视的问题。首先,固化过程常常导致废渣体积的增加,且在某些情况下,体积可能会成倍增长。这一问题的出现与固化体的稳定性和浸出率的提高需求密切相关。为了确保废渣处理后的稳定性,我们通常需要使用大量的凝结剂,这不仅增加了技术的成本,使其接近于其他处理技术(如玻璃化技术),还使得固化后的废渣体积增大,进而与废渣减量化和减容处理的目标相冲突。其次,废渣的长期稳定性。许多研究表明,固化/稳定化技术通过废渣与凝结剂的作用机制依靠化学键合力、物理包容作用及水合产物的吸附效应来稳定废渣成分。化学键合力使得凝结剂与废渣之间形成稳定的化学结构,而物理包容作用则通过将废渣包裹于凝结剂的固体结构中,有效抑制废渣的释放。水合产物的吸附效应进一步增强了废渣的稳定性,避免其在环境中迁移。然而,尽管这些作用机制在理论上能够有效实现废渣的固化与稳定化,实际应用中仍存在许多挑战。特别是固化体的微观化学变化未能得到有效监测,导致我们对长期化学浸出行为和物理完整性的评估缺乏科学依据。此种不确定性使得传统的固化/稳定化技术在废渣处理中的应用面临瓶颈,难以满足日益严格的环境安全要求。

在此背景下,近年来国际上提出了采用高效化学稳定化药剂进行无害化处理的技术概念。这一方法的核心优势在于能够在确保废渣无害化处理的同时,最大限度地减少废渣的体积,甚至实现零体积增容,从而提高废渣处理的整体效果与经济性。化学稳定化技术不仅能够有效地稳定有害成分,减少其对环境的潜在危害,而且通过优化螯合剂的结构与性能,我们可以进一步增强其与废渣中有害物质之间的化学相互作用,提升稳定化产物的长期稳定性。这些进展为危险废渣的无害化处理提供了新的解决方案,具有重要的现实意义。

化学稳定化技术的进一步开发与应用,将为危险废渣的处理开辟新的技术领域,为废渣的固化/稳定化提供更高效、环保的解决方案。该技术不仅能显著提升废渣处理的环境效益,还将对其经济效益产生积极影响,为未来废渣处理提供更为可持续的路径。

5.4 化学合成药物产生废渣的处理及资源化技术

前文我们介绍了化学合成药物在制作过程中会产生的废渣种类。本部分我们重点介绍废催化剂、反应釜残的处理及资源化技术。

5.4.1 废催化剂资源化处理技术

在制药工序的化学反应过程中会产生废催化剂,催化剂在使用一段时间后,催化性能降低或丧失,不能继续使用;为降低生产成本,我们必须对催化剂进行再生或回收利用。

5.4.1.1 废催化剂的常规回收方法

干法回收技术通常通过加热炉将废催化剂与还原剂及助溶剂一同加热熔融,使其中的金属组分被还原为金属或合金形式进行回收。此方法能够有效将金属成分转化为可用的合金或合金钢,而剩余的载体和助溶剂则转化为炉渣进行排放。

湿法回收技术则通过使用酸、碱或其他溶剂将废催化剂的主要成分溶解,经过滤液的除杂和纯化处理后,我们能够分离出难溶于水的盐类、硫化物或氢氧化物。这些产物经过干燥后,可以根据需要被进一步加工成所需的最终产品。

5.4.1.2 含镍废催化剂的回收利用

镍系催化剂广泛地应用于各种化学反应,因镍系催化剂有较高的回收价值,故此类催化剂属回收历史较为悠久。传统镍的回收基本上是以酸浸处理为主,由于镍催化剂大多含有双金属甚至是多金属组分,所以我们可以利用在不同 pH 下金属盐的水解沉淀作用达到除杂的目的。

山梨醇生产厂废弃的镍铝催化剂组成如表 5-1 所示。废催化剂先漂洗除去吸附的糖类、有机物和积炭,再将大颗粒废催化剂粉碎成均匀的小颗粒,然后焙烧使废催化剂外表附着的糖类、有机物质和积炭完全碳化脱离催化剂表面,最后用 35%NaOH 于 60~80 ℃除铝。

反应式如下：

$$2Al+2NaOH+2H_2O \Longrightarrow 2NaAlO_2+3H_2\uparrow$$

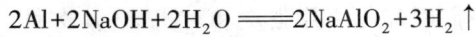

表 5-1　山梨醇生产厂废弃的镍铝催化剂组成

元素	Ni	Cu	Fe	Al
含量	35%~40%	0.001%	0.001%	25%~30%

　　由于镍对碱相对稳定不起反应,镍留在残留物中,用水洗涤并倾去白色絮状物,洗至 pH 为中性我们就可得到金属镍粉;然后按重量1:1的比例加入浓硫酸反应 1 h,再加适量水,反应结束后滤去不溶杂质,滤液经浓缩结晶得成品硫酸镍。若将硫酸镍晶体重新溶解,我们可用氢氧化钠调 pH 至 9~10 时,浓缩结晶可得氢氧化镍晶体。若将氢氧化镍溶于盐酸中可制得氯化镍,溶于乙酸中可制得乙酸镍,溶于甲酸中可制得甲酸镍。其工艺流程如图 5-4 所示。

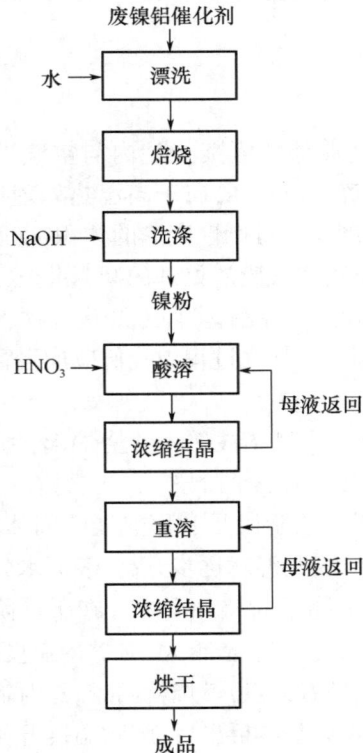

图 5-4　废镍铝催化剂回收工艺流程

5.4.1.3　活性炭载钯催化剂的回收利用

　　活性炭载钯催化剂被广泛应用于医药和化学工业中。造成活性炭载钯催化剂失活的主要原因包括:含硫化合物如甲基硫、噻吩等有毒物质;工艺设备、水、管道腐蚀带入的重金属如铜、镍、铁等致害物质;钯表面被有机物覆盖;因过热和老化钯晶粒长大等。

废钯-炭催化剂首先我们用焚烧法除去炭和有机物,其次我们用甲酸将钯渣中的钯氧化物还原成粗钯。粗钯再经王水溶解、水溶、离子交换除杂等步骤成为氯化钯。其工艺流程如图5-5所示。

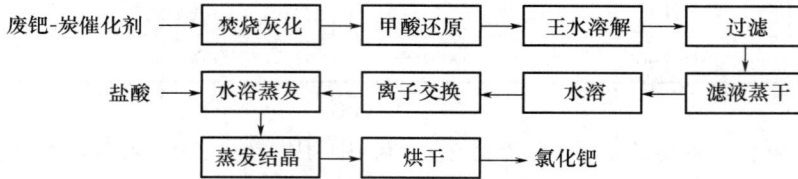

```
废钯-炭催化剂 ──→ [焚烧灰化] ──→ [甲酸还原] ──→ [王水溶解] ──→ [过滤]
                                                                    │
盐酸 ──→ [水浴蒸发] ←── [离子交换] ←── [水溶] ←── [滤液蒸干]
           │
        [蒸发结晶] ──→ [烘干] ──→ 氯化钯
```

图5-5　废钯-炭催化剂制取氯化钯的工艺流程

5.4.2　反应釜残处理技术

制药行业的反应釜残可采用焚烧和热解处理工艺进行处理。

5.4.2.1　焚烧法

a.焚烧法的定义及特点

焚烧法是将被处理的制药废渣放入焚烧炉内与空气进行氧化分解,有毒有害物质在800~1 200 ℃高温下氧化、热解而被破坏,属于高温热处理技术。通过焚烧,化学活性成分被充分氧化分解,可迅速大幅度减小可燃性废渣的体积,彻底消除有毒物质,留下的无机成分被排出,回收焚烧产生的废热,实现废渣处理的减量化、无害化和资源化。焚烧过程中可能会产生各种废气,如CO、CO_2、H_2、醛酮、多环芳烃化合物、SO_x、NO_x等,还可能产生具有致癌性和致畸性的二噁英等,因此,在焚烧过程中我们应加强管理,否则会造成二次污染。

b.焚烧过程

从工程的角度看,需焚烧的物料从被送入焚烧炉起,到形成烟气和固态残渣的整个过程被称为焚烧过程,我们可将其分为三个阶段。

1)干燥阶段。物料的干燥加热阶段是利用热能使固体废物中的水分蒸发并排出水蒸气的过程。当废物被送入炉内后,其温度逐步升高,表面水分逐步蒸发,温度达到100 ℃时,废物中的水分开始大量蒸发,废物不断得到干燥。在干燥阶段,废物中的水分以蒸汽形式析出,因此需要大量的热能。废物含水量越大,对炉内温度的影响越大,干燥阶段越长,水分过高,会使炉温降低,难以达到着火点,燃烧就困难,这时需要投入辅助燃料燃烧,以提高炉温,改善干燥着火条件。当水分基本析出后,废物温度开始迅速上升,直到着火进入真正的燃烧阶段。

2)燃烧阶段。固体废物基本完成干燥过程后,如果炉内温度足够高,且又有足够的氧化剂,就会很顺利地进入真正的燃烧阶段。

3)燃尽阶段。即生成固体残渣的阶段。可燃物浓度减少,反应生成的惰性物质增加,气态的CO_2、H_2O和固态的灰渣增加,由于灰层的形成和惰性气体的比例增加,剩余的氧化剂要穿透灰层进入物料的深部与可燃成分反应也越困难,整个反应的减弱使物料周围的温度也逐渐降低,即反应区温度降低,因此,我们要采取措施如翻动来有效减少物料外表面灰层的影响,同时控制过剩的空气量。

c.焚烧设备

焚烧设备有流化床焚烧炉、立式多段炉、回转窑焚烧炉、敞开式焚烧炉、双室焚烧炉等。

制药行业的部分反应残渣如化学物贮槽的底部沉积物、有机物蒸馏后的底部沉积物、一般蒸馏残渣等都适合采用回转窑焚烧炉进行焚烧处理。图 5-6 是回转窑焚烧炉废渣焚烧装置工艺流程示意。回转炉保持一定的倾斜度,并以一定的速度旋转,加入炉中的废渣由一端向另一端移动,并且在炉内翻滚,经过干燥区时,废渣中的水分和挥发性有机物被蒸发掉。温度开始上升,达到着火点后开始燃烧。回转窑焚烧炉内的温度一般控制在 $650 \sim 1\ 250\ ℃$。为了使挥发性有机物和气体中的悬浮颗粒所夹带的有机物能完全燃烧,我们常在回转窑焚烧炉后设置二次燃烧室,其温度控制在 $1\ 100 \sim 1\ 370\ ℃$。燃烧产生的热量由废热锅炉回收,废气经处理后排放。

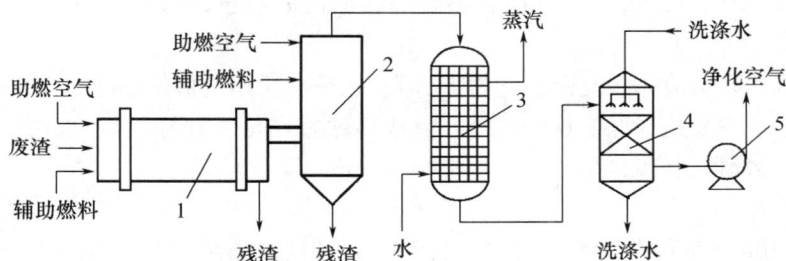

1-回转窑焚烧;2-二次燃烧室;3-废热锅炉;4-水洗塔;5-风机

图 5-6　回转窑焚烧炉废渣焚烧装置工艺流程示意

d.焚烧法的特点

无害化。经焚烧处理后,废物中的细菌、病毒被彻底消灭,最终产物通常都是化学性质比较稳定的无害化废渣。

减量化。焚烧后,废物体积可减小 $80\% \sim 90\%$,节约填埋场占地。

资源化。焚烧后可回收能源,其放出的热量可供生产、采暖或发电。

实用性。可全天候操作,不易受天气影响。

经济性。焚烧厂占地面积小,操作费用较低。

焚烧法能够有效地将废渣中的有机污染物完全氧化为无害物质,其有机物的化学去除率可达到 99.5% 以上,因此适用于处理有机物含量较高或热值较高的废渣。在有机物含量较低的废渣处理中,我们可添加辅助燃料以提高效率。然而,该方法的主要缺点是需要较大的投资和较高的运行管理费用。

5.4.2.2　热解法

a.热解法的定义及特点

热解法是一种在无氧或缺氧条件下,通过高温使废渣中的大分子有机物裂解为可燃的小分子产物,如燃气、油和固态碳等的处理方法。与焚烧法相比,热解法有显著的区别。焚烧过程为放热过程,主要生成水和二氧化碳,这些产物无再利用价值,而热解过程则是一个吸热过程,其产物包括气态的氢气和甲烷,液态的甲醇、丙酮、乙酸等有机物,以及固态的焦炭或炭黑,这些产物具有较高的回收价值。热解处理的主要优点在于其能够有效地转化废渣中的有机成分为可用的能源,不仅能回收可燃气体和油品,还能减少废气排放,并避免了焚烧法可能带来的二次污染问题。与焚烧法相比,热解法的产物便于储存和运输,且其能源利用效率较高,因此在废渣处理中的应用前景广阔。

b.热解过程

固体废物热解是一种复杂的化学反应过程,涉及大分子断裂和异构化等。该过程中,废物中的大分子一方面裂解为小分子;另一方面,小分子则可能聚合形成较大的分子。这一反应机制决定了热解产物的多样性和复杂性。

c.热解产物

可燃性气体。按产物中所含成分的数量多少排序为 H_2、CO、CH_4、C_2H_4 等。这种气体混合物是一种很好的燃料,一部分提供热解过程所需的热量,剩余的气体变为有使用价值的可燃气产品。

有机液体。有机液体是复杂的化学混合物,也是有使用价值的燃料。

固体残渣。主要是炭黑。这种炭渣在制成煤球后也是一种好燃料,也可以作为道路路基材料、混凝土骨料、制砖材料。

d.热解方法

热解法一般分为立式炉热分解法、回转窑热分解法、高温熔化炉热分解法和双塔循环式流态化热分解法。

立式炉热分解法是一种高效的废物处理工艺,其主要原理是在高温条件下,通过炉排分层和热分解过程将废物转化为气体、油和炭化物等可回收产物。废物从炉顶进入,经过干燥和初步热解后,未完全燃烧的物质通过螺旋推进器被推入下层炉排,进行充分燃烧。这一过程使得废物的热分解过程更加高效,并实现了能源的回收利用。热解气体与燃烧气体一同进入焦油回收塔,经过冷却和洗涤后,生成的气体被再次用作助燃气体,而焦油则通过油水分离器回收。炉内的炭化物层温度控制在 500~600 ℃,而热解炉出口温度通常为 300~400 ℃,确保了热解过程的稳定性(图 5-7)。

双塔循环式流态化热分解法则通过惰性粒子作为热载体,实现了气体和热量的有效循环利用。在此工艺中,热解炉与燃烧炉通过连接管相连,废物在热解炉中分解时,产生的气体部分被回流至燃烧炉进行再加热。通过这种方式,我们可以确保热解过程的连续性和能源的最大化利用,特别是在需要产生水煤气的情况下,通过加入水蒸气来增强气体的反应性。最终,生成的烟尘和油可被循环使用,这进一步提高了整个系统的能源效率和环境友好性(图 5-8)。

本方法具有显著的优点

a.首先,其热分解气体系统的设计确保气体不与燃烧废气混合,从而提高了气体的热值,达到了标准状态下 17 000~18 900 kJ/m³ 的热值。这一特性使得热解气体具备较高的能源利用潜力。其次,烟气的回收与再利用进一步提高了能源利用效率,减少了固熔物和焦油状物质的生成,有助于减少废弃物的体积及其环境影响。同时,系统内的空气量被精

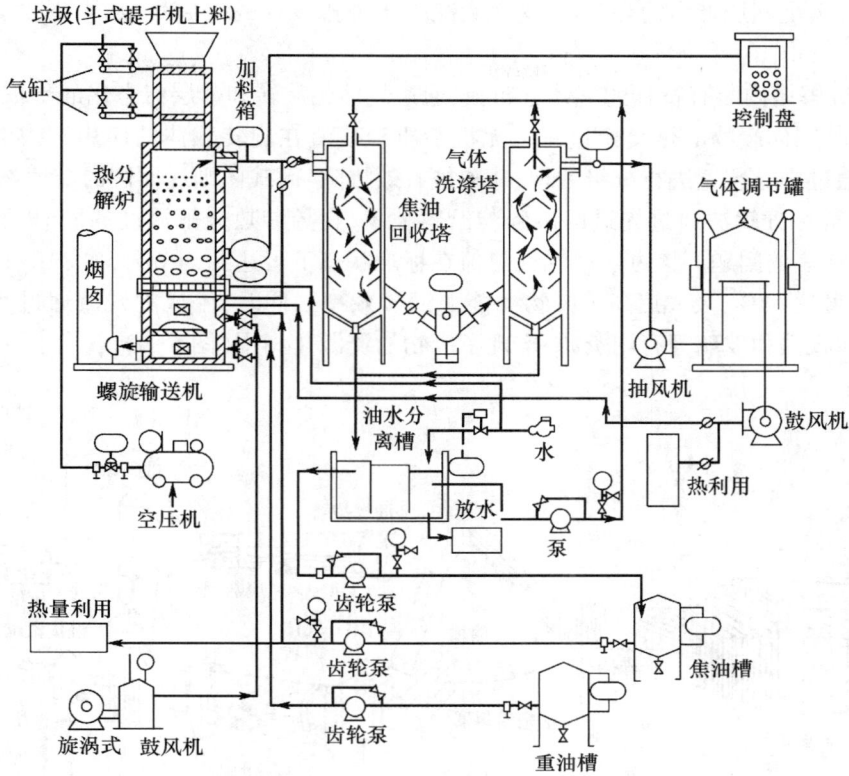

图 5-7　立式炉热分解法流程

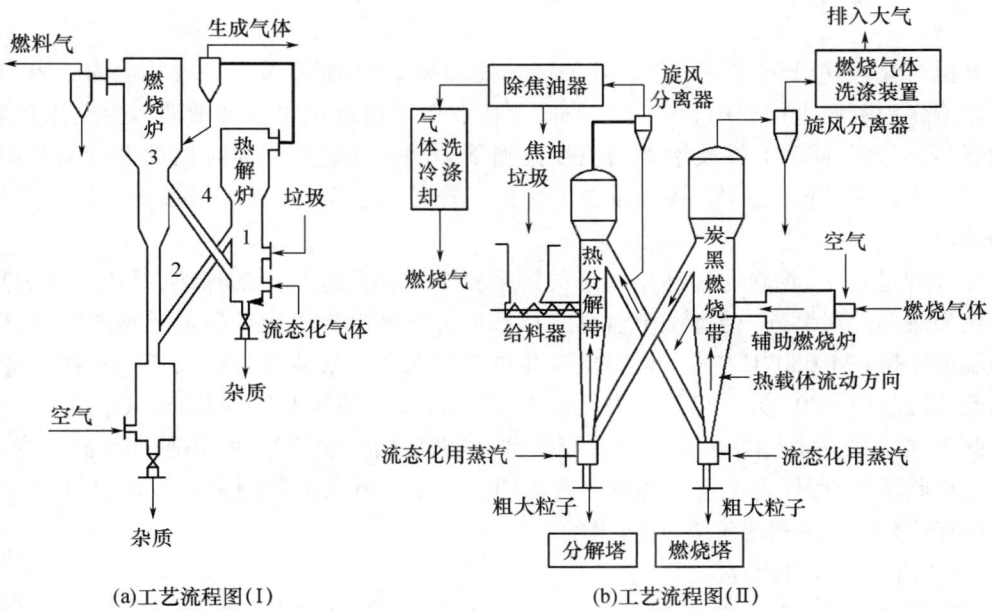

(a)工艺流程图(Ⅰ)　　　　　　　(b)工艺流程图(Ⅱ)

1-热解炉;2-回流管;3-燃烧炉;4-连接管

图 5-8　双塔循环式流态化热分解法流程

确控制,仅满足燃烧烟尘的必要量,这大大减少了外排废气的排放量,从而减少了污染物的释放。

b.热分解塔内装有特殊的气体分布板,通过气体的旋转和薄层流态化的形成,进一步优化了气体与固体废物的热交换过程。无机杂质和残渣在旋转载体的作用下被混入载体砂中,最终通过排除装置进行分级处理,残渣被有效排除,而载体则返回炉内继续参与循环。

回转窑热分解法通过先进的破碎与给料技术,在控制热分解温度的同时,有效避免了残渣熔融结焦的问题。该方法的燃气热值在标准状态下可达到$(4.6\sim5.0)\times10^3$ kJ/m^3,且热回收效率可达68%,极大提高了废物的能源回收效率。同时,生成的残渣通过水封槽急剧冷却,可回收铁和玻璃等有用资源,实现了废物的资源化利用(图5-9)。

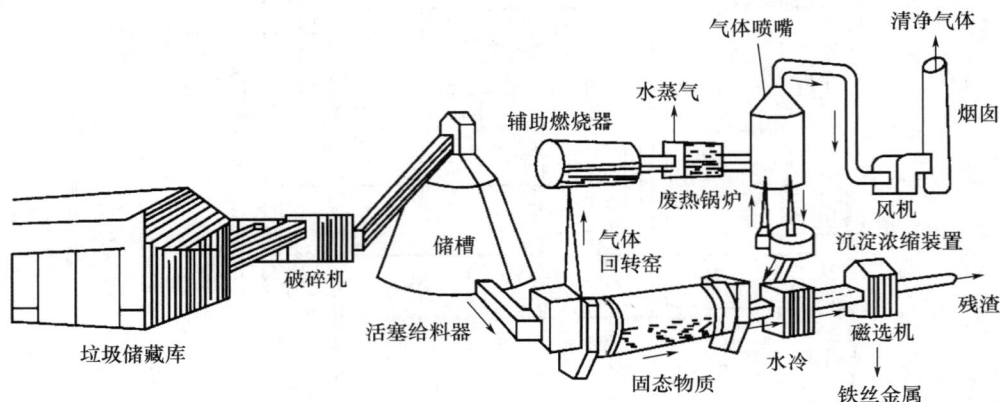

图5-9 回转窑热分解法装置系统

高温熔化炉热分解法是一种高效的废物处理技术,能够将城市垃圾转化为能源,并回收其残渣作为资源进行利用。该方法的显著特点在于通过预热空气带动烟尘至汽化炉进行燃烧与热分解,同时能够使惰性物质在高温下熔融。此过程无需对垃圾进行预处理,垃圾可直接通过抓斗投入炉内,从而减少了预处理环节的复杂性,提高了系统对垃圾质量变化的适应性。

在处理过程中,物料通过从上向下的沉降受到逆向高温气流的加热,经历干燥和热分解转化为炭黑。炭黑进一步燃烧产生的 CO 和 CO_2 气体将为汽化炉提供所需的热量,确保炉内温度保持在 1 650 ℃左右。热分解产生的气体与一次燃烧气体一起进入二次燃烧室,在较低的温度(1 400 ℃以下)进行完全燃烧,废气温度维持在 1 150~1 250 ℃。

此方法的另一个优势在于高温使得铁类、玻璃等惰性物质熔融,并通过水槽急冷形成黑色豆粒状熔块,可作为建筑骨料或碎石代用品。该熔渣的产量通常占垃圾总量的3%至5%,具有较高的资源利用价值(图5-10)。

e.热解的主要影响因素

温度。热解温度与气体产量成正比,与液体和固体残渣产量成反比,因此我们可根据回收目标确定适宜的温度。

加热速度。气体产量随加热速度增加而增加,液体和固体残渣产量则相反。

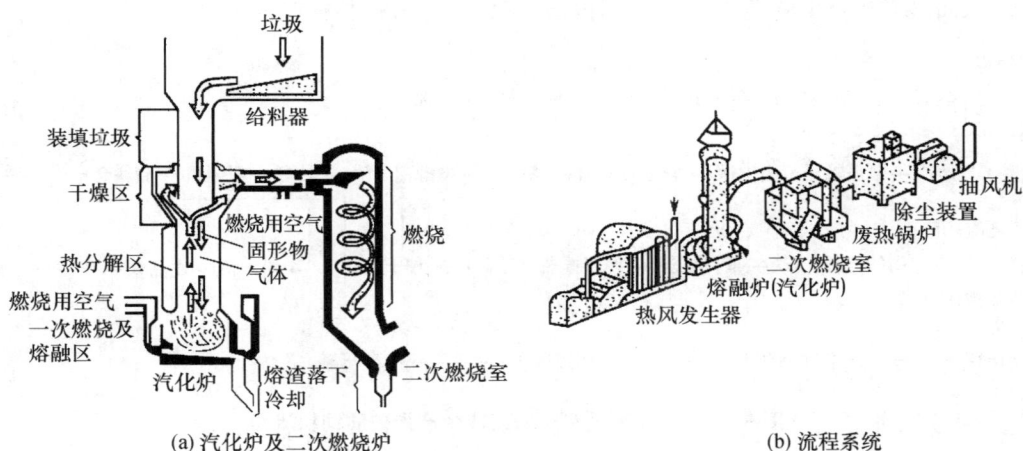

(a) 汽化炉及二次燃烧炉   (b) 流程系统

图 5-10 高温熔化炉热分解法装置及系统

含水率。通常含水率越低,加热速度越快,越有利于得到较高产率的可燃性气体。

物料的预处理情况。当物料颗粒较大时,容易减慢传热和传质速度,热解二次反应多,对产物成分有不利影响;当物料颗粒较小时,能够促进能量的传递,从而使热解反应进行得更加顺利。因此我们有必要对固体废物进行破碎处理,使粒度细小而均匀。

5.5 发酵生产药物产出废渣的处理及资源化技术

发酵工业废渣主要是指发酵液经过过滤或提取产品后所产生的废菌渣。其数量通常约占发酵液体积的 20%~30%,这些废菌渣中含有大量的蛋白质、纤维素、脂肪及多种未被微生物利用的有机物。同时,在发酵过程中又有许多新的有益有机物生成,这些物质都保留在废渣中,含水量为 80%~90%。干燥后的菌丝粉中含粗蛋白 20%~30%,脂肪 5%~10%,灰分约 15%,还含有少量的维生素、钙、磷等物质。有的菌丝中含有残留的抗生素及发酵液处理过程中加入的金属盐或絮凝剂等。

5.5.1 复合菌发酵乳酸废渣生产蛋白质饲料

乳酸废渣作为乳酸生产的副产物,具有较高的蛋白质含量,通常为 30% 至 32%,因此具备成为优质蛋白质饲料资源的潜力。通过混合菌种发酵处理乳酸废渣,我们可有效改善其营养成分,进而提升蛋白质含量,从而增加其在饲料中的应用价值。复合菌发酵乳酸废渣生产蛋白质饲料流程如图 5-11 所示。

目前,我国乳酸发酵以大米为主要原料,发酵后生成的固形物构成乳酸发酵废渣。该废渣包含米渣、废菌体及其他固形物,富含蛋白质、纤维素、糖分和乳酸钙等成分。当前国内乳酸年产量为 7 万至 8 万吨,按照乳酸废渣与乳酸产量的比例计算,年产生的废渣可达到 3 万至 4 万吨。尽管这些废渣在作为饲料时存在适口性差的问题,但若通过复合菌种混合发酵技术进行再加工,我们可以优化废渣的营养成分,提升其蛋白质含量及其他重要营养成分,从而显著提高其作为饲料的应用价值,减少环境污染和资源浪费。

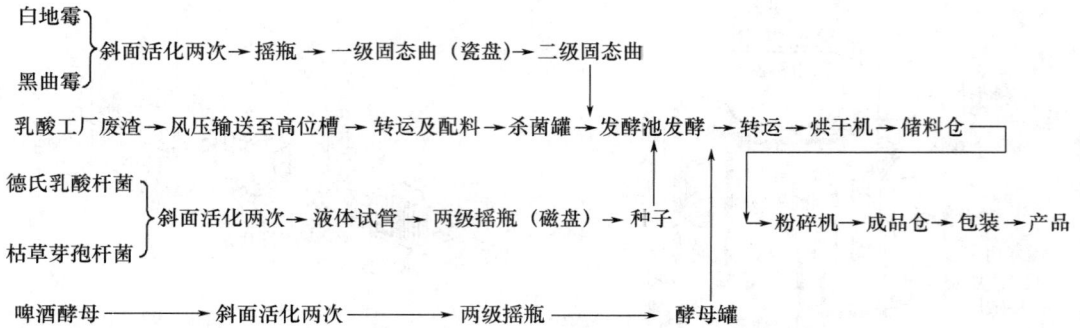

图 5-11   复合菌发酵乳酸废渣生产蛋白质饲料流程

5.5.2   利用发酵法丙酮酸产生的废渣制备超微碳酸钙

超微碳酸钙的合成方法主要包括固相法、气相法和液相法,其中液相法因其操作简便、控制条件容易而广泛应用于实验室及工业生产。液相法常见的有钙离子有机介质碳酸盐沉淀法、钙离子溶液碳酸盐沉淀法及 $Ca(OH)_2$ 溶液二氧化碳沉淀法。在这些方法中,钙源的选择尤为关键,常用的钙源有 CaO 和电石废渣。近年来,研究者还开始关注从丙酮酸废渣中提取 $CaCl_2$,以进一步提高资源利用率和减少环境污染。通过液相法制备的超微碳酸钙,具有粒径小、分散性好等优点,广泛应用于塑料、涂料、橡胶等领域。

5.5.3   抗生素生产过程中的菌渣处理

5.5.3.1   菌渣来源

菌渣主要源于抗生素类药物的生产过程。在抗生素类药物的生产过程中,菌渣被认为是废弃物,且按来源不同可分为抗生素废渣和抗生素菌渣。抗生素废渣来自胞外抗生素的菌体,而抗生素菌渣则来自胞内抗生素的菌体。两类菌渣均被认定为危险废物,不仅可能对环境造成污染,还存在着引发抗药性细菌传播的潜在风险。因此,如何有效处置菌渣,防止其带来的生态和公共健康危害,成了亟待解决的重要问题。

5.5.3.2   抗生素菌渣的理化性质

抗生素菌渣的理化性质较为复杂,主要包含残留抗生素、重金属、芳烃类物质及其有毒中间体。其含水率较高,通常在 79%~93%,且主要由菌丝体、培养基基质、代谢中间体及少量抗生素组成。干基成分的分析显示,抗生素菌渣含有粗蛋白 30%~52%、粗脂肪2%~20%、多糖 0~5%,此外,还富含钙、镁等微量元素,具有潜在的生物质资源价值。尽管抗生素菌渣的成分复杂,但其丰富的有机质和微量元素使其在能源回收和生物质转化方面具有一定的研究和利用潜力。6 种抗生素菌渣工业成分和元素组成如表 5-2 所示。

表 5-2　6 种抗生素菌渣工业成分和元素组成

抗生素菌渣种类	水分	挥发分	灰分	固定碳	C	H	O	N	S
链霉菌	2.34%	83.16%	12.76%	1.74%	38.02%	5.88%	38.29%	5.31%	0.27%
杆菌肽	2.26%	88.72%	6.86%	2.16%	44.17%	6.67%	31.78%	6.37%	0.57%
林可霉素	2.01%	84.87%	10.03%	3.09%	42.07%	6.30%	33.23%	7.94%	0.85%
青霉素	2.50%	86.40%	8.29%	2.81%	43.59%	7.32%	30.45%	9.24%	1.08%
头孢菌素 C	2.05%	89.75%	6.21%	1.99%	48.33%	7.43%	28.90%	8.47%	1.34%
土霉素	1.70%	74.49%	10.89%	12.92%	44.71%	5.04%	30.71%	7.81%	0.51%

分析结果表明,六种抗生素菌渣的灰分含量均在 10% 左右,且通过热处理我们可有效实现减容。挥发分含量较高,最高可达 89.75%,表明有机物质丰富。抗生素菌渣中富含蛋白质和有机物,具备转化为生物炭、生物油及可燃气体的潜力,显示出显著的资源化利用价值。

5.5.3.3　抗生素菌渣的危害

菌渣作为一种废弃物,具有易燃性、感染性和毒性等危害特性,其处理不当可能带来严重环境问题。未经过干燥处理的菌渣通常含水量较高,具有较强的黏性,放置在常温环境下仅几小时即会发生二次发酵,释放出恶臭气体,造成环境污染。同时,菌渣中残留的抗生素成分可通过降解生成有毒中间体,或在资源化处理过程中进入土壤和水体,并在环境中广泛扩散,形成点到线、线到面的立体式污染。这些抗生素不仅通过水流和土壤传播,还对微生物群体及其他生物群落造成影响,破坏生态平衡。特别是抗生素的扩散可导致耐药菌的产生和繁殖,进而影响整个生态系统及人类健康,造成潜在的健康风险。

菌渣的处置需要进行有效管理和采用技术手段以减少其对环境和公共健康的负面影响。

5.5.3.4　抗生素菌渣无害化处理技术

抗生素菌渣是抗生素生产过程中的固体废物,因其残留抗生素含量,限制了其直接利用。有效去除抗生素残留是实现菌渣资源化的关键。抗生素去除通常通过分子裂解或使其失去抗菌活性来实现。当前,我们已开发多种技术手段来消除抗生素残留,如焚烧、热解、水热处理、酸解、碱解、电离辐射、堆肥化及厌氧消化等,这些方法能够不同程度地去除残留抗生素,增强菌渣的资源化利用价值。

a.焚烧技术

焚烧技术是一种利用高温在专用设备中处理固体废物的有效方法,其操作温度通常维持在 800~1 200 ℃。此技术能够显著减少固体废物的体积,常规情况下可达到原体积的5%,并有效分解其中的有害成分,达到无害化处理的目标。同时,焚烧过程通过高效转化和综合利用,具备一定的资源化潜力,为固体废物管理提供了环保且可持续的解决方案。这一技术在实现废物减量和环境保护方面具有重要意义(图 5-12)。

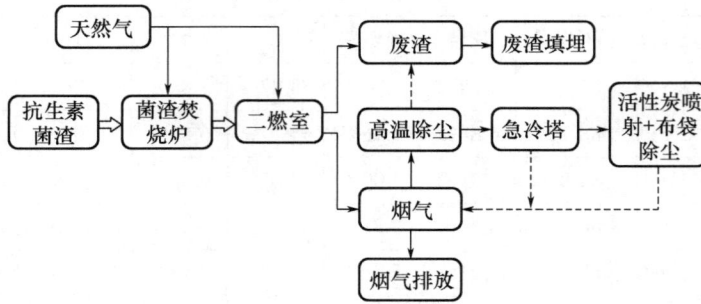

图 5-12 抗生素菌渣焚烧处理工艺

抗生素菌渣的焚烧处理需借助专用设备,以应对其高含水率和低热值特性。处理成本通常较高,我们需严格遵循相关污染控制标准以确保环保合规性。尽管焚烧可能释放有害气体,如二噁英,但通过优化设备和工艺,我们可有效降低有害气体排放风险,实现对菌渣的安全处置,促进环境保护和资源化利用的平衡。尽管该技术能有效处理菌渣,但其经济效益的产生需要较长时间,因此尚未得到广泛应用。

b.热解技术

热解是在无氧环境中加热抗生素菌渣,通常温度超过300 ℃,具有有效去除残留抗生素并生成生物炭的潜力(图5-13)。

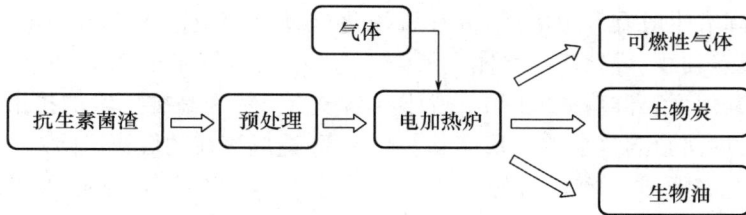

图 5-13 抗生素菌渣热解处理工艺

热解处理通常在高于400 ℃的温度下进行,并保持在0.5 h以上,能够有效分解DNA并消除其生物活性。该过程能够有效去除抗生素残留,但其热解产物受反应条件的显著影响,如温度、时间和粒径的变化可能导致产物特性的差异。对于高含水率的生物质,我们需进行预干燥处理以提升热解效率,但这一环节的能源需求增加了整体工艺成本,我们需通过优化技术加以平衡。

c.酸解或碱解处理

酸解和碱解技术通过利用抗生素在酸性或碱性条件下的分解特性,有效去除抗生素残留。这些方法已被证明能在酸热条件下降解青霉素菌渣中的抗生素,并使其成为有机肥料的原料。然而,这些技术尚未得到广泛应用,主要因为反应过程中需要大量的电解质,并且降解速率较慢,限制了其效率和应用范围。

d.电离辐射

电离辐射技术在降解抗生素及其他有害物质方面具有显著效果,其低剂量操作具有安全性高、无残留的优点。尽管该技术具有应用潜力,但在抗生素残留及抗生基因的消除中,尚存在工艺条件不完善和操作规范不成熟的问题,需要我们进一步优化以推动其实际应用。

e.厌氧消化技术

厌氧消化技术以高效节能的优势被推荐用于抗生素菌渣的处理,可实现高达 90% 的抗生素降解率。处理过程中产生的沼液渣需经过严格的安全性检测,以确保资源化利用的环保性。尽管该技术的处理周期较长并伴有较高成本,但通过优化工艺条件,其仍具备广阔的应用前景。

f.水热处理

水热处理是一种在密闭条件下进行的化学反应,反应温度高于常温,反应压力超过 0.1 MPa,通过多相化学反应实现物质转化,抗生素菌渣水热处理工艺如图 5-14 所示。

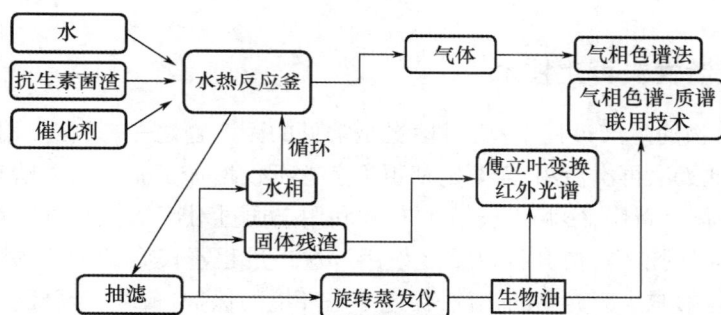

图 5-14　抗生素菌渣水热处理工艺

水热处理技术因其能高效处理高含水率的有机固体废物,广泛应用于废物处理领域。在这一过程中,水不仅作为溶剂,也作为反应物存在,能在高温高压环境下促进固体废物中化合物的溶解。水热处理技术是一种高效的资源利用方法,主要包括水热碳化、水热液化和水热气化三种形式。水热碳化在 180~260 ℃、2~5 MPa 的条件下进行,主要生成固体生物炭;水热液化则在 200~400 ℃、5~20 MPa 的条件下,生成液态生物油、气体、水相产物及少量生物炭;而水热气化则是在超临界条件下进行,能够产出富氢气和甲烷等可燃气体。这些不同形式的水热处理方法不仅能有效转化有机废弃物,还具有多种环境和资源化利用价值。水热处理生成的生物炭具有微孔和中孔结构,能够改善土壤质量,调节土壤 pH、增强土壤持水性、固定毒性重金属,同时还能减少温室气体的排放,对农业和环境保护具有显著益处。此外,水热处理技术还能够无害化处理抗生素菌渣,为废弃物资源化利用提供了新的途径。然而,尽管水热处理技术在多个领域展现了潜力,现有技术仍面临设备复杂、运行成本高和潜在环境影响等挑战,因此,我们需要进一步优化和完善,以提升其在实际应用中的可行性和广泛适用性。抗生素菌渣处理技术的优缺点如表 5-3 所示。

表 5-3　抗生素菌渣处理技术的优缺点

处理技术	优点	缺点
焚烧技术	快速减量,完全分解抗生素	焚烧不当,会产生二噁英等有害物质,造成严重的二次污染
热解技术	完全消除抗性基因,实现资源化	预处理能耗大,生物油成分复杂且热值较低
酸解或碱解处理	有效分解抗生素,有利于资源化利用	实验条件苛刻,需要大量电解质
电离辐射	快速分解抗生素,且可消除抗生素耐药基因和耐药细菌,实现菌渣无害化处理	对于辐照后产物进行分析,方法尚不明确,难以推广应用
厌氧消化技术	有效降解抗生素,产出高品质沼气、沼肥	处理时间长,成本较高
水热处理	无须脱水处理菌渣,有效去除抗生素,实现资源化利用,效果显著	对于仪器设备要求较高

5.5.4　废活性炭再生技术

在发酵类药物的生产过程中,废活性炭是常见的副产物之一,其在使用过程中逐渐失去吸附活性,因此无法再次使用,需要定期更换。这不仅增加了企业的采购成本,还带来了废活性炭处理的额外费用,影响了资源的有效利用。通过对废活性炭进行再生处理,我们可以有效恢复其吸附能力,使其得以重复使用。这一过程不仅有助于节约资源,减少企业的运营成本,还能够减少废弃物的排放,促进生态环境的保护,最终实现经济与环境的双重效益。废活性炭的再生利用对于推动产业的可持续发展具有重要意义。

5.5.4.1　热再生法

废活性炭的高温热再生技术是一种被广泛应用且工艺较为成熟的处理方法,其过程通常分为干燥、炭化和活化三个阶段。在干燥阶段,我们通过加热去除活性炭中的水分及少量低沸点有机物,以确保其后续处理的稳定性。在炭化阶段,我们通过将废活性炭加热至800 ℃以下,使其中的挥发性物质大部分分解,并通过热解作用将高沸点有机物转化为固体残留物。这些残留物主要以固定炭的形式附着在活性炭的孔隙中。为了避免炭化过程中活性炭的过度氧化损耗,我们通常选择真空或惰性气体作为反应环境。在活化阶段,我们进一步将温度提升至800~950 ℃,并引入水蒸气,以去除炭化残留物并恢复活性炭的孔隙结构,从而使其吸附性能得以再生。

热再生技术的效果受到多种因素的影响,包括炭化过程中半焦的生成、水蒸气活化的温度和时间控制及无机组分的催化作用。在炭化阶段,部分大分子有机物通过热解作用形成半焦,这种物质的生成会导致活性炭比表面积和孔容积的下降。半焦的生成与吸附质的化学性质密切相关,尤其是其分子特性,如沸点和芳香性。通过适当调控工艺条件,我们可以在活化阶段有效去除这些半焦,同时避免活性炭结构受到破坏。

尽管热再生技术具有再生时间短、效率高的优势,并对吸附物种类无特殊要求,但也存在一定局限性。再生过程中,活性炭会有一定程度的质量损失,并伴随机械强度的降低。在设计反应条件时,我们需综合考虑吸附性能、强度保持及物料损耗等因素,优化再生效果。通过科学的参数调整,我们可以在经济性和再生效率之间实现平衡,为废活性炭的资源化利用提供有力支持。

5.5.4.2　溶剂再生法

溶剂再生法是一种通过调节溶剂环境条件以实现活性炭再生的技术。该方法基于活性炭与吸附质及溶剂之间的吸附平衡关系,通过改变体系的温度、酸碱度或使用溶剂溶解吸附质,打破吸附平衡,达到从活性炭中脱附吸附质的目的。具体而言,通过调整溶液的化学性质,如改变 pH 或选择具有较强亲和力的有机溶剂,我们可以有效地将吸附质从活性炭表面释放。对于有机污染物,我们常使用丙酮、甲醇、乙醇等溶剂,而无机溶剂我们则可以利用盐酸或氢氧化钠溶液调节溶解度,促进吸附质脱附。

有机溶剂再生法通过减少活性炭的机械磨损和回收高价值吸附质,展现出经济性和环境友好性的优势。溶剂的重复利用增强了其经济效益,但由于其选择性较强,难以全面脱附复杂孔隙中的污染物,导致再生效果具有一定局限性。无机溶剂再生法通过调节 pH 提升吸附质的水溶性,扩大了其适用范围。

溶剂再生法的显著优点在于可以原位操作,避免了活性炭拆卸带来的不便,有效节省时间并保护其结构。与热再生法相比,该方法避免了高温处理对活性炭的损耗,更好地维护了其机械强度和孔隙结构,从而提升了长期使用的可行性和经济效益。

5.5.4.3　化学再生法

废活性炭的化学再生法主要包括湿式氧化再生和光催化再生两种方式,其各自具有独特的技术特点和应用潜力。湿式氧化再生法通过高温高压条件下引入氧气或空气,实现吸附质的氧化分解。为提高效率,我们可使用催化剂以降低反应能垒,缩短反应时间,从而显著提升再生效果。非均相催化过程在能耗和效率方面表现出明显优势,进一步增强了其工业适用性。

光催化再生法是一种针对有机污染物的新兴技术,通过将光催化材料负载于活性炭表面并利用光能驱动有机物降解为二氧化碳和水,实现活性炭的再生。该方法具有温和的反应条件,降低了工艺复杂性,同时保持较高的吸附性能,安全性显著提升。其可持续性和高效性使其在实际应用中展现出较大的潜力。

5.5.4.4　生物再生法

生物再生法的核心是利用微生物降解活性炭吸附的有机化合物,将其转化为二氧化碳和水,从而恢复活性炭的吸附性能。这一技术通过将活性炭的吸附功能与微生物的降解作用结合,形成了生物活性炭体系。活性炭的孔隙和表面为微生物提供了适宜的附着和生长环境,同时吸附的有机物和孔隙中的溶解氧为微生物的代谢活动提供了营养和能量来源。这种协同作用显著提升了活性炭的再生能力,并延长了其使用寿命。

生物再生法具有工艺简单、经济性良好的特点,但其应用存在一定局限性。再生过程相对较慢,对水质条件要求较高,包括适宜的温度、pH、溶解氧及营养盐浓度等。仅当吸附的有机物能够被微生物有效降解并生成小分子产物时,再生效果才能达到理想水平。如果降解产物体积较大或重新被吸附,则会降低活性炭的再生效率。因此,在实际应用中,我们需要通过工艺优化和条件调控提升生物再生法的效果和适用性,为其进一步推广提供支持。

5.5.4.5 电化学再生法

电化学再生废活性炭技术是一种新兴的再生方法,近年来得到了广泛关注。该技术通过将吸附饱和后的活性炭置于电解池中,施加直流电场,在电场作用下,活性炭表面形成微型电解槽,通过电化学反应有效分解吸附的有机污染物,实现活性炭的再生。

与传统的热再生法相比,电化学再生法对活性炭的机械强度和孔隙结构影响较小,能够保持较高的再生效率。该方法具有多项优势:首先,能够原位操作,减少了运输和处理的复杂性;其次,其能量消耗较低且再生时间短,显著提高了生产效率;再次,操作过程中所需温度较低,设备简单,投资成本较少;最后,由于活性炭损失较少,总体再生效果更为理想。综合来看,电化学再生法凭借其高效、经济的特点,展示了广泛的应用潜力,并成为活性炭再生领域的重要研究方向。

5.5.4.6 微波再生法

微波再生法是一种在热再生法基础上发展而来的新型活性炭再生技术。该方法通过调整微波功率和辐射时间来对活性炭进行再生。在此过程中,微波能量的引导作用能够迅速加热活性炭,促进吸附质的脱附,从而实现再生。研究表明,微波功率对再生效果具有重要影响,适当的微波功率和辐照时间能够显著提升再生效率。微波再生法具有操作简单、再生时间短等优点,这使得该方法在活性炭再生领域得到越来越广泛的关注和应用。该技术的高效性和便捷性为活性炭再生提供了一种具有潜力的替代方案。

5.6 中药废渣的处理及资源化技术

中药废渣主要源于中成药原料药的生产过程、中药饮片的加工与炮制及含中药成分的轻化工产品的生产等多个领域,其中中成药生产过程产生的药渣量最大,占总量的约70%。这些废渣的成分主要来自植物、动物及部分矿物类药材,植物类药材的比例超过87%。研究表明,中药废渣富含多种营养物质,如粗纤维、粗蛋白、粗脂肪和淀粉等,这使其具备了较大的再利用潜力。

对中药废渣的研究与开发具有重要的经济与环境意义。通过合理利用中药废渣,我们不仅能够有效实现资源的循环利用,减轻废弃物的环境压力,还可以解决因废渣积累而产生的环境污染问题。随着中药绿色制造体系的逐步推进,如何高效利用中药资源并合理处置废渣,已成为亟待解决的核心问题。通过采用先进的技术与管理手段,我们将中药废渣转化为有价值的资源,这不仅能够促进环境保护,还能支持可持续发展,为社会带来长远的经济和生态效益。

5.6.1　焚烧处理

中药废渣在提取后需经过预处理,以提高焚烧炉的燃烧效率,并节约能源。废渣被装入药渣收集罐,并通过烘干设备进行处理,以降低其含水率,通常可降低 30% 至 40%。烘干设备可选择振动烘干机等,这一过程有助于提高废渣的燃烧效率。烘干后的药渣通过倾斜式传输带送至焚烧炉进行焚烧。焚烧设备一般采用回转窑焚烧炉等,其能够有效将药渣转化为热能,作为生产过程中的燃料使用。这一处理方法不仅能充分利用药渣的能量,还能降低生产成本和能源消耗,为中药废渣的资源化利用提供了一种高效且经济的解决方案。

5.6.2　堆肥

中药残渣可以通过堆肥处理进行资源化利用。中药残渣本身富含大量营养成分,如粗蛋白、粗纤维及氮、磷、钾、锌、铁等无机元素,并含有少量维生素。结合自然界中的微生物,通过人为控制发酵条件,如调节含水量、堆翻次数和复合生物菌种的接种,我们可以有效促进固体中药残渣的降解。这一堆肥过程不仅能够使中药残渣转化为富含营养的有机肥料,提升肥效,并且肥效稳定,持续时间长。堆肥处理的中药残渣能够促进农作物生长,同时改善土壤结构,增强土壤肥力。因此,堆肥法为中药残渣的合理利用提供了一种可持续的解决方案,有助于农业生产和环境保护(表 5-4)。

表 5-4　中药残渣堆肥应用实例分析

中药残渣种类	研究对象	结果
大黄、苦参、薄荷、蛇床子 4 种中药残渣	番茄	降低番茄硝酸盐含量;抑制番茄枯萎病;提高番茄产量
白术、苦参、连翘、麦芽 4 种中药残渣	甘草	促进甘草生长;提高甘草根中甘草酸的含量
混合中药残渣	水稻	水稻植株苗壮,叶色浓绿;提高水稻抗倒伏能力;提高产量
混合中药残渣	白菜	提高白菜可溶性糖、维生素 C 含量
混合中药残渣	土壤	降低重金属 Cd、Hg 迁移率;增加重金属 Cd、Hg 钝化率;改善土壤重金属污染状况

堆肥技术可分为好氧堆肥法和厌氧发酵法,我们通过这些方法将药渣转化为有机肥料。利用微生物处理药渣,或将其与家禽粪便混合处理,药渣能够有效转化为绿肥。这些处理后的药渣作为农业肥料,可广泛应用于农业生产或中药材的种植中,促进药渣的生态循环消化,从而实现资源的再利用,推动可持续农业发展。

5.6.2.1　好氧堆肥法

研究表明,中药废渣作为高温好氧堆肥的优质原料,具有较高的利用价值。通过将中药废渣与油饼渣按特定比例混合,并进行 35 天的高温好氧发酵,其可被有效转化为有机肥料。此外,适量添加尿素进行堆肥处理,不仅能够消除其中的有害生物,还能转化有机物质,最终形成富含有机营养的土壤。通过与牛粪混合,堆肥过程能够显著提高肥效。好氧堆肥工艺包括前处理、一次发酵、二次发酵、后处理、脱臭及储存等环节,以确保堆肥产物的质量与稳定性。此技术不仅有效利用了中药废渣,还能为农业提供高效的有机肥料,促进资源的循环利用。

前处理。把收集的废渣等按要求调节水分和碳氮比,必要时我们添加菌种和酶。如果废渣中含有大块废渣和不可生物降解的物质,我们应进行破碎和去除,否则大块废渣的存在会影响垃圾处理机械的正常运行,而不可降解的物质会导致堆肥发酵仓容积的浪费并影响堆肥产品的质量。

一次发酵。一次发酵可在露天或发酵装置中进行,氧气的供给前者通过翻堆,后者是通过向发酵仓内强制通风完成。此时由于原料中存在大量的微生物及其所需营养物,发酵开始时,首先是易分解的有机物糖类等的降解,参与降解的微生物有好氧的细菌、真菌等,如枯草芽孢杆菌、根霉、曲霉、酵母菌。降解产物为二氧化碳和水,微生物将细胞中吸收的营养物质分解,同时产生热量使堆肥温度上升。一般将温度升高到开始降低为止的阶段为一次发酵期。

二次发酵。二次发酵可把一次发酵中难降解的有机物全部降解,变成腐殖质、氨基酸等较稳定的有机物,得到完全成熟的堆肥产品。

后处理。二次发酵后的物料有在前处理中尚未完全除去的塑料、玻璃、金属、小石块等,故还需经一道分选工序排除杂物。

脱臭。有些堆肥工艺结束后会有臭味,需进行脱臭处理。方法有加入化学除臭剂、活性炭吸附等。

储存。堆肥一般在春、秋两季使用,暂时不能用上的堆肥要妥善储存,可装入袋中,干燥、通风保存。密闭或受潮都会影响其质量。

好氧堆肥的主要影响因素。

有机物含量。固体废物中有机物含量过低会造成堆肥微生物营养不良,代谢慢,无法维持高温发酵过程;有机物含量过高,微生物活动极为旺盛,耗氧量加大,我们必须加大供氧量。因此,适宜的有机物含量为 20%~80%。

碳氮比。碳、氮是微生物生长最重要的营养,碳主要提供微生物活动的能量,氮是构成蛋白质、核酸、氨基酸等细胞生长所需物质的重要元素。碳氮比过小,氮将过剩,以氨气的形式释放,发出难闻的气味;而碳氮比过大,将导致氮不足,影响微生物的增长,使堆肥温度下降,有机物分解代谢的速度减慢。因此,适宜碳氮比为(26~35):1。

O_2。堆肥原料中有机碳越多,需氧量越大,氧浓度低于 5% 会限制好氧微生物的生长,影响好氧环境,一般合适的氧浓度为 18%。另外,通风提供氧的同时,带走了 CO_2、热量和水蒸气。

颗粒度。堆肥所需的氧气是通过堆肥原料颗粒之间的空隙供给的,而空隙率及空隙的大小主要取决于颗粒的大小及结构强度。因此颗粒的粒径不能太小,以保持一定的空隙率和透气性,便于通风供氧,粒径一般以 12~60 mm 为宜。

温度。堆肥中的微生物对有机物进行分解代谢时会产生热量,使堆体温度上升。温度过低反应速度慢,堆肥达不到无害化要求;但温度高也不利,若温度超过 70 ℃,放线菌等有益微生物也会被杀死,对堆肥不利。

堆肥原料中的水分具有两项重要作用:一是溶解有机物,参与微生物的新陈代谢过程;二是调节堆肥温度,尤其是在温度过高时,水分的蒸发可以带走一部分热量,帮助维持适宜的发酵环境。在堆肥过程中,水分的含量必须保持适宜。当水分不足时,微生物的繁殖受到抑制,导致分解过程缓慢;而水分过多则可能导致原料紧缩或内部空隙被水充满,减少空气含量,造成供氧不足,转变为厌氧状态。此外,过多的水分蒸发会带走大量热量,降低堆肥的温度,抑制高温菌的活性,从而影响堆肥的效果。因此,控制堆肥原料中的水分含量对保证堆肥过程的顺利进行至关重要。

5.6.2.2　厌氧发酵法

厌氧发酵法是一种利用厌氧微生物将有机废弃物高效降解并转化为清洁能源气体的技术。通过控制过程,废渣中的可生物降解有机物转化为甲烷(CH_4)、二氧化碳(CO_2)及稳定物质。这一技术具有若干显著特点。首先,其能够将废弃有机物中的低品位生物能转化为高品位的沼气,提供可直接利用的能源。与好氧处理相比,厌氧发酵无须额外的通风动力,设施简单,运行成本较低,是一种节能型的处理方法。经过厌氧发酵处理后的废渣大多已稳定,可以作为农肥、饲料或堆肥原料进一步利用,从而实现废弃物的资源化。该技术在废弃物处理和能源回收方面具有重要应用前景,能够有效促进资源的循环利用和环境的可持续发展。

厌氧发酵工艺按发酵温度、发酵方式、发酵级差的不同,被划分为几种类型。如按发酵温度来划分厌氧发酵工艺类型,可分为高温厌氧发酵工艺和自然温度厌氧发酵工艺。

高温厌氧发酵工艺。

高温厌氧发酵工艺的最佳温度是 47~55 ℃,此时有机物分解旺盛,发酵快,物料在厌氧池内停留时间短。

自然温度厌氧发酵工艺。

自然温度厌氧发酵指在自然界温度影响下发酵温度发生变化的厌氧发酵。这种工艺的发酵池结构简单、成本低廉、施工容易、便于推广。

值得注意的是,考虑到抗生素或者生物毒性残留的环境风险,堆肥处理工艺不适宜处理抗生素类或者具备生物毒性的固体废物。

5.6.3　用作饲料添加

中药残渣在经济畜禽养殖中得到广泛应用,尤其是在发酵处理后的中药残渣中,其纤维素含量显著降低,且富含次级代谢产物如低聚寡糖、有益菌等成分,这使得其饲用效果更加显著。通过发酵处理,中药残渣不仅可以作为饲料的补充,还能够在一定程度上替代传统饲料成分,提高饲料的营养价值与饲用效率。此外,发酵后的中药残渣具有显著的健康促进作用,能够提高畜禽的免疫力和生长性能。

研究表明,发酵后的中药残渣能够有效改善断奶仔猪的肠道菌群,增加肠道内双歧杆菌和乳酸杆菌的数量,显著降低腹泻率,并增强仔猪的免疫能力,如血清中免疫球蛋白和溶菌酶的含量显著提高,这一变化有助于提高仔猪的生长性能和免疫力。在生猪的饲养中,发酵中药残渣部分替代传统饲料,能够促进增重,提升肉质,降低料肉比,从而提高养殖效益和降低生产成本。

发酵中药残渣在围产期母猪的饲养中表现出良好的效果。研究发现,饲粮中添加发酵中药残渣可增加母猪血浆中丙氨酸氨基转移酶活性,提高母猪及其哺乳仔猪血浆中的总蛋白含量,显著增强机体的抗氧化能力。通过提高过氧化氢转化酶和谷胱甘肽过氧化物酶的活性,该技术有助于减轻氧化应激的影响,提高母猪及仔猪的健康水平。

在牛和鸡的饲养中,发酵中药残渣同样展现出促进生长、增强免疫的潜力。通过将富含中药成分的发酵残渣添加至育肥牛的饲料中,研究发现牛的采食量和生长速度得到明显提高,且血清中总蛋白含量增加,免疫力也得到了增强。在肉鸡的饲养中,添加中药残渣发酵液同样能够改善肉鸡的免疫力,提高采食量和存活率并能增重,同时增强其抗氧化能力。综上所述,发酵中药残渣不仅在提高畜禽生长性能方面表现突出,还在改善动物健康、提升免疫力方面具有显著作用,具有广泛的应用前景。

5.6.4　栽培食用菌

中药残渣作为一种重要的农业废弃物,富含多种无机元素、纤维素和木质素等成分,具有较高的资源利用价值。研究表明,中药残渣作为食用菌培养基的原料,不仅能够提升食用菌的氨基酸含量,改善其口感和风味,还能在栽培过程中降低原材料的使用量,从而有效减少成本并提高经济效益。不同种类的食用菌对中药残渣的利用率存在差异,因此,在实际应用中,我们应根据菌种的特性合理调整中药残渣的添加比例。含有高浓度黄精浸渣的培养基在栽培榆黄菇、猴头菇和鸡腿菇等食用菌时,能表现出较好的出菇率和生长势,进一步提高栽培效益和利润。

随着棉籽壳价格的不断上涨,寻找替代材料变得尤为重要。研究发现,将中药残渣与棉籽壳按一定比例混合使用,在栽培金针菇、香菇等食用菌时,不仅能够减少棉籽壳的使用量,节约成本,还能够有效减少中药残渣对环境的负面影响。

在平菇栽培中,加入中药残渣作为培养基的一部分,不仅显著提高了产量,还在减少重金属含量方面具有显著优势,且其含量远低于传统玉米芯培养基中栽培的平菇。因此,中药残渣在食用菌栽培中的应用,不仅促进了资源的循环利用,也为农业废弃物的处理提供了创新的解决方案,对环境保护和可持续发展具有积极的推动作用。

5.6.5　中药残渣资源化利用存在的问题

中药残渣的资源化研究显示,其具有较大的利用潜力,不仅能够有效节约资源,还能缓解环境污染,并推动中药产业的绿色可持续发展。然而,实际应用中其仍面临多项挑战。首先,大多数中药残渣处理技术仍处于实验阶段,尚未实现产业化应用,未能在实际生产中有效解决环境污染和资源浪费问题。其次,由于中药制药企业常使用复方药材,导致中药残渣成分复杂且各异,不同复方药材的残渣在成分和性质上存在显著差异。现有研究多集中于单一药材或特定类别药材的再利用,缺乏统一的基础研究,这在一定程度上限制了中药残渣在更广泛领域的应用潜力。最后,尽管中药残渣资源化具有较高的潜力,但其研发成本高、周期长,短期内难以为企业带来显著的经济效益,这也使得企业在中药残渣资源化研究中的积极性不足,这成为制约该领域进一步发展的关键因素。因此,解决上述问题,对于推动中药残渣资源化的广泛应用具有重要意义。

因制药工业中产生的废渣具有特殊性,考虑其潜在的药物残留,且其存在耐药性等生物环境风险,目前制药工业废渣主要以无害化处置为主,资源化利用的较少。

5.7　应　用　实　例

5.7.1　化学合成药物废渣处理应用实例

本部分化学合成药物以石药控股集团有限公司抗生素制剂药物为例。

石药控股集团有限公司是一家集创新药物研发、生产和销售为一体的国家级创新型企业。目前在冀、晋、鲁、苏、赣、津等省(区、市)设有 10 余个药品生产基地,产品销售遍及全球 100 多个国家和地区,有 36 个品种单品种,销售过亿元。

石药控股集团有限公司抗生素制剂药物每年产量约为 2 000 吨,药物生产工艺主要包括溶解、结晶、精制、干燥、成品包装等环节。在抗生素制剂药物生产过程中会产生釜残、废包材、废活性炭等固体废物(表 5-5)。

表 5-5　石药控股集团有限公司抗生素制剂药物生产过程中固废产生情况

固废种类	釜残	废包材	废活性炭
固废产生量/(t/a)	1 000	50	50

产生的固体废物交由有资质的危险废物处置企业进行"预处理+配伍+焚烧"处理。危废处置企业可处置固体废物 2 万吨/年,工程投资 1 亿元,固体废物经焚烧处置产生的炉渣和飞灰采用填埋方式进行处理,每年可创造收益 500 万元。

5.7.2　发酵生产药物废渣处理应用实例

本部分发酵生产药物以石药控股集团有限公司抗生素类原料药为例。

石药控股集团有限公司抗生素类原料药每年产量约为 2 000 吨,药物生产工艺主要包括种子培养、发酵、发酵液预处理和固液分离、提取、精制、干燥、成品包装等环节。在抗生素类原料药生产过程中会产生菌渣、废树脂、废酶等固体废物(表 5-6)。

表 5-6　石药控股集团有限公司抗生素类原料药生产过程中固废产生情况

固废种类	菌渣	废树脂	废酶
固废产生量/(t/a)	100 000	500	100

本部分以产生量最大的菌渣为例进行介绍。石药控股集团有限公司产生的菌渣交由菌渣资源化公司进行资源化处理,处理工艺主要为"均质+泵送+喷浆造粒+烘干+包装"。菌渣资源化公司可处置菌渣10万吨/年,工程投资2 000万元。菌渣经过资源化处置后被制成有机肥,用于土壤改良,每年可创造收益500万元。

5.7.3　中药废渣处理应用实例

本部分中药以石家庄以岭药业股份有限公司中药类药物为例。

石家庄以岭药业股份有限公司于1992年6月16日创建,公司研发治疗冠心病、脑梗死的通心络胶囊,快慢兼治心律失常的参松养心胶囊,标本兼治慢性心衰的芪苈强心胶囊,治感冒、抗流感的连花清瘟胶囊,补肾精、抗衰老的八子补肾胶囊等专利新药10余种,获得专利800余项。在河北和北京等地建设了5个生产研发基地,在全国建立了30余个中药材原材料基地,连花清瘟胶囊在30余个国家上市。公司为中国中药10强企业、中国医药上市20强企业。

石家庄以岭药业股份有限公司每年可生产中药饮片及配方颗粒10 000吨、中药颗粒剂20亿袋、中药胶囊剂200亿粒、中药片剂30亿片。药物生产流程主要包括"浸提、分离、干燥、制剂"等环节。在中药生产过程中产生的主要固体废物为中药渣,每年可产生中药渣约60 000吨。

石家庄以岭药业股份有限公司将中药渣交由生物质能源发电公司进行资源化处置,处理工艺为"配伍+焚烧+热能发电",处理规模约为20 t/a,工程投资约5亿元。中药渣通过焚烧处置后进行热能发电,焚烧处置产生的飞灰经过解毒和洗盐工序后可用于制作建材,实现了资源化利用,在对废物无害化处置的同时,为企业也创造了经济效益。

第6章 煤化工工业固体废物处理及资源化技术

我国作为典型的煤炭消费大国,煤炭在能源结构中占据主导地位。2021年,我国原煤产量达到40.7亿吨,进一步体现了煤炭消费在能源体系中的核心地位。我国的能源结构以"富煤、贫油、少气"为特点,煤炭的广泛应用为能源保障提供了有力支撑。然而,随着煤炭大量消耗,环保压力日益加剧,污染排放问题亟待解决。在此背景下,煤制气和煤制油技术逐步成为能源发展的重要方向。煤化工领域通过化学转化技术,将煤炭转化为气体、液体和固体产品,涵盖焦化、气化、液化等多个环节,推动了煤炭资源的高效利用。煤化工不仅为化学品和能源的生产提供了重要途径,还为实现煤炭资源的深度利用与转型升级提供了可行的技术路径。因此,煤化工领域对能源结构优化、促进环保目标实现具有重要意义。

煤化工按生产技术种类可分为煤焦化、煤气化和间接液化、煤直接液化等。

6.1 煤 焦 化

6.1.1 概述

煤的热解也称为煤的干馏或热分解,是将煤在隔绝空气的条件下加热,煤在不同温度下发生一系列的物理变化和化学反应,生成气体(煤气)、液体(焦油、粗苯)和固体(半焦或焦炭)等产物的过程。按照加热终温的不同,其可分为中低温干馏和高温干馏。

炼焦化学工业是煤炭化学工业的一个重要部分,煤炭主要加工方法包括高温炼焦(950~1 050 ℃)和中低温炼焦(500~900 ℃)。

以焦化为代表的传统煤化工是以常规机焦炉生产高炉炼铁用冶金焦、以热回收焦炉生产机械加工铸造用焦和以种类繁多的中低温干馏炉加工低变质煤生产电石、铁合金、造气、高炉喷吹和民用清洁炭等使用的半焦(兰炭),构成世界上煤炭干馏加工技术手段最为齐备、煤料使用最为宽泛、焦炭品种最为齐全,产能最大的焦化工业体系。炼焦行业已成为重要的能源转化加工产业。

我国炼焦主要有高温干馏和中低温干馏两种工艺,其中高温干馏包括常规机焦炉和热回收焦炉两种炉型,中低温干馏通常为半焦(兰炭)炭化炉炉型。煤经过焦化处理后,主要生成四类产品:焦炭、煤焦油(包括苯、甲苯等)、煤气(如氢气、甲烷、乙烯、一氧化碳)和化学产品。这些产品在化工、医药、染料、农药和碳素等行业中得到广泛应用,且其中一些产品在某些领域中具有不可替代的作用。例如,某些稠环化合物和吡啶喹啉类化合物,在石油化工中并无替代品(表6-1)。

表 6-1 焦化产能发布情况

项 目	产能情况	说明
焦化生产企业 500 余家	常规焦炉产能约 56 000 万 t 其中:钢铁焦化产能约占 36%,独立焦化产能约占 34%	分布在全国 28 个省(区、市),其中山西、河北产能超过 1 亿 t;山东、陕西、内蒙古产能超过 5 000 万 t
焦炭总产能 6.7 亿 t	半焦(兰炭)产能 9 000 余万吨	主要集中在陕西、内蒙古、宁夏、山西及新疆等地
	热回收焦炉产能约 2 000 万 t	主要在山西、山东等地
焦炉煤气制甲醇产能	1 300 万 t 左右	运行近 80 余套装置
焦炉煤气制天然气产能	50 亿 m^3/a	40 余套装置投产运行
苯加氢加工能力	600 万 t 左右	最大装置 20 万 t/a
煤焦油加工能力	2 300 万 t 左右	最大单套处理煤焦油能力 50 万 t/a

6.1.2 生产工艺简介

焦化生产主要涵盖炼焦、煤气净化和化学产品回收两个核心环节。焦炭的生产过程包括备煤(如配煤和破碎)、炼焦、熄焦、筛焦及储焦。煤气净化与化学产品回收则包括冷鼓、脱硫、脱氨和粗苯等步骤,确保煤气和化学产品的质量与效益最大化。

焦化生产工艺流程如图 6-1 所示。

6.1.3 煤焦化固体废物

煤焦化行业的工艺过程涉及多个环节,包含复杂的化学反应和多个生产操作单元,这使得煤焦化固废的种类繁多、来源复杂,且特性各异。因此,我们亟须对这些固废进行系统分类,以便高效处理。采用类似于 VOCs 排放核查与管控中的污染源分类方法,我们可以根据废物产生设施(节点)对固废进行归类。具体而言,除尘灰通常源于除尘器,废水处理污泥则产生于废水池等。通过此种分类方法,我们可以将具有相似特征的固废归为同一类别,从而简化固废管理,提升资源回收利用效率,同时减少对环境的影响。煤焦化固废共性分类结果如图 6-2 所示。

如图 6-2 所示,焦化生产工艺作为一种复杂的工业过程,涉及多个主要单元,包括煤气净化单元、副产物深加工单元、筛分除尘单元和废水处理单元。煤气净化单元主要处理煤气净化过程中的储存槽和储存罐残渣,确保煤气的洁净度,以便后续利用。副产物深加工单元则涵盖了蒸馏塔和反应釜等设备,处理在深加工过程中产生的残渣,这些残渣的有效处理对提高副产物的经济价值至关重要。筛分除尘单元主要涉及焦炭筛分、除尘设施和地面除尘过程中产生的集灰,这些灰尘和细颗粒的处理对于控制空气污染和优化生产环境至关重要。废水处理单元处理煤焦化过程中产生的废水池残渣与污泥,确保废水的环保排放。

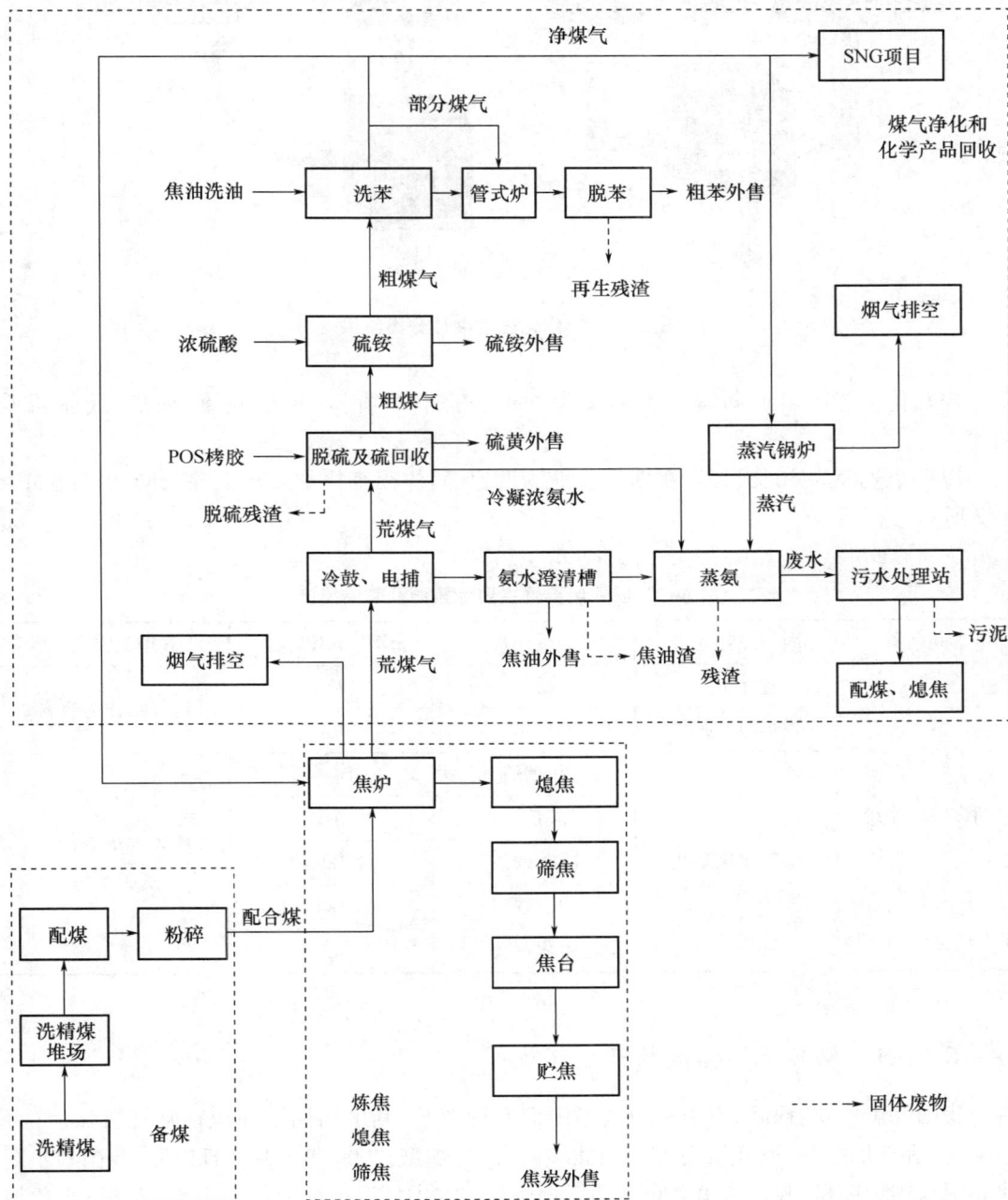

图 6-1　焦化生产工艺流程

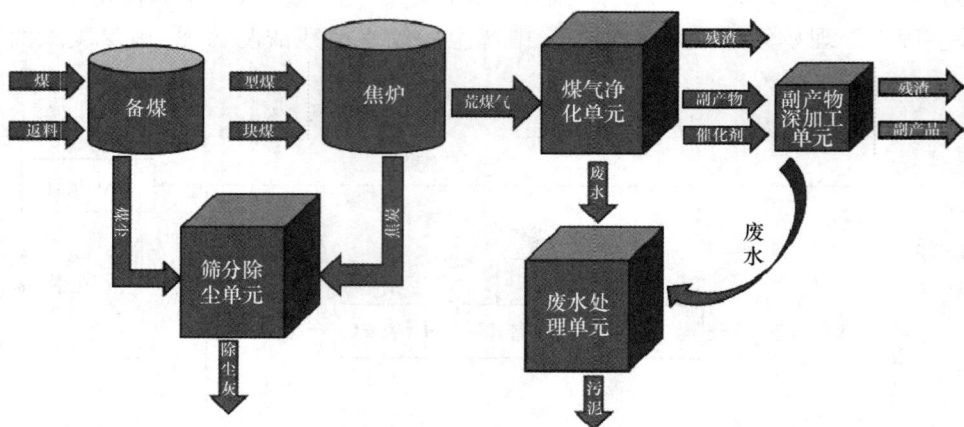

图 6-2　煤焦化固废共性分类结果

煤焦化工艺产生的固废种类包括焦油渣、粉焦、沥青渣、再生残渣、酸焦油、脱硫残渣等。

以一个规模为 60 万吨/年的焦化企业为例,其固体废弃物主要污染源及防治措施如表6-2 所示。

表 6-2　固体废弃物主要污染源及防治措施

车间名称	固体废物来源	固废组成	产生量/(t/a)	排放去向
炼焦生产系统	各除尘点	粉尘	730	送烧结作为燃料
	熄焦池及筛焦	焦尘	73	
	煤气净化车间	焦油渣	1 044	掺入炼焦原料煤送去炼焦
		酸焦油	0.6	
		脱苯残渣	180	
		脱硫残渣	184	
		生化污泥	42	

6.1.3.1　煤焦化固体废物产生环节

我国炼焦主要有高温干馏和中低温干馏两种工艺,其中高温干馏包括常规机焦炉(普遍采用)和热回收焦炉(主要分布于山西境内)两种炉型,2009 年 1 月 1 日以后,我国禁止新建热回收焦炉项目,我们这里着重介绍常规机焦炉。中低温干馏通常为半焦(兰炭)炭化炉炉型。

a.常规机焦炉高温干馏工艺固废产生节点分析

在炼焦过程中,炼焦煤通过隔绝空气并在高温下干馏处理生成焦炭,而副产物如焦炉煤气则可回收焦油、硫铵、粗苯等化工产品。炼焦工艺主要包括备煤、炼焦、熄焦、焦处理、煤气净化和煤焦油深加工等单元,这些工艺环节有效地将煤炭转化为焦炭,同时回收利用多个有价值的副产品。

在炼焦煤工艺中,废物的种类多样且来源广泛。炼焦过程中的废物主要包括蒸氨塔残渣、洗油再生残渣、焦油渣及废水池残渣;煤气净化过程中,废物主要为氨水分离设施底部焦油、焦油渣及萘精制残渣;煤焦油加工过程中,则会产生焦油渣、废水池残渣和废水处理污泥等废物。此外,焦炭生产过程中也会产生酸焦油、蒸馏残渣及脱硫废液等。各类废物的产生不仅增加了生产成本,还可能对环境产生潜在的危害。其中,危险废物是炼焦煤工艺废物管理中的重点。这些废物包括废矿物油、废油桶、含油废抹布、废棉纱及实验室废物等,具有较强的环境危害性。如果我们不采取有效的管理和处理措施,将可能对水源、空气和土壤造成污染。因此,针对这些危险废物,我们需要建立严格的分类和处理机制,确保其得到有效处置,避免对环境的长期影响。

高温干馏过程中固废的产生节点如图 6-3 所示。

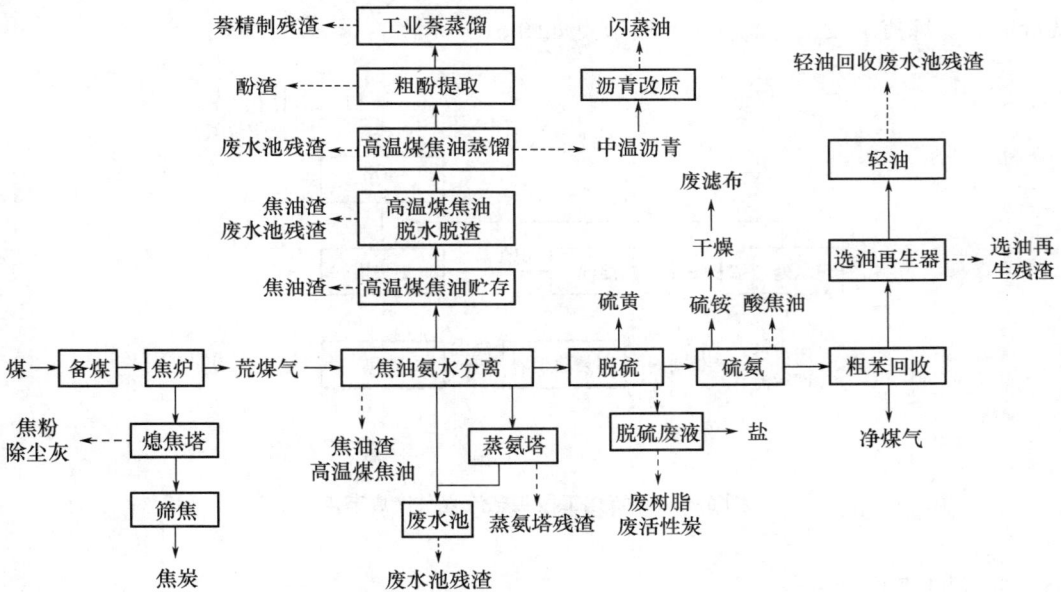

图 6-3 高温干馏过程中固废的产生节点

(1)备煤工段

备煤工段中的煤经过破碎后被送入炼焦炉,在炉内经历隔绝空气的加热分解过程。除尘器集灰主要源于配煤破碎工序布袋除尘器及炼焦炉装煤地面除尘站的除尘过程,这两类集灰的成分存在差异。配煤破碎产生的集灰主要由煤粉组成,而地面除尘站产生的集灰则包含煤粉、苯并芘、酚等。这些集灰经过回收后,通常重新用于配煤和炼焦工艺中,形成资源的循环利用。备煤工段工艺流程及产废节点如图 6-4 所示。

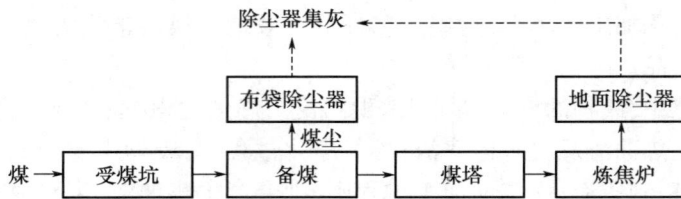

图 6-4　备煤工段工艺流程及产废节点

（2）煤炼焦工段

煤炼焦工段是煤炭加工中的关键环节,通过高温干馏将煤炭转化为焦炭,过程中生成的焦炭被送入熄焦塔进行熄焦处理。熄焦后,焦炭被筛分并储存,形成不同粒度的焦炭产品。在这一过程中,焦粉的产生主要来自湿法熄焦、干法熄焦和筛焦等工序,其中湿法熄焦产生的焦粉回用,而干法熄焦和筛焦产生的焦粉则与焦炭混合后出售。这些焦粉在多个行业中得到广泛应用,成为重要的生产原料,体现了煤炭深加工过程的资源循环利用及其经济价值。煤炼焦工段工艺流程及产废节点如图 6-5 所示。

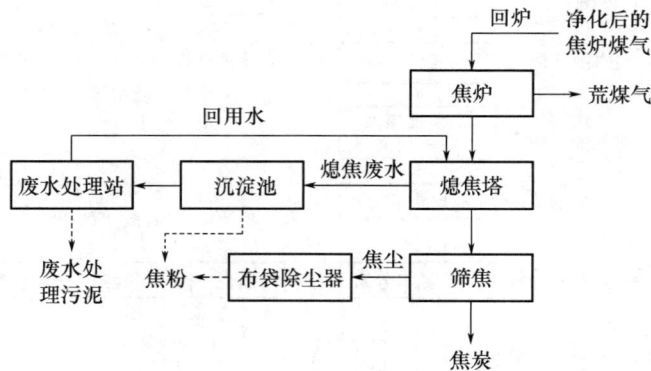

图 6-5　煤炼焦工段工艺流程及产废节点

（3）荒煤气冷凝工段

荒煤气冷凝工段是煤气净化过程中的重要组成部分。荒煤气温度通常在 650 至 700 ℃,含有较多的有害物质。为了降低这些有害物质的含量,荒煤气首先经过循环氨水喷洒冷却,在初冷塔中实现焦油和水蒸气的冷凝分离。冷凝后的煤气通过电捕焦油器进一步去除残余焦油,然后进入脱硫工段。冷凝过程中产生的焦油和氨水被分离处理,焦油渣经过处理后部分氨水回流使用,其余则送至蒸氨塔进行进一步处理,确保系统内氨水的循环利用与达到环保要求。荒煤气冷凝工段工艺流程及产废节点如图 6-6 所示。

（4）荒煤气脱硫工段

荒煤气脱硫工段的目的是去除煤气中的有害硫化物,以提高煤气质量和降低环境污染。煤气在鼓风机加压后进入脱硫塔,与含氨脱硫液接触,硫化氢和氰化氢等有害气体被

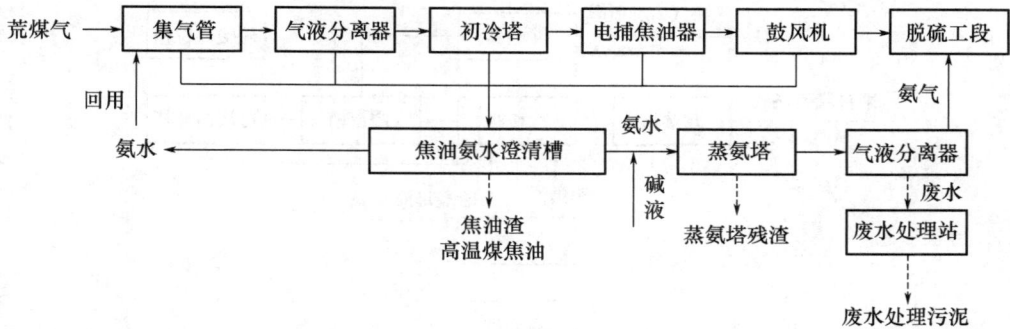

图 6-6　荒煤气冷凝工段工艺流程及产废节点

有效吸收,形成脱硫废液。废液经过再生塔处理后得到再循环利用,其中的酸性铵盐通过氧化转化为单质硫,最终生成煤化工硫黄。荒煤气脱硫工段工艺流程及产废节点如图 6-7 所示。

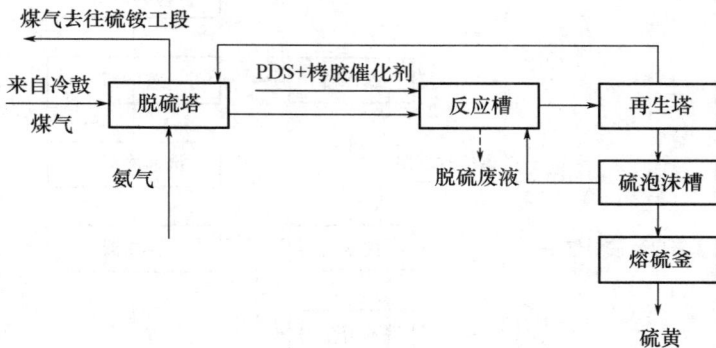

图 6-7　荒煤气脱硫工段工艺流程及产废节点

（5）硫铵工段

在硫铵工段的生产过程中,脱硫后的荒煤气与酸性母液在饱和器中进行反应,促进氨转化为硫铵。该反应不仅有效去除了煤气中的有害物质,还为后续产品的生成提供了条件。通过结晶过程,硫铵被成功结晶分离,并通过离心机和干燥器进行进一步处理,最终形成高纯度的硫铵成品。硫铵工段工艺流程及产废节点如图 6-8 所示。

（6）粗苯回收工段

粗苯回收工段主要通过洗油吸收法回收粗苯。在此过程中,煤气与循环洗油在洗苯塔中接触,粗苯被有效吸附并排出。脱苯后的富油进入脱苯塔,在此进行苯的去除,经过冷却后储存于回流槽中。富油中的苯族烃通过蒸汽蒸馏技术得到分离,从而回收苯及其衍生物。为了提高回收效率,再生油会重新进入循环使用。这一工段的关键在于通过高效的洗油吸收法和蒸汽蒸馏法,最大限度地回收煤气中的苯族烃成分,不仅有助于减少资源浪费,还能有效降低环境污染。粗苯回收工段工艺流程及产废节点如图 6-9 所示。

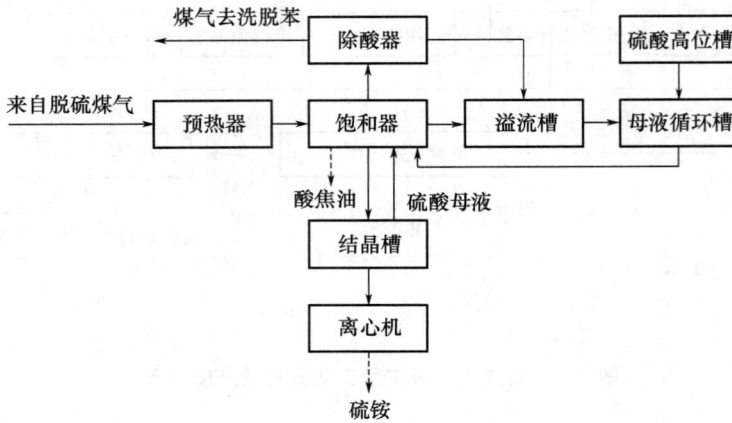

图 6-8　硫铵工段工艺流程及产废节点

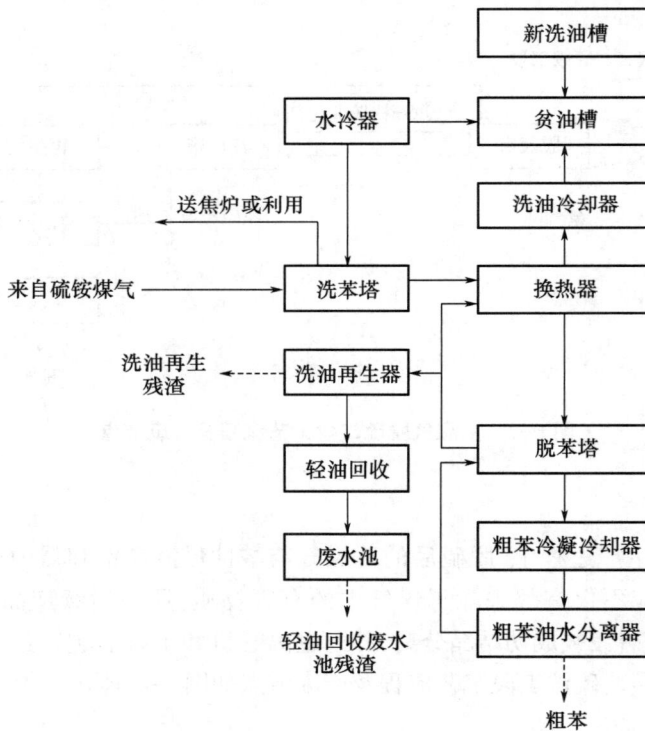

图 6-9　粗苯回收工段工艺流程及产废节点

（7）高温煤焦油深加工工段

高温煤焦油深加工工段的处理过程复杂且精细。首先,高温煤焦油经过脱水和脱渣处理,去除其中的杂质后,进入蒸馏装置进行分馏。根据煤焦油不同组分的沸点差异,蒸馏过程将煤焦油分离成多个组分。经过蒸馏后的三混馏分进入粗酚提取工段,进一步精炼提取精酚,并与工业萘和洗油分离。高温煤焦油深加工工段工艺流程及产废节点如图 6-10 所示。

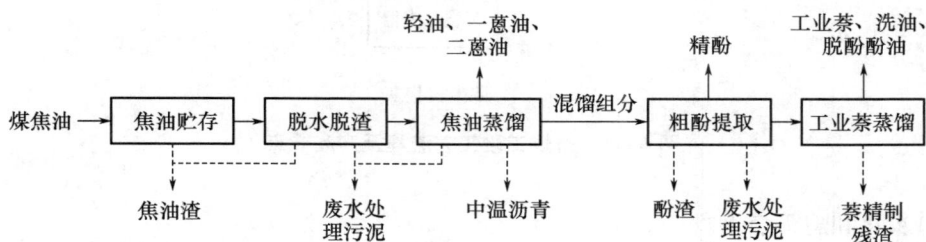

图 6-10　高温煤焦油深加工工段工艺流程及产废节点

（8）废水处理工段

废水主要产生于煤气净化工段,包括剩余氨水、粗苯分离水、煤气水封水等,产生的固废主要为废水处理污泥。

b.半焦(兰炭)炭化炉中低温干馏工艺固废产生节点分析

中低温干馏工艺以煤为原料,生产兰炭并副产焦炉煤气及焦油。该工艺主要通过内热式直立炉炭化炉进行,具体过程包括多个单元,涵盖备煤、炭化、焦处理、煤气净化和煤焦油深加工等环节。在备煤单元,煤的贮存、筛分和转运是基础步骤,而炭化单元则涉及炉加热、装煤和排焦等关键操作。这一工艺为煤炭资源的高效利用提供了重要途径。在焦处理阶段,主要包括筛分、转运和贮存等内容,而煤气净化单元则包括冷鼓和焦油贮槽等设施,用以回收焦油并净化煤气。

这一过程中,多个节点将产生不同类型的固废。炼焦过程中的蒸氨塔残渣、煤气净化过程中的氨水分离设施所产生的焦油和焦油渣、炼焦过程中焦油储存设施的焦油渣,以及煤焦油加工过程中的焦油渣,均是固废的主要来源。此外,废水池残渣、废水处理污泥(不包括废水生化处理污泥)也是炼焦和煤焦油加工过程中的重要固废类型。

此工艺还涉及废矿物油、废油桶、含油废抹布、劳保用品、废棉纱、实验室废物等危险废物的产生。所有这些废物的处理与管理是煤化工行业不可忽视的重要环节。通过有效的废物分类与处置,我们可实现资源的最大化利用,并减少对环境的污染,推动煤化工行业的可持续发展。因此,精确把握各生产单元的废物来源,并采取合适的处理措施,对于提升资源利用效率和降低环境负担具有重要意义。

（1）备煤工段

在煤炭加工的备煤工段,原料煤的粒径要求严格控制在 30~80 mm,以保证后续处理的顺利进行。煤炭通过筛分、存储和运输等环节进入炭化炉,确保煤的均匀性和质量稳定。此阶段的主要固废为煤筛分过程中产生的除尘灰,属于典型的固体废物。除尘灰不仅影响生产环境,还可能对周围生态环境带来潜在的污染风险。备煤工段工艺流程及产废节点如图6-11 所示。

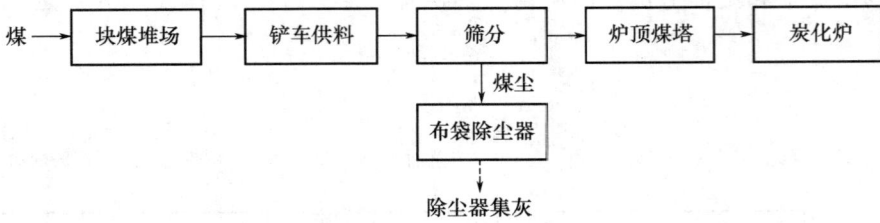

图 6-11　备煤工段工艺流程及产废节点

（2）炭化和熄筛焦工段

炭化和熄筛焦工段是煤炭加工的核心环节，其中块煤在 650~750 ℃ 的高温下，通过干馏作用被转化为兰炭。这个过程经过了干馏、冷却、熄焦、烘干及筛分等多个环节，形成最终的兰炭产品。炭化过程中，煤炭中的水分、挥发分等被去除，形成兰炭的同时，产生了除尘灰和不合格的半焦粉等固废。由于半焦粉含有一定的挥发物和灰分，质量较低，因此需要进一步分拣和处理。在此过程中，废弃物的处置显得尤为重要，如何高效处理这些固废是提升资源利用率和减少环境污染的关键。炭化和熄筛焦工段固废产生节点如图6-12所示。

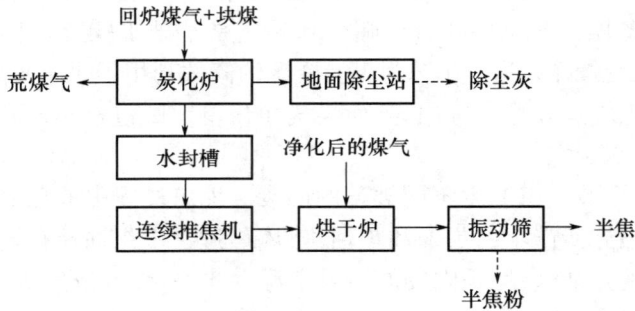

图 6-12　炭化和熄筛焦工段固废产生节点

（3）荒煤气冷鼓电捕工段

荒煤气经过氨水喷淋冷却，焦油与氨水被分离，产生的煤焦油、焦油渣及蒸氨塔残渣成为该工段的主要固废。煤焦油和焦油渣不仅是生产过程中的废弃物，同时也具有一定的资源价值。为了避免环境污染，我们通常需要通过专业技术进行回收利用或安全处置。污水处理过程中还会产生废水池残渣和污泥等固废，这些废弃物的处理同样需要符合环保要求。荒煤气冷鼓电捕工段工艺流程及产废节点如图 6-13 所示。

（4）荒煤气净化工段

荒煤气净化工段是煤化工生产过程中关键的前处理环节，其主要任务是对荒煤气中的有害物质进行净化，确保煤气质量符合后续工艺的要求。该工段包括脱氨和粗苯回收两大工序。在脱氨过程中，煤气中含有的氨气被有效去除，减少对下游设备的腐蚀和对环境的

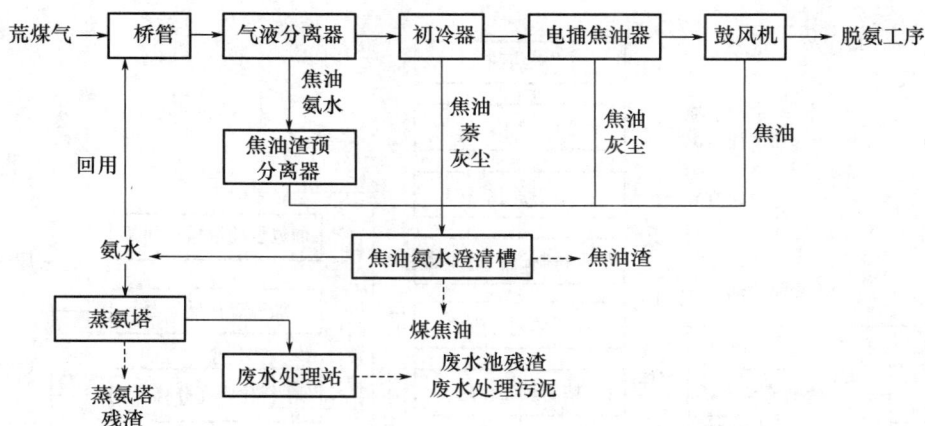

图 6-13　荒煤气冷鼓电捕工段工艺流程及产废节点

污染。同时,脱氨过程中还会产生硫铵和酸焦油等副产品,需要进一步处理或回收。净化后的煤气一部分被重新引回干馏炉,继续用于煤炭的热解过程,另一部分则用于烘干机或发电,发挥能源的作用。剩余的煤气通过事故火炬排放,确保了生产过程中的安全性和环境合规性。荒煤气净化工段工艺流程及产废节点如图 6-14 所示。

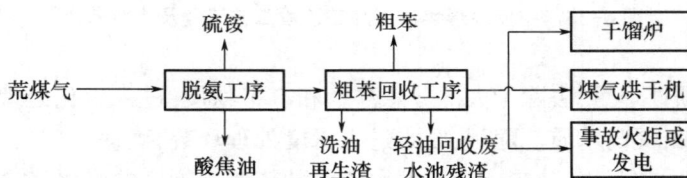

图 6-14　荒煤气净化工段工艺流程及产废节点

（5）中低温煤焦油深加工工段

中低温煤焦油深加工工段主要通过加氢工艺对煤焦油进行精炼,提取石脑油和燃料油等重要化工产品。该工艺流程包括脱水、裂解、加氢精制及分馏等步骤,每一步都旨在提高煤焦油的经济价值和质量。在加氢过程中,焦油中的杂质被去除,生成的石脑油和燃料油广泛应用于化工、能源等领域。尽管该工段能够有效提升煤焦油的产品价值,但在操作过程中会产生废水、污泥、焦油渣和废加氢催化剂等副产物。这些废弃物若处理不当,可能对环境造成污染。因此,如何科学合理地处置这些废弃物,最大化资源利用,成为该工段面临的重要挑战。现代化的处理方法包括回收利用废水和废渣,将废加氢催化剂进行再生等,这些举措有助于提高整个工艺的环境友好性和经济效益。中低温煤焦油深加工工段工艺流程及产废节点如图 6-15 所示。

（6）废水处理工段

废水处理工段是保障煤化工生产过程中环境合规性和水资源循环利用的核心环节。该工段通过预处理、生化处理和深度处理等多重工艺,对生产过程中产生的废水进行系统

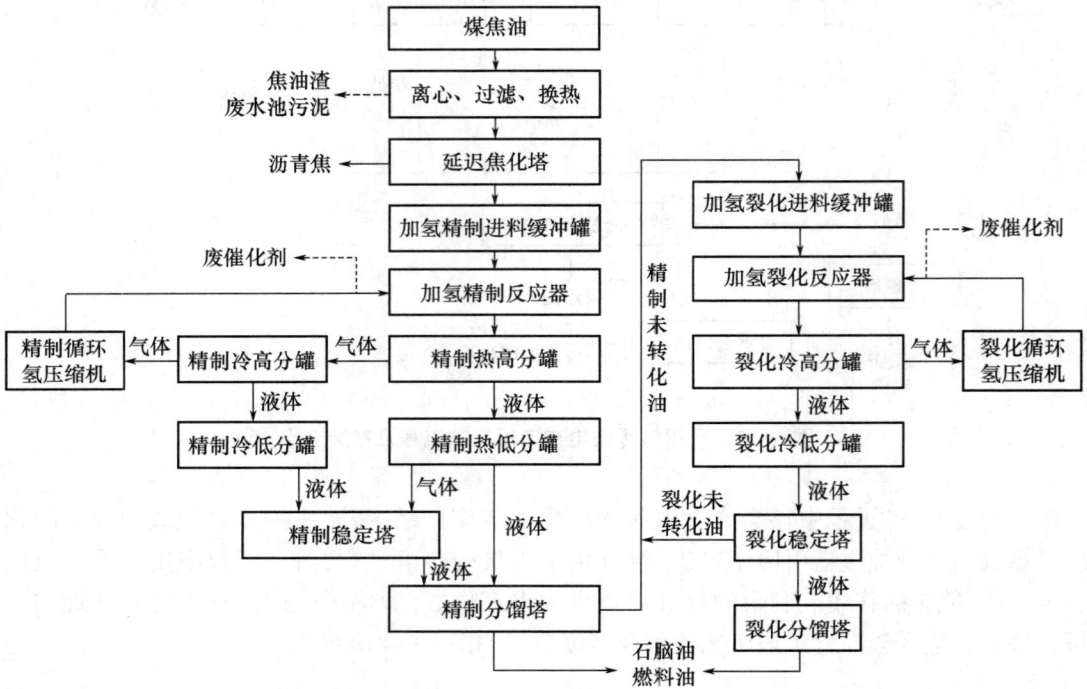

图6-15 中低温煤焦油深加工工段工艺流程及产废节点

治理。废水经过预处理后,去除了大部分悬浮物和有害物质,进入生化处理阶段,通过微生物作用分解有机物,提高水质。随后,废水进入深度处理环节,确保处理后的水质符合回用标准,部分废水被回收利用,减少了对外部水资源的依赖。剩余的废水经过进一步处理,符合排放标准后送至污水处理厂。与此同时,废水处理工段还产生了废水池残渣和污泥等固废,需通过炼焦等方式进行处置。

(7)固体废物产生节点

根据对煤中低温干馏生产工艺流程分析,我们得知生产过程中产生固废的主要节点如图6-16所示。

6.1.3.2 煤焦化固体废物性质特点

煤焦化产生的大部分固废属于危险废物,我们按照危险废物进行分类与管理(表6-3)。

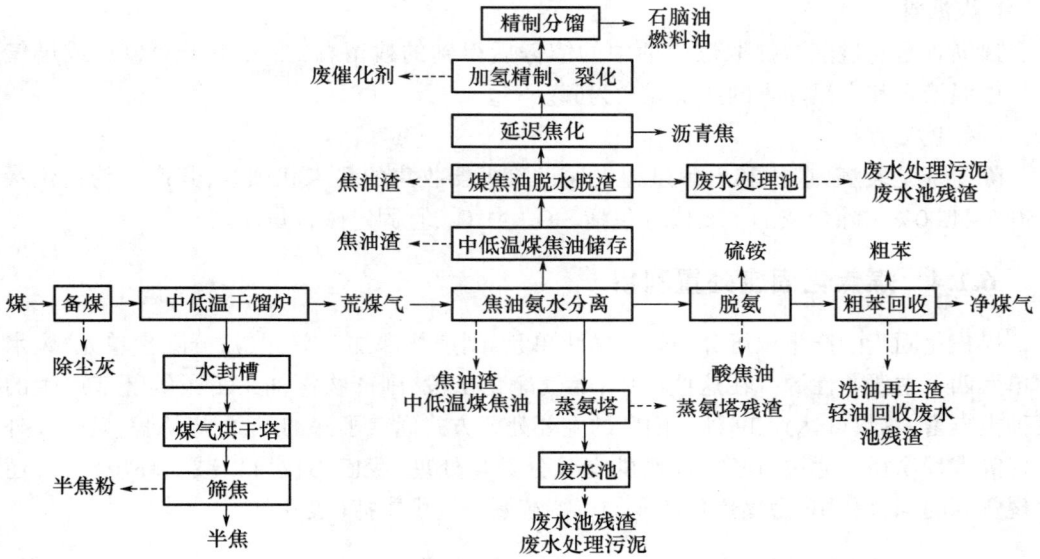

图 6-16　煤中低温干馏生产工艺产废节点

表 6-3　《国家危险废物名录(2025 年版)》(节选)

废物类别	行业来源	废物代码	危险废物	危险特性
HW11 精(蒸)馏残渣	煤炭加工	252-001-11	炼焦过程中蒸氨塔残渣和洗油再生残渣	T
		252-002-11	煤气净化过程中氨水分离设施底部的焦油和焦油渣	T
		252-003-11	炼焦副产品回收过程中萘精制产生的残渣	T
		252-004-11	炼焦过程中焦油储存设施中的焦油渣	T
		252-005-11	煤焦油加工过程中焦油储存设施中的焦油渣	T
		252-007-11	炼焦及煤焦油加工过程中的废水池残渣	T
		252-009-11	轻油回收过程中的废水池残渣	T
		252-010-11	炼焦、煤焦油加工和苯精制过程中产生的废水处理污泥(不包括废水生化处理污泥)	T
				T
		252-011-11	焦炭生产过程中硫铵工段煤气除酸净化产生的酸焦油	T
HW39 含酚废物	基础化学原料制造	261-070-39	酚及酚类化合物生产过程中产生的废母液和反应残余物	T

a.焦油渣

焦油渣由煤尘、焦粉、焦油和沥青聚合物等含碳物质组成,广泛存在于煤焦油深加工和煤气净化工段中,产率通常为煤焦油量的 0.03%~1.00%。焦油渣含有较高的挥发分和固定碳,其发热量超过 7 500 cal/g,具备较高的能源价值,是一种可利用的二次能源。

b.煤沥青

煤沥青是通过蒸馏提取煤焦油中的馏分后得到的残留物,主要用于冶金焦或煤气生产。中温沥青和高温沥青的主要元素为碳。

c.除尘灰

除尘灰是装煤、熄焦和出焦过程中通过除尘器收集的粉末状固废,其产量约占焦炭的2.50%~4.00%。除尘灰的主要成分包括 SiO_2、Al_2O_3,且固定碳含量较高。

6.1.4　煤焦化固废处置利用

煤焦化固废的产生源可分为煤气净化单元、副产物深加工单元、筛分除尘单元、废水处理单元四个主要共性源。在这些源中,煤气净化工段、副产物深加工工段等环节产生的固废种类丰富,总数可达到39种。固废的主要处置方式涵盖了深加工、配煤炼焦、焚烧及外委处置等多种途径。通过对各类固废的有效分类与处理,我们不仅可以减少环境污染,还能实现资源的综合利用,为煤焦化产业的可持续发展提供支持(表6-4)。

表6-4　煤焦化固废共性产生源清单一览

序号	共性单元	废物名称	工艺类型	产生环节	危险废物代码	主要利用处置方式
1	煤气净化单元	焦油渣	高温干馏	荒煤气净化单元氨水分离设施	252-002-11	回用于配煤工序;焚烧;交给危险废物处置单位
2	煤气净化单元	焦油渣	高温干馏	炼焦过程中焦油储存设施、焦油中间槽、电捕焦油器	252-004-11	回用于配煤工序;焚烧;交给危险废物处置单位
3	煤气净化单元	焦油渣	高温干馏	高温煤焦油深加工过程中焦油储存设施和脱水脱渣工序	252-005-11	回用于配煤工序;焚烧;交给危险废物处置单位
4	煤气净化单元	焦油渣	中低温干馏	荒煤气净化单元焦油氨水分离设施	252-002-11	回用于配煤工序;交给危险废物处置单位
5	煤气净化单元	焦油渣	中低温干馏	炼焦过程中焦油储存设施、焦油中间槽、电捕焦油器	252-004-11	回用于配煤工序;交给危险废物处置单位
6	煤气净化单元	焦油渣	中低温干馏	中低温煤焦油深加工过程中焦油储存设施和脱水脱渣工序	252-005-11	回用于配煤工序;焚烧;交给危险废物处置单位
7	煤气净化单元	高温煤焦油	高温干馏	荒煤气净化单元焦油氨水分离设施	252-002-11	采用深加工的方式生产各类化工原料;交给危险废物处置单位

序号	共性单元	废物名称	工艺类型	产生环节	危险废物代码	主要利用处置方式
8	煤气净化单元	中低温煤焦油	中低温干馏	荒煤气净化单元焦油氨水分离设施	252-002-11	用于生产柴油、汽油、润滑油、炭黑、煤基氢化油;交给危险废物处置单位
9	煤气净化单元	硫铵酸焦油	高温干馏	荒煤气净化单元硫铵工序溢流槽	252-011-11	回用于配煤工序;生产燃料油;交给危险废物处置单位
10	煤气净化单元	硫铵酸焦油	中低温干馏	荒煤气净化工段硫铵工序溢流槽	252-011-11	回用于配煤工序;生产燃料油;交给危险废物处置单位
11	煤气净化单元	脱硫废液	高温干馏	荒煤气净化单元脱硫工序	252-013-11	提取无机盐;制酸;交给危险废物处置单位
12	煤气净化单元	蒸氨塔残渣	高温干馏	焦油氨水分离工序蒸氨塔	252-001-11	回用于配煤工序;交给危险废物处置单位
13	煤气净化单元	蒸氨塔残渣	中低温干馏	焦油氨水分离工序蒸氨塔	252-001-11	回用于配煤工序;交给危险废物处置单位
14	煤气净化单元	洗油再生残渣	高温干馏	荒煤气净化单元洗苯脱苯工艺洗油再生器	252-001-11	回用于配煤工序;焚烧;交给危险废物处置单位
15	煤气净化单元	洗油再生残渣	中低温干馏	荒煤气净化单元洗苯脱苯工艺洗油再生器	252-001-11	回用于配煤工序;焚烧;交给危险废物处置单位
16	筛分除尘单元	除尘灰	高温干馏	备煤工段布袋除尘器	—	回用于配煤工序
17	筛分除尘单元	除尘灰	高温干馏	焦炉装煤和出焦布袋除尘器	—	回用于配煤工序
18	筛分除尘单元	除尘灰	高温干馏	地面除尘站	—	烧结生产、高炉喷吹、回配炼焦、制备活性炭
19	筛分除尘单元	焦粉	高温干馏	筛焦工序除尘、湿法熄焦废水沉淀池、干熄焦除尘工序	—	烧结生产、高炉喷吹、回配炼焦、制备活性炭

序号	共性单元	废物名称	工艺类型	产生环节	危险废物代码	主要利用处置方式
20	筛分除尘单元	除尘灰	中低温干馏	备煤工段布袋除尘器	—	回用于配煤工序
21	筛分除尘单元	除尘灰	中低温干馏	炭化炉装煤和出焦布袋除尘器	—	回用于配煤工序
22	筛分除尘单元	地面除尘灰	中低温干馏	地面除尘站	—	配煤炼焦
23	筛分除尘单元	半焦粉	中低温干馏	筛焦工序除尘、湿法熄焦废水沉淀池、干熄焦除尘工序	—	外售
24	副产物深加工单元	闪蒸油	高温干馏	高温煤焦油深加工煤沥青改质工序	252-016-11	焚烧;返回闪蒸油洗涤塔;作为配油的原料;交给危险废物处置单位
25	副产物深加工单元	萘精制残渣	高温干馏	高温煤焦油深加工过程中萘精制工序	252-003-11	回用于配煤工序;交给危险废物处置单位
26	副产物深加工单元	酚渣	高温干馏	高温煤焦油深加工粗酚精制工序	261-070-39	制树脂、高效减水剂、防腐油;焚烧
27	副产物深加工单元	中温沥青	高温干馏	高温煤焦油深加工焦油蒸馏塔	—	生产改质沥青
28	副产物深加工单元	废加氢催化剂	中低温干馏	中低温煤焦油加氢精制工序	900-037-46	交给危险废物处置单位
29	废水处理单元	废水池残渣	高温干馏	高温煤焦油深加工过程中脱水脱渣工序和蒸馏工序;荒煤气净化单元氨水分离工序废水池	252-007-11	回用于配煤工序;交给危险质物处置单位
30	废水处理单元	轻油回收废水池残渣	高温干馏	粗苯回收工序轻油回收废水池	252-009-11	交给危险废物处置单位
31	废水处理单元	轻油回收废水池残渣	中低温干馏	粗苯回收工序轻油回收废水池	252-009-11	交给危险废物处置单位

序号	共性单元	废物名称	工艺类型	产生环节	危险废物代码	主要利用处置方式
32	废水处理单元	废水处理污泥	高温干馏	炼焦、高温煤焦油深加工工序	252-010-11	交给危险废物处置单位
33	废水处理单元	废水池残渣	中低温干馏	废水处理隔油池	252-007-11	交给危险废物处置单位
34	废水处理单元	废水处理污泥	中低温干馏	废水处理工序	252-010-11	交给危险废物处置单位

其中煤气净化单元产生的固废包括焦油渣和煤焦油等危险废物,这些废物通常通过配煤炼焦或深加工提取副产品进行处理。副产物深加工单元则产生煤沥青、废催化剂及精蒸馏残渣等固废,其常见的处置方法有改质、配煤炼焦、焚烧及外委处理。筛分除尘单元的固废主要包括煤尘、焦炉除尘灰、熄焦粉和半焦粉,处理方式通常为系统回用、配制型煤或外售。废水处理单元产生的固废为废水池残渣和污泥,通常外委处置或配煤炼焦处理。此外,其他行业固废,如废活性炭、废矿物油、废油桶等,通常由专业的危险废物处置单位进行处理。

6.2　煤气化和间接液化

6.2.1　概述

6.2.1.1　煤气化

现代煤化工是以煤气化为龙头,以一碳化工技术为基础,合成、制取各种化工产品和燃料油的煤炭洁净利用技术。煤炭的气化是现代煤化工产业中的龙头技术,以煤气化为基础的化工产业具有广阔的发展前景。

煤气化是一种将煤或煤焦作为原料,在汽化炉内的高温条件下,利用氧气、空气、富氧、纯氧、水蒸气或氢气等气化剂,促使煤或煤焦中的可燃物质发生化学反应,从而转化为气体燃料的过程。此过程具有较高的能量转化效率,适用于多种工业用途,以煤气化为基础的化工产业如图 6-17 所示。

按物料在炉内的流动状态可将煤气化主要设备分为固定床、气流床、流化床。按进料方式可分为水煤浆气化和煤粉气化。按气化介质可分为纯氧或富氧气化和空气气化。

气化条件:汽化炉、气化剂(O_2、H_2O、H_2,根据产热方式和煤气用途选择性供入)、供给能源。

气化产品:CO、H_2、CH_4。

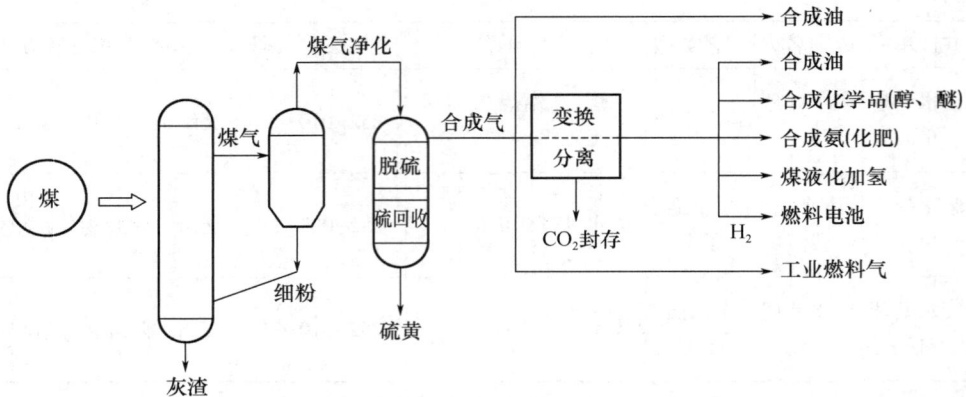

图 6-17   以煤气化为基础的化工产业

6.2.1.2   煤间接液化

煤炭液化是一项通过化学工艺将固态煤炭转化为液体产品(如液态烃类燃料或化工原料)的技术。该过程不仅能够去除煤中的硫等有害元素和灰分,还能获得更加洁净的二次能源。煤炭液化技术对于优化能源结构、缓解石油资源短缺及减少环境污染具有显著的战略意义。特别是在煤间接液化过程中,煤首先经过气化生成合成气,随后通过催化剂的作用将合成气转化为烃类燃料、醇类燃料及其他化学品。煤间接液化的关键在于费托合成反应,这一过程因此也被称为费托合成法(FT 合成法)。该技术不仅提供了煤资源高效利用的途径,还为生产多种能源和化工产品提供了可行的技术支持。

FT 合成法的工艺流程十分清晰(图 6-18),依次可分为五部分:煤的气化,合成气净化,FT 合成,产物分离和产品精制。FT 合成工艺的关键在于合成反应器内的反应过程。

6.2.2   固体废物

煤气化技术是在高温条件下通过气化剂与煤的反应,将煤转化为合成气的过程,是煤化工产业链中的核心技术。作为该领域的重要组成部分,煤气化技术不仅为煤化工工业提供了能源支持,还伴随着废渣的产生。这些废渣主要包括杂盐、催化剂残留、污水处理厂三级淤泥和灰渣等,其中气化灰渣占据了主要比例,是煤气化项目中的主要固废。煤间接液化过程中,煤汽化炉渣是产生的主要废渣,固废的有效处置与利用对于煤气化技术的可持续发展至关重要。

本部分我们着重介绍煤气化产生的废渣。

6.2.2.1   产废环节

煤气化渣是在煤与氧气或富氧空气进行不完全燃烧时生成的固体残渣,主要由煤中的无机矿物质和残留碳颗粒构成。煤气化渣可分为粗渣与细渣两类,其中粗渣源于汽化炉的排渣口,占总渣量的 60%~80%;细渣则主要来自合成气的除尘装置,占比为 20%~40%。煤气化渣的有效处理与资源化利用对于煤气化技术的可持续发展至关重要。

原料
（煤、焦炭、重油等）

氧气
蒸汽 → 煤的气化 → 副产物
（焦油、酚、氨）

合成气净化 → 硫、轻质油

新催化剂 → FT合成 → 反应热（蒸汽）
用过的催化剂

产物分离

产品精制

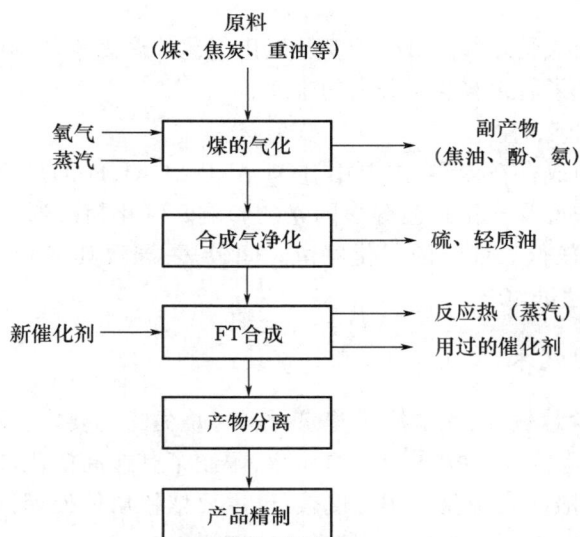

图 6-18　FT 合成法的工艺流程

6.2.2.2　固废性质特点

煤气化的细渣和粗渣化学组成均以无机矿物质为主，细渣主要由 SiO_2、Al_2O_3、CaO、Fe_2O_3、MgO 和 C 组成，而粗渣则主要包含 SiO_2、Al_2O_3、CaO、Fe_2O_3 及残余碳。不同的气化技术在细渣和粗渣的烧失量方面表现出显著差异，这对煤气化渣的后续处理与利用具有重要影响。气化渣的化学组成如表 6-5 所示。

表 6-5　气化渣的化学组成

气化渣种类	SiO_2	Al_2O_3	CaO	Fe_2O_3	MgO	Na_2O	烧失量
陕西粗渣	35.75%	8.71%	15.87%	14.19%	1.76%	2.91%	16.08%
陕西细渣	14.86%	7.72%	8.16%	8.73%	1.55%	1.55%	52.91%
宁夏粗渣	53.36%	16.81%	8.11%	10.04%	2.15%	2.13%	1.19%
宁夏细渣	40.75%	12.66%	6.79%	7.27%	2.40%	1.92%	22.81%
内蒙古粗渣	27.33%	14.43%	19.04%	23.90%	0.94%	2.13%	6.99%
内蒙古细渣	32.01%	12.88%	11.19%	11.48%	0.86%	3.22%	25.39%

煤气化渣的成分受到气化工艺、煤种及原煤产地的影响，通常由 SiO_2、Al_2O_3、CaO、Fe_2O_3 和 C 等组成。细渣的残碳含量较粗渣更高，且煤气化渣的主要矿相为非晶态铝硅酸盐，伴随石英、方解石等晶相。煤气化渣富含硅、铝和碳等资源，其化学成分和矿相特征为资源回收利用提供了基础。同时，煤气化渣具有一定的重金属浸出特性，符合一般工业固体废物的标准。

a.粒度组成

气化渣的粒度组成受煤种、产地、炉型及气化工艺等多因素的影响,表现出较大的变异性。较细的粒度增加了后续炭与灰分离的难度。

b.矿物组成及残碳含量

气化渣的矿物组成存在差异,主要由 SiO_2、Al_2O_3、CaO、Fe_2O_3 和残炭组成,这些差异受到煤种、原煤产地、炉型及气化工艺等多因素的影响。气化粗渣通常占气化渣总排放量的约 80%,且残炭含量较低。细渣的气化停留时间较短,导致其残炭含量较高,一般可达到 20%,某些地区甚至超过 40%。

6.2.2.3　处理技术

气化渣因残炭含量较高,无法满足建筑材料对烧失量的要求,同时其炭与灰之间的熔融、包覆和黏连的结构特点,以及较高的含水率,限制了其在高值化利用过程中各组分的相互配合。因此,气化渣的资源化利用程度较低,主要依赖填埋处理,进而可能导致扬尘、水体污染及重金属扩散,严重威胁生态环境和地质安全。

6.2.2.4　资源化利用技术

煤气化渣的利用方式较为单一,处理效率较低,因此,探索多元化利用途径成为重要的研究方向。通过 X 射线衍射分析我们发现,炉渣中含有较高比例的玻璃相和不定型物质,显微镜观察显示其呈多孔结构,残余炭为海绵状多孔结构。基于这些特征,研究者开始探索炉渣在气化废水处理中的应用,研究结果表明,其在去除废水中的 COD 和酚类物质方面表现出较好的效果。

煤气化渣综合利用现状如图 6-19 所示。

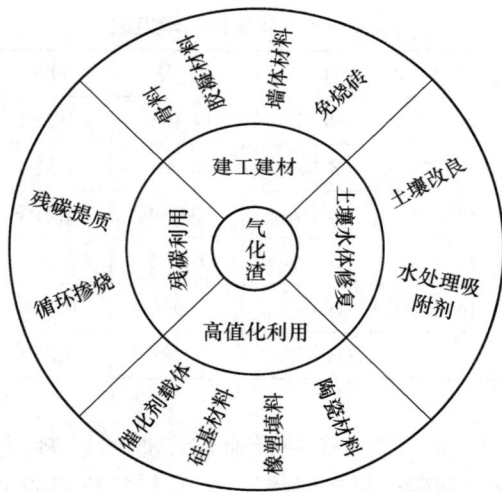

图 6-19　煤气化渣综合利用现状

a.煤气化渣用于建工建材

煤气化渣在建筑和建材领域的应用主要涉及陶粒、水泥、混凝土、墙体材料及砖材的制备,这为煤气化渣的大规模消纳提供了有效途径。

1)煤气化渣作骨料

陶粒作为一种优质的建筑材料,因其出色的耐火性、强度、抗震性和保温隔热性,广泛应用于建筑工程、耐火材料和轻骨料领域。然而,传统陶粒的制备主要依赖于页岩和黏土等天然资源,长期开采可能对环境造成破坏。近年来,煤气化粗渣作为陶粒制备的潜在替代资源逐渐引起关注。研究表明,将煤气化粗渣与水泥、石英砂混合,可以制成非烧结陶粒,这些陶粒具有较高的抗压强度和较低的吸水率,性能优异。此外,煤气化粗渣的颗粒级配特性使其在混凝土中作为骨料和掺和料时,能够显著提高混凝土的抗压强度,且随着混凝土龄期的延长,其强度持续增强。煤气化粗渣的这一优良性能为其在陶粒制备和混凝土应用中的资源化利用提供了广阔的空间,展示了其在可持续建筑材料领域的重要潜力。

2)煤气化渣制备胶凝材料

煤气化渣的主要化学成分如 SiO_2、Al_2O_3、Fe_2O_3 和 CaO 等,与硅酸盐水泥的基础成分相似,并且具备一定的火山灰活性,这使其成为一种理想的水泥原料。实验结果表明,利用煤气化渣制备的水泥在 28 天抗折强度和抗压强度分别达到 8.0 MPa 和 50.9 MPa,表明其为42.5 级水泥。此外,将煤矸石与煤气化渣添加至水泥生料中,可有效降低熟料热耗,提升余热发电效率,并优化熟料的品质。地质聚合物作为一种新型胶凝材料,兼具水泥、陶瓷和有机物的特点,因其高强度、耐腐蚀、耐高温和硬化快速等优点,近年来在国际上受到广泛关注,具有替代传统水泥的潜力。利用煤气化渣制备的纳米结构地质聚合物,已成功符合高强度混凝土的设计标准。

3)煤气化渣制备墙体材料

煤气化渣作为一种低成本、可持续的原料,具有广泛的应用潜力,尤其是在建筑材料的制备中。其残碳成分不仅能够作为造孔剂,还能作为内部燃料,有效降低制品的密度与导热率。因此,煤气化渣的应用能够显著提升墙体材料的保温隔热性能,满足现代建筑对于节能和环保的需求。通过合理的配方设计和加工工艺,煤气化渣与其他原料的结合能够制备出符合国家标准的轻质隔墙板和墙体材料。此外,研究结果表明,煤气化渣在不同配比下的烧结表现优异,能够满足高强度、低密度和低导热性的多重性能要求。这些进展为煤气化渣的进一步应用提供了坚实的理论基础和实践指导。

4)煤气化渣制备免烧砖

免烧砖作为一种环保型建筑材料,因其具有显著的节能与环保优势,市场前景广阔。随着环保政策日益严格,传统烧砖生产方式面临着较大的压力,导致砖价上涨。而免烧砖生产技术利用气化渣、锅炉渣等工业废弃物,辅以生石灰和水泥等激发剂,能够有效提升资源利用率,减少对环境的污染。其生产过程,不仅实现了废弃物的再利用,还能大幅度降低生产过程中的能源消耗,符合绿色建筑的理念。

b.煤气化渣用于土壤水体修复

土壤和水体修复作为煤气化渣资源化利用的途径,符合环保和废物资源化的理念。研究表明,气化渣可作为土壤改良剂、污泥调理剂及水处理吸附剂,发挥其在环境修复中的重要作用,为废弃物的高效利用提供了新的方向和技术支持。

1)煤气化渣用于土壤改良

煤气化细渣在土壤改良和农业生产中的应用具有显著潜力。研究表明,添加一定比例的煤气化细渣能够有效改善土壤的理化性质,如容重、pH、阳离子交换能力和保水能力等。此外,煤气化细渣还可作为硅肥,具有较高的可盐酸浸出硅含量,有助于促进植物生长。相关试验显示,煤气化细渣能显著提高水稻的生长性能,表现出良好的农业应用前景。

2)煤气化渣用作水处理吸附剂

煤气化渣富含铝、硅、碳等多种资源,其化学特性使其成为制备吸附材料和水处理剂的理想原料。煤气化渣中的硅资源可用于制备介孔玻璃微球,具有较高的比表面积和孔容积,为吸附材料的开发提供了有力支持。此外,煤气化渣作为铝源,可通过酸浸液制备聚合氯化铝,具有良好的净水效果,氧化铝含量和盐基度可调,满足不同水处理需求。在重金属吸附方面,煤气化渣的应用潜力同样显著。利用其为铝源,合成的镁铝水滑石表现出对 Cr^{6+} 的较高吸附容量,达到了 95.38 mg/g。通过水蒸气激活的煤气化粗渣可与沸石复合,制备成的活性炭/沸石复合吸附材料对水中的有机染料(如亚甲基蓝)和重金属(如 Cr^{3+})的去除率可达 90%和 85%。进一步的改性处理,如研磨和氢氟酸处理,也能显著提高煤气化渣对 Pb^{2+}、Cu^{2+}、Cd^{2+} 的吸附能力。此外,煤气化渣制备的高比表面积活性炭在非均相 Fenton 体系中表现优异,其对染料废水的甲基橙降解率可达 97%。煤气化渣在动态膜生物反应器中也具有显著的增效作用,提高了对印染废水中 COD、NH_3-N、TN、TP 和色度的去除效率。这些研究表明,煤气化渣在环境治理和资源回收方面具有重要的应用前景。

c.煤气化渣残碳利用

煤气化渣的高残碳含量、低发热量和高水分特性,使其直接掺烧困难,且需要额外的辅助设备来保障其有效利用,这无疑增加了生产成本。因此,煤气化渣的合理利用面临着诸多挑战。

1)煤气化残碳性质

残碳的特性与煤气化过程密切相关,尤其是气化过程中焦炭颗粒表面所覆盖的变形灰或熔渣,它们限制了 CO_2 分子向焦炭颗粒的扩散,从而导致了残碳的残留。粗渣中残碳的性质表现为其孔表面积和孔容积较低,但其碳晶体结构较为无序,具有更多活性位点,因此在气化过程中表现出较高的气化活性。此外,粗渣中存在的金属元素,如铁、镍等,具有显著的催化作用,能够促进残碳在气化过程中的反应性,加速其转化。与此同时,残碳的石墨化程度较低,这使其在气化反应中展现出更强的反应性。石墨化程度较低的残碳结构不稳定,更容易与气化剂发生反应,从而提升了其气化速率。

2)煤气化残碳提质

煤气化渣的资源化利用依赖于其残碳和无机矿物质,但两者之间的相互制约常影响其高效利用。因此,煤气化渣中的碳灰分离成为实现其规模化消纳和高附加值利用的关键。研究表明,气化细渣表面具备一定的疏水性,浮选方法能够有效减少灰分含量,并提高其干燥基发热量。此外,物理解离和筛分技术也被应用于分离气化粗渣中的碳,其中碳主要集中在小粒径物料中,这些碳富集部分可进一步利用于泡沫玻璃的制备。优化碳灰分离工艺能够显著提升煤气化渣的资源化价值。

3）煤气化残碳循环掺烧

煤气化渣烧失量过高限制了其在多个领域的广泛应用,尤其是在建材行业。然而,采用高含碳气化渣的循环掺烧技术,不仅能实现碳资源的有效回收,还能通过转化减少渣中的碳含量,为其在建材领域的应用提供了新的契机。研究表明,气化细渣的碳回收与掺烧技术已成为资源化利用的重要途径。将气化细渣与煤泥按一定比例混合,输送至循环流化床锅炉进行掺烧,不仅可以有效控制气化渣的水分含量,还能满足锅炉对综合燃料的需求,从而提高气化渣的利用效率,优化能源的综合利用,推动煤气化渣的高效资源化及清洁燃烧。

d.煤气化渣高值化利用

煤气化渣的高值化利用涉及催化剂载体、橡塑填料、Sialon 材料、多孔陶瓷及硅基材料等领域。尽管现阶段我们已经能够通过技术手段将煤气化渣转化为高附加值产品,但由于相关技术仍不够成熟,尚未实现大规模应用,这限制了其资源化的全面推广。

1）煤气化渣作催化剂载体

煤气化渣作为催化剂载体在多项催化反应中表现出较高的应用潜力。研究表明,气化渣负载金属催化剂能够显著提高催化剂的机械强度和催化活性。例如,气化渣负载的镍基催化剂在萘水蒸气重整反应中,其活性达到商业催化剂的 3.2 倍。此外,煤气化渣负载钒催化剂对 NO 的选择性催化还原反应也表现出优异的性能,在特定温度范围内能够实现 NO 转化率的显著提升。煤气化渣中的无机成分,如 Fe-Ca 氧化物和 Fe 氧化物,进一步增强了其催化作用,尤其在碳气化反应中,气化粗渣的催化活性优于气化细渣。这些研究为煤气化渣的催化应用提供了有力的支持,展示了其作为资源化载体的广阔前景。

2）煤气化渣作橡塑填料

煤气化细渣作为复合材料填充材料的应用日益受到关注,研究表明,煤气化细渣的添加能够显著提升聚丙烯和聚乙烯复合材料的热稳定性与力学性能。这是因为细渣在复合材料中形成的强化效果能改善材料的整体结构,使其在高温条件下更为稳定。然而,煤气化细渣的加入可能会影响材料的结晶能力,进而对材料的加工性和性能产生一定影响。研究已证明通过采用 KH570 改性或 HCl 活化等方法,我们能够有效提升复合材料的抗拉强度、热稳定性及结晶性能。此外,减小细渣颗粒尺寸的处理方式,也能够进一步增强低密度聚乙烯的抗拉强度,为煤气化细渣在高性能复合材料中的应用开辟了新方向。

3）煤气化渣制备陶瓷材料

SiAlON 材料是由 Si_3N_4 中元素置换形成的一类固溶体,具有优异的高温强度、化学稳定性、耐磨性和热稳定性,广泛应用于钢铁冶金、陶瓷及航空航天等领域。利用煤气化渣合成 SiAlON 材料,为其在陶瓷领域的高效利用提供了新的发展方向。

4）煤气化渣制备硅基材料

煤气化渣作为一种富含硅和碳的固体废弃物,具有较高的资源化潜力。在煤气化过程中,煤炭经过高温气化处理后,产生的煤气化渣中包含了丰富的矿物质资源,尤其是硅和碳,这使其成为制备高附加值材料的重要原料。通过对煤气化渣的进一步处理与转化,我们可以有效地实现其多重资源化利用,并为不同领域的产业提供原料支持。

煤气化渣的处理方法中,酸浸技术被广泛应用于煤气化细渣的处理。该技术能够去除煤气化渣中的杂质,尤其是有害成分,从而提高其纯度并增强其物理性能。例如,通过酸浸处理后,煤气化渣可制备为具有较高比表面积和孔容积的除臭剂。这类除臭剂对丙烷等气体的吸附能力显著,且其对聚丙烯树脂中的挥发性有机物的去除效果优于传统除臭剂。此外,结合 KOH 活化与盐酸浸出技术,煤气化渣还可以转化为碳-硅复合材料,这些材料不仅具有较高的比表面积和孔容积,还表现出优异的催化和吸附性能,这进一步拓宽了煤气化渣的应用领域。

煤气化渣的资源化利用面临一定的挑战。其含有较高的残碳,并且与无机颗粒的夹杂使得分离过程变得复杂。铝、硅元素通常以非晶相铝硅酸盐的形式存在,这些非晶相物质在资源利用过程中表现出较强的惰性,难以直接用于工业生产。针对这一问题,我们提出了一种创新性的"质子酸循环活化-稀碱脱硅-尾渣分质利用"工艺方案。该工艺通过酸浸法激活煤气化渣,去除杂质并将铝资源从非晶相铝硅酸盐中有效溶出。同时,低碱浓度条件下的脱硅过程可以实现高效硅资源提取,为水玻璃的生产提供原料,并通过优化其模数提升其应用价值。对于富碳的脱硅渣,剩余的碳质材料可作为水煤浆的配料,从而实现汽化炉的循环利用。

该资源化利用方案不仅提高了煤气化渣中各元素的回收率,还实现了铝、硅、碳等资源的协同利用,极大地提升了煤气化渣的综合利用价值。这为煤气化渣的环境保护和产业转化提供了可行的技术路径,也为相关产业提供了新的发展机遇。

6.2.2.5 影响灰渣利用的因素

a.残碳量

残碳作为一种多孔惰性物质,在混凝土中的应用具有一定的负面影响,主要表现为增加水泥的需水量,并降低其强度及耐久性。同时,残碳对混凝土的抗冻性能产生不利影响,限制了其在低温环境中的应用。因此,高残碳含量的灰渣不宜作为水泥或混凝土的原料。然而,低残碳灰渣在建筑材料、回填及路桥建设等领域具有较高的应用潜力,可用于循环利用或作为多孔吸附材料的生产原料。

b.灰分

煤气化渣的主要成分包括 Si、Al、Fe、Ca、Mg 等元素的氧化物、碳酸盐和硫酸盐,其在煤灰中的比例与种类受到地区差异的影响。钙、铁等矿物质的存在不仅能够降低煤灰的熔点,还促进灰渣的致密化及非晶态玻璃的形成。灰渣致密化有助于提高其作为建材集料时的强度,而非晶态玻璃则表现出一定的火山灰活性,增强灰渣的火山灰效应。具有细粒径和火山灰活性的灰渣,可在水泥或混凝土生产过程中作为有效的矿物质掺和料,提升混凝土的性能。

针对气化废渣的处理,我们可以参考粉煤灰的利用方式。粉煤灰因其特殊的矿物质组成,广泛应用于水泥等建筑材料中,但必须满足一定的质量标准。由于气化废渣的烧失量通常不符合直接应用的标准,因此,气化废渣与煤一起掺烧的方式,不仅能够减少灰渣的烧失量,还能节约煤炭资源。燃烧后的低碳灰渣可以作为建材原料使用,尤其适合用于轻质隔热墙体材料和复合陶瓷的制备(表6-6)。

表 6-6　粉煤灰应用的参考标准和指标要求

应用方向	参考标准	指标要求
拌制混凝土和砂浆	《用于水泥和混凝土中的粉煤灰》(GB/T 1596—2017)	烧失量≤15%
水泥活性混合材料	《用于水泥和混凝土中的粉煤灰》(GB/T 1596—2017)	烧失量≤8%
硅酸盐建筑制品	《硅酸盐建筑制品用粉煤灰》(JC/T 409—2016)	烧失量≤10%, SiO_2 质量分数≥40%
道路路堤	《公路路基施工技术规范》(JTG/T 3610—2019)	烧失量≤12%

尽管目前煤气化灰渣尚无用于水泥和混凝土等建材生产的统一标准,但其丰富的无机成分,尤其是 SiO_2、Al_2O_3 和 Fe_2O_3 的含量超过 50%,使得其满足 ASTM 标准 C 类粉煤灰要求,具备显著的应用潜力。当这些成分含量达到 70% 以上时,煤气化灰渣可符合 F 类粉煤灰的标准要求。此外,在高温高压条件下熔融重塑后,气化灰渣中 CaO 和 SO_3 含量较低,从而成为水泥和混凝土生产中理想的原料来源。

高含碳量的气化灰渣还可作为硅铝质材料的来源,用于制备多孔吸附材料或泡沫陶瓷等具有特殊性能的材料,从而进一步拓展其在环保和新材料领域的应用潜力。

目前,煤气化渣的利用方式较为单一,处理效果未达到最佳水平。因此,研究者正积极探索炉渣的多元化应用。X 射线衍射分析表明,煤气化渣富含玻璃相和不定型物质,而显微镜观察则显示其具有多孔结构,其中残余炭呈海绵状多孔结构。这些特性使得煤气化炉渣在某些领域具有潜在的应用价值。例如,研究发现,鲁奇炉渣由于具有与活性炭相似的性能,在处理气化废水时,能够有效去除废水中的化学需氧量和酚类物质,分别达到 41.9% 和 71.2% 的去除率。此外,改性处理对煤气化渣的吸附性能也有显著提升作用,特别是碱性改性处理,在提高对苯酚等有害物质的吸附能力方面表现更为优越。以上研究为煤气化渣的高效、资源化利用提供了可行的技术路径。

6.3　煤直接液化

6.3.1　概述

煤炭液化作为一种先进的洁净煤技术,旨在将固体煤炭通过化学加工转化为液体燃料及化工原料,具有重要的战略意义。其基本原理是通过特定的化学工艺使煤炭在适宜条件下转化为液体产品,主要包括直接液化和间接液化两大类。直接液化工艺是煤炭液化技术中最具潜力的方向之一,它通过加氢裂化过程,在氢气和催化剂的作用下,将煤炭转化为液体燃料。该过程通常需要在高温和高压条件下进行,并且要求严格的煤种匹配,以确保较高的液化效率和较好的油品品质。

煤炭的直接液化技术,尤其是在加氢裂化方面,具有较高的能源转化效率。通过合理的工艺设计,我们可以将煤炭中的有害物质,如硫和氮去除,提高燃料的质量,降低环境污染的风险。液化后的油品可用于制造高质量的汽油、柴油、航空燃料等,这些产物在满足能源需求的同时,能够有效减少对传统石油资源的依赖。随着煤炭液化技术的不断发展,液化油的收率和油品质量也在持续优化,为能源结构调整和环境保护做出了积极贡献。

煤炭液化技术在经济上具有显著的优势。与石油资源相比,煤炭资源在我国相对丰富,且价格较为稳定,这为煤炭液化技术的应用提供了强有力的支撑。通过煤炭液化技术,我们可以大幅度提升煤炭的附加值,生产出具有竞争力的液体燃料,并在能源供应安全上发挥关键作用。煤炭液化不仅能有效缓解我国石油资源短缺的局面,还能在一定程度上增强能源供应的自主性,降低对外依赖,具有显著的战略意义。

煤炭液化技术的起步较早,尤其是 20 世纪初,随着煤炭液化工艺的不断研究和创新,多种液化工艺相继面世,推动了煤炭液化技术的成熟。早期的研究主要集中在直接液化技术上,通过高温高压条件下的加氢裂化反应,将煤炭转化为液体油品。尽管早期技术条件较为苛刻,且油品的品质和收率较低,但随着技术的不断进步,第二代、第三代煤炭液化工艺相继得到开发,并取得了重要进展。这些新的技术不仅优化了反应条件,还通过创新的催化剂和工艺流程,显著提高了油品的收率和质量,降低了能源消耗,提升了煤炭液化技术的经济性和可持续性。

我国在煤炭液化领域的研究虽然经历了一段时间的中断,但自 20 世纪 80 年代以来,煤炭液化技术的研发和应用逐渐恢复,并取得了显著的成效。通过对不同煤种的液化试验,研究人员探索出了适合液化的煤种,并成功开发了高活性的液化催化剂。随着液化技术的不断优化和国产化催化剂的应用,我国在煤炭液化技术的研究和产业化方面取得了突破,液化油的收率和油品质量得到了大幅提升,尤其是在汽油、柴油和喷气燃料的生产方面,达到了国际先进水平。

煤炭液化技术的推广和应用,不仅能够为煤炭产业提供新的发展动力,也为能源安全和环保事业做出了积极贡献。随着技术的不断创新和工艺的持续改进,煤炭液化将进一步提升其在全球能源市场中的竞争力,成为清洁能源发展的重要组成部分。煤炭液化技术的发展前景广阔,必将为推动我国能源结构优化和实现碳中和目标提供有力支持。

在与中国神华能源股份有限公司合作的基础上,中国神华能源股份有限公司开发了煤直接液化工艺,并建成了百万吨级煤直接液化工艺示范装置,为煤炭液化技术的大规模应用提供了重要示范。随着技术的不断进步和工艺的不断优化,煤炭液化将进一步提升我国能源自给能力,推动能源结构的转型,并为实现清洁能源目标提供有力支撑。

主要发达国家和我国的煤直接液化技术开发情况如表 6-7 所示。

表 6-7　主要发达国家和我国的煤直接液化技术开发情况

国别	工艺名称	规模/(t/d)	试验时间/年	地点	开发机构	现状
美国	SRC1/2	50	1974—1981	Tacoma	GULF	拆除
	EDS	250	1979—1983	Baytown	EXXON	拆除
	H-COAL	600	1979—1982	Catlettsburty	HRI	转存

国别	工艺名称	规模/(t/d)	试验时间/年	地点	开发机构	现状
德国	IGOR PYROSOL	2006	1981—1987 1977—1988	Bottrop SAAR	RAG/VEBA	改成加工重油 和废塑料拆除
日本	NEDOL BCL	150 50	1996—1998 1986—1990	日本鹿岛 澳大利亚	NEDO NEDO	拆除
英国	LES	2.5	1988—1992	—	British Coal	拆除
俄罗斯	CT-5	7.0	1983—1990	图拉市	—	拆除
中国	日本装置 德国装置 神华	0.1 0.12 6	1983—1999 1986—2000 2004—2008	北京 北京 上海	煤炭科学研究总院 煤炭科学研究总院 中国神华能源股份有限公司	运行 运行 运行

中国神华能源股份有限公司煤直接液化工艺技术先进,是唯一经过工业化规模和长周期运行验证的煤直接液化工艺,是世界上第一套大型煤直接液化示范工程,具有自主知识产权,包括煤粉制备、催化剂制备、煤直接液化、加氢稳定、加氢改质、煤制氢、轻烃回收、气体脱硫、硫黄回收、酚回收等。

6.3.2　煤直接液化固体废物

6.3.2.1　产废环节

煤直接液化过程中,副产烃类气体、水和残渣。煤液化残渣是加氢液化后,通过减压蒸馏固液分离,从减压塔底部排出的物料。液化残渣约占投煤量的 30%,其分离与后续应用对煤液化工艺的完整性及液化成本具有重要影响。因此,残渣的有效处理和资源化利用是提高液化效率的关键环节(图 6-20)。

6.3.2.2　固废性质特点

煤液化残渣在化学组成上表现出高硫、高灰和高热值的特性。其主要成分包括重质油、有机沥青烯、前沥青烯及未反应的煤和矿物质等。残渣的高黏度和高杂原子含量特性,导致其具有较强的极性,并且软化点较低,一般低于 180 ℃,因此具有一定流动性,便于后续处理和利用。液化残渣的高热值和高硫含量使其在燃烧或气化过程中能够释放较多的能量,但同时也可能带来较高的污染物排放,尤其是硫化物。因此,直接燃烧或气化液化残渣可能无法有效发挥其资源价值。

液化残渣中,沥青烯类组分对其利用价值具有重要意义,尤其是通过合理的分离工艺,我们可提取出液化沥青以供进一步利用。残渣的灰分中,SO_3 和 Fe_2O_3 的含量较高,这与煤中的矿物成分密切相关。高灰和高硫的特性使得残渣在资源化利用过程中需要采取特殊的处理措施,以减少其对环境的负面影响。综合来看,液化残渣的高碳含量和能源潜力,使

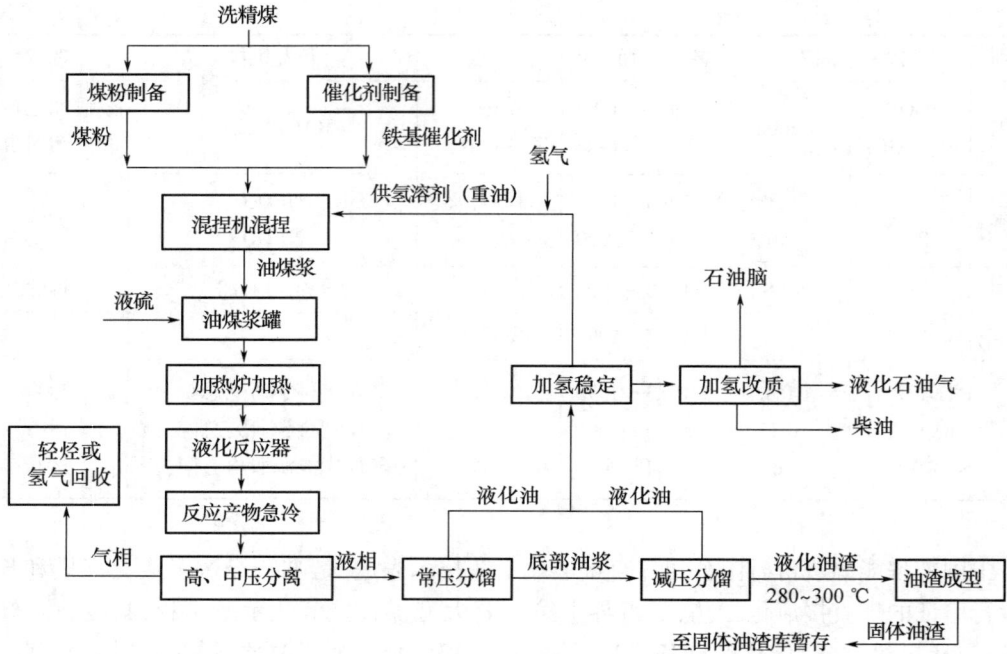

图6-20 煤直接液化工艺流程

其在能源回收和化工原料领域具有一定的利用前景,但需进一步优化处理工艺,提升其资源化利用效率。

6.3.2.3 资源化利用技术

液化残渣作为一种重要的工业废弃物,其在能源回收和在高附加值碳材料制备中的应用日益受到重视,尤其是在沥青改性领域,液化残渣的加入显著改善了沥青的性能,如提高了其抗老化性和延展性,进一步提升了道路材料的使用寿命和性能。然而,液化残渣在燃烧过程中可能会释放有害气体,这不仅会对环境产生负面影响,也可能会对催化剂和反应装置造成腐蚀与损害。因此,研究人员正积极探索改进液化残渣的应用工艺,以实现其高效、清洁利用,推动绿色能源的循环利用和环保技术的发展。

a.气化

液化残渣的气化过程是在一定的温度和压力条件下,残渣与气化剂反应生成煤气,通过后续净化和变换工序,最终转化为燃气及一系列合成化工产品。这一过程不仅能显著提升残渣的清洁高效利用率,还能为煤液化反应提供所需的氢气,从而增加煤液化过程的经济效益。通过气化将残渣转化为合成气的技术,我们不仅有效处理了液化残渣,且能够为煤液化产业链提供关键能源支持,优化能源资源的循环利用。

共气化技术作为一种有效的残渣处理方式,在高温下展现了较好的反应活性。研究表明,当液化残渣与原煤按特定比例混合进行共气化时,气化温度对反应的影响逐渐减弱。在此过程中,液化残渣中的铁基催化剂与煤焦发生协同作用,降低了反应的活化能,从而促进了气化反应的顺利进行。此协同效应不仅提高了反应效率,也有助于提升碳转化率,降低所需的能量消耗。

实验进一步表明,液化残渣与煤的共气化反应具有显著的比例依赖性。当混合比为 7:3 时,共气化效果最佳。在较低的液化残渣添加比例下,残渣能有效促进焦油、气体的生成,并提高碳转化率。然而,随着液化残渣比例的增加,促进作用逐渐减弱。因此,通过精确调控液化残渣的掺入比例,我们可以实现最佳的气化效果,从而最大化资源利用效率。

b.炭材料的制备

液化残渣在炭材料的制备中得到了广泛应用。无论作为主要原料还是添加剂,其在提升材料性能方面展现了显著的优势。

1)以液化残渣为碳源

煤直接液化残渣作为碳源在多个领域应用并逐渐显现重要性。液化残渣不仅能作为炭材料的原料,还能通过不同的激活方法制备出具有优异性能的炭材料。例如,采用 KOH 活化方法制备的介孔炭材料在甲烷分解反应中表现出比传统煤基活性炭和炭黑催化剂更高的活性与稳定性。通过简单的模板法,液化残渣还可转化为具有三维结构的泡沫炭,这些炭材料在微波吸收、储能及催化等应用中展现了良好的前景。此外,液化残渣的高碳含量和丰富的不饱和芳烃化合物使其成为制备中间相沥青的理想原料。与煤焦油沥青相比,液化残渣更易进行热缩聚反应,从而得到中间相沥青,这些沥青的软化点通常超过 300 ℃,适合于高性能碳纤维的制造。通过液化残渣制备的中间相沥青其氧化性能优于传统煤焦油沥青,且其纺制的碳纤维在拉伸强度和拉伸模量方面也表现出较好的性能。因此,液化残渣不仅为炭材料的高附加值化提供了新的路径,还为多个高性能材料的制备和应用提供了新的可能性。

2)用作催化剂

液化残渣作为碳源,其潜力在多个领域受到广泛关注,特别是在碳基材料的制备方面。液化残渣中的高碳含量和丰富的芳香族化合物,使其成为合成高性能炭材料的重要原料。例如,在制备聚丙烯腈基复合纤维时,液化残渣的添加显著改善了纤维的形貌和性能。将液化残渣萃取物及其氧化后的残渣作为添加剂,能够形成均匀的纳米碳纤维,且氧化处理后,纤维的直径显著减小,形态更加稳定。这表明,液化残渣作为添加剂对聚丙烯腈基复合材料具有良好的增强作用,尤其在低温燃料电池等领域中,能够提升催化性能和应用稳定性。

液化残渣作为添加剂还促进了中间相炭微球的成核与生长。中间相炭微球是一种新型炭材料,具有均匀的尺寸和优良的球化特性,常用作锂离子电池的正极材料。液化残渣作为添加剂,能够有效促进中间相炭微球的稳定性和微观结构的优化,从而提升其在电池中的应用性能。

尽管液化残渣在碳基材料的制备中表现出优异的性能,但其应用过程中仍然面临一些挑战。传统的处理方法,如模板法和 KOH 活化法,虽然有效,但过程复杂,且在应用过程中的稳定性和环境影响尚未得到充分探讨。尤其是在提取液化残渣的有效组分时,萃取方法和效率对最终产品的质量和应用效果有着直接影响。因此,针对液化残渣的有效组分提取和高效利用,我们需要开展深入的研究,以提高其在各类高性能材料中的应用价值。

c.沥青改性剂

液化残渣作为一种潜在的沥青改性剂,近年来在道路工程中引起了广泛关注。由于液化残渣中含有丰富的极性官能团,如氮(N)和硫(S),其结构与天然沥青改性剂具有一定的相似性,因此具备改善沥青性能的潜力。通过将液化残渣添加到沥青中,我们能够显著提高沥青的耐久性、附着力、抗变形能力及抗冻性,这对道路建设中高负荷和严苛环境下的沥青路面具有重要意义。然而,尽管液化残渣在沥青改性中表现出良好的应用前景,但其实际应用仍面临一些挑战,尤其是在液化残渣掺量和各组分的优化配置方面。

液化残渣的掺量及其组分性能是影响改性效果的关键因素。研究表明,液化残渣中各成分如重油、沥青质和前沥青质对沥青的改性效果存在显著差异。例如,重油作为改性剂时,最佳掺混比例为1%,而沥青质和前沥青质的最佳掺混比则分别为4%。此外,液化残渣中的四氢呋喃不溶物在某些情况下会显著降低沥青的延展性,而沥青质和前沥青质则能有效提升沥青的软化点,改善其耐高温性能。然而,液化残渣中的胶质容易被氧化,进而导致沥青老化,影响其延展性和使用寿命。因此,如何平衡液化残渣的不同组分,并有效控制其在沥青中的老化过程,成为提升其改性效果的关键。

液化残渣改性沥青的微观结构和性能表现出与传统改性沥青的不同特点。与苯乙烯-丁二烯-苯乙烯改性沥青相比,液化残渣改性沥青在黏弹性方面表现出更高的动模量和更小的相位角,表明其具有更强的抗变形能力和更好的使用性能。根据表面自由能理论,液化残渣改性沥青在愈合性和抗内聚开裂性能方面也表现出优越性,显示出其在长期使用中的稳定性和耐久性。

为进一步改善液化残渣的改性效果,研究者提出通过优化液化残渣与沥青的相容性来提升其改性性能。通过加入交联剂如苯甲醛,液化残渣与沥青的化学组成能够得到更好调配,从而改善沥青的性能。液化残渣在改性沥青中的应用具有显著优势。添加2%~5%四氢呋喃可溶组分时,改性沥青能够满足相关技术标准,且在加入苯乙烯-丁二烯-苯乙烯和胶粉后,改性沥青的延度和综合性能得到明显提升。此外,液化残渣替代20%沥青时,改性沥青依然能够满足技术要求,这不仅提高了液化残渣的利用率,也降低了资源浪费。这一发现为液化残渣的实际应用提供了有力的支撑,尤其是在实际工程中,液化残渣改性沥青的使用效果良好。然而,液化残渣对沥青高温性能的显著改善同时伴随低温性能的下降,这一问题亟待解决。因此,未来的研究应聚焦于改善液化残渣改性沥青的低温性能,并探索选择合适的交联剂,以优化液化残渣与沥青的应用相容性,进一步提升其改性效果。

d.煤液化沥青的应用研究

煤液化残渣在多个领域展现出广泛应用前景。不同灰分含量的煤液化残渣具有多种适用性,能够用于防水卷材、航空复合材料浸渍剂及中间相炭微球的制备等领域。此外,煤液化残渣在循环流化床锅炉掺烧、道路沥青生产、焦炭及碳纤维制造等高附加值材料的生产中,表现出良好的适应性和广阔的市场前景。

6.4 应用实例

河北某焦化公司,目前已建成现代化焦炉及配套化产系统、干熄焦装置及发电装置,主要产品为焦炭。在产生产线主要为 4 条焦炉线及附属化产设施。下面我们对公司生产规模、产品、工艺流程及产废情况进行详细说明。

6.4.1　生产规模及产品

河北某焦化公司主要产品一览如表 6-8 所示。

表 6-8　河北某焦化公司主要产品一览

序号	主要产品	年用量/(t/a)	形态	储存规格	储存量	储罐类型
1	焦炭	2 520 000	固态	无储存	—	—
2	粗苯	20 000	液态	700 m³(一开一备)	400 t	立式固定罐
				90 m³(一开一备)	60 t	立式固定罐
				45 m³(一开一备)	30 t	浮顶罐
3	煤焦油	100 000	液态	700 m³(六开二备)	800 t	立式固定罐
4	硫酸铵	20 000	固态	无储存	—	—
5	焦炉煤气	83 528×104 m³/h	气态	管道	无储存	—

6.4.2　生产工艺流程

焦化生产过程主要包括备煤、炼焦、煤气净化三部分。

6.4.2.1　备煤

外购炼焦洗精煤经火车运输进厂后,通过翻车机卸至地下皮带通廊,经过汽车运输进厂的洗精煤,通过螺旋卸车机卸至地下皮带通廊,洗精煤通过封闭输送带采用堆取料机堆存于封闭煤场,封闭煤场内设置雾炮、喷淋设施来抑制扬尘产生。火车和汽车卸车均在密闭厂房内进行。

生产用煤时从煤场运来的单种煤由堆取料机直接由皮带送至贮配煤槽中,配合后经带式输送机送入粉碎机,经粉碎后送至煤塔顶层,经电动卸料车装入煤塔中待用。粉碎过程中设置有袋式除尘器。

6.4.2.2　炼焦

在焦炭生产过程中,配合优质炼焦煤通过下部摇动给料器投入捣固装煤车的煤箱内,经过捣固机捣固压实后,由装煤车将捣固好的煤饼送入炭化室。炭化过程中,煤在隔绝空气的条件下进行干馏,产生的荒煤气汇集至炭化室顶部,通过上升管、桥管进入集气管。荒煤气的温度初始约为 700 ℃,在桥管中通过氨水冷却至约 84 ℃,然后进入气液分离器进行进一步处理,确保其纯度。焦炭经过一定时间的炭化成熟后,由推焦机将炭化室中的焦炭推出,并通过拦焦机导焦栅送入熄焦车,最终由电机车牵引至干熄焦装置进行熄焦。熄灭后的焦炭通过皮带输送机送至筛焦楼,在筛焦楼中根据粒径进行筛分,分级后的焦炭运至装车处进行外售。

在此过程中,煤气的净化与热能回收是重要环节。煤气在经过冷却和分离处理后进入煤气净化环节,利用净化后的煤气作为焦炉的燃料。煤气通过外部架空管道引入,并经过预热器加热至 45 ℃,然后通过下喷管送入燃烧室,煤气与预热后的空气混合并进行燃烧。燃烧后的废气通过立火道顶部的孔后,再经过蓄热室回收废气的显热后,最终通过烟道排放至大气。在排放过程中,废气经过脱硫脱硝处理,确保符合环保标准,最大限度地减少对环境的影响。

6.4.2.3 煤气净化

a.煤气初步冷却

由炼焦工序来的 84 ℃荒煤气进入气液分离器将液态焦油和氨水分离至机械化氨水焦油分离槽,煤气从顶部进入并联式横管初冷器,利用管内的循环水进行间接冷却,经煤气鼓风机加压后,送入脱硫工序。

b.焦油、氨水分离

在气液分离器分离后的焦油和氨水进入机械化氨水澄清槽进行进一步处理,澄清槽内实现了氨水、焦油和焦油渣的分离。底部沉降的焦油渣被排入焦油渣小车,定期送入备煤系统,与炼焦煤混合后用于炼焦。上层的氨水自流进入循环氨水中间槽,其中一部分通过泵送进入焦炉集气管,用于冷却煤气,剩余部分则流入剩余氨水槽,送入蒸氨装置进行处理。同时,澄清槽下部的焦油通过焦油泵送至焦油罐。

c.煤气预冷

煤气通过煤气鼓风机后的温度为 45 ℃,进入预冷塔后与塔顶喷洒的循环冷却水逆向接触,温度降低至 35 ℃,有效实现了冷却。

d.煤气脱硫脱氰

预冷后的煤气进入脱硫塔,通过 HPF 工艺进行脱硫脱氰,采用复合催化剂处理,吸收 H_2S 和 HCN。脱硫液经泵送进入再生塔,再生后的脱硫液通过液位调节器自流回脱硫塔,进行循环使用,确保系统的持续高效运行。脱硫过程中脱硫液置换出来的脱硫废液送至 100 t/d 脱硫废液提盐设施进行进一步提取硫代硫酸盐、硫氰酸盐。

e.蒸氨

冷鼓产生的剩余氨水经过蒸氨塔蒸馏后,氨汽进入氨分缩器,送至脱硫塔作为脱硫补充液。塔底排出的蒸氨废水经过换热降温后,送至酚氰废水处理装置处理。同时,蒸氨塔塔底排出的焦油渣进入焦油桶,清理后送至煤场与炼焦煤混合使用。

f.煤气脱氨

脱硫后的煤气经煤气预热器升温后,进入喷淋式硫铵饱和器,煤气中的氨被母液中硫酸吸收,除氨后的煤气经饱和器内旋风式除酸器、捕雾器,送至终冷洗苯工序。

g.硫铵产品

吸收氨的循环母液在结晶室进行结晶后,通过结晶泵送至结晶槽和离心机。经分离的硫酸铵晶体通过溜槽输送至螺旋输送机,再进入振动流化床干燥机,在热风器加热的空气中干燥,随后通过冷风冷却后进入硫铵贮斗,完成称量、包装并送入成品库。

h.煤气终冷、洗苯

从硫铵工段来的 55 ℃的煤气,首先进入终冷塔,终冷塔采用两段冷却后进入洗苯塔。由粗苯蒸馏工序送来的贫油从洗苯塔的顶部喷洒,与煤气逆向接触吸收煤气中的苯,塔底富油经富油泵送至粗苯蒸馏工序脱苯后循环使用,洗苯后的工业用煤气送往焦炉、管式炉等。

i.粗苯蒸馏

富油从洗苯装置过来,依次通过油汽换热器、贫富油换热器和管式炉加热至 180 ℃,进入脱苯塔。在蒸汽作用下,苯被蒸出,苯蒸气经过油汽换热器和苯冷凝冷却器冷却后,进入油水分离器。分出的粗苯送至粗苯储槽,而脱苯后的贫油则经冷却后循环使用。

6.4.3　原辅料情况

焦化生产过程中涉及 6 种原辅料(表 6-9),其中涉及的挥发性有机物有一种为洗油。

表 6-9　河北某焦化公司原辅材料一览

序号	原料/辅/料名称	年用量/(t/a)	物态
1	配合煤(干基)	2 900 000	固态
2	焦炉煤气	$83\ 528\times10^4\ \text{m}^3/\text{h}$	气态
3	洗油	3 118	液态
4	氢氧化钠(40%)	7 436	液态
5	硫酸(98%)	21 763	液态
6	液氨	1 800	液态

6.4.4　产废环节

该公司产生的废水主要为工艺生成水、煤气水封水等,全部送至酚氰废水处理站进行处理,废水处理站采用"AAO 生物脱氮+脱色"生化处理工艺,处理后水进入"高效澄清池+浸没式超滤+一级反渗透+浓水反渗透"深度处理工艺。净化后出水作为循环冷却水系统补水使用,RO 浓盐水输送至煤场洒水抑尘。

挥发性有机物主要是来自冷凝鼓风工段、硫铵脱硫工段和粗苯工段的尾气,其中冷鼓废气全部通过集气管道(氮气保护)送入煤气负压系统,实现不外排,脱硫和硫铵的尾气,通过洗涤后送入焦炉烟气循环系统作为助燃风回用于焦炉加热,最终通过脱硫脱硝除尘后外排大气,粗苯工段的尾气为粗苯储槽呼吸阀尾气,该尾气通过管道送入冷鼓工段负压系统,不外排环境。

固废包括一般固废及危险固废。一般固废主要有废石灰、废石膏、废岩棉、建筑垃圾、厨余垃圾、生活垃圾等。危险废物主要有焦油渣、酸焦油、剩余污泥、废活性炭及废矿物油等。

河北某焦化公司产废节点如图 6-21 所示,生产工艺排污节点如表 6-10 所示,固体废物产生处置一览如表 6-11 所示。

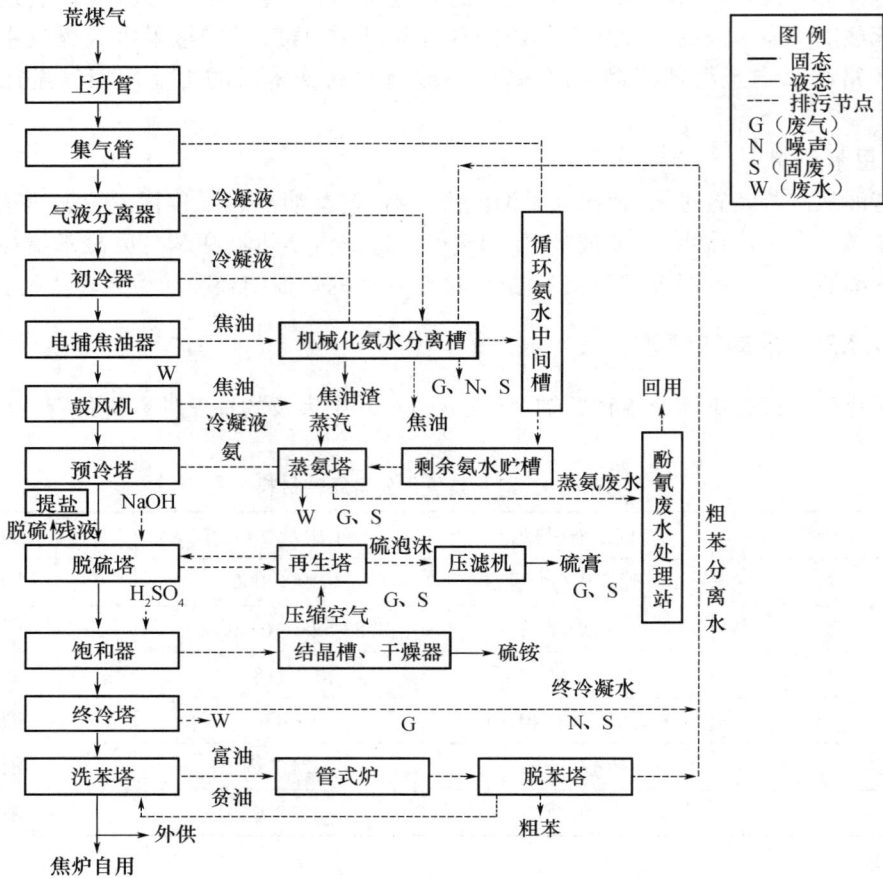

图 6-21 河北某焦化公司产废节点

表 6-10 生产工艺排污节点

污染类型	污染源	主要污染物	是否涉及VOCs	处理措施
废气	焦炉加热烟气	二氧化硫、氮氧化物、颗粒物	否	设置烟气 SCR 脱硝装置和半干法烟气脱硫及袋式除尘器
	推焦装煤烟气	二氧化硫、颗粒物	否	设置高效袋式除尘器
	筛运焦废气	颗粒物	否	设置高效袋式除尘器
	煤破碎废气	颗粒物	否	设置高效袋式除尘器
	熄焦废气	颗粒物	否	设置木格子除尘及捕雾除尘
	管式炉废气	SO_2、NO_x、颗粒物	否	采用净化的煤气作为燃料

污染类型	污染源	主要污染物	是否涉及VOCs	处理措施
废气	鼓冷区储罐尾气	硫化氢、氨、非甲烷总烃、氰化氢、酚类	是	采用管道收集,通过压力平衡进入负压系统
	脱硫工段尾气	氨、硫化氢	否	收集后送至酸洗塔+水洗喷淋塔净化处理后再送至煤气系统进行燃烧处理
	粗苯工段	非甲烷总烃、酚类	是	采用管道收集,通过压力平衡进入负压系统
	污水处理站尾气	硫化氢、氨、臭气、非甲烷总烃	是	采用碱洗+UV 光氧化催化+活性炭吸附工艺
废水	原料焦油、粗苯分离水	COD、挥发酚、硫化物、石油类等	否	全部采用地上密闭管道运输,设置 4 套酚氰污水处理站,采用 AAO 处理工艺,处理合格后全部回用
	蒸氨废水		否	
	蒸馏、工业萘装置生产废水		否	
	设备及地面冲洗		否	作为调节水送至酚氰废水处理站
	生活污水		否	
	净环水排污水	COD 等	否	污水处理站
固废	焦油渣	焦油渣	否	返回配煤
	剩余污泥	剩余污泥	否	返回配煤
	废催化剂	废催化剂	否	定期送相关有处理资质的单位
	废矿物油	废矿物油	否	
	生活垃圾	生活垃圾	否	环卫部门定期清运

表 6-11　固体废物产生处置一览

序号	分类	类别	名称	代码	产生环节	处置方式
1	一般固废	石灰	废消石灰	99	烟气脱硫	委外处置
2	一般固废	石膏	脱硫石膏	65	三合一脱硫	委外处置
3	一般固废	岩棉	废岩棉	99	保温管道更换	委外处置
4	一般固废	电器元件	非金属废旧电气部件等	14	电气设备检维修及报废	委外处置
5	一般固废	厨余垃圾	剩菜剩饭、废弃餐具	—	食堂	委外处置
6	一般固废	建筑垃圾	砖、瓦、石块	—	建筑施工过程中产生的砖瓦石块等废弃物	—

序号	分类	类别	名称	代码	产生环节	处置方式
7	一般固废	生活垃圾	废玻璃、废木制品、废劳保用品等	—	日常生活	委外处置
8	危险废物	HW11	脱硫废液	252-013-11	煤气净化过程产生的废物	自行利用（制酸）
9	危险废物	HW11	再生残渣（粗苯）	252-001-11	煤气净化过程产生的废物	自行利用
10	危险废物	HW11	蒸氨塔残渣	252-001-11	煤气净化过程产生的废物	自行利用
11	危险废物	HW11	酸焦油	252-011-11	煤气净化过程产生的废物	自行利用
12	危险废物	HW11	焦油渣	252-002-11	煤气净化过程产生的废物	自行利用
13	危险废物	HW49	废活性炭	900-039-49	其他	自行利用
14	危险废物	HW11	污泥	252-010-11	污水处理压滤过程产生的废物	自行利用
15	危险废物	HW11	焦油渣（储存设施底部的焦油渣）	252-004-11	煤气净化过程产生的废物	自行利用
16	危险废物	HW11	煤焦油	252-002-11	煤气净化过程产生的产物	送煤化工利用
17	危险废物	HW49	化验废液	900-047-49	化验室化验过程	委外处置
18	危险废物	HW31	废铅蓄电池	900-052-31	机组电池更换	委外处置
19	危险废物	HW49	实验室废弃物	900-047-49	化验室化验过程	委外处置
20	危险废物	HW08	废油	900-249-08	设备更换矿物油	委外处置
21	危险废物	HW08	废矿物油桶	900-249-08	设备更换矿物油	委外处置
22	危险废物	HW49	废油漆桶	900-41-49	厂区精整亮化过程	委外处置

第7章　机械加工工业固体废物处理及资源化技术

7.1　概　　述

资源节约与综合利用是关系国家长远发展的战略性问题,对经济增长和民生福祉的影响日益深远。机械产品的生产和使用过程通常伴随着大量的资源的消耗,因此,在机械产品的全生命周期中,包括研发、设计、加工、装配、包装、运输、销售、使用、售后服务及回收与再制造等环节,推动标准化技术的应用显得尤为重要。这一举措有助于实现资源节约型机械工业的发展。

作为国民经济的支柱产业,机械工业不仅承担着为各行业提供技术装备的责任,同时也是资源消耗的重要领域。因此,提升机械工业的资源利用效率,已成为建设资源节约型社会的重要任务。为此,相关部门将资源节约和综合利用纳入工作议程,推动生产能效管理和优化。与此同时,行业内也积极开展标准化工作,制定并修订一系列先进且适用的标准,推动行业资源节约和综合利用的深入发展。这些举措不仅为行业的可持续发展提供了技术支持,也为国家资源节约型社会的建设提供了有力保障。

机械加工是制造业中非常重要的一个环节,它主要是通过机械设备、切削工具和切削液来加工和制造各种金属和非金属工件。本章中机械加工行业涉及金属制品业,通用设备制造业,专用设备制造业,铁路、船舶、航空航天和其他运输设备制造业,电器机械和器材制造业[《国民经济行业分类》(GB/T 4754—2017)]。

机械加工过程大致可分为下面几个步骤:①毛坯的制造②原材料的运输和保存③生产准备和技术准备④零件的机械加工及热处理⑤产品的装配、检验、试车、油漆、包装等。

在这些工序中,几乎每个工序都会产生不同种类的工业固体废物。

7.1.1　金属废弃物

在机械加工过程中,金属废弃物是最主要的废弃物之一。这些废弃物包括切屑、剩余材料、碎片、废品等。这些废弃物的产生源于金属材料的加工、切削、切割、打磨等过程,其中大量废弃物会降低生产效率,造成材料浪费和环境污染。

7.1.2　废油废液

在当前的技术水平下,机械加工如金属的切削、压延和拉拔及电镀等过程中除油工艺仍然离不开润滑液和冷却液的参与。由于变质的原因,大部分润滑油和冷却液都是用上几次就需要被废弃,产生了大量的废矿物油、废乳化液、废切削液、废切削油,这些废油废液均属于危险废物,有重大危险性。

7.1.3　废酸废碱有机溶剂

在金属表面处理工艺中,常用的镀层技术、化学转化膜技术及热化学处理工艺均依赖于多种化学试剂的应用,如酸、碱、有机溶剂和金属盐等。这些化学试剂在处理过程中参与反应,产生了复杂的废弃物,如废酸、废碱、废渣和污泥等。这些废物含有有害成分,对环境和人体健康构成潜在危害。因此,如何高效处理和处置这些危险废物,减少对环境的污染,是金属表面处理行业亟待解决的重要问题。

7.1.4　其他

除了以上废物种类,还有其他固废,类别如下:

①外包装物,如溶剂和废化学品的包装袋或桶等;

②各类废渣,如焊接、喷漆及电泳和磷化过程中的废渣等;

③重金属污染物,如各种废液二次处理时产生的污泥和油泥中含有的硫化物、金属氢氧化物等。

④各种热处理过程产生的废物,如热处理等产生的废盐、废氰,含碱、含硫及各种氯化物的废渣液等。

机械加工行业产生的常见固体废物如表 7-1 所示。

表 7-1　机械加工行业产生的常见固体废物

序号	产生环节	废物名称	属性	废物代码	外观性状	产生规律	产生系数
1	机械加工	废矿物油	危险废物	900-249-08	液态	间歇产生	—
2		废乳化液/废切削液/废切削油		900-005-09	液态	间歇产生	—
3				900-006-09	液态	间歇产生	
4				900-007-09	液态	间歇产生	
5		油泥		900-200-08	固液混合	连续产生	—
6		含油金属屑		900-200-08	固液混合	连续产生	10%~40%
7				900-006-09	固液混合	连续产生	
8		脱油金属屑	一般工业固体废物	—	固态	间歇产生	含油率<3%
9		废边角料	一般工业固体废物	—	固态	间歇产生	—
10		残次品	一般工业固体废物	—	固态	间歇产生	—
11	金属表面处理工艺（电镀）	废有机溶剂	危险废物	900-404-06	液态	间歇产生	—
12		废石蜡和润滑油		900-209-08	液态	间歇产生	—

序号	产生环节	废物名称	属性	废物代码	外观性状	产生规律	产生系数
13	金属表面处理工艺（电镀）	废槽液/槽渣/废水处理污泥	危险废物	336-100-17	液态	间歇产生	0.33~1.80 g/m²
				336-100-21	固态	间歇产生	14.34~33.58 g/m²
				336-002-07	固态	间歇产生	100~600 g/m²
14		敏化处理产生的废渣		336-050-17	固态	间歇产生	—
15		废腐蚀液、废洗涤液/废酸		336-064-17	液态	间歇产生	43 g/m²
				900-300-34	液态	连续产生	100~600 g/m²
16	金属表面处理工艺（化学镀）	废槽渣	危险废物	346-064-17	固态	间歇产生	—
		含镍铜废液、槽渣和废水处理污泥		336-058-17	固液混合	间歇产生	
		废酸液		900-300-34 900-308-34	液态	间歇产生	
		废槽液、废槽渣		346-066-17	固液混合	间歇产生	
	金属表面处理工艺（阳性氧化）	废槽渣	危险废物	336-064-17	固态	间歇产生	
		废槽液、废槽渣、废水处理污泥		336-100-17	固液混合	间歇产生	
		废颜料		900-255-12	固态	间歇产生	—
		废酸		900-306-34	液态	间歇产生	
	金属表面处理工艺（钝化、磷化）	废槽液	危险废物	336-064-17	液态	间歇产生	
		废渣		336-064-17	固态	间歇产生	
		废水处理污泥		336-064-17	固态	间歇产生	
		废酸		900-303-34 900-306-34	液态	间歇产生	—
17	涂装	漆渣		900-252-12	固态	间歇产生	
18	含油废水处理	含油污泥	危险废物	900-210-08	固态	间歇产生	
19	废气处理	废活性炭		900-039-49	固态	间歇产生	

序号	产生环节	废物名称	属性	废物代码	外观性状	产生规律	产生系数
20	设备装配、检修与维护	废弃的含油抹布、劳保用品	危废废物	900-041-49	固态	间歇产生	—
21	包装材料	废油漆桶		900-041-49	固态	间歇产生	—
22		废油桶		900-249-08	固态	间歇产生	—
23		废包装材料	一般工业固体废物	—	固态	间歇产生	—

在机械加工生产过程产生的固体废物中,产量最大,处理工艺复杂的主要是废切削液、废矿物油。依据《国家危险废物名录(2025年版)》,废切削液、废矿物油均属于危险废物。本部分我们主要围绕废切削液及废矿物油的处置及资源化利用内容展开。

7.2 废切削液

7.2.1 废切削液概述

7.2.1.1 切削液的简介

金属切削加工作为金属加工领域中最为常见的工艺之一,广泛应用于各类机械制造中。该工艺通过机床提供的运动和动力,结合刀具或磨具的作用,去除金属坯件表面多余部分,以实现预定的形状、尺寸和表面质量要求。金属切削的具体方式包括车、铣、钻、刨、镗、绞、拉及磨削等,依据不同的加工需求进行选择。在这一过程中,切削液作为重要的辅助材料,发挥着至关重要的作用。切削液的润滑效果能够有效减少刀具与工件之间的摩擦,降低切削过程中的温度,减少切削力,从而提升加工效率,延长刀具寿命,改善工件表面质量。

尽管金属切削液在提升加工效率和经济效益方面发挥了重要作用,但其潜在的环境与健康隐患亦不容忽视。切削液废液如果未经妥善处理就被排放,可能对水体、土壤及大气环境造成严重污染。特别是切削液中含有的防锈剂、磷酸盐等成分,可能引发水体富营养化,进而破坏水生生态系统。同时,某些防腐杀菌剂的降解性能差,易对水生生物造成毒害,影响生物多样性。此外,切削液中的化学成分,尤其是矿物油和表面活性剂,操作人员长期接触会对其皮肤造成不良影响,可能导致皮肤干燥、脱水,严重时会引发皮肤炎症等健康问题。切削液的腐败产生的异味不仅影响操作人员的呼吸健康,还可能在特定条件下形成油雾或可燃气体,增加安全隐患,造成火灾风险。

尽管金属切削液在加工过程中的作用不可或缺,但在使用与排放过程中我们必须采取有效措施,降低其对环境和人类健康的负面影响。通过优化切削液的配方、加强废液的处理技术,以及推广绿色替代产品,我们可以在确保加工效益的同时,最大限度地减少其对生态环境和操作人员健康的危害。

在金属切削加工过程中,如何平衡切削液的使用效能与其环境和健康影响,成为当前亟待解决的关键问题。针对这一问题,行业需加强切削液的回收与处理技术研发,优化其使用和处置方式,从源头上减少污染,并推动环保型切削液的开发应用,以促进可持续发展。

随着现代制造技术的不断进步,尤其是在数控机床、机械加工中心及柔性制造系统等先进设备的广泛应用下,切削液的质量需求日益提高。特别是在高速、强力及高精度的加工条件下,切削液的冷却和润滑性能至关重要,直接影响着加工效率和产品质量。因此,切削液在先进制造技术及难加工材料的加工中占据了不可或缺的地位。

传统的油基切削液在润滑性能方面具有较强优势,但其冷却效果不佳,难以满足严苛的操作需求。与之相比,水基切削液不仅具有优越的冷却性能,而且成本较低、操作环境安全且清洁,避免了油雾和火灾隐患。随着水基切削液性能的逐步提升,其应用范围不断拓宽,逐渐呈现出油基切削液向水基切削液过渡的趋势。

在全球环境保护意识不断提升的背景下,切削液的环保性问题愈发受到关注。尽管干切削技术在某些特定条件下得以成功应用,但由于其适用范围的局限性,仍无法广泛替代传统的切削液。因此,如何在保证切削液性能的前提下,研发出对人体无害、对环境污染小(或无污染)的环保型水基切削液,成为当前制造业亟待解决的问题。这一研究不仅具备重要的现实意义,也为推动制造业的绿色发展提供了可行的技术路径。

7.2.1.2　切削液的性能特点

金属切削液根据介质状况的不同,可分为油基切削液和水基切削液,其中水基切削液又可进一步细分为乳化切削液、合成切削液和半合成切削液(或称"微乳化液")。这些不同类型的切削液在金属加工中的作用各具特点,能够满足不同加工条件的需求。

a.油基切削液的性能特点

油基切削液具有较好的润滑性能,在切削过程中能够有效减少摩擦,从而提高加工表面的质量。然而,其冷却性能较为逊色,尤其在高速切削时,因其传热效果差,容易导致切削区温度过高,进而引发切削油的烟雾、起火等问题。这不仅会增加操作风险,还可能导致工件因温度过高而发生热变形,影响加工精度。因此,尽管油基切削液在低速重切削或难加工材料的加工中表现出优势,但在高速切削时,水基切削液更具竞争力。

b.乳化切削液的性能特点

乳化切削液由矿物油与水混合而成,因其具有良好的润滑性和冷却性,特别适合高速低负荷的切削作业。其配方中含有矿物油、乳化剂和防锈剂等成分,能够有效地散热并清洗切削表面,且由于其可用水稀释,经济性较高。其在改善操作环境卫生和安全性方面也表现优异,但易于滋生细菌和霉菌,因此需要添加无毒杀菌剂以延长使用寿命。

c.合成切削液的性能特点

合成切削液的使用寿命较长,且冷却和清洗性能优秀。它主要由水溶性防锈剂、油性剂、极压剂等组成,具有较强的透明度,从而提升了加工过程中加工部件的可见性。合成切削液的稳定性较强,适用于现代化的数控机床,但其润滑性能相对较差,这可能导致设备磨损或工件黏附问题。因此,合成切削液在应用时我们需要特别关注润滑性能的提升,以保证切削效果和设备的正常运行。

d.半合成切削液的性能特点

半合成切削液则兼具乳化切削液和合成切削液的优点,具备较好的润滑性、清洗性能及较长的使用寿命。它通常由少量矿物油与其他添加剂组成,广泛应用于金属切削加工,尤其适用于柔性加工中心和集中润滑冷却系统。半合成切削液在保证加工精度和工件表面质量的同时,能够满足现代加工对综合性能的高要求。因此,它成为许多高精度加工过程不可或缺的冷却液选择。

7.2.2 废切削液的危害

切削液废水中的油类、表面活性剂、重金属离子及其他添加剂,通常难以被自然界迅速降解。这些污染物不仅对水体造成严重危害,还可能通过自然循环逐步扩散,最终对人体健康产生长远的负面影响。

7.2.2.1 切削液废水对环境的危害

切削液废水进入水体后,油脂等物质通过扩散作用迅速扩展,尤其会在水面形成一层薄膜。这层薄膜不仅妨碍水体与大气之间的物质和能量交换,还阻碍了水中植物的光合作用,进而对生态平衡产生不利影响。油类物质在水中降解的过程,需消耗大量溶解氧,而降解速度较慢,这使得它们在水体中长期滞留,对水质造成持续性危害。由于溶解氧未能及时补充,微生物和水生动植物的呼吸作用进一步加剧了氧气的消耗,导致水体环境质量不断恶化,严重时可能引起水生植物和动物的大规模死亡。此外,废水中的磷酸盐等物质,可能引发水体富营养化现象,导致水华或赤潮等问题。过高的油脂浓度不仅威胁水生植物的生存,还会导致水生动物的氧气供应不足,严重影响水生态系统的稳定性。

7.2.2.2 切削液废水对人体的危害

切削液废水不仅给生态环境带来严峻挑战,也对人体健康构成潜在威胁。废水中的多种化学成分,包括石油磺酸钠、三乙醇胺油酸皂、聚氧乙烯烷基酚醚及对叔丁基苯甲酸钠等有机物及无机盐,在降解过程中可能转化为多环芳烃等有毒有害物质。水生生物通过摄入这些有害物质,并进一步通过食物链传递,最终可能影响人体健康。这些毒素在人体内积累可增加患肿瘤及引起其他健康问题的风险,显著危害公共健康。此外,废水中的化学物质如果皮肤直接接触可引发过敏反应、接触性皮炎等症状,长期暴露甚至可能导致皮肤的慢性中毒。随着机械加工业的持续发展,切削液的使用量显著增加,随之而来的废水问题亟待解决。由于废水成分复杂且多样,常规处理方法常难以彻底清除所有有害物质,我们迫切需要开发高效、经济的废水处理技术。这不仅能有效缓解环境污染问题,还能保障公众健康。

7.2.3　废切削液处理技术

废切削液是机械加工过程中产生的重要废弃物,含有大量油污、金属屑及其他杂质,因此其处理成为环保和资源回收中的重要课题。废切削液的处理方法主要包括物理处理法、化学处理法、生物处理法和联合处理法。

7.2.3.1　物理处理法

a.重力法

重力法是废切削液处理中常见的一种物理处理方法,基于油水不相溶和密度差异的原理,通过自然沉降分离油水混合物。该方法适用于处理含有较大颗粒和浮油含量较高的废液,特别是在处理初期的废切削液时,能够快速有效地去除大量浮油。然而,由于重力法仅依赖于密度差异进行分离,其在处理乳化程度较高的废液时效果较差。当废切削液中的油水乳化较为紧密时,重力法往往难以充分分离油水,处理效率较低。此外,重力法在处理复杂废水时,往往存在一定的局限性,无法达到较高的环保标准。因此,在实际应用中,重力法常常与其他处理技术联合使用,以增强高处理效果。

b.吸附法

吸附法是一种通过多孔吸附剂或由吸附剂组成的滤床,利用化学或物理作用使废切削液中的油和污染物质被吸附到固体吸附剂上的处理技术。物理吸附主要依赖于吸附材料与污染物之间的引力作用,能够对污染物进行无差别去除。而化学吸附则具有较强的特异性,针对某一类或某种污染物,具有较高的去除效率,尤其对于一些难以处理的污染物具有较好的效果。吸附法的主要局限性在于吸附材料的吸附容量有限,且其再生过程相对困难。该方法通常应用于含油量较低的废液或废液的深度处理。在实际应用中,吸附法可用于去除废切削液中的油和有害物质,但其应用范围仍受到材料再生问题的限制,尤其对于乳化油的吸附效果不佳,仍需我们进一步研究和优化。

c.膜分离技术

膜分离技术是一种利用分离膜的选择性透过特性处理废切削液的有效方法,我们通过控制膜孔径的大小,选择性地允许不同分子粒子透过,从而实现油水分离。乳化油的粒径通常在 $0.1 \sim 2.0~\mu m$,因此,微滤膜被广泛应用于这一处理过程。微滤膜的分离原理基于筛孔效应,即大于膜孔径的分子被膜表面截留,从而实现油水分离。对于粒径较小的溶解油,超滤膜则是更为合适的选择。超滤膜通过物理筛分的机制,仅允许小于膜孔径的分子透过,因此能够有效去除溶解油。

膜分离技术还根据膜的亲水性和亲油性进行分类,主要分为疏水膜和亲水膜。疏水膜主要用于油包水型乳化液的处理,适用于油品含量较低的废液,其处理过程较为经济。然而,疏水膜容易受到油脂污染,可能影响膜的处理效率,常见的材料包括聚乙烯和聚四氟乙烯。相比之下,亲水膜适用于水包油型乳化液的处理,具有较好的渗透通量且不易受油脂污染,因此在处理效率上表现出较好的稳定性。常用的亲水膜材料包括聚乙烯和聚砜,而陶瓷膜由于较强的稳定性和耐污染性,在膜分离技术中得到了广泛应用。整体而言,膜分离技术以其高效、精细的分离能力,成为废切削液处理中的一种重要手段。

尽管膜分离技术在油水分离中具有较高的效率,但其在实际应用中面临一些挑战。首先,膜的污染问题较为突出,特别是疏水膜和陶瓷膜易被油脂及其他污染物堵塞,导致膜的渗透率下降,从而影响分离效果。尤其在高跨膜压力下,膜的通量可能会迅速下降,降低处理效率。其次,膜材料的再生和清洗过程复杂,清洗后膜的渗透率往往无法完全恢复,这限制了膜分离技术的长期应用。此外,膜分离技术的去除率可能无法达到理想水平,特别是在处理高浓度有机污染物的废液时,我们仍需要进一步优化膜的选择和结构设计,以提高处理效率。

d.气浮法

气浮法是一种使气体形成微小气泡,并利用这些气泡将油粒和杂质吸附后带出水面的油水分离技术。该方法的基本原理是利用气泡与水中的污染物质相互作用,使污染物质附着在气泡表面,随着气泡的上浮,污染物得以去除。气浮法可根据气体引入方式的不同分为几种类型,其中加压溶气气浮最为常见。该方法将污水和加压空气一起导入溶气罐,减压后将溶解的气体释放出来,形成大量微小气泡,油粒和其他污染物黏附在气泡上浮出水面。其他类型的气浮方法包括鼓气气浮和涡凹气浮,分别通过底部曝气装置和涡轮的旋转产生气泡,达到油水分离的效果。

尽管气浮法在油水分离中表现出较高的去除效率、操作简便且效果稳定,但其能耗较大,尤其是在加压溶气气浮中,处理过程的能耗是其主要缺点之一。鼓气气浮成本较低,但由于气泡较大,处理效果可能不稳定。电解气浮和涡凹气浮虽能有效处理油粒粒径较小、密度差较小的乳化液,但其成本较高且处理水量较小。因此,气浮法在不同废水类型的处理中具有不同的适用性,选择合适的气浮技术能够提高处理效率,降低成本。

7.2.3.2 化学处理法

a.酸析法

酸析法是一种通过加入强酸以降低乳化液的 pH,从而促使乳化液中的高碳脂肪酸与酸反应,生成低碳脂肪酸或脂肪醇,达到破乳和脱稳的效果。这种方法能够有效减少废水中的化学需氧量,在一定程度上提升了废水的可生化性。然而,酸析法存在设备腐蚀性强、安全风险高及药剂消耗量大的问题。此外,该方法的适用性有限,主要适用于特定类型的废水处理,因此在实际应用中我们需要谨慎考虑。

b.混凝法

混凝法是一种常用于废液处理中,通过添加混凝剂使废液中的胶体粒子和悬浮颗粒脱稳并形成较大聚体的技术。此方法通过一系列物理化学作用,如压缩双电层、吸附电中和、吸附架桥及沉淀网捕,来有效去除废液中的污染物。压缩双电层作用通过增加溶液中的离子浓度,减小胶粒间的电斥力,促使胶体粒子聚集。吸附电中和作用则是利用添加的粒子与胶体粒子异号的电荷相互吸附,减弱胶体粒子间的斥力,从而促进其聚集。然而,过量的混凝剂可能导致胶体反号再稳现象。吸附架桥作用则依赖于高分子混凝剂的线性结构,通过多个吸附点形成架桥,帮助胶体粒子聚集,但其同样存在过量添加会导致再稳的风险。沉淀网捕作用则是通过金属盐类生成金属氢氧化物沉淀,利用沉淀物对胶体粒子的捕获作用,达到去除污染物的目的。在这一过程中,混凝剂的投加量与胶粒浓度密切相关,适量使用能显著提高处理效果。混凝剂还可细分为以下几类。

1）无机混凝剂

无机混凝剂主要包括铝盐系和铁盐系混凝剂，如氯化铝、氯化铁等，以及无机高分子混凝剂等。这些混凝剂能够有效提高废水处理的效率，改善废水的可生化性，并且具有较为宽泛的适用 pH 范围。与其他化学处理方法相比，无机混凝剂的投药量较少，经济性较好，特别适合大规模的废水处理。其应用过程相对简单、成本较低，因而在废水处理领域得到了广泛应用。

2）有机混凝剂

有机混凝剂包括天然和人工合成两类。天然有机混凝剂如纤维素和动物胶，具有较低的二次污染风险，且通常来源广泛，易于获取。但它们易受外界环境因素影响，活性较易丧失。人工合成的有机高分子混凝剂，如聚丙烯酰胺和聚乙烯吡啶盐，具有较强的稳定性，且其分子量可调，投加量小，能够高效地进行废水处理。但其合成成本较高，且可能具有一定的毒性，使用时我们需要严格控制剂量。

3）微生物混凝剂

微生物混凝剂是一类利用微生物或其代谢产物进行废水处理的方法。其作用机制包括电中和、荚膜作用和吸附架桥等，能够在处理废水过程中有效地去除污染物。尽管其具体的作用机理尚未完全明确，但研究表明，微生物混凝剂具有较高的应用潜力，尤其是在处理复杂的工业废水时，表现出良好的效果。此外，微生物混凝剂通常具有较低的二次污染风险，有助于实现废水的绿色处理。

c.高级化学氧化法

高级化学氧化法是通过生成强氧化性自由基，如羟基自由基，来氧化废水中的有机物，从而提高废水的可生化性。该方法包括电化学氧化法、光化学氧化法、Fenton 氧化法和臭氧氧化法等多种技术，能够针对不同类型的废水进行有效处理。

1）电化学氧化法

电化学氧化法通过外加电场作用，在电化学反应器中促使电极表面生成羟基自由基等强氧化性物质，这些物质与有机污染物反应，从而实现污染物的去除。该方法在处理过程中能够获得良好的效果，且几乎不产生二次污染。然而，电化学氧化法有时会发生析氢析氧反应，导致能耗较大，进而增加运行成本。尽管如此，该方法在废水处理领域显示出较强的应用潜力，尤其在某些情况下，能够显著提高污染物的去除效率，尽管其处理效率可能会受到废水初始浓度等因素的影响。

2）光化学氧化法

光化学氧化法中的光催化氧化法广泛应用于污染物的去除，其原理是通过在光的作用下，利用合适的催化剂分解污染物。紫外光通常作为激发源，二氧化钛作为常用催化剂，因其具有较强的催化活性、稳定性和环保性。然而，太阳光中紫外光的比例较低，这使得单一使用二氧化钛存在一定的局限性。因此，近年来关于二氧化钛改性和载体上负载二氧化钛的研究逐渐增多。光化学氧化法反应迅速、氧化能力强，且能在常温常压下进行，处理效果显著。然而，该方法可能产生芳香族有机中间体，导致部分污染物无法完全分解，我们需进一步改进以提高其应用效率。

3）Fenton 氧化法

Fenton 氧化法最初于 1894 年被发现,其基本原理是,在酸性条件下,二价铁离子对过氧化氢起催化作用,从而产生羟基自由基。这种自由基具有极强的氧化性,氧化电位高达 2.8 V,仅次于氟,因此能够有效地氧化分解许多难降解的有机物。尽管 Fenton 氧化法最早被发现,但直到 1964 年,其才首次被应用于苯酚和烷基废水的处理。此后,Fenton 法逐渐被广泛认可,并成为一种高效的废水处理技术。

Fenton 氧化法的核心在于自由基理论,这一理论认为 Fe^{2+} 通过 H_2O_2 的分解生成·OH,而该自由基的强氧化性使其能够降解各种有机污染物。Fenton 氧化法操作简便,反应条件易于控制且无须高温高压,且处理后的废水不会产生二次污染,因此其应用前景广泛。然而,Fenton 氧化法也存在一些限制。首先,Fenton 氧化法的药剂用量较大,容易生成大量含铁污泥,这给后续的污泥处理带来了挑战。此外,Fenton 反应通常需要在 pH 为 2~5 的酸性条件下进行,这增加了处理的成本,并且酸性环境可能对设备造成一定的腐蚀。

废切削液作为一种典型的高有机污染废水,含有许多大分子物质,常规的破乳法和生化法难以有效使其降解。这时,Fenton 氧化法展现了独特的优势,其能够有效分解这些难降解物质。为了提高废液的可生化性,Fenton 氧化法常常与生化法联用。具体操作是,我们首先采用 Fenton 氧化法处理废切削液,提高其可生化性,然后再进行生化处理,或在生化处理后进行深度处理。此外,一些研究也探索了 Fenton 氧化法的改进,例如将紫外光与 Fenton 氧化法结合、使用类 Fenton 催化剂或非均相 Fenton 催化剂等,以提高有机污染物去除率并降低处理成本。

尽管 Fenton 法在废切削液处理中的应用取得了较好的效果,但仍存在一些问题,如可能产生的重金属残留及上清液色度增大等,这些问题仍需要通过优化工艺和催化剂进行进一步改进。

4）臭氧氧化法

臭氧氧化法利用臭氧的强氧化性通过氧化反应净化废水。该方法具有较高的去污效率,且不产生二次污染,工艺相对简单。臭氧通常由空气或氧气生成,而无声放电法是当前大规模生产臭氧的主要技术。臭氧的生产过程需消耗大量电能,每生产 1 kg 臭氧需耗电 20~35 kW,臭氧氧化法的运行成本较高,我们仍需在能源利用和成本控制方面进行优化。

7.2.3.3 生物处理法

生物处理法是一种广泛应用于废水处理的成熟方法,具有良好的处理效果。该方法通过微生物的代谢作用,将废切削液中的油类及其他污染物有效降解,具有较高的环保性和经济性。

a.好氧生物处理

好氧生物处理是一种通过好氧微生物的新陈代谢作用降解废水中有机污染物的有效技术。该方法根据微生物生长载体的不同,主要分为活性污泥法和生物膜法。活性污泥法的核心在于菌胶团,微生物通过吸附和降解废水中的有机物来实现水质净化;而生物膜法则依赖于附着在滤料或转盘上的生物膜,通过微生物的吸附、降解和分解作用实现污染物的去除。微生物通过吸附和分解有机物,进一步通过原生动物的摄食作用完成废水的净化。

活性污泥法具有较好的出水水质和较低的运营成本,且操作管理灵活,但其存在较高的动力消耗、较大的占地面积及较多的剩余污泥产量等问题。相比之下,生物膜法因其耐冲击性强、设备占地小、适应性强等特点,在处理水质波动较大的废水时具有优势。然而,生物膜法的处理效率通常较低,且操作较为复杂,这限制了其在某些应用中的普遍应用。尽管如此,随着技术的不断进步,生物膜法的性能和操作简便性有望得到进一步优化,以应对更多样化的废水处理需求。

在处理高浓度废切削液时,由于其有机污染浓度高且可生化性较差,我们通常不会直接使用生化法进行处理。大多数情况下,我们通过物化法提高废水的可生化性,再进入生化处理阶段。生化处理不仅运行费用低,而且能有效减少二次污染。与物化法相比,生化法产生的污泥量较少,且出水水质更加稳定。在废切削液处理中,生化法,尤其是好氧生物处理,因成本较低且能显著改善水质,成为常用且重要的处理方法。

b.厌氧生物处理

厌氧生物处理利用厌氧微生物的新陈代谢作用降解废水中的有机污染物,我们通常也分为活性污泥法和生物膜法。该方法适用于有机负荷较高的废水,并且无须提供外部氧气,因而能够有效减少能源消耗。厌氧生物处理过程中,剩余污泥量较少,且产生的甲烷气体可作为优质燃料。然而,厌氧生物对毒性物质较为敏感,一旦受到破坏,恢复过程较为缓慢,这是由于厌氧菌的世代周期较长。

7.2.3.4　联合处理法

废切削液成分复杂且可生化性差,单一处理方法难以满足排放标准。因此,我们通常采用多种技术联用的方式进行综合处理,以提高效果和效率。

a.破乳-氧化-生化法

联合工艺在处理废切削液时尤其适用于废液浓度较高的情形。首先,我们通过破乳处理去除乳化油,但此时废液中的 COD 浓度依然较高,且可生化性较差。接下来,我们采用氧化方法提高废液的可生化性,为后续的生化处理打下基础,最终达到排放标准。此类联合工艺能够在多个阶段逐步去除污染物,提高处理效率和稳定性。通过综合运用不同技术,如混凝气浮、芬顿氧化、活性炭吸附等,我们可以有效降低 COD 浓度和石油类污染物浓度,提升水质,并确保废水符合环保排放要求。

b.破乳-高级氧化法

该联合工艺相比传统生化处理方法,减少了生化阶段的处理步骤,从而有效降低了工艺占地和运行费用。此方法可能带来较高的药剂成本,且最终出水水质可能存在未达标的风险。在应用时,我们需要平衡药剂使用量与处理效果之间的关系。通过结合微电解、电芬顿等技术,我们可以提高污染物去除效率,但仍需关注后续处理环节以确保最终水质符合环保标准。

c.破乳-生化法

该组合工艺首先通过破乳预处理去除废水中的油脂,改善了废水的可生化性,便于后续的生化处理阶段进行应用。此方法适用于废水浓度较低的情形,能够有效提升处理效果。在整个过程中,破乳和生化处理的结合可在保证高效去除污染物的同时,降低能耗和成本。此类工艺具有较强的适应性,适合处理各种工业废水,尤其在石油类和COD去除方面表现突出。

d.破乳-生化-高级氧化法

该组合工艺适用于废水浓度较低且破乳后可生化性较好的情况,其通过高级氧化深度处理进一步提升出水水质,同时有效降低了整体处理成本。

7.3　废矿物油

7.3.1　废矿物油的来源及分类

废矿物油是指在石油、煤炭及油页岩提取和精炼过程中,因杂质污染、氧化及热效应等因素使其物理化学性质发生改变,且无法再度利用的矿物油。其主要特点在于含有多种有害成分,如卤素有机物、多环芳烃、重金属等,这些成分对环境和人体健康构成严重威胁,因此,废矿物油被视为危险废物。根据使用领域的不同,废矿物油可以分为废车用润滑油、废工业润滑油及其他类型的废油,具体包括废发动机油、废齿轮油、废润滑脂、废淬火油、废冷冻机油、废防锈油等多种类型。废矿物油的来源广泛,主要包括机械、运输和动力设备的更换油、清洗油等,此外,还有源于油类产品的存储过程及原油开采和加工过程的沉积物。废矿物油在机械加工行业的使用较为普遍,但由于其含有多种有害物质,若未妥善处理,极易造成环境污染。

7.3.2　废矿物油的成因

废矿物油的成因主要是使用和存储过程中受到污染,具体表现为多种杂质的加入,这些杂质导致矿物油无法继续使用,并具有较强的污染性。其主要成因如下。

7.3.2.1　被外来杂质污染

矿物油制品在使用过程中,机械系统的磨损及密封不严的设计常使灰尘、沙砾等杂物进入油中。此外,在存储过程中,若储存容器密封不当或破损,金属屑、灰尘等杂质也可能进入,进一步影响油品的质量。

7.3.2.2　吸收水分

机械设备的润滑系统、液压传动系统及水冷却装置等部件若密封不严,可能导致水分进入油中。此外,空气中的水分也可能被矿物油吸收,这会导致油品性能退化,进一步影响其润滑效果和工作效率。

7.3.2.3　受热分解

矿物油在高温环境下容易发生热分解反应,生成胶质和焦炭,这也是废矿物油产生的原因之一。热分解会导致油品性能退化,使其失去原有的润滑作用。

7.3.2.4　氧化变质

在使用过程中,矿物油与空气中的氧气发生反应,生成酸类物质和沥青等有害物质,这不仅增加了油的黏度,还使其酸度升高,甚至可能生成沉淀,影响油品的正常使用。

7.3.2.5　被燃料油稀释

矿物油在内燃机系统中还可能由于燃料油未完全燃烧而被稀释,这种稀释现象会使润滑油失去原有的润滑性能,进而影响设备的正常运行。

7.3.3　废矿物油的危害

7.3.3.1　对设备的危害

润滑油在机械设备中变质后,可能生成胶质、油泥等物质,这些物质不仅影响设备正常运行,还会降低润滑油的流动性,阻碍零部件间的传动,降低散热效率,进而增加设备磨损,缩短使用寿命。

7.3.3.2　对环境的危害

废矿物油直接外排,不仅浪费,还会对环境造成污染,主要体现在以下几个方面。

a.二次污染

废矿物油焚烧过程中燃烧不完全,常常会释放出苯、萘等多环芳香烃类物质。这些物质能够扩散至大气中,通过空气传播进入人体或动物体内,严重影响健康。苯、萘等化学物质被人体吸入后,可能导致消化系统障碍、生物机能紊乱,甚至增加癌症的发生风险。与此同时,这些有害物质在环境中长期存在,具有较强的致癌性和致突变性,对生态系统构成极大威胁。

b.水体污染

废矿物油若进入水体,将对水质产生严重污染。废矿物油的化学成分复杂且富含有机物,若未经处理直接排放,往往会超出水体的自净能力,造成水质恶化。这些有机污染物会迅速消耗水体中的溶解氧,抑制水生生物的生长和繁殖。此外,废矿物油漂浮在水面上,阻碍了水体与大气的正常接触,进一步降低了水体的自净能力。随着时间的推移,水体中有害物质的积累将导致恶臭问题,影响生态平衡,甚至威胁到水源的安全。

c.土壤污染

废矿物油一旦进入土壤,会改变土壤的物理性质,特别是影响土壤的通透性。这不仅抑制了土壤中微生物的生长,影响其分解有机物的能力,还可能阻碍植物根系的正常呼吸与养分吸收。根系在受到废矿物油的污染后,往往会出现腐烂现象,甚至导致植物死亡。此外,废矿物油中的有害物质还会渗入土壤,减少土壤中的有机氮和磷含量,从而降低作物的营养吸收能力,最终影响农业生产和生态环境的可持续性。

7.3.4 废矿物油资源再生工艺

7.3.4.1 酸-白土精制型工艺

酸-白土精制型工艺是废矿物油再生处理的一种传统方法,其凭借原料易得且成本低廉的优势,在早期得到了广泛应用。该工艺主要通过酸性溶液与白土的结合作用,去除废矿物油中的杂质,达到油品净化的目的。虽然其设备要求较低,操作简便,且原料获取不成问题,但其存在明显的局限性。首先,再生效率较低,尤其是在去除油中的重金属及其他有害成分时,效果不尽如人意;其次,产品质量较差,无法满足高标准的油品要求。最为严重的是,该工艺在处理过程中会产生大量的酸渣和废土,造成较为严重的环境污染问题。由于这一系列的缺陷,酸-白土精制型工艺已不再被广泛采用,并逐渐被更加高效、环保的技术所取代。

7.3.4.2 溶剂蒸馏-白土精制型工艺

溶剂蒸馏-白土精制型工艺是在传统酸-白土精制型工艺基础上的一种创新,其主要通过溶剂和蒸馏技术的结合,进一步提高废矿物油的再生效率和油品质量。溶剂技术能够有效去除废油中的一些杂质,而蒸馏则可以分离不同沸点的组分,从而优化再生油的性质。该工艺在减少溶剂损耗方面得到一定的改进,且操作过程较为简便。然而,尽管该工艺在一定程度上优化了前述工艺的不足,但依旧面临着高硫含量这一主要挑战。高硫成分的存在不仅会影响再生油的质量,还可能增加后续使用环境污染的风险。因此,如何通过进一步的化学处理手段去除废矿物油中的硫化物,提升再生油品质,仍是该工艺亟待解决的问题。此外,废弃溶剂的处理及二次污染问题,仍需我们进一步探索,以保证该工艺的可持续发展。

7.3.4.3 蒸馏-加氢精制型工艺

蒸馏-加氢精制型工艺通过引入加氢处理技术,显著提高了废矿物油的再生质量。加氢技术能够有效去除废矿物油中的有害杂质,如硫、氮和其他重金属,使得再生油的质量得到大幅提升,能够达到 II 类油品标准,符合更严格的环境保护要求。此外,该工艺的一个突出优势是不会产生废弃物处理问题,因为加氢过程本身不涉及大量的固体废料产生,且再生油的质量较为稳定。然而,该工艺也并非完美无缺,存在着一定的挑战。加氢过程中使用的催化剂对杂质非常敏感,废矿物油中的杂质可能导致催化剂失效,从而影响生产的连续性。因此,在实施过程中,我们需要复杂的预处理环节来确保废油的质量符合加氢精制的要求。

7.3.4.4 催化裂解技术

催化裂解技术是利用催化剂和加热作用将废矿物油裂解为混合物,经过精制和脱色过程获得高品质再生柴油的先进技术。这种方法不仅能够有效提升废油的资源利用率,还能减少固体废物的生成,从而对环境起到积极的保护作用。然而,催化裂解技术的工艺复杂,且反应过程中的副产物沥青经济价值较低,无法带来显著的经济效益,进而限制了其在实际生产中的广泛应用。因此,如何提升副产物的利用价值和降低工艺成本,成了我们进一步研究的重点。

7.3.4.5　膜分离技术

膜分离技术利用分子纳滤膜对废矿物油进行过滤,具有操作简便、温度要求低、运行成本较低等优点。这使得该技术在废矿物油回收领域具有广泛的应用前景,尤其是在小型和中型处理设施中更具吸引力。然而,目前膜分离技术尚处于发展阶段,滤膜的寿命较短,需要频繁更换,增加了运营成本。此外,技术本身的成熟度尚不足以支持大规模的推广和应用,因此,如何提升膜的耐用性和过滤效率,成了技术发展的方向。

7.3.4.6　分子蒸馏技术

分子蒸馏技术通过加热利用分子运动差异,将废矿物油中的基础油分离出来,具有较强的原料适应性。这使得该技术在处理废矿物油时能够更为灵活,满足不同废油的处理需求。然而,分子蒸馏技术的操作要求较高,需要精确控制加热温度和操作压力,以避免设备堵塞和降低效率。在国内,分子蒸馏技术已被广泛应用,且在政府环保政策的推动下,得到了更多的关注与支持。

7.3.5　典型案例

衡水市某危废资源化利用企业,总投资 7.8 亿元建成区域危废处置中心,可对 40 个大类的危险废物进行处置,处理能力可达 10.5 万吨/年,其中包含废乳化液的处理,下面我们就其废乳化液的处理工艺做简单介绍。

7.3.5.1　废乳化液的来源

本项目废乳化液主要源于金属表面处理及热处理加工、钢压延加工、纸浆制造等行业生产过程,处理规模 3 000 t/a。

7.3.5.2　废乳化液处理工艺

废乳化液预处理工艺流程如图 7-1 所示。

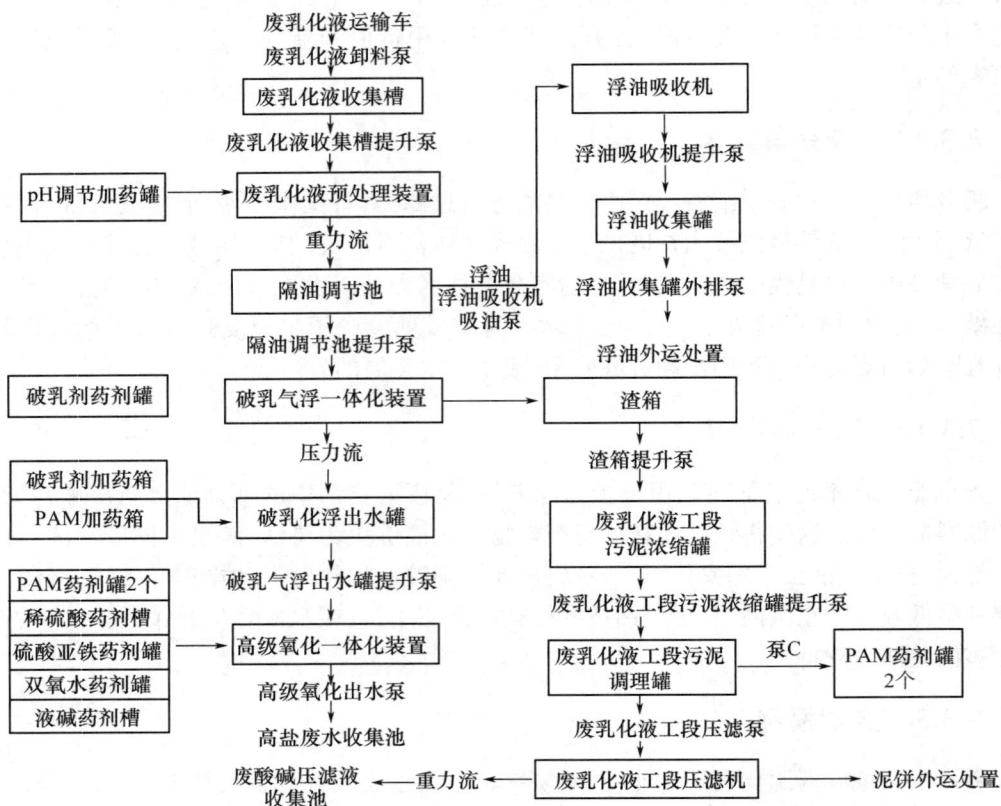

图 7-1   废乳化液预处理工艺流程

7.4 废 漆 渣

涂装工艺是加工工业中的重要环节,但目前喷涂技术的效率仍相对较低,仅为 50%～60%。在喷涂过程中,未能附着到工件表面的油漆通常被喷淋水吸收,形成高水分、高黏性且具有异味的漆渣。由于其复杂成分和潜在的环境危害,漆渣被归类为危险废物。因此,采取有效的处理或预处理方法,可以显著降低企业在废弃物管理方面的成本,提升资源利用效率,并减少环境负担。

在机械加工行业中,汽车生产中的漆渣最为典型,所以本部分我们以汽车行业的废漆渣处理工艺来展开描述。

7.4.1 油漆的成分

涂料是一种能够在物体表面形成牢固、连续薄膜的材料,广泛应用于多个行业,如汽车、建筑、家电及航空等领域。车用油漆的涂装工艺多样,其中常见的三涂二烘和三涂一烘涂装工艺,通常包括底漆、色漆和清漆三层涂层(表 7-2)。

表 7-2　汽车常用涂装常见的三层涂层

顺序(从内到外)	涂层名	功能
1	底漆	防腐防锈,提高面漆附着力
2	色漆	提供颜色
3	清漆	保护和装饰

7.4.2　废漆渣的产生

车用油漆的喷涂过程涉及多种复杂的物理和化学变化。新鲜的油漆在喷涂时经过一系列操作,最终形成油漆废渣。喷涂作业通常在专门设计的喷涂室内进行,这些喷涂室配备了高效的换气系统和水循环系统,以确保作业的安全性和环保性。喷涂过程中,油漆以雾化的形式喷射到目标表面,但并非所有油漆都能附着在工件上,部分油漆弥散在空气中,形成所谓的"漆雾"。为了捕捉和处理这些漆雾,循环水系统被用来吸收其微小颗粒,并通过气流作用将其带入底部水槽中。在水槽中,漆雾颗粒在凝聚剂的作用下逐渐聚集形成块状漆渣,浮于水面后被刮渣设备打捞,最终成为可回收或处理的废弃物。

由于油漆废渣在分离前与水直接接触,其含水量较高。一般情况下,企业采用重力过滤方式初步去除漆渣中的水分,但脱水效率有限,残余水分比例仍较高。这种高含水率的漆渣会影响废弃物的进一步处理效率。此外,随着循环水中有机物浓度逐步增加,系统中可能出现异味,这时我们需要更换循环水以维持正常运行。

为了提高循环水系统的漆雾捕捉能力,我们需要加入漆雾凝聚剂等助剂。漆雾凝聚剂包括絮凝剂和消黏剂,其作用是防止漆渣黏附在设备上,并促进漆渣从系统中有效分离。絮凝剂通过架桥作用使漆渣颗粒凝聚成大块,便于后续处理,而消黏剂通过改变漆渣表面性质消除其黏性,提升系统效率。此外,为确保凝聚剂的最佳效果,需使用 pH 调节剂调整循环水的碱性环境。通过科学地配合助剂与工艺流程,我们可以显著提升喷涂作业的环保性和生产效率,同时减少废弃物的处置难度和环境负担。

7.4.3　漆渣的处理工艺

油漆废渣的处理方法主要涵盖填埋、回收利用和焚烧。由于漆渣中含有重金属及有毒有机物,直接填埋可能引发环境污染,因此这种方法已逐步被限制。尽管填埋的预处理技术如固化/稳定化具潜力,但实际应用尚有限。回收利用方法受漆渣类型限制,难以普遍推广。相比之下,焚烧法因漆渣中树脂具有较高热值,能够高效处置废渣,同时减少环境影响,成为当前漆渣处理的主流方式,具有较高的实践价值和推广前景。

7.4.3.1　回收利用法

油漆废渣的主要成分为树脂,同时某些类型的漆渣还含有颜料,这使其具备一定的回收利用潜力。在回收过程中,保护树脂的完整性至关重要。因此,在漆雾捕集的初期阶段,我们需选择合适的漆雾凝聚剂,以有效保持漆渣结构的稳定性。处理后的漆渣可通过漂洗、脱水及分散等步骤,部分替代新鲜油漆原料,制成符合特定用途要求的再生油漆产品。此外,通过机械脱水、化学脱水或真空加热脱水等工艺,我们可将漆渣转化为固含率较高的粉末,并作为车用密封胶的添加成分,替代树脂,达到显著的资源化利用效果。经过进一步加工,漆渣还可作为防锈漆或防腐漆的填料,具有优良的附着力、光泽度和硬度等性能。综上所述,油漆废渣的资源化处理不仅能够降低废弃物处置压力,还能为涂料行业提供新的原材料来源,具有广阔的应用价值和发展前景。一种配方中含漆废渣的防腐漆制备工艺如图 7-2 所示。

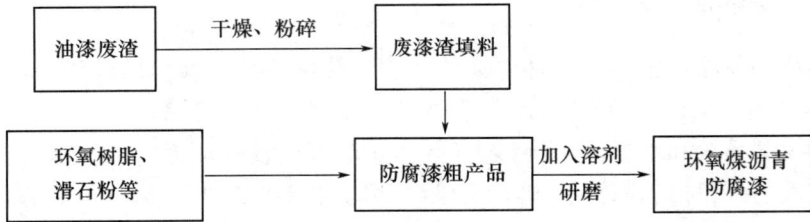

图 7-2　一种配方中含漆废渣的防腐漆制备工艺

　　油漆废渣具有潜在的回收利用价值,已被用于多种改性材料的制备中。研究表明,加入油漆废渣后的改性黏合剂与原黏合剂相比,流变学性能未发生显著变化,但其抗永久变形能力和抗疲劳性能略有下降。油漆废渣还可用于与水泥或石灰复合,尽管其强度略有下降,但其多孔性特征赋予其较好的隔音性能,并适用于轻质建筑材料,特别是居室墙体。此外,油漆废渣经预处理后可用于再生漆的生产,实现资源的再利用。
　　一种再生漆的生产工艺如图 7-3 所示。

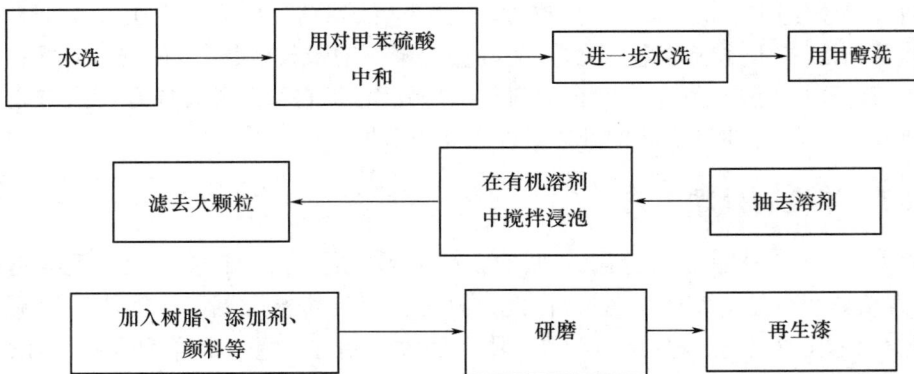

图 7-3　一种再生漆的生产工艺

　　油漆废渣的回收利用在多个领域展现出较大的潜力。研究表明,油漆废渣可作为橡胶的填充剂使用,经该处理方法制得的橡胶材料表现出优于传统填充剂的抗拉强度、延展性和抗撕裂性。此外,油漆废渣中的二氧化钛可通过酸性消化和后续的碱性处理提高纯度,从而有效提高回收产品的二氧化钛含量,提升其应用价值。另一项研究则采用微波热解与空气加热相结合的方法,成功提高了高颜料含量油漆废渣中二氧化钛的回收率,尽管该回收产品的白色度略有下降,但其耐用性和不透明度仍能满足要求。这些研究为油漆废渣的高效回收和再利用提供了新的路径。

7.4.3.2　焚烧及其预处理

油漆废渣的焚烧处理面临一系列技术挑战,主要源于其固态和半固态的物理特性。由于油漆废渣流动性差、黏性大且含有大量水分,直接投入焚烧炉会导致热能利用效率低下,且在受热过程中容易结块,进而影响焚烧效果。因此,采取有效的预处理方法成为提高油漆废渣焚烧效率的重要手段。

为了解决油漆废渣的高水分问题,脱水技术成为关键的预处理措施。通过脱水处理,油漆废渣的水分含量可以大幅降低,使其更易与其他燃料混合,进而提高燃烧效率。脱水后的油漆废渣主要由树脂成分构成,这些成分具有较高的燃烧值,可作为可替代燃料。通过合理的脱水方法,我们可以使废渣的含水率降至50%以下,从而有效提升其燃烧性能。

此外,油漆废渣也可采用水泥窑协同处置技术进行处理。水泥窑协同处置技术是指将固体废弃物与水泥生产过程结合,在高温条件下实现废物的高效焚烧。研究表明,油漆废渣作为燃料替代水泥窑的部分原料时,不仅能够显著减少有害物质的排放,尤其是重金属污染物的排放浓度,还能达到相关环保标准。因此,水泥窑协同处置技术已成为一种较为成熟的油漆废渣处理方式。

对于油漆废渣的预处理方法,改性和压滤技术也被广泛应用。向油漆废渣中添加改性剂,如垃圾飞灰或水泥生料,能有效改善废渣的物理性质,使其在脱水后形成均匀、蓬松的替代燃料,含水率可控制在37%左右,既有利于运输和储存,也适用于水泥窑中的焚烧。

热解技术也被逐渐引入油漆废渣的处理过程中。在惰性气体环境下,油漆废渣经过热解后可生成易于燃烧的小分子有机物,这种方式相比传统的焚烧方法能有效提高能量利用效率。热解处理不仅克服了油漆废渣进料困难的问题,还能够进一步提升其燃烧性能,具有广泛的应用前景(图7-4)。由于热解后的燃气主要为甲烷等小分子,所以焚烧较为充分和稳定,二次污染较少。

微生物降解(或堆肥)是一种环保的废弃物处理方法,其基本原理是通过微生物的发酵作用实现废弃物的降解。油漆废渣作为一种富含碳源和氮源的有机废弃物,具备适宜微生物生长的条件,因此其适合采用堆肥技术处理。在堆肥过程中,油漆废渣中的有机物能够被有效降解,并且其处理后的土壤质量未受到显著影响,反而能够促进植物的生长。此外,堆肥还具有生物干燥的作用,能够通过温度升高和水分蒸发有效降低废渣的含水率。堆肥不仅能够降低油漆废渣的体积和水分,还能够提高其热值,为后续的焚烧或资源化利用提供有力支持,具有显著的环境和经济效益。

7.4.3.3　处理方式总结

油漆废渣的回收利用方法种类繁多,但由于其复杂的化学组成,直接从废渣中提取纯树脂或其他有价值的单一成分面临较大困难。不同回收利用方法通常只适用于特定类型的油漆废渣,并对废渣的物理和化学性质提出较高要求。制备高聚物再生产品的技术要求

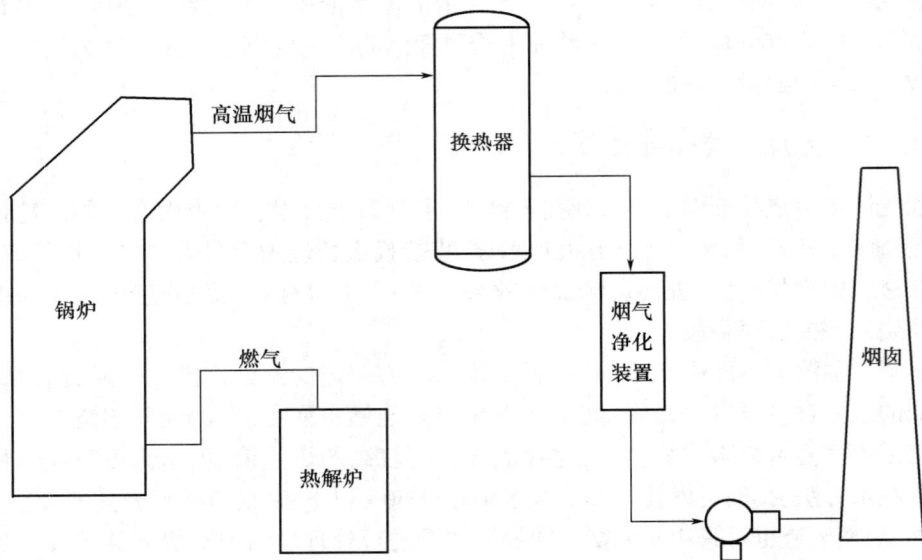

图7-4 油漆废渣热解和焚烧的工艺流程

油漆废渣中树脂的含量较高,且树脂的分子结构必须保持完整;而二氧化钛的回收则要求油漆废渣中颜料的含量较高,这使得不含颜料的清漆废渣无法适用此类方法。

焚烧法因不受油漆废渣种类的限制,被广泛应用于废弃物处置领域。焚烧前的预处理以改善燃烧性能为核心,尤其是通过降低废渣含水率来提升能量利用效率。废渣中的水分包括自由水和结合水,其中自由水可通过机械脱水工艺去除,如压滤和离心过滤,这些方法操作简便且经济性较高,但脱水深度有限。结合水的去除需采用化学处理方法或烘干技术。尽管化学处理方法效率较高,但可能带来额外废弃物,而烘干技术则面临高能耗和成本问题。此外,脱水过程中废渣软化并黏连可能影响处理效率,但通过优化工艺参数我们可在一定程度上克服这一问题,从而提升焚烧法的整体应用效果和经济性。

7.5 废金属屑

7.5.1 废金属屑的产生

在机械加工金属的过程中,常产生多种金属废物,主要包括钢、铁和铝等。钢废物通常占总重量的1/2,铁废物约占1/4,合计钢铁类废物比例超过70%;铝废物占比约为1/5,其余为铜、锌、钨等其他金属废物。

7.5.2 废金属屑的处理

机械加工金属废物的处理方式从简至繁主要分为沥干、压块、离心等。

7.5.2.1　沥干

金属废物经人工或机械收集后,通常被转移至不同容器中进行存储。含有切削液的金属屑可通过过滤装置进行处理,上层滤网拦截金属屑,分离出的清液则回流至加工设备,底层收集处理后的废切削液。此外,金属废物可在托盘架上自然沥干,过程中排出的切削液通过围堰收集至专用池中,以实现资源回收和有效管理。

7.5.2.2　压块

约四分之一的企业对金属废物进行了压块处理,其通常根据材质和大小将其大致分为铁屑类和铝片类。铁屑类压块处理针对粒径较小的金属屑,通过压缩使其形成紧实的块体,从而便于存储、运输及后续再利用。

7.5.2.3　离心

金属废物的预处理方式之一是离心分离,通过高速旋转使金属废物与切削液有效分离。此方法常用于价值较高、粒径小且比表面积大的金属颗粒,如铜粉类。机械加工企业的金属废物大多通过回收途径处理,绝大部分废物会被送往厂外进行回收利用。

第8章 采矿工业固体废物处理及资源化技术

8.1 概　　述

矿山一般指采矿、选矿及其对所生产矿石进行破碎、切割等粗加工的生产单位,即进行采矿作业的场所,包括开采形成的开挖体、运输通道和辅助设备等。

矿山固体废物则是指包括矿山开采过程中所产生的废石及矿石经选冶生产后所产生的尾矿或废渣,其以量大、处理工艺复杂而成为无废城市建设关注的重点内容。

尾矿中仍然含有大量可利用的成分,尾矿综合利用是实现绿色矿山建设的必要条件,通过对矿业固体废物的再循环利用回收原材料和能源,同时减少矿业固体废物的排放量、运输量和处理量。本章我们主要介绍矿山工业固体废物产量大、覆盖范围广的煤矸石、尾矿的综合利用技术,并结合矿区土地复垦技术,助力资源节约型、环境友好型无废城市的建设。

8.1.1 矿山固体废物的产生、分类及特点

8.1.1.1 矿山固体废物的产生

矿山固体废物的种类多样,主要源于矿产资源的开采、运输、加工,以及矿山辅助设施的建设和维修等环节。这些废物包括大量的废石和尾矿,其堆积和排放不仅占用土地资源,破坏自然景观,还因成分复杂和潜在的有害物质可能对周围环境造成污染,甚至存在放射性风险,形成较大的生态和社会问题。目前,矿山固体废物的利用率仍有待提高。针对这一现状,我们需要根据不同矿山固体废物的特性,采用科学合理的处理与资源化利用方式。一方面,这将有效减少矿区及周边的环境污染,改善矿山生态系统;另一方面,我们可通过回收利用其中的有用成分,将废物转化为资源,减轻矿产资源供需压力。推动矿山固体废物的高效资源化和综合利用已成为资源、环境与生态领域的重要研究方向,对于可持续发展具有深远意义。

8.1.1.2 矿山固体废物的特点

由于采矿废石和选矿尾矿堆积占用土地并存在一定的危害,故我们需要进行针对性处理,同时矿山固体废物中含有和原矿一致的组分并未被完全提取,很多金属矿及煤矿等的废石和尾矿亦有许多具有经济价值的伴生组分或其他组成成分,因此对其回收利用又具有一定的经济意义。总体上矿山固体废物有以下几个特点。

①排放量大,组成复杂。

②破坏和污染生态环境。

③处理处置方式多样化。

④处理花费较大,见效则相对较慢。

⑤固体废物综合利用率低,资源浪费明显。

目前,我国矿山固体废物的综合利用率较低,大量废物仅被长期堆放在尾矿库或矿山周围的排土场。一些偏远地区的矿山甚至直接将固体废物排放至自然场地,造成矿区及周边环境的严重污染。

8.1.1.3 矿山固体废物的分类

矿山固体废物较一般的固体废物组成相对固定,一般依其来源和产生环节的不同,可被分为两大类。

a.采矿废石(含煤矸石)

采矿废石是矿石开采过程中剥离的岩土物料,其堆放区域被称为排土场。无论是露天开采还是地下开采,均会产生大量废石。我国矿山废石的年排放量已超过 6 亿吨,其中露天铁矿山占比较大。矿石中夹杂的废石进一步加剧了这一问题,每吨金属或非金属矿石的开采会产生 0.2~0.3 吨废石,而煤矿开采及洗煤过程中产生的煤矸石量更多,占原煤产量的 70%。历年堆存的煤矸石已达到数十亿吨,成为资源化利用的重点领域。面对巨大的废石存量及新增量,合理处理与资源化利用成为当前采矿业的关键任务,这不仅有助于减少环境压力,还可充分挖掘废石中的潜在资源,促进资源高效循环利用。

b.选矿尾矿

选矿尾矿指的是在选矿加工过程中排放的固体废物,其堆放场地则被称为尾矿库(坝)。

大多数金属和非金属矿石经选矿后才能被工业利用,选矿也会排出大量的尾矿,如每选 1 吨铁约排出 0.3 吨尾矿。大量的尾矿堆积大面积占用土地,且治理较困难,引发诸多的环境与生态问题,故其治理及再回收利用受到越来越多的关注。

8.1.1.4 矿山固体废物的组成

矿山固体废物主要源于矿山的开采、加工和运输等各个环节,通常其矿物组成与原矿相似。常见的矿物种类包括含氧盐矿物、氧化物和氢氧化物矿物。这些矿物的物理化学特性决定了矿山固体废物的处理难度和资源化利用的可行性,因此,深入了解这些矿物的性质和行为,对于优化废物的处置和资源化方案具有重要意义。

a.硅酸盐矿物

硅酸盐矿物作为岩石最为主要的成分之一,是原矿和矿山固体废物的重要组成部分。已知硅酸盐矿物约 800 种,占矿物种类的 1/4 左右,占地壳总质量的 80% 左右。硅酸盐矿物是许多非金属矿产和稀有金属矿产的来源,如云母、长石、高岭石、滑石等。硅酸盐矿物的性质常随其结构不同发生较大变化。

b.碳酸盐矿物

碳酸盐矿物有 80 多种,广泛分布于自然界,占地壳总质量的 1.7%。这些矿物是金属阳离子与碳酸根结合形成的化合物,金属阳离子包括 Na^+、Ca^{2+}、Mg^{2+}、Ba^{2+}、Cu^{2+}、Pb^{2+}、Zn^{2+} 等。

碳酸盐矿物的结构主要呈岛状、链状和层状,其中以岛状结构为主。碳酸盐矿物在非金属矿产中具有重要应用,如白云石和菱镁矿,而在金属矿产中,碳酸盐矿物常作为脉石矿物。其一般无色或白色,含过渡金属离子时可能呈现彩色,具有玻璃光泽。碳酸盐矿物的硬度和密度较小,通常不具备磁性,是电和热的不良导体,且表面亲水,化学稳定性差,在水中的溶解度较大。

c.硫酸盐矿物

硫酸盐矿物的分布相对较窄,仅占地壳质量的 0.1%。这些矿物是金属阳离子与硫酸根结合形成的化合物,常伴随有其他附加阴离子。矿物中的阳离子主要包括 Fe^{3+}、Ca^{2+}、Mg^{2+}、K^+、Na^+、Ba^{2+}、Sr^{2+}、Pb^{2+}、Al^{3+} 和 Cu^{2+} 等,这些阳离子通过离子键与硫氧四面体结合,形成岛状、环状、链状和层状等四种结构类型,岛状结构为主,矿物形态以粒状、板状为主。灰白色、无色,含铜、铁者呈蓝色和绿色。玻璃光泽,少数金刚光泽。透明至半透明。硬度低,含结晶水者更低。密度除含铅、钡和汞者较大外,一般属中等。

d.其他含氧盐矿物

主要包括磷酸盐矿物、钨酸盐矿物、钼酸盐矿物等,另有硼酸盐、砷酸盐、钒酸盐、硝酸盐矿物等,这些含氧盐矿物对一般的矿产形成作用不大。

e.氧化物矿物和氢氧化物矿物

氧化物矿物和氢氧化物矿物是一系列金属阳离子和某些非金属阳离子与 O_2^- 或 OH^- 化合而成的矿物。此两类矿物种类繁多,占地壳总质量的 17% 左右,其中石英族矿物就占到了 12.6%,Fe 的氧化物和氢氧化物占 3.9%。石英为重要的造岩矿物,而其他氧化物矿物则常为提取金属元素和放射性元素的重要矿物,有的为宝石(如玛瑙)的矿物来源。氧化物矿物一般莫氏硬度大于 5.5,熔点高、溶解度低,物理化学性质较稳定。氧化物中普遍存在的同类混合物,若是有益元素则有利于综合利用;若为有害元素则会造成某些精矿中有害杂质增高,以及所含金属之间不能分选而造成金属损失。氢氧化物的晶体结构主要是层状或链状,由于分子键或氢键的存在,以及 OH^- 的电价较低而导致阳离子与阴离子间键力的减弱,与相应的氧化物比较,其相对密度和硬度都减小。

f.硫化物及其类似化合物

硫化物及其类似化合物是由金属和半金属元素与硫、硒、碲、砷、锑、铋等元素结合而成的矿物。该类矿物种类约 350 种,其中硫化物占据 2/3 以上,其他为硒化物、碲化物、砷化物及少数的锑化物和铋化物。虽然这些矿物仅占地壳总质量的 0.15%,其中大部分为铁的硫化物,其他元素的硫化物及其类似化合物仅占地壳总质量的 0.001%。尽管其分布量有限,但它们可以富集成具有工业价值的矿床,主要提供有色金属资源,如铜、铅、锌、汞、锑、铋、钼、镍、钴等元素。硫化物及其类似化合物在国民经济中具有重要的战略意义。

g.其他矿物

矿山固体废物中除常见矿物外,还存在一些较为稀有的矿物,如萤石、石盐、天然金、铂族矿物、金刚石和石墨等。

8.1.2 矿山固体废物对环境的影响

矿山固体废物是我国固体废物的重要来源,通常含有多种化学成分和有机物。这些废物若未能得到妥善处理,可能会对环境造成严重影响。废物中的有害化学成分可能渗入地下水、土壤或空气中,导致环境污染,进一步影响生态系统和人体健康。

8.1.2.1　侵占土地

矿山固体废物的大量堆积对生态环境造成了深远影响,其主要表现在土地侵占和生态破坏方面。采矿废石与选矿尾矿的大规模堆积显著侵占了土地资源,成为矿山开发对环境最突出的威胁之一。据统计,全球采掘工业每年排放数百亿吨工业固体废物,其长期堆积不仅覆盖了耕地和森林,还引发土地退化和生物多样性丧失等问题。更为严重的是,尾矿中含有的化学物质通过迁移和腐蚀作用对土壤、水体及大气造成严重污染,直接威胁人类健康和生态系统的安全。此外,尾矿库产生的粉尘通过风力扩散至周边区域,进一步恶化空气质量,破坏周边环境的生态平衡。

8.1.2.2　引发地质与工程灾害

矿山固体废物堆积体的结构不稳定,易受自然因素影响,特别是在强降雨或地震等极端条件下,极易引发滑坡、塌方和泥石流等地质灾害。废石堆和尾矿库一旦发生溃坝,不仅会导致严重的经济损失,还可能引发大规模的人员伤亡和生态系统崩溃。事实上,自 20 世纪 80 年代以来,国内外已发生多起尾矿库溃坝和泥石流事故,这些灾害事件不仅表明灾害防控的重要性,也暴露了现有治理措施的不足。治理此类灾害需要投入大量资金和技术,且难度极高,因此,预防性措施显得尤为关键。

8.1.2.3　污染环境、破坏生态平衡

矿山固体废物成分十分复杂,含有多种有害成分甚至放射性物质,在堆置、处理等过程中均可对矿区及周边地区的大气环境、水环境及土壤环境等各子系统产生污染,破坏生态平衡和环境质量,构成严重的社会公害。

矿业固体废物的堆积往往占据大面积的地表土地,涵盖山林和耕地,进而加剧水土流失,影响生物链的稳定,导致动物种群的迁移。此类破坏常引发大规模的地表变异,并可能引起局部气候的变化。某些矿区由于废石堆积和开采活动,导致植被破坏和风沙化现象加剧,严重影响了区域气候和生态平衡。随着绿地逐渐转变为石山或秃山,水土流失问题愈发严峻。大规模的废石堆在风力、水力及重力的作用下容易发生滑坡和塌方,降雨量增加时则可能引发泥石流,这进一步加剧了生态环境的破坏。这一系列的环境变化使得植物和动物种类减少,体现了矿业活动对生态环境造成的不可逆转的破坏。

矿山固体废物的堆置及处理对环境和生态系统产生了深远的影响,尤其是在大气污染和土壤生态退化方面,其危害表现尤为突出。首先,煤矸石和尾矿库的堆积在自然和人为因素的共同作用下容易产生自燃或扬尘现象,从而释放多种大气污染物,包括飘尘、二氧化硫(SO_2)、氮氧化物(NO_x)、一氧化碳(CO)及多环芳烃。这些物质不仅对矿区周边的大气质量构成威胁,还通过长距离扩散影响更广范围内的生态环境。例如,金矿尾矿砂由于颗粒细小,在干旱或多风地区易成为局部扬尘的主要来源,同时尾矿中的金属汞及选矿药剂的分解会导致汞蒸汽和氰化物浓度增加,进一步加重空气污染。此外,煤矸石堆放过程中,

由于其含有黄铁矿等成分,加之缺乏有效的压实措施,可能会频繁发生自燃。这种现象不仅释放大量温室气体如二氧化碳(CO_2),加剧全球气候变化,还排放一氧化碳、氮氧化物和二氧化硫等危害人体健康的有毒气体。煤矸石自燃过程中还产生挥发性和半挥发性有机物,使空气质量进一步恶化,成为矿山环境问题的关键挑战。与此同时,矿山固体废物的排放对土壤生态系统的影响也极其深远。尾矿库周围的土壤中检测出的重金属浓度高于背景值,如铜(Cu)、铅(Pb)、锌(Zn)和镉(Cd),这表明尾矿物质迁移导致的重金属污染问题很严重。这些污染物不仅直接威胁植物和微生物的生存,还显著降低土壤中微生物种群的数量和多样性,破坏土壤生态系统平衡。此外,矿区污染土壤对农业生产造成了负面影响,例如作物种子发芽率的显著下降,进而对农产品产量和品质产生不利影响。

8.1.2.4 造成严重资源浪费与经济损失

矿山固体废物的排放对环境和生态系统造成了显著压力,并对人类健康和生命财产安全构成了潜在威胁。这些废物不仅破坏自然生态平衡,还导致资源浪费和经济损失。固体废物中通常含有多种有价金属元素,但若我们未能合理利用,便成为不可忽视的资源损失。目前,我国金属矿产资源的综合利用效率偏低,其中黑色金属矿山的采选回收率约为65%,有色金属矿山的采选综合回收率则为60%~70%。有色金属矿山尾矿的利用率较低,仅达到6%左右。此外,大量共伴生矿物未被充分回收利用,仅有少数金属实现资源化利用,导致矿产资源开发的效率进一步下降。因此,针对金属矿山固体废物的合理处理与高效利用是资源保护与环境治理的重要方向。技术创新与综合利用措施的加强,可显著提高资源利用率,减少废物排放,从而促进矿产资源开发的可持续发展,推动生态环境保护和经济效益的同步实现。

8.2 煤矸石综合利用技术

煤矸石的主要来源有露天剥离及井筒和巷道掘进过程中开凿排出的矸石;在采煤和煤巷掘进过程中,由于煤层中夹有矸石或削下煤层底板,使运到地面上的煤炭中含有矸石;煤炭洗选过程中排出的矸石(表8-1)。

表 8-1 煤矸石的主要来源

煤矸石来源	露天剥离及井筒和巷道掘进过程中开凿排出的矸石	在采煤和煤巷掘进过程中产生的矸石	选煤厂产生的矸石
所占比例	45%	35%	20%

随着资源利用与环保要求的日益提升,煤矸石已成为国家关注的重要资源。国家提出推动煤矸石在发电、建材制品、复垦回填和无害化处理等领域的综合利用,核心目标是提升煤矸石的高效利用水平,促进资源的循环利用,减少环境污染,同时推动绿色技术的创新应

用。通过技术的升级和优化,国家鼓励发展高科技、高附加值的煤矸石利用技术,从而在提升资源效率的同时减轻煤矸石对环境的负面影响。

8.2.1　煤矸石发电

煤矸石电厂通过利用煤炭开采及洗选过程中产生的煤矸石、煤泥等低热值燃料,实现了废弃资源的高效转化与利用,是推动资源高效配置与环境保护的重要措施。这种发电模式在节约能源、减少污染物排放和改善环境质量方面具有显著优势。通过替代矿区内高耗煤、低效率的中小锅炉,煤矸石电厂有效降低了烟尘及二氧化硫等有害物质的排放,优化了矿区的生态环境。与此同时,煤矸石电厂与集中供热及热电联供模式相结合,能够提升能源利用效率,满足矿区及周边地区的热负荷需求,增加供电负荷,从而提升供电的可靠性与安全性。此外,发电过程中产生的废渣如粉煤灰等可被用于建材行业,这进一步拓展了资源综合利用的途径。煤矸石电厂的建设不仅有助于推动煤炭行业结构优化,还对矿区经济的持续发展起到了积极的促进作用,是实现绿色发展与可持续发展的关键环节。

8.2.1.1　煤矸石发电概述

煤矸石发电是利用煤矸石内蕴含的热量进行能源转换。由于煤矸石含有一定碳分,且其热值可达 4 180 kJ/kg 以上,经过简易洗选处理,特别是选煤矸石,其发热量可达到 6 270 kJ/kg。将煤矸石加工至粒径小于 13 mm,水分小于 10%,并与低热值劣质煤混合,可制成热值为 10 000~13 000 kJ/kg 的燃料,用于流化床锅炉发电或供热。此举不仅能有效节约优质煤资源,还能减少环境污染。

煤矸石作为燃料用于发电的方式主要分为单独使用和与煤泥混合使用。在单独使用时,煤矸石的热值若低于 4 186 kJ/kg,我们需要进行洗选处理并加入石灰石脱硫后使用;若热值为 6 270~12 550 kJ/kg,则可直接利用,其燃烧后产生的灰渣可用作建材原料。在与煤泥混合使用时,我们对煤矸石和煤泥的热值及水分含量均有严格要求,以确保燃烧效率和环保性能。煤炭生产过程中的矿井水经处理后作为电厂工业用水,实现了水资源的高效循环利用。同时,煤矸石电厂采用循环流化床锅炉技术,将燃烧生成的灰渣用作建材活性填料或辅料,粉煤灰则广泛用于水泥生产,这进一步提升了废弃资源的经济价值。此外,矿区塌陷区被开发为排灰场,为废灰存储和土地复垦创造了条件,体现了对土地资源的综合管理。在生态环境保护方面,煤矸石发电每年消耗约 1 400 万吨矸石,占综合利用总量的30%,有效缓解了煤矸石堆积占地问题。同时,灰渣制砖技术保护了耕地并改善了矿区生态环境。这些实践不仅推动了矿区环境的修复与治理,还从根本上改善了产业结构。在经济与社会效益层面,煤矸石发电在缓解煤炭产业结构矛盾的同时,实现了资源高效利用与环境友好发展,为煤炭经济注入了新的活力,解决了计划经济遗留的供需失衡和效益低下问题,展现出多维度的积极意义(图 8-1)。

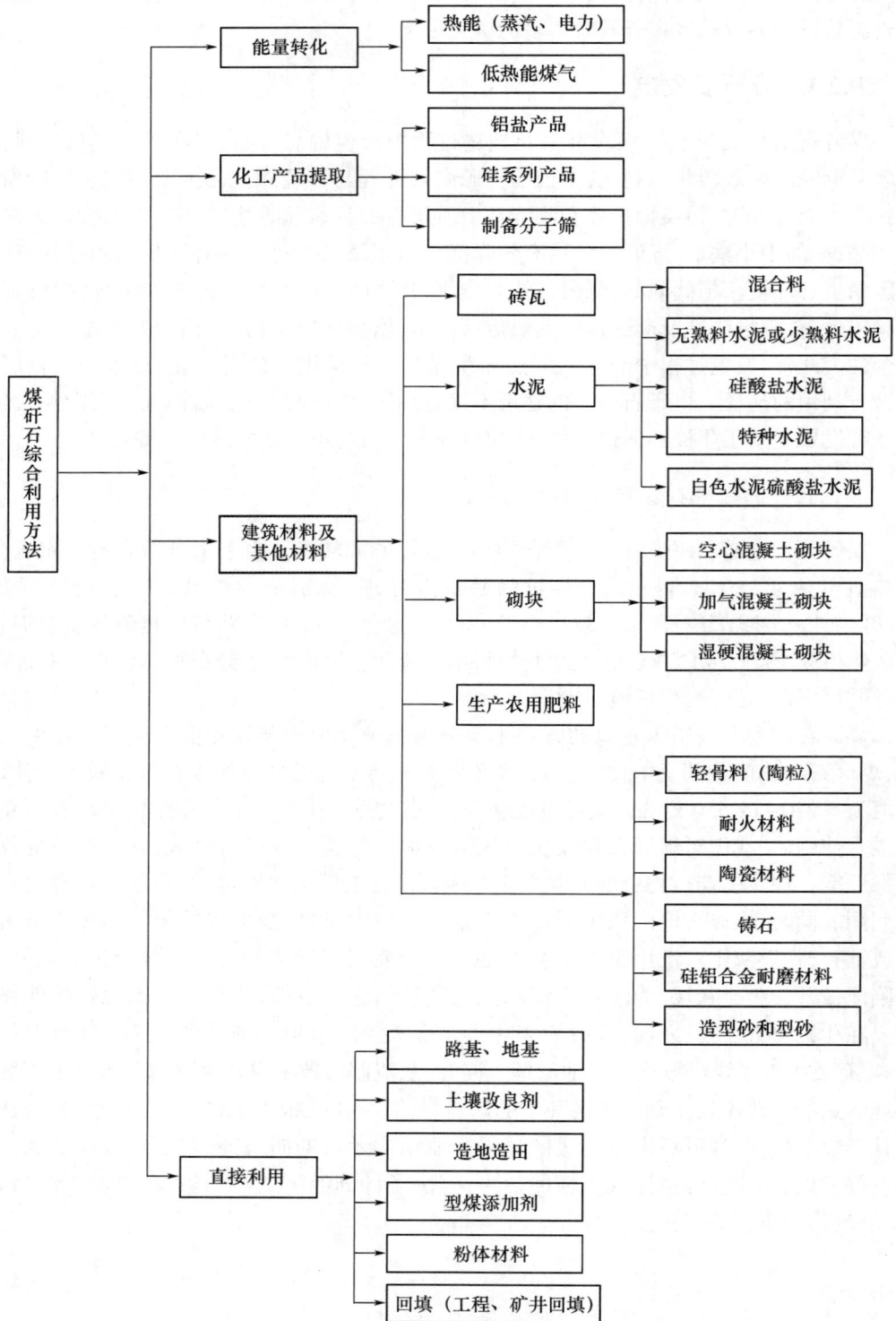

图 8-1 我国煤矸石综合利用现状

8.2.1.2　利用煤矸石发电的燃烧设备

目前煤矸石热值利用主要采用沸腾燃烧(流化态燃烧)技术和沸腾锅炉(流化床锅炉)。1922 年德国率先申请了流化床燃烧技术专利,1926 年将其应用于 Winkler 煤气化炉作为大规模化学反应装置投入实际应用。1964 年英国首先装设了流化床燃烧成套装置,此后其广泛应用于世界各国,并不断推出新的形式与成套设备。我国 20 世纪 70 年代初开始相关方面的研究,并取得一定进展。

鼓泡流化床锅炉密相床的燃烧份额大,需布置埋管受热面以吸收燃烧释放。尽管鼓包流化床锅炉(BFBB)稀相区内的传热系数比较低,但因在稀相层内的吸热量所占份额较小,总的来说,对于容量较小的锅炉 BFBB 结构受热面的钢耗量要少些,BFBB 的燃烧主要在相床,给煤的平均粒径偏大,煤破碎设备较为简单,电耗低,流化速度低,细煤粒在悬浮段停留时间长,炉膛较低。虽埋管有磨损,但如防磨损失处理得好,一般横埋管可用 5 年以上。采用尾部飞灰再循环,BFBB 的燃烧效率可达 97%,如在炉膛出口安装分离器实现热态飞灰再循环,则可高达98%~99%,但此时装设分离器的目的主要是提高燃烧效率而不是像循环流化床锅炉(CFBB)主要改变炉内的燃烧传热机理。

CFBB 的截面热负荷是 BFBB 的 2~3 倍(从上至下加起来的热负荷,而不是一层),利于大型化作业,炉膛内温度均匀,大气污染物排放浓度低,燃烧效率高(可达 99%以上),是在BFBB 技术基础上的进步,具有更优越的性能,但因分离器不能捕集到细小煤粒,我们就需要较高炉膛,对煤的破碎粒度及操作控制等都要求较高,投资大且技术复杂,所以 CFBB 炉型对中小容量锅炉并无明显优势,因而国外一些研究者认为,BFBB 适用于 50 t/h 以下容量,CFBB 适用于 220 t/h 以上容量,在 50~220 t/h 容量范围内二者共存。

8.2.2　煤矸石生产建筑材料

8.2.2.1　煤矸石制砖

煤矸石制砖工艺技术已得到广泛应用,且其生产能力不断提升,能够实现 100%煤矸石作为原料生产空心砖,无须依赖外部燃料。在此过程中,先进的制砖技术与设备使得生产多种类型的煤矸石砖成为可能,包括承重多孔砖、非承重空心砖及外承重装饰砖、广场砖和道路砖等。这一工艺不仅为煤矸石的资源化利用提供了有效途径,还在节约土地资源和减少废弃物堆积方面发挥了重要作用。利用煤矸石生产烧结空心砖是消纳工业废渣的有效方式之一,生产工艺已趋于成熟,许多生产厂已投入运行。以年产 1 000 万块普通砖的煤矸石烧结砖厂为例,每年可消耗煤矸石约 3 万吨,并通过减少堆积用地约 4 400 m²,为节约资源和保护环境做出了积极贡献。

a.原料选择

1)物理和矿物性质:煤矸石的物理性质涉及其矿物组成,主要包括泥质页岩、炭质页岩、砂质页岩、砂岩和煤炭等不同成分。泥质页岩和炭质页岩通常具有层状结构,颜色多为灰黑色,且易风化、破碎和粉磨,因此其作为制砖原料具有很好的适应性。相反,砂岩和砂质页岩的粒状结构较为松散和坚硬,难以粉碎和成型,因此不适合作为砖材原料。

2)化学性质:煤矸石的化学成分以二氧化硅(SiO_2)为主,次之是铝土矿(Al_2O_3)、铁氧化物(如Fe_2O_3)、钙氧化物(如CaO)、镁氧化物(如MgO)、钠氧化物(如Na_2O)、钾氧化物(如K_2O)和二氧化硫(SO_2)等。煤矸石作为工业固体废弃物,其化学成分和热值对其性能和应用具有重要影响。科学分析煤矸石的化学组成及影响因素,不仅能提升其资源化利用效率,还能为相关技术的发展提供理论依据。从化学成分来看,煤矸石中SiO_2的含量对制品性能具有显著作用。适量的SiO_2能提高材料的强度,但若含量过高(超过70%),则会降低可塑性并导致制品收缩过大,因此我们需要合理控制。Al_2O_3则是一种有利成分,其含量为15%~40%时,可有效提高材料的塑性、耐火性及机械强度,成为煤矸石高值化利用的重要因素。相较之下,Fe_2O_3含量对颜色和耐火性有显著影响,若含量过高,不仅会导致制品耐火性能下降,还可能引发烧成缺陷,我们需加以严格限制。CaO和MgO作为助熔剂,在含量适中的情况下(2%~5%)能够改善烧结性能,但过量则会引发膨胀和裂纹问题。同样,Na_2O和K_2O虽能降低烧成温度,但高含量可能引起泛碱现象,因此宜控制在2%~5%。SO_2的含量则需特别关注,其在高温条件下易引发材料膨胀,合理范围应为1%~3%。

3)热值:煤矸石的热值对其性能同样具有关键性影响。适当的热值(400~600 kcal/kg)有助于内燃焙烧工艺,通过提供内燃热源我们可有效降低生产成本。然而,过高的热值可能对制品质量产生负面影响,尤其是与窑炉性能不匹配时。因此,我们需要根据煤矸石热值的特性进行科学配比,以实现资源利用的最优化。针对热值的调控,我们可以采取多种方法。例如,对于高热值煤矸石,我们可掺入低热值材料如黏土或页岩以实现均衡;而对于低热值煤矸石,我们则可适当补充高热值材料如煤粉,或借助外部燃料以满足焙烧要求。

b.煤矸石烧结砖

煤矸石烧结砖生产工艺是一种成熟且广泛应用的技术,利用煤矸石与黏土成分相近的特点,进行砖瓦的烧制。这一工艺能够有效减少或避免使用土壤和煤资源,是煤矸石综合利用的重要途径之一。煤矸石烧结空心砖生产线的工艺流程包括给料、粗碎、细碎、筛选、加水搅拌、陈化、搅拌、对辊、成型、码坯、干燥、焙烧和卸砖等多个步骤。

煤矸石烧结空心砖生产工艺流程如图8-2所示。

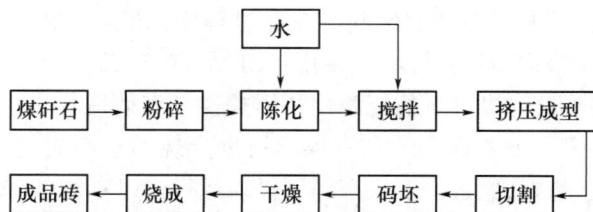

图8-2 煤矸石烧结空心砖生产工艺流程

煤矸石烧结制砖技术是煤矸石利用中的重要方向之一,其优势在于能够有效节省传统制砖中所需的黏土和燃料。煤矸石具有一定的热值,可通过其自身的热量进行烧结,避免了外部能源的额外消耗,这使得煤矸石烧结制砖在节能方面具有明显优势。随着新型破碎设备和多级工艺的不断发展,煤矸石的成型性能和成品率得到了显著提高,且制砖过程中能耗较低,产品的使用寿命较长。

c.煤矸石非烧结砖

煤矸石非烧结砖技术通过对煤矸石进行粉碎处理,并将自燃煤矸石与水泥、石膏等混合,采用自然养护固化的方式进行生产,不需要高温烧结,从而显著降低了能源消耗。煤矸石非烧结砖不仅解决了煤矸石成分不均匀的问题,还能通过简单的工艺流程提高生产效率,同时具有较强的社会经济效益,其低能耗、低污染的特点使其成为实现煤矸石资源化利用和推动绿色建筑材料发展的重要技术路径。

8.2.2.2　煤矸石生产水泥

a.煤矸石生产水泥概述

煤矸石作为煤矿生产过程中的固体废弃物,其成分与特性使其具备广泛的资源化利用潜力。其主要成分包括矿物岩石、碳及其他可燃物,其中矿物岩石的化学成分以二氧化硅(SiO_2)为主,同时含有氧化铝(Al_2O_3)、三氧化二铁(Fe_2O_3)、氧化钙(CaO)、氧化镁(MgO)、氧化钠(Na_2O)、氧化钾(K_2O)及二氧化硫(SO_2)等,化学组成与黏土相似。这些特性赋予煤矸石在工业生产中的替代价值,特别是在建筑材料领域其具有显著优势。根据其氧化铝含量的不同,煤矸石可被分为低铝(20%±5%)、中铝(30%±5%)和高铝(40%±5%)三类,其各有特定的应用方向。低铝煤矸石因其化学组成与传统黏土相似,可直接用于普通水泥生产,无须显著调整工艺;而中铝与高铝煤矸石则可在特定配方调整后替代黏土及部分矾土,适用于普通水泥和特种水泥的生产,例如硅酸盐膨胀水泥等,显著提升了煤矸石的资源化利用价值。

进一步的深加工技术为煤矸石的高效利用提供了重要路径。通过高温燃烧,我们可有效去除煤矸石中的可燃物,生成具有活性的风化煤矸石或熟煤矸石。这些材料在建筑领域表现出优异的适用性,例如与石膏共同研磨后,可制备普通硅酸盐水泥或火山灰水泥。

b.作为原燃料

煤矸石的化学成分与黏土相似,主要成分包括二氧化硅、氧化铝及少量的氧化铁,因此,它能够替代传统水泥生产中的黏土原料。通过合理配比煤矸石与石灰石、铁粉等其他材料,我们可以有效利用煤矸石的低热值进行煅烧生产水泥。与传统燃料相比,煤矸石的使用不仅能够降低水泥生产中的能源消耗,还能够减少对其他原料的依赖,从而在保持水泥产量和质量稳定的前提下,实现资源的节约和环境的保护。此外,使用煤矸石作为原燃料,能有效缓解煤矸石的堆积问题,推动煤矸石的资源化利用,符合现代绿色建筑材料生产的可持续发展要求。

c.作为混合材料

自燃煤矸石具有一定的活性,可以作为活性火山灰质混合材料应用于水泥生产。其在燃烧过程中释放的热量能够替代部分优质煤炭,进一步降低煅烧过程的能源消耗,提高生产效率。经过沸腾炉处理后的煤矸石残渣,因其碳含量较低且具有较好的活性,适用于生产低热微膨胀水泥。这类水泥因其良好的稳定性和耐久性,广泛应用于需要降低热膨胀或温度控制要求较高的工程领域。

8.2.2.3 煤矸石生产陶粒

含碳量较低(质量分数低于13%)的炭质页岩和选煤矸石适宜用于烧制陶粒。陶粒作为一种轻质、具有良好保温性能的建筑材料,具有广阔的应用前景。陶粒是一种多孔骨料,能有效降低混凝土的相对密度,且其密度明显低于传统的卵石和碎石。煤矸石的矿物组成主要为黏土矿物,化学成分也与陶粒所需的黏土质岩相似,符合烧制陶粒的化学成分要求,因此,煤矸石是理想的陶粒废渣原料。然而,由于多数煤矸石的 Al_2O_3 含量较高,其焙烧陶粒所需的温度略高于一般黏土和页岩的焙烧温度。我国目前采用成球法和非成球法两种方式制备煤矸石陶粒,其中以回转窑工艺为主,包括破碎、研磨、加水搅拌、造粒、干燥、焙烧和冷却等环节。

8.2.3 煤矸石回收有用矿物

8.2.3.1 从煤矸石中回收煤炭

回收煤炭的常见工艺包括重介-跳汰联合分选工艺、旋流器回收工艺、斜槽分选机工艺及螺旋分选机工艺等。这些工艺的基本原理均基于煤矸石和煤炭在密度上的差异,通过重力和离心力的作用,将煤粒和煤矸石进行分离。煤粒被提取出来,而煤矸石则被排入相应的卸料孔。煤炭洗选排矸量通常占煤矸石总排放量的30%。洗矸的发热量一般为2.09~6.28 MJ/kg,通常被用作煤矸石电厂的沸腾炉燃料。在一些矿山,通过从洗矸中回收煤炭,其获得了显著的经济效益。具体来说,通过水力旋流器从洗矸中回收煤炭,不仅能显著提升经济效益,对资源的合理利用也具有重要的社会效益。洗矸经过分级筛选后,通过人工手选去除中块煤和矸石,再通过水力旋流器进行分选,将煤和矸石分离,进一步减少煤炭资源的损失,并生产再洗煤,成分通常在35%~45%。(图8-3)

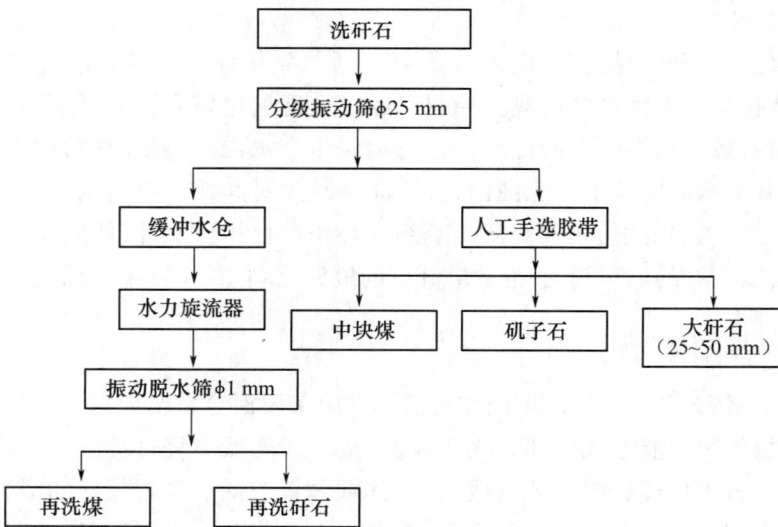

图 8-3 矸石再洗系统工艺流程

8.2.3.2　从煤矸石中回收黄铁矿

硫铁矿作为重要的工业原料,广泛应用于硫酸生产中。我国拥有丰富的硫铁矿资源,主要分布于与煤炭伴生的矿床中,具有较高的经济价值和工业利用潜力。硫铁矿的精选处理能够得到符合硫酸生产要求的硫精矿,为硫酸的生产提供了充足的原料。在洗选过程中,硫铁矿通常富集在洗矸中,因此,通过回收这些洗矸中的硫精矿,我们不仅可以有效利用资源,还能提升整体的经济效益。

高硫煤矸石中的主要有用矿物为硫铁矿和煤。硫铁矿具有较高的相对密度,而与脉石的相对密度差异为 2~2.3,而共生硫铁矿与脉石的相对密度差为 0.5~1。因此,通过利用相对密度差,我们可以有效地将硫铁矿从共生体中分离出来。煤矸石的原矿粒度较大,其中黄铁矿在煤矸石中的存在形式具有多样性,常以结核体、粒状、块状等形态紧密共生,呈现较为复杂的分布特点。显微观察发现,黄铁矿呈莓球状或微粒状,尤其在煤体的细胞腔内充填较为明显,这进一步增强了其共生性。为了提高煤矸石中矿物的解离度并实现理想的选别效果,我们首先需要对其进行破碎和磨矿处理,通常破碎至 3 mm 以下时,黄铁矿的解离度可达到 80%,进一步破碎至 1 mm 以下,解离度接近完全。经过破碎后的煤矸石需进行洗选,洗选过程中,黄铁矿会主要富集在洗矸中,并以块状、脉状、结核状及星散状四种形态呈现。为了回收黄铁矿,我们通常采用"先解离、先回收"的策略,结合多种分选方法如跳汰机、重介分选机、摇床、螺旋分选机、电磁选和浮选法等联合工艺,以最大限度提高回收效率。这一系列技术措施的应用,不仅提升了煤矸石资源的回收率,也促进了黄铁矿等有价值矿物的有效利用。

8.2.3.3　煤矸石生产高岭土

煤矸石是一种由多种矿岩组成的物质,主要矿物包括铝土矿物、高岭土、蒙脱石、石英等,具有典型的硅酸盐矿物层状结构,且高岭土含量通常超过 90%。这些特性使煤矸石成为高岭土提取的潜在资源,广泛应用于陶瓷、涂料、造纸等行业。

煤系高岭岩的生产工艺主要有全干法、半干湿法和全湿法三种。全干法操作简单,但能耗较高且产量较低;半干湿法则在效率和节能之间取得平衡;全湿法是最先进的工艺,能充分利用煤矸石资源,替代部分进口原料,并具有广泛的应用潜力,但其技术难度大且投资高。因此,选择适合的生产工艺是实现高效利用煤矸石的关键。

煤系高岭岩的生产过程中,煅烧、磨粉和剥片是关键工序。煅烧工序利用高温处理煤矸石以促进矿物的转化,新型的煅烧窑炉能够更精确地控制炉温,提高生产效率并降低能耗。磨粉工序将煅烧后的高岭岩研磨成细粉,满足不同工业需求。剥片工序则有助于矿物分层提取,进一步提高产品质量。

在高岭土的加工技术中,超细剥片粉磨和高温煅烧是主要技术。传统隧道窑存在规模小、能耗高、产量低等问题,限制了其广泛应用。流态化悬浮煅烧技术则通过气固直接接触和强对流辐射传热显著提高生产能力,降低能耗并改善产品质量。与传统隧道窑相比,流态化悬浮煅烧技术能够有效提高生产效率,降低成本,并优化产品质量。

煤矸石制高岭土的煅烧工艺有先烧后磨和先磨后烧两种流程。先烧后磨工艺首先对煤矸石进行煅烧,再进行磨粉处理,得到较为细致的颗粒;而先磨后烧工艺则先进行磨粉,再进行煅烧,以更好地控制颗粒均匀性和产品质量。两种工艺各有优势,企业可根据具体需求选择合适的流程。

流态化悬浮煅烧技术在塑料、涂料等行业中得到广泛应用。该技术通过气固直接接触与强对流辐射传热,显著提高了生产效率,降低了能耗,同时改善了产品质量。随着技术的不断进步,流态化悬浮煅烧技术将成为煤矸石利用中的核心技术之一,进一步推动其在各行业的应用。

8.2.3.4 煤矸石生产莫来石

天然莫来石在自然界中的储量较为有限,因此,在工业生产中,合成莫来石成为主流方法。合成莫来石的常见方式之一是烧结法,这一过程依赖于不同矿物之间的化学反应。生产过程中,我们使用的原料主要包括天然矿物如硅线石、水铝石、蓝晶石和铝土矿等,以及一些工业原料如工业铝土矿和铝土矿水合物。尽管采用工业原料能够合成出较高纯度的莫来石,但其生产成本较高;相比之下,天然矿物原料则能够显著降低成本,但往往伴随着杂质的引入,尤其是碱金属氧化物的存在。这些杂质不仅会增加玻璃相的含量,还可能引发莫来石在高温下的分解,因此,在合成莫来石时,选择高纯度原料并控制杂质的干扰,对于确保最终产品的质量至关重要。

高铝矾土作为一种重要的铝土矿,在我国具有广泛的分布,但大多数为中低品位矿,常伴有较高的杂质含量,且矿物分布不均,这对其直接利用构成一定挑战。为了提高高铝矾土的利用效率,研究表明,通过合理配比高铝矾土和煤矸石,并加入适量的活性 Al_2O_3,可以有效提高莫来石的纯度和质量。在这一过程中,热处理的温度和保温时间是影响莫来石质量的关键因素。过高的热处理温度会导致晶体生长过快,进而影响材料的密实性和性能,影响最终产品的质量。通过精确控制热处理过程中的参数,我们可以确保莫来石的理化性能达到理想状态,提高其在工业中的应用价值。

8.2.3.5 煤矸石提取镓

煤矸石作为采煤和洗选加工过程中的副产品,富含镓元素,具有潜在的资源回收价值。通过盐酸浸出法,我们可有效提取煤矸石中的金属镓。在适宜的盐酸浓度和液固比条件下,煤矸石中的镓元素可以被溶解到液相中,进一步的净化过程,包括去除硅和铁等杂质,确保溶液的纯净度。利用开口乙醚基泡沫海绵固体提取剂进行镓的吸附分离,能达到较高的吸附效率。经过逆流水解析处理后,富镓溶液可通过电解等常规方法提取金属镓。对于含镓较高的煤矸石(如镓品位超过 60 g/t),回收镓的同时,我们还可以综合利用煤矸石中的铝、硅等有价值组分,从而实现煤矸石的高效资源化利用。

8.2.4 煤矸石生产化工产品

8.2.4.1 制备铝系化工产品

通过对煤矸石的成分进行分析我们可以看到,煤矸石中含有 15% ~ 35% 的 Al_2O_3,如果我们能对这一部分铝加以利用,将产生巨大的社会效益和经济效益。利用煤矸石我们可以生产硫酸铝、结晶氯化铝、聚合氯化铝、氢氧化铝等铝系产品。

a.煤矸石制备氢氧化铝及氧化铝

氢氧化铝[Al(OH)$_3$]为白色单斜晶体,具有相对密度 2.42,且不溶于水。其加热至 260 ℃以上时会发生脱水吸热过程,展现出优异的消烟阻燃性能,广泛应用于环氧聚氯乙烯和合成橡胶等材料的无烟阻燃剂中。氧化铝为白色晶体,熔点高达 2 054 ℃,沸点 2 980 ℃,是冶金炼铝的基本原料之一。工业上,氢氧化铝和氧化铝通常通过拜耳法或联合法从含铝硅酸盐矿物中提取。为实现与现有工业生产工艺的接轨,采用酸盐联合法利用煤矸石使其作为原料制备氧化铝产品,分成两个阶段:

1)铝盐的制备

原矿经过破碎后,加入定量的 55%~60%硫酸,在 0.3 MPa 表压下进行硫酸浸出反应,反应时间为 6~8 h,反应式为

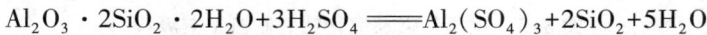

$$Al_2O_3 \cdot 2SiO_2 \cdot 2H_2O + 3H_2SO_4 \Longrightarrow Al_2(SO_4)_3 + 2SiO_2 + 5H_2O$$

为避免游离酸与矿粉中铁、钛等金属氧化物反应生成硫酸盐,反应过程中矿粉应适量过量,以确保反应结束时生成部分碱式硫酸铝。碱式硫酸铝(Al(OH)SO$_4$)具有缓冲作用,有效中和反应体系中的 H$_2$SO$_4$。反应关系式为

$$2Al(OH)SO_4 + H_2SO_4 \Longrightarrow Al_2(SO_4)_3 + 2H_2O$$

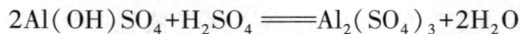

待酸浸反应完全后,反应产物经过滤除去 SiO$_2$ 残渣,滤液放入中和池加酸进行中和至微碱性,待用(图 8-4)。

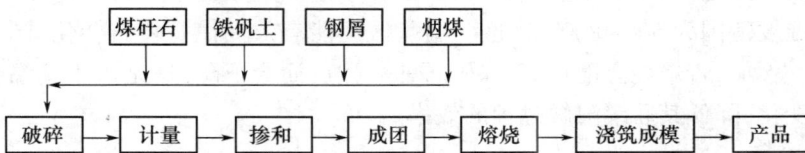

图 8-4　铝盐制备工艺流程

2)氢氧化铝及氧化铝的制备

硫酸浸出法制备的硫酸铝溶液通常含有一定量的杂质,为确保 Al$_2$O$_3$ 和 Al(OH)$_3$ 的高纯度,我们采用盐析提纯法。我们首先将硫酸铝溶液配制为 6%,然后加入定量的硫酸铵溶液,并快速添加 15%~20%的氨水,在强烈搅拌下进行盐析反应。此过程在室温下进行,反应时间为 40~60 分钟,pH 调节至 4~6 时,白色氢氧化铝晶体析出,pH 达到 8~9 时,盐析反应基本完成。反应式为

$$NH_3 + H_2O \Longrightarrow NH_4OH$$

$$Al_2(SO_4)_3 + (NH_4)_2SO_4 \Longrightarrow 2NH_4Al(SO_4)_2$$

$$2NH_4Al(SO_4)_2 + 3NH_4OH \Longrightarrow Al(OH)_3 \downarrow + 2(NH_4)_2SO_4$$

盐析反应产生的 Al(OH)$_3$ 沉淀物经滤过、去离子水洗涤后,获得较高纯度的氢氧化铝产品。洗涤过程中的去离子水去除吸附的杂质离子,且在洗涤水中加入氨水调节 pH 至 8~

9,以防止氢氧化铝发生胶溶现象并造成损失(图8-5)。反应过程中产生的硫酸铵母液及洗涤过程中使用的氨水均可回收利用,提升资源的利用效率。若需制备三氧化二铝,我们可将氢氧化铝在活化焙烧炉中以550 ℃的温度焙烧1~2 h,脱水后得到三氧化二铝,反应式为

$$2Al(OH)_3 \xrightarrow{\text{高温}} Al_2O_3 + 3H_2O \uparrow$$

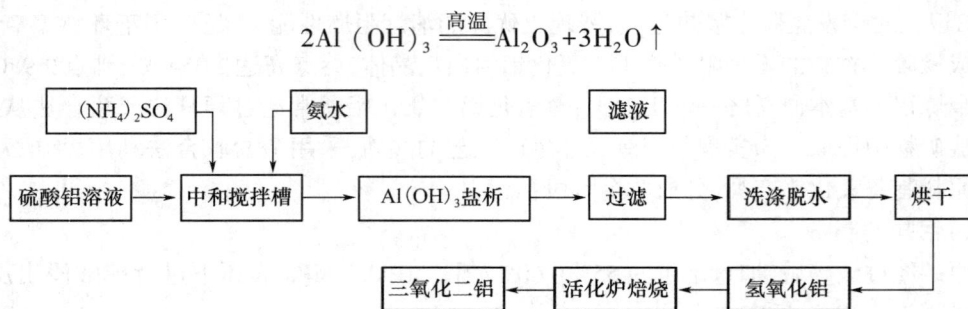

图8-5 氢氧化铝及氧化铝的制备工艺流程

b.煤矸石制备聚合氯化铝

煤矸石生产聚合 $AlCl_3$ 的方法很多,大致可分为热解法、酸溶法、电解法、电渗析法等。这里我们介绍酸溶法煤矸石生产聚合 $AlCl_3$,整个工艺流程可分为粉碎焙烧、连续酸溶、浓缩结晶、沸腾分解、配水聚合五道工序。

1)粉碎焙烧

在煤矸石粗碎之后,通过焙烧过程,高岭石在一定温度条件下转化为 $\gamma-Al_2O_3$ 和 SiO_2。最佳的焙烧温度范围为600~800 ℃,这一温度区间能有效促使高岭石转化,同时最大化煤矸石的活性。然而,若焙烧温度过高,煤矸石的活性反而会下降,这是由于高温会引发不必要的矿物质变化,降低其后续溶解过程的效率。

2)连续酸溶

在焙烧后的煤矸石粉末处理过程中,酸溶是提取铝和其他有价值元素的有效方法。通常,我们将粉碎后的煤矸石在20%盐酸中进行连续酸溶,反应温度维持在100~110 ℃,并采用四釜设备与压风搅拌技术,以提高溶出效率。在这一过程中,盐酸能够与煤矸石中的矿物质发生反应,溶出铝、硅等元素,最终获得清液和沉渣。

3)浓缩结晶

酸溶后的母液经过浓缩处理,以提取结晶态的铝。该过程采用减压抽真空与蒸汽加热的方式,能够有效蒸发母液中的水分,减小体积近1/2时停止加热。此时,母液中的铝离子浓度较高,有利于铝氯化物的结晶。在冷却与过滤后,获得的 $AlCl_3$ 结晶具有较高的纯度,为后续的热解过程奠定了基础。

4)沸腾分解

$AlCl_3$ 在170~180 ℃的高温下进行热分解,生成 HCl,此过程具有双重经济效益。首先,铝氯化物分解后生成的 HCl 气体可通过回收利用,用于生产稀盐酸,减少废气排放并节约资源;其次,铝氯化物的热分解有助于铝的进一步提纯,为工业应用提供了高效的原料。

5）配水聚合

通过加水溶解与搅拌，热分解后的 $AlCl_3$ 逐渐转化为聚合态。这一过程涉及水合反应，其中 $AlCl_3$ 与水反应形成铝的聚合物。聚合态的 $AlCl_3$ 在风干和龟裂处理后，最终得到固体聚合 $AlCl_3$ 混凝剂。

8.2.4.2　制备硅系化工产品

煤矸石生产聚合氯化铝过程中，硅渣中常含有大量 SiO_2，与 $NaOH$ 反应可制得水玻璃。该工艺在常压下进行，操作简便，成本低，具备良好的经济效益和开发潜力。

煤矸石经过特殊加工工艺处理后，可以转化为白炭黑。白炭黑是白色粉末状的无定形硅酸和硅酸盐产品，主要包括沉淀二氧化硅、气相二氧化硅和超细二氧化硅凝胶，此外，还包含粉末状合成硅酸铝和硅酸钙等。白炭黑广泛应用于多个领域，作为添加剂、催化剂载体、脱色剂、消光剂、橡胶补强剂等，广泛用于石油化工、塑料、油墨、日用化妆品等行业。此外，煤矸石中的 SiO_2 可与 $AlCl_3$ 反应生成聚硅酸铝混凝剂，具有较高的综合利用价值。

煤矸石可作为原料合成碳化硅（SiC），该材料具有优异的高温强度、导热率、耐磨性及耐腐蚀性，广泛应用于磨料、耐火材料、陶瓷等领域。通过采用 Acheson 工艺，利用高硅煤矸石与烟煤合成 SiC，相较于传统原料，其反应速度更快，温度较低，且能有效降低能源消耗及生产成本。

8.2.4.3　制备铝铁化工产品

a.煤矸石生产聚硅酸铝铁絮凝剂

在生产高分子聚硅酸铝铁絮凝剂的过程中，若使用纯化工产品作为原料，虽可获得较高的纯度，但其生产成本较高，且稳定性较差，活性硅酸容易凝胶化，导致产品质量不稳定。相比之下，采用工业废料，尤其是煤矸石作为原料具有显著优势。煤矸石的使用不仅简化了生产工艺，降低了操作难度，还减少了原料消耗，降低了生产成本，且能够较好地控制产品质量。此外，煤矸石中含有的铝、铁及硅成分为合成聚硅酸铝铁絮凝剂提供了充足的原料来源，处理过程中，经过高温焙烧与酸碱作用后，煤矸石中的 Al—Si 键和 Fe—Si 键被有效激活，从而生成活性硅酸、铝盐和铁盐复合物。这种方法在处理焦化废水、印染废水及生活废水方面，展现出较大的应用潜力。其反应如下：

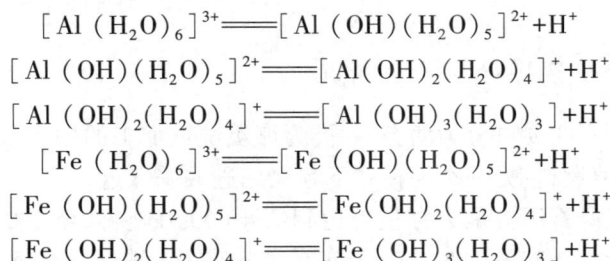

$$[Al(H_2O)_6]^{3+} = [Al(OH)(H_2O)_5]^{2+} + H^+$$

$$[Al(OH)(H_2O)_5]^{2+} = [Al(OH)_2(H_2O)_4]^+ + H^+$$

$$[Al(OH)_2(H_2O)_4]^+ = [Al(OH)_3(H_2O)_3] + H^+$$

$$[Fe(H_2O)_6]^{3+} = [Fe(OH)(H_2O)_5]^{2+} + H^+$$

$$[Fe(OH)(H_2O)_5]^{2+} = [Fe(OH)_2(H_2O)_4]^+ + H^+$$

$$[Fe(OH)_2(H_2O)_4]^+ = [Fe(OH)_3(H_2O)_3] + H^+$$

在水解过程中，矿粉中的 Al_2O_3 和 Fe_2O_3 与水反应，溶解释放出相应的铝离子和铁离子，进而导致溶液中的氢离子浓度下降，氢氧根离子浓度上升。此时，OH^- 通过聚合反应形成更大分子的聚合体，增强了溶液的凝聚性。随着水解的继续，铝离子和铁离子与水分子相互作用,形成$[Al(H_2O)_6]^{3+}$和$[Fe(H_2O)_6]^{3+}$。这些水合离子在后续的缩聚反应中进一步结合,生成了聚硅酸铝铁或聚合氯硅酸铝,这类聚合物不仅具有良好的水处理效果,还具备较高的稳定性。

b.煤矸石生产聚合硫酸铝

煤矸石通过硫酸浸出处理后,可以有效提取出硫酸铝,广泛应用于水处理领域,尤其作为混凝剂在城市供水系统中发挥着重要作用。此外,煤矸石中的剩余废渣还可以通过转化,生成硅铝白炭黑和稀土肥料等产品,进一步实现资源的综合利用。硅铝白炭黑具有优异的吸附性能,广泛应用于工业吸附剂和化妆品等领域;稀土肥料则在农业中作为高效的营养补充剂,提升土壤肥力,增加作物产量。

c.煤矸石生产聚合硫酸铁铝硅

煤矸石经过粉碎焙烧后,可以通过工业稀硫酸酸浸法提取有效成分。浸出后的滤液在调节 pH 后,使用空气作为氧化剂、亚硝酸钠作为催化剂进行催化氧化反应,制得聚合硫酸铁铝。随后,通过工业水玻璃制备活性聚硅酸,并将两者在一定条件下复合,我们最终得到聚合硫酸铁铝硅。该工艺的关键步骤:首先,最佳酸浸时间为 1.5 h,在沸点下进行搅拌回流,浸出率可达到 35% 至 40%;其次,硫酸亚铁催化氧化反应在常压下进行,通过控制亚铁浓度、pH 和亚硝酸钠的添加,确保反应顺利进行;再次,活性聚硅酸的制备需严格控制水玻璃的酸化和反应时间,以避免聚合硅酸的凝胶化,最佳聚合状态为淡蓝色;最后,铁铝硅的摩尔比对于产品的稳定性和混凝性能至关重要,合理控制摩尔比能够确保聚合硫酸铁铝硅的高效应用。通过这些精细的工艺控制,我们能够有效提高聚合硫酸铁铝硅的稳定性与性能,满足多种工业需求。

8.2.5 煤矸石综合利用实例

淮南矿区作为一个历史悠久的矿区,自 1903 年开始开采,经过百年发展,已成为资源丰富的煤炭基地。其矿区范围涵盖淮南长丰断层,东西延展约 100 千米,南北宽度约 30 千米,总资源量达到 500 亿吨。淮南矿业集团有限责任公司,作为安徽省重要的企业之一,是全国 520 家大型企业集团有限责任公司之一,现已拥有多对生产基地。自 2005 年起,该集团有限责任公司被国家列为首批循环经济试点企业,并在 2007 年成为煤炭行业首家国家环境友好型企业,2008 年更被评为高新技术企业,这体现出其在行业中的领先地位及在可持续发展方面的积极贡献。

8.2.5.1 淮南矿区煤矸石产生情况

淮南矿区的煤矸石主要可分为两类:一类为煤炭洗选加工的副产品,称为洗矸,具有一定的热值,属于低热值燃料;另一类为在井下巷道掘进或采煤过程中产生的岩矸,其含碳量较低。淮南矿区的煤矸石历史最大存量曾达到约 4 000 万吨,截至 2007 年底,现存岩矸石堆场 19 个,存量减少至 2 200 万吨,主要分布在多个矿区。洗矸的存量约 159 万吨,集中在特定矿区,堆存总面积为 81.67 公顷。每年煤矸石的产生量预计在 1 000 万~1 500 万吨。

8.2.5.2　煤矸石发电、供热

煤矸石富含大量未完全燃烧的煤成分,具有作为燃料的潜力,特别是在发电过程中。煤矸石发电技术主要通过利用煤炭开采和洗选过程中热值超过 5 000 J/kg 的煤矸石,或将其与煤泥混合共同发电。某矿业集团通过实施热电联产技术,充分利用低热值燃料如煤矸石和煤泥,建设了多个循环流化床锅炉的煤矸石电厂。该技术的应用大幅度提高了煤矸石的资源化利用水平,不仅有效减少了粉尘污染,还显著提升了能源的综合利用效率。

8.2.5.3　生产新型建材

煤矸石作为建筑材料,具有诸多优点,如取材方便、成本低廉、重量轻、强度高、吸水性良好及化学稳定性强等。这些特点使其成为生产各类建筑材料的理想原料,尤其在烧结砖、轻骨料和水泥的生产中得到了广泛应用。利用热值在 2 100~3 000 J 的煤矸石,我们可以制造新型墙体砖、非承重空心砖及承重多孔烧结空心砖。此类砖材在生产过程中不仅节能、节土,还能通过减轻建筑物重量来显著降低基础建设费用,并在施工过程中减少砂浆和砌筑工时,从而带来可观的经济效益。煤矸石的高效利用促进了资源的循环再生,同时也有助于减少环境负担。通过不断扩建生产线,我们不仅能够进一步提高煤矸石的资源化利用率,而且能在推动节能减排的同时优化土地的使用,具有重要的经济和环保价值。

8.2.5.4　修路筑坝

煤矸石具有良好的抗风雨侵蚀性能,能够有效作为建筑材料应用于矿区的铁路、公路、堤坝及工厂建设中。将原本废弃的煤矸石资源化,不仅有助于降低建筑成本,还能显著减少对传统石料的需求,从而减轻采石作业对生态环境的破坏。实践中,通过采用创新的筑坝方法,煤矸石在堤坝建设中的应用得到了有效推广。具体而言,在堤坝的迎水坡采用泥土堆筑,而背水坡则使用煤矸石进行修筑或加固,这一方式不仅保证了堤坝强度不低于全泥土堤坝的要求,还有效减少了超过 50% 的取土量。该方法的实施不仅实现了煤矸石的资源化利用,也避免了过度采土对农田造成的影响,为推动资源高效利用与生态环境保护提供了有效解决方案。通过这些实践,煤矸石作为建筑材料逐步成为全球范围内的可持续发展策略,体现了资源循环利用的巨大潜力和环境友好型建设模式的前景。

8.2.5.5　充填沉陷区

煤矿开采后的土地沉陷问题长期以来困扰着煤矿及其所在地区。利用煤矸石进行采煤沉陷地的充填整治,不仅为煤矸石的处置提供了有效途径,还使沉陷土地得以恢复利用,实现了资源的综合利用。这一方法不仅减轻了煤矸石对土地资源的占用,还有效降低了煤矸石堆存对环境的压力,具有重要的土地资源保护意义。自 2004 年以来,某矿业集团对煤矸石充填沉陷区进行了试点治理,治理面积达到 100.73 公顷。该项目通过采用合理的技术方案,经过多步骤的修复,成功恢复了土地的耕作功能,并可作为建设用地使用,提供了煤矿地区可持续发展的新思路,展示了煤矸石资源化利用的实际成效。

8.2.5.6　矸石山绿化

淮南矿区部分矸石山临近道路,给周边环境带来一定影响。为改善这一状况,淮南矿业集团有限责任公司通过覆土种植树木及植物等绿化手段,有效缓解了扬尘问题,并美化了周边环境。该措施不仅提升了矿区的生态环境质量,还为矿区居民创造了一个更宜人的工作和休闲空间,具有显著的社会和环境效益。经过试验,适宜的绿化方式已在多个矿区推广,取得了良好的效果。

8.3　尾矿综合利用技术

8.3.1　我国尾矿综合利用基本情况

尾矿作为我国当前产出和堆存量最大的固体废弃物,已演变为严重的环境问题,并伴随显著的安全隐患,构成矿业经济和矿业城市可持续发展的主要瓶颈。矿山尾矿具有可利用的价值,如下所述:

8.3.1.1　主体矿物在尾矿中尚有可观的存储

某金矿选矿厂每年排出的尾矿含金达 $0.8\sim1.2$ g/t,损失黄金达 2.3 t 以上。目前,稀土矿的尾矿中稀土元素均在 50% 以上。

8.3.1.2　伴生矿物存量大、价值高

我国金属矿产的显著特点在于"单一矿少,综合矿多"。由于传统的"单一开发,丢弃其他"的开采方式,许多共生矿物资源未能得到有效回收,积存在尾矿中,形成所谓的"人工矿床",这是一种未被充分利用的宝贵资源。通过利用先进的选矿技术,我们有望回收这些金属资源,其经济效益可与开发新矿山相媲美。

8.3.1.3　尾矿中脉石矿物的价值不可低估

金属矿尾矿中包含大量的岩屑及非金属矿物,而煤的尾矿、煤矸石及其他围岩等也是具有潜在价值的资源。这些材料在采掘过程中被堆积到地面,实际上形成了未被完全利用的财富。通过采用先进的技术手段,尾矿可以转化为有用的建筑材料,如免烧砖、建筑装饰材料等,已在多个领域得到应用。尾矿作为一种尚未完全开发的资源,具有巨大的经济和环境价值。因此,我国矿业循环经济的关键任务之一,就是开发和利用这些长期搁置的尾矿资源,从而实现资源的最大化利用,推动可持续发展。

8.3.2　尾矿综合利用工艺技术

尾矿是矿山企业在选矿过程中产生的废渣,通常以泥浆的形式排放并堆积在尾矿库中。尾矿库一般占地面积较大,且存在潜在的安全隐患。尾矿水中含有选矿药剂、重金属等有害物质,如果管理不当,这些成分可能渗透至地下水,污染环境和水源,对生态系统及

人类健康构成威胁。因此,尾矿的处理与利用问题越来越受到学术界与社会的关注,尤其是在当今环境保护形势日益严峻的背景下,尾矿的环境危害成为亟待解决的难题。

尽管尾矿含有一定的环境风险,但其资源潜力也不容忽视。尾矿中含有有色金属、稀贵金属等有价值的矿物成分。随着矿业技术的不断发展,采用更为先进的选矿和冶炼方法,尾矿中的有用成分可以被有效回收,进一步实现资源的利用。这为尾矿的再利用开辟了广阔的前景。在技术和经济条件具备的情况下,对尾矿的深入开发,不仅可以减少环境污染,还能够为矿业经济带来新的收益,推动资源循环利用的进程。

尾矿的处理方法多种多样,我们具体可根据尾矿的性质、地理位置及使用需求进行选择。其中,地下充填是一种较为常见的尾矿处理方式,将尾矿作为充填料填充矿山地下采空区,既可消纳尾矿,又能有效防止地下空洞的塌陷。根据尾矿性质,充填方法可采用水砂充填或胶结充填,后者具有更好的稳定性。此外,尾矿还可以经过处理,用作建筑材料。例如,尾矿经过粉磨后可以作为水泥、瓦片、混凝土等建筑原料,不仅能减轻尾矿堆积带来的环境压力,还能实现废弃物的资源化利用。另一种行之有效的利用途径是将尾矿用于土地恢复。例如,将尾矿作为覆土材料,用于造田或进行植树造林,这不仅能改善土地质量,还能促进生态恢复。此外,尾矿还可用于基础设施建设,特别是在公路建设中,尾矿可作为修筑材料或防滑材料,有效降低了公路建设的成本,同时也起到了合理处置尾矿的作用。

尾矿资源化利用的途径多种多样,首先是通过回收尾矿中的有用成分,减少尾矿的排放量,并有效降低尾矿对环境的负面影响。通过技术手段提取尾矿中的有色金属和稀贵金属,我们可以大大减少废弃物量,提升资源的回收率。其次,尾矿的充填与建筑应用为其提供了广泛的使用场景,既能减少尾矿库的占地面积,又能实现资源的高效转化。最后,尾矿在环境恢复和绿化项目中的应用,既能为尾矿的处理提供解决方案,又有助于生态环境的改善和土地资源的再利用。

8.3.3　尾矿再选

尾矿作为矿产资源开采的副产物,含有丰富的金属元素和矿物,具有重要的二次矿产资源价值。随着技术的不断进步,尾矿回收和利用逐渐成为实现资源可持续发展的重要途径。尾矿中的有色金属、黑色金属、稀有金属及非金属矿物,不仅能够减少资源浪费,还能有效提升矿产资源的利用率,缓解资源短缺问题。

铜尾矿、锡尾矿、铁尾矿等矿种中富含可回收的金属元素,回收这些金属不仅能够提高经济效益,还能减少尾矿堆积对环境的影响。例如,铜尾矿中含有铜、金、银、铁等元素,通过回收技术,我们可以提高资源利用率。铁尾矿的回收有助于提高铁矿品位,为冶金工业提供稳定的原料供应。现代技术的发展使得尾矿资源的回收变得更加高效,浮选、重选、磁选等选矿工艺的结合,显著提高了金属的回收率,优化了资源利用效率。

尾矿中还含有稀有金属和伴生元素,这些稀贵金属和稀土元素的回收,不仅有助于提高尾矿资源的经济价值,还为高科技产业提供了重要原料。在稀土元素的回收方面,尾矿中的稀土矿物通过先进技术得以被高效提取,推动了相关产业的发展。

尾矿资源的回收不仅有效减少了资源浪费,也提高了矿产资源的综合利用率,推动了矿业经济的可持续发展。随着技术的不断创新和完善,尾矿回收利用的前景将更加广阔。

这一过程不仅能够降低尾矿对环境的负面影响,还为矿业行业的绿色转型奠定了基础。

8.3.3.1 铁尾矿资源综合利用

随着钢铁工业的迅速发展,铁矿石尾矿在工业固体废弃物中的比重日益增大。我国现有的矿产种类超过 150 种,已开发建成的矿山超过 8 000 座,累计生产的尾矿超过 80 亿吨,其中铁尾矿占据了约 45%。随着铁矿开采的规模不断扩大,尾矿的处理与利用成了亟须解决的问题。在这一背景下,尾矿的综合利用已成为提高矿山生产效益、推动环境治理的重要手段。对于全国范围内的铁矿选矿厂而言,尾矿再选回收有价金属是当前综合利用的关键途径。通过尾矿再选,我们可以有效回收尾矿中的有用矿物,进而降低尾矿品位,同时获得可观的经济效益。这一举措不仅促进了矿山企业的增产创收,也为环境污染治理做出了积极贡献。

近年来,国内铁矿选矿厂在尾矿再选技术上取得了一定的进步,采用多种措施提高了尾矿的回收率和经济价值。在尾矿资源的分类方面,铁尾矿可根据伴生元素的含量被划分为单金属类铁尾矿和多金属类铁尾矿两大类。其中单金属类铁尾矿,根据其硅、铝、钙、镁的含量又可分为以下几类。

a.高硅鞍山型铁尾矿

铁尾矿是数量最大的一类尾矿,其硅含量较高,部分尾矿中的 SiO_2 含量可达到 83%。这类尾矿通常不伴生有价元素,粒度范围在 0.04～0.20 mm。该类型尾矿主要源于多个矿区,具有较为一致的物理和化学性质,适合进一步的回收与利用。

b.高铝马钢型铁尾矿

该类型尾矿主要分布在长江中下游地区,排放量较小,特征为 Al_2O_3 含量较高,且大多数尾矿不伴生有价元素。部分尾矿伴生硫、磷,且粒度小于 0.074 mm 的尾矿占比达到 30%～60%。这些特点使得该类尾矿具有较高的回收潜力。

c.低钙、镁、铝、硅酒钢型铁尾矿

低钙、镁、铝、硅酒钢型铁尾矿中,常见非金属矿物如重晶石、碧玉等,且伴生元素较为丰富,涵盖了钴(Co)、镍(Ni)、锗(Ge)、镓(Ga)及铜(Cu)等元素,这些伴生元素的回收具有较高的经济价值,远超单纯铁资源的回收价值。因此,尾矿不仅是废弃物,更是潜在的资源库,值得关注和开发。

从粒度特征上看,铁尾矿大部分颗粒较细,尤其是小于 0.074 mm 的粒度占比高达 73.2%。细颗粒的高占比使得尾矿在传统选矿过程中回收效率较低,这就要求我们采用更为精细的选矿技术来提高回收率。尽管铁尾矿的回收过程面临技术难题,但其中所包含的有色金属、稀有金属和贵金属的综合回收前景非常可观,能够大幅提升尾矿的经济价值。

我国铁矿资源大多为贫矿,含铁品位在 30%～35% 的贫铁矿约占 80%。这些贫矿中,部分矿石与多金属矿物共生,需要采用多种选矿工艺联合处理才能实现资源的有效回收。铁矿尾矿作为矿石开采的副产物,其综合利用显得尤为重要。矿山尾矿中虽然大部分不可用铁的含量为 5% 左右,但仍有相当一部分尾矿中含有可回收的铁矿资源。通过先进的选矿技术,如强磁选、弱磁选、浮选、重选等方法,我们可以对尾矿进行有效的再选。特别是联合选矿方法或焙烧后再选,能够进一步提高回收率,降低铁矿资源的损失。

尾矿中不仅仅包含铁矿资源,许多尾矿还含有其他贵重金属或稀有金属,特别是在钒钛磁铁矿选铁后的尾矿中,经过强磁抛尾处理,我们可以得到含钛的粗钛精矿。钛精矿经过进一步的磨矿和磁选操作后,我们可以获得高品位的钛精矿,这些精矿可以用于钛制品的生产。通过精细化的选矿工艺,我们不仅可以有效利用尾矿中的铁矿资源,还能够回收钛、钒等稀有金属,极大地提高了尾矿的资源价值。

矿山尾矿的综合利用不仅仅局限于金属矿物的回收,还包括尾矿作为建筑材料的应用。尾矿作为一种资源,具有较高的开发潜力。尾矿中细粒物质的组成和传统建筑材料如陶瓷、玻璃原料的物质组成相似,经过适当调配,我们可以生产水泥、陶瓷砖、玻璃等建筑材料。尾矿中微量元素的特性,使得其作为原料可用于生产新型建材,这不仅能降低生产成本,还能减少能耗。尾矿的综合利用不仅有助于缓解环境压力,还具有显著的经济效益。

在尾矿的综合利用过程中,矿山需要遵循"减量化、资源化、无害化"的原则,尽量实现尾矿的就地消化和合理利用。对于尾矿的处理,我们不仅要考虑其经济效益,还要重视其环境效益和社会效益。许多国家通过经济杠杆和政策支持,鼓励矿山固体废物的综合利用技术的开发与应用,这种转变有助于推动矿业废弃物从污染治理向资源回收的转型。

8.3.3.2　有色金属尾矿的再选

我国有色金属矿产中约 80% 为共生或伴生矿,其金属品位相对较低,且有色金属采选回收率仅为 50%~60%,远低于发达国家的水平。同时,伴生有色金属的回收率仅为 40%,与国际先进水平相比低约 20%。这种低回收率的现象,使得尾矿的资源化利用成为亟待解决的问题。

目前我国存在着 300 多座大中型有色金属尾矿坝,堆存尾矿量已经超过 22 亿吨,并以每年 1.4 亿吨的速度增加。然而,正常运行的尾矿坝仅占 52%,尾矿的平均利用率仅为 8.2%。这些尾矿主要由矿石、脉石和围岩中的多种矿物组成,主要成分包括 SiO_2、CaO、MgO、Al_2O_3、Fe_2O_3 等,且具有一些明显的特点。一方面,尾矿颗粒极细,尤其是小于 0.074 mm 的颗粒占较大比例;另一方面,尾矿中包含多达 40 种金属元素,其之间的关系复杂。此外,许多尾矿为硫化物尾矿,容易氧化形成酸性水,这进一步带来环境污染的隐患。

尾矿中还可能含有少量有毒有害物质,这些物质既包括矿石中本身携带的有毒金属如铜、铅、砷、镍等,也包括选矿过程中所使用的化学药剂残留,如氰化物、重铬酸盐、硫酸铜、硫酸锌等。这些有害物质的存在不仅使尾矿的综合利用面临挑战,同时也加剧了环境污染的风险。

有色金属尾矿的排放量大,且尾矿浆的浓度较低,其中约 80% 以上为水。每获得 1 吨金属铜精矿,通常会产生近 1 000 吨的尾矿浆,其中含有大量固体尾矿。这一现象表明,尾矿的处理和资源化利用面临着巨大的压力。

8.3.3.3　金尾矿的再选

金的特殊价值使其成为金属尾矿再选的重点目标。实践经验表明,由于过去采金技术和选矿工艺的局限性,许多金、银等有价元素在尾矿中未能有效回收。研究数据显示,我国每生产 1 吨黄金,需消耗约 2 吨金矿储量,但黄金的回收率仅为 50% 左右,这意味着 1/2 的金资源仍然存在于尾矿和矿渣中。国外的经验则表明,尾矿和矿渣中约有 50% 的金是可以重新回收的。我国 20 世纪 70 年代前建设的黄金矿山和选矿厂普遍采用浮选、重选、混汞等传统选金工艺,导致金的回收效率较低。

尾矿中金的品位多数在 1 g/t 以上,有些矿山甚至达到 2~3 g/t;少数矿石物质组分较复杂的矿山或高品位矿山,尾矿中的金品位达 3 g/t 以上,而在目前技术经济条件下,金矿回收的临界经济品位(一般是指矿山生产达到盈亏平衡时的最低品位要求。经济品位是一个平均值的概念,是由多个工程组合或一定生产期间的平均要求,而不是孤立的一个工程的最低品位要求)为 0.53 g/t。

随着选冶技术的不断进步,特别是全泥氰化炭浆提金工艺的引入和推广,老尾矿重新成为黄金矿山的重要资源。在尾矿输送距离小于 1 千米的情况下,尾矿的金品位若大于 0.8 g/t,则可实现经济回收。此外,金尾矿中的伴生元素,如铅、锌、铜和硫等,也应作为回收的重点,以提高资源利用率。

8.3.4 尾矿在建材工业中的应用

建材工业在国民经济中占据着关键地位,其上游矿产资源的开采与利用大量依赖不可再生资源,呈现出较高的资源和能源消耗特征。然而,建材工业也在废弃物的再处理和再利用领域展现出巨大潜力,尤其在推动"减量化、再利用、资源化"方面。随着可持续发展战略的深入实施及人们对健康人居环境需求的不断提升,废弃物如有色金属尾矿逐渐成为绿色建材的重要组成部分,为资源的循环利用提供了新的方向。

虽然各类尾矿的组成各不相同,但其基本组分和开发利用途径存在一定规律。矿物成分、化学成分及工艺性能是评估尾矿利用可行性的核心要素。尾矿经过磨细后形成复合矿物原料,其微量元素的作用使得尾矿在资源特性上与传统的建材、陶瓷、玻璃原料相近,能够被调配后用于生产。这种整体利用方式不仅节省了磨矿成本,还可替代传统原料,生产出具有特色的新型建材,带来显著的经济效益。

高硅尾矿,通常 SiO_2 含量大于 60%,因其化学稳定性强、结构简单,可作为多种建筑材料的原料,广泛应用于建筑行业、公路用砂、陶瓷、玻璃及微晶玻璃的生产中。此外,其还可用于花岗岩及硅酸盐新型材料的制造。与此同时,高铁尾矿,其 Fe_2O_3 含量大于 15%,或含有多种金属的尾矿,可有效作为色瓷、色釉及水泥配料的原料,这些尾矿的多重利用不仅有助于减轻环境负担,还能为新型材料的开发提供优质资源。因此,这些尾矿的综合利用为资源的高效循环利用和可持续发展提供了重要支撑。

对于采用一段磨矿选矿后的尾矿产品,由于颗粒粒度均匀,可用作烧结类尾矿建材或水化合成类尾矿建材;对于阶段磨矿产品,尾矿呈多粒级混杂状态可用作混凝土骨料或生产无粗骨料的硅酸盐建筑制品。

经过焙烧处理的矿石尾矿,由于焙烧过程中积存了一定能量,因而显示一定的化学活性,适合用作生产水化合成材料或混凝土材料的混合料。

尾矿在建材工业中的主要应用领域包括以下几方面。

8.3.4.1　利用尾矿制砖

随着资源短缺问题日益严重,尤其是耕地的保护措施的实施,传统的黏土制砖原料逐渐显得紧张。在此背景下,选矿尾矿作为砖材原料应用,逐渐成为一种可行且具有广泛前景的解决方案。尾矿作为一种可再生资源,具有重要的经济和环境价值,能够有效减少环境污染,并为建筑行业提供了新的原料来源。

铁尾矿是一种主要由矿石经过选矿过程后排放的复合矿物原料,通常呈泥浆状,主要成分包括 SiO_2、Al_2O_3、Fe_2O_3、CaO、MgO 等。尾矿的化学和矿物成分与传统建筑材料,如陶瓷、玻璃和砖瓦的组成非常相似,因此其利用潜力巨大。尤其是在中国,铁尾矿的粒度普遍较细,超过 50% 的尾矿粒度小于 0.074 mm,适合于制砖和其他建筑材料,这为尾矿的广泛应用创造了条件。

铁尾矿的应用主要集中在传统建筑材料的替代上,尤其是在砖类产品的生产中。通过合理的工艺设计,我们可以将铁尾矿用于生产普通烧结砖、免烧砖、地面装饰砖等多种建筑材料。免烧砖属于胶结型尾矿建材,这类材料不需要高温烧制,而是通过在常温或低温条件下,通过胶结材料将尾矿颗粒结合成整体。尾矿在此过程中主要作为骨料,起到填充和增强作用。免烧砖的制造工艺不仅能有效降低生产能耗,还能减少尾矿的堆存和处理问题。

对于铁尾矿制砖而言,尽管其本身几乎没有水硬胶凝特性,但在与 $Ca(OH)_2$ 反应的过程中,可以形成具有水硬胶结性能的化合物,提高砖体的强度和稳定性。水化硅酸钙、水化铝酸钙和钙矾石是免烧砖强度的主要来源,这些物质的生成使得尾矿在建筑材料中的应用具备了技术可行性和经济可行性。

铁尾矿作为建筑材料应用,不仅能有效缓解资源紧张问题,还能够促进尾矿资源的高效利用,减少环境污染。由于铁尾矿的主要成分为 SiO_2,其化学反应活性较低,因此在制砖过程中,我们可以通过适当的配比和处理,改善其物理性质,提高产品的质量。铁尾矿制砖的生产工艺,可以有效替代传统的黏土砖生产方式,不仅符合可持续发展的要求,还能够带来显著的社会、经济效益。

8.3.4.2　利用尾矿生产水泥

水泥作为建筑行业的基础材料,在全球范围内具有广泛的应用和重要的经济地位。随着水泥需求量的持续增加,传统生产方式所带来的资源浪费和环境负担日益突出。因此,探索水泥生产过程中的原料替代与循环利用成为当前研究的重要方向。尾矿作为一种常见的工业废弃物,其利用在水泥生产中的潜力日益显现。尾矿的成分和特性直接影响水泥的生产工艺与质量,因此合理地利用尾矿,不仅有助于降低生产成本,还能减少资源浪费,推动环境保护和可持续发展。

尾矿的种类繁多,其化学成分和矿物组成的差异决定了其在水泥生产中的应用效果。首先,某些尾矿具有较高的铁含量,可以替代传统水泥配方中的铁粉成分,这种替代作用对水泥生产的影响相对较小。然而,尾矿的全面替代作用通常需要对其成分进行调整,以确保水泥产品的质量和性能。由于尾矿中主要矿物成分往往无法完全匹配水泥生产的标准要求,因此在实际生产中,我们往往需要根据尾矿的具体成分,配入适量的其他原料,以达到理想的生产效果。

水泥的品种和性能取决于尾矿的化学成分。理论研究和实践经验表明,二氧化硅(SiO_2)含量较低的尾矿更适合用于水泥的生产。对于二氧化硅含量较高的尾矿,其作为水泥配料时,可能会面临配料量大和生料烧成困难等问题,进而导致生产成本增加,影响工业化生产的可行性。因此,尾矿中某些元素的含量,特别是硅、铝和铁等成分的比例,直接决定了其在水泥生产中的应用范围。

不同类型的尾矿可以用于不同种类水泥的生产。例如,铝含量较高的尾矿适用于高铝水泥和铝酸盐水泥的生产,而硫含量较高的尾矿则可用于生产快硬水泥。此外,低铁含量的尾矿则更适合用于白色水泥的生产。通过精确的尾矿成分分析和合理的原料配比,我们可以有效优化水泥的生产工艺,提升水泥的性能和质量。

我国水泥行业在全球居领先地位,但传统的高能耗、粗放型生产方式却使得资源和环境承受了巨大压力。因此,发展尾矿资源的综合利用,特别是将金属尾矿和其他工业废料转化为水泥生产原料,不仅有助于提高水泥生产的资源利用效率,还能降低生产过程中的环境污染。与此同时,循环经济的理念可以有效地将多个行业的废弃物整合为一种资源,促进经济和环境的双重可持续发展。

尾矿用于烧制水泥的优势有以下几方面。

a.尾矿是分解点、熔点最低的原料

分解点和熔点由原料中矿物元素的结合方式(如离子键、共价键、金属键等)决定。较低的分解点和熔点能够有效降低能耗,并促进固相与液相反应的完全进行。尾矿的熔点相对较低,这使其在水泥生产中能够提前进入液相反应,从而减少能量消耗。低分解点有助于加速反应过程,提升水泥的早期强度。

b.尾矿是潜在能量最高的原料

金属硫化矿物作为能量矿物的标志,通常存在于多种硫化矿物的共生矿床中,因此尾矿中的能量矿物含量往往高于黏土和沉积岩。与此不同,黏土中的硫化矿物稀少,主要受到空气中氧气的风化作用影响,而沉积岩则通常在还原环境中形成,含有较少的硫化矿物。尾矿的放热温度区间较低,与主配料燃煤的着火点接近,这能够激发高温反应场,从而实现低煤耗和高温烧成的目标。

c.尾矿是唯一能够岩石供氧的原料

尾矿作为热液交代形成的矿种,其内部的硅酸盐矿物通常具有较弱的氧结合键。在水泥烧成过程中,当温度升高至800 ℃以上时,这些硅酸盐矿物会分解并释放出氧气。该特性有助于克服传统立窑料球煅烧过程中出现的还原问题,并促使回转窑内的煅烧机理得以优化。释放的氧气作为解聚剂,促进了硅酸盐矿物中Si—O结构的解离,加速了钙硅酸熟料矿物的烧成反应。

d.尾矿易解聚出熟料生成反应活性体

在水泥生产过程中,最为惰性的成分是SiO_2,其惰性源于稳固的Si—O结构。在烧成过程中,尽管$CaCO_3$的分解能耗最高,但SiO_2的解聚能耗同样占据重要地位。水泥熟料的烧制质量、产量及能耗效率,均与原料中硅酸盐矿物Si—O结构的解聚能力密切相关。有效的

解聚过程能够将 SiO_2 中的 Si—O 结构转化为反应活性体 $[SiO_4]_4^-$。因此,选择合适的水泥原料时,我们必须重视硅酸盐矿物的结构特性,特别是石英、高岭土、云母和长石等矿物,这些矿物中的 Si—O 结构具有复杂的空间延伸特征。为实现有效解聚,我们通常需要高温加热及添加解聚剂,如 O_2 和 CaF_2 等,以促进 $[SiO_4]_4^-$ 的生成。

8.3.5　尾矿综合利用的其他技术

8.3.5.1　用尾矿生产农用肥料或土壤改良剂

尾矿中常含有利于植物生长的微量元素,尾矿经加工处理可直接当作微肥使用,或用作土壤改良剂。如尾矿中的钾、磷、锰、锌、钼等,常是植物的微量营养组分,含有这些元素的尾矿,就可被制成"微肥",施入土壤即可改良土壤,促进农作物生长。

8.3.5.2　用尾矿充填采空区

多数尾矿呈细料状均匀分布,将其用于地下采空场的充填料,具有输送方便、无须加工、易于胶结等优点,在确认某些尾矿回收利用价值不大的情况下,我们可采取就地回填的措施,这会给整个矿山企业带来一定的经济效益,并可避免占用大量农田或土地。

8.3.5.3　在尾矿堆积场覆土造田

尾矿占地面积大,当目前因多种因素暂时不能综合利用时我们可采取覆土造田的方法,这既可保护尾矿资源,又可治荒还田,减少因尾矿占地而带来的损失。

在上述尾矿再生利用的多种途径中,我们应以前两项为主要措施,即遵循先利用后处置的原则,优先利用尾矿中的有价组分,提高经济效益和社会效益,只有在确认尾矿无法利用时,我们才选择填埋、堆放等处置措施,必要时我们要对尾矿进行可行性评价,然后选择最佳的技术方案,进行开发利用,尽量做到既技术合理,又有一定的经济效益和环境效益,并防止治理后的二次污染。

8.3.6　尾矿综合利用实例

霍邱铁矿区为一个大型的隐伏型矿区,南北延伸约 40 千米,东西宽度为 3 至 6 千米,矿区内包含多个大中型矿床,总资源储量达到 17.12 亿吨。该矿区资源量丰富且分布集中,矿石成分较为单一,主要为磁铁矿与磁铁-镜铁矿,且矿石的可选性较好。尽管矿石品位较低,平均含铁品位为 31%~34%,低于全球其他铁矿品位,但由于矿体埋藏较深,适合地下开采。

8.3.6.1　固体废物产生、处理处置基本情况

霍邱铁矿区在矿产资源开采过程中产生的主要固体废物包括井下采掘废石、干选废石和尾矿。随着矿区的持续开发和扩建,相关企业的生产规模逐步增加,固体废物的产量也呈现上升趋势。该区的矿山企业计划开采的资源量占该区总储量的 58.6%。每年,固体废

物的总产生量约为 1 175.39 万吨,其中大部分用于矿区自身的建设,包括厂房、办公区、道路和尾矿库坝体的建设。剩余部分则被用于居民安置点及乡村道路的建设,具有一定的资源化利用价值。

尾矿的处理问题在霍邱铁矿区尤为突出。每年该区尾矿的产生量约为 1 154 万吨,其中大部分被用于井下采空区的充填,而剩余部分则需堆存。由于堆存尾矿存在环境风险,堆存量在矿区不断扩展的背景下预计将达到 655 万吨。因此,尾矿的合理处理成为了矿区可持续发展面临的重要挑战。现阶段,约 30% 的尾矿无法直接充填至井下,需采取其他处理措施。

为了实现尾矿的综合利用,霍邱铁矿区需要探索多元化的尾矿处理方式。这包括将尾矿作为建筑材料,如混凝土砌块和水泥掺和料,或将尾矿进行再选、磁化肥等资源化利用。这些措施不仅有助于减少尾矿堆存带来的环境负担,还能提升资源利用效率,进一步推动矿区的绿色发展。通过实施这些有效的尾矿处理和利用策略,霍邱铁矿区能够在确保矿产资源高效开采的同时,推进生态环境保护和经济的可持续发展。

8.3.6.2　尾矿用作混凝土砌块

根据对吴集矿尾矿砂粒级的实验分析,矿区磁选的尾矿矿砂在性能方面完全符合混凝土构件掺和料的相关标准要求,尤其适用于 300 号以上的混凝土产品。这些尾矿矿砂的质量指标已经达到国家标准,这不仅确保了其在工程中的广泛应用,同时也符合环保和可持续发展方面的要求。通过这一处理工艺,尾矿得到了有效的资源化利用,不仅降低了矿区尾矿堆存的压力,还能减少环境污染风险。

进一步分析,磁选后的尾矿矿砂在多个物理性能上表现优异,具有良好的保温、隔热、耐热、抗渗透及不锈蚀等特性,这使其在建筑领域,尤其是在生产混凝土和砌块产品中的应用优势明显。此外,与天然骨料相比,尾矿矿砂的容重减少了约 20%,这不仅有助于减轻结构物的重量,且能够提高工程的整体性能,增强其抗压强度和耐久性。

年产砌块 1.9 亿块的规模为矿区提供了稳定的尾矿消耗渠道,每年消耗尾矿量达到 30 万吨。通过这种方式,矿区实现了尾矿的高效利用,同时促进了区域经济的循环发展。该做法不仅优化了资源配置,还推动了绿色建筑材料的创新应用,体现了矿区在节能减排和资源回收方面的积极贡献。

8.3.6.3　尾矿用作水泥掺和料

细粒级铁尾砂作为水泥掺和料应用在多家水泥厂中得到了广泛的实践。研究表明,适量添加细粒级铁尾砂能够有效促进尾矿资源的再利用,同时不影响水泥的基本性能。通过实验,我们发现以 10% 的比例将细粒级铁尾砂加入普通硅酸盐水泥的配料中,水泥试块的强度符合或超出常规硅酸盐水泥的标准,且最终产品完全符合生产要求。进一步分析表明,若将铁尾砂的添加比例控制在 7% 左右,年产 300 万吨的水泥厂每年可消耗约 20 万吨尾砂。这一结果提示,我们有必要对相关区域内的水泥厂进行深入调研,优化资源配置,并扩大铁尾砂在水泥生产中的应用,进而推动尾矿资源的循环利用,促进产业的可持续发展。

8.3.6.4　尾矿再选提取硅砂

矿区尾矿砂含有较多的 SiO_2，约占 70%，即使经过强磁选后，SiO_2 的含量仍保持在 20% 左右。通过浮选提纯工艺，我们可以进一步提升尾矿的硅砂含量，这一过程不仅能显著减少尾矿的堆存量，约降低 20%，还能够大幅提高尾矿的利用价值。通过此工艺，尾矿资源的综合利用得到了有效提升，促进了资源的循环利用和环境的可持续管理。

8.3.6.5　尾矿用于制作磁化肥

霍邱铁矿区的土壤类型主要为地带性黄棕壤和水稻土，其中水稻土的分布最为广泛。黄棕壤是北亚热带地区典型的土壤类型，具有黄棕色心土层，质地黏重且紧实。水稻土通常为黏壤或粉砂黏壤土，呈微酸性或中性，通气性较差，但具备较好的耕作性能。霍邱铁矿区的尾矿中铁矿物含量一般在 8%~14%，经过磁化处理后，这些尾矿可用于生产复合肥料，具有抗结块、抗破碎及良好的散落性，能改善土壤质量并促进农业生产。目前，相关复合肥料生产项目已在霍邱投入生产。

8.4　矿区土地复垦及其技术

我国矿业的土地使用已达到 200 104 公顷，并且每年新增土地约 2 104 公顷。在这样的背景下，我国的耕地资源面临巨大压力，尤其在人均耕地面积仅为 0.106 公顷的情况下。由于耕地资源紧张且后备资源相对不足，实现耕地总量的动态平衡并严格控制土地使用范围已成为国家的重要战略任务。近年来，矿山行业逐步加大了对土地复垦和绿化工作的重视，并在部分地区取得了一定成效，积累了宝贵的实践经验。然而，从整体来看，矿山土地的复垦率仍然较低，目前的复垦手段大多依赖于植树和植草等直接方法，但这些方法通常需要厚层的表土覆盖，实际效果有限。尾矿库的复垦工作起步较晚，目前依然处于初始阶段，复垦的关键任务主要集中在提升效率与质量上，以期为未来的土地复垦工作奠定更为坚实的基础。

8.4.1　复垦作农业用地

复垦作农业用地时，我们通常需要覆盖表层土并施加肥料或前期种植豆科植物以改良土壤。覆土厚度可以通过以下公式进行估算：

$$P_c = h_b + h_k + 0.2$$

式中，P_c 为覆土厚度，通常在 0.2~0.5 m；h_b 为毛细管水升高值，其根据土壤类型的不同而变化；h_k 为育根层厚度，取决于植物种类。

8.4.2　复垦作林业用地

尾矿库在进行山皮土覆盖后，能够为植物的生长提供基本的土壤基础。特别是对于小灌木、草藤等植物，它们能够适应尾矿库土壤的特殊性质并迅速生长，进一步改善地表的覆盖度。随着时间推移，我们可逐步引入乔木、灌木及经济果木等植物，这不仅有助于矿区生态环境的恢复,还能为当地带来经济价值。通过这一过程,我们不仅提升了矿区的绿化水平,也为区域的可持续发展创造了良好的基础条件,促进了矿区生态系统的多样性和稳定性。

8.4.3　复垦作建筑用地

尾矿库的复垦工作需要与当地的城市建设规划相协调,确保土地使用的合理性和功能的多样性。在此过程中,地基处理是复垦工作的重点,我们必须通过适当的工程措施确保土地的承载能力及建筑物的安全性。通常,建筑的高度应控制在2~4层,以避免过重的负荷对地基的影响。同时,合理的规划设计可以确保建筑与周边环境的和谐统一,提高土地利用效率,并减少资源浪费,从而推动区域经济可持续发展。

8.4.4　尾砂直接作复土造地

尾矿砂作为一种具有良好透水性、透气性及丰富营养元素的材料,在复垦中具有重要的作用。通过将尾砂用于土壤改良,我们不仅能提升土壤的质量,还能促进植被的恢复和生态系统的重建。尾砂的独特性质使其成为提高土地肥力和水分保持能力的重要工具,有助于快速恢复土壤的生态功能,提升农业用地的生产能力。这一做法不仅能够有效利用废弃尾矿,也为土地的可持续使用提供了有力保障。

第9章　石油化学工业固体废物处理及资源化技术

9.1　概　　述

石油化学工业包括石油炼制工业和以石油、天然气、页岩油为原料的化学工业。石油化学工业的产品主要包括各种油料、合成橡胶、合成纤维、塑料、肥料以及各种有机化工原料。

9.1.1　石油化学工业固体废物的来源、分类及特点

9.1.1.1　石油化学工业固体废物的来源及分类

石油化学工业的固体废物主要源于生产过程中产生的固态和半固态废物,以及容器内存储的液体和气体废物。我们通常根据其来源、化学性质及危险性对这些废物进行分类,具体而言,石油炼制、石油化工和石油化纤行业各自石油产生不同类型的固体废物。石油炼制行业的固体废物包括酸碱废液、废催化剂和页岩渣;石油化工和石油化纤行业则主要产生废添加剂、聚酯废料和有机废液等。按照化学性质,这些固体废物可以被分为有机废物和无机废物。根据废物对人体健康和环境的危害程度,我们还可以将其进一步划分为一般固体废物和危险固体废物。一般固体废物通常指对健康和环境危害较小的废物,如经过处理的废白土、废分子筛、废吸附剂及电石渣等;而危险固体废物则包含具有毒性、腐蚀性、反应性、易燃性、爆炸性或浸出毒性的有害物质,如酸碱废液、甲乙酮废液、杂醇废液及含重金属的废催化剂等,这些废物已被列入《国家危险废物名录(2025年版)》。

9.1.1.2　石油化学工业固体废物的特点

a.有机物含量高

石油化学工业产生的废弃物大多具有较高的有机物含量,这些废物在处理过程中往往以固体形式存在,尤其是原油加工过程。具体而言,原油处理的损失率较低,约为0.25%,除了通过水和气流的损失外,大部分废物以固体形式出现。石油炼制过程中,废碱液含油量较高,且其中还含有环烷酸和酚等有机物,这些物质的浓度分别可达到10%至15%和10%至20%。此外,石油化工和石油化纤行业产生的固体废物,通常为有机废液,其中包括含油量较高的罐底泥和池底泥,其含油量常常超过60%。

b.危险废物种类多

石油化学工业所产生的废物大多属于危险废物,具有明显的危害性。这些废物不仅含有高浓度的有机物,还包含对人体健康和环境具有极大威胁的化学成分。例如,炼油过程中生成的酸碱废液,除了含有油、环烷酸、酚及沥青质等有机物,还含有具有较强腐蚀性和

毒性的游离酸、碱和硫化物。这些化学物质的 pH 偏离中性,最低可达 1~2,最高可达 12,硫化物的浓度可达 5~10 g/L,化学需氧量也较高,达到 30~70 g/L。含油量较高的罐底泥和池底泥由于易燃易爆的特性,同样属于危险废物。

c.石油化学工业固体废物既是废物又是二次资源,可利用途径繁多

1)废催化剂含有贵重稀有金属铂、银等,只要采取适当的物理、化学、熔炼等加工方式,我们就可以从废催化剂中回收这些稀有金属。

2)污泥。含油量较高的罐底泥、池底泥等可燃性物质可作为燃料。污水处理厂的油泥浮渣脱水后作为制砖的燃料,1 吨泥饼相当于 3 吨标准煤。

3)废酸液。硫酸烷基化废液经热解法分解为二氧化硫后制取硫酸。精制润滑油的废酸液经过反应生产沥青。用硫化氢中和法利用炼油厂废碱液回收苯甲酚和硫化钠。日本利用电渗析法回收碱,回收率达 80%~90%。

4)废碱液。液态烃废碱液可代替烧碱蒸煮麦草,生产漂白纸浆。环氧乙烷、环氧丙烷的皂化液可用来制作氯化钙、氯化钠。生产磺酸盐产生的废碱液可用作水泥预制构件脱模油;利用炼油废碱液取代粗酚、硫化钠、碳酸钠等化工产品在企业内自用。生产添加剂的钡渣焚烧后送化工厂制取氢氧化钡。在液态烃废碱液中通入硫化氢生产硫化钠或硫氢化钠。将液状的硫化钠直接用于聚硫橡胶的生产。

5)油页岩渣作为一种多功能的建筑材料,主要成分包括 SiO_2(58.9%)、Al_2O_3(26.8%)、Fe_2O_3(11.7%),以及少量的 CaO 和 MgO,用于水泥生产具有较大的潜力。页岩灰作为具有良好活性的火山灰石混合材料,已被水泥厂广泛应用多年,作为活性掺和料,掺入量通常为 20%~30%,最高可达 50%,并可用于生产不同强度等级的水泥及优质高强度流态混凝土,满足特定工程要求。

9.1.2 污染、治理现状及常用的技术

9.1.2.1 污染、治理现状

我国石油化学工业在产生大量固体废物的同时,虽然大部分废物得到了处理,但二次污染问题依然对环境构成一定威胁。以石油炼制为例,废碱液通过硫酸中和回收环烷酸和粗酚的过程中,生成大量酸性污水。这些污水含有高浓度的有害物质,pH 在 2~5,油含量可达 2 000 mg/L,化学需氧量为 4 500 mg/L。如果这些高浓度有机酸水直接排放到污水处理场,可能导致活性污泥死亡,进而影响污水处理场的正常运作;若直接排入水体,则会导致水中动植物大量死亡。目前,我们通常采用集中贮存和限量排放至污水处理场的措施,然而,这些污水仍然是导致污水处理场排放不合格的主要原因之一。许多炼油厂因此面临着巨额的排污罚款,同时严重污染了地表水资源。

某石油工厂每年约排出 60 万的页岩渣,这种页岩渣不仅含有残余焦油、硫、氧、氮等物质,而且含有毒性很大的 3,4-苯并[a]芘,其含量高达 18.9 mg/kg,70% 为灰分。若不及时处理而堆放在环境中,污染物便会通过雨水和大气到处流散,污染地面水和地下水,可造成农田减产、地面水无法饮用等严重后果。

新建的石油化工企业一般建有固体废物堆埋场,其他企业只是找个山沟将各类固体废

物混合堆放,无任何防止污染物扩散的措施,经过多年的风吹雨淋,其已造成周围水体的污染,更长远的影响还未显示出来。石油化学工业固体废弃物中的有害物质会缓慢溶解释放到环境中,造成长期危害。

随着石油化学工业的发展,固体废物的治理日益受到重视,绝大多数固体废物得到了综合利用。酸、碱废液已全部得到了处理,全国多数炼油厂均建立了硫酸法或二氧化碳法处理废碱液回收环烷酸、粗酚或碳酸钠装置;90%以上的有机废液成为其他产品的原料;污水处理场产生的油泥、浮渣、剩余污泥得到不同方法的治理,十几家石化企业建立了污泥焚烧装置,采用方格式固定床、流化床、回转窑等将污泥进行焚烧处理。含重金属的废催化剂全部得到回收,抚顺石油三厂是回收金属催化剂工厂,每年约回收废催化剂 730 t。

一些较为规范的固体废物卫生填埋场也相继建立,苯酚铝渣、混合污泥、废白土、废分子筛、废油脚、废焦炭、焚烧炉灰渣、电石渣等均进入填埋场。

9.1.2.2　常用的技术

近些年来,石油化学工业固体废弃物的处理与综合利用技术有了较大发展,我们开发出一批技术成熟、经济效益较高的处理与综合利用技术。目前我们主要采取的技术措施有化学反应、物理分离、焚烧、填埋等。

a.液体废物的处理

废碱液的处理通常用以下几种方法:用硫酸中和法回收环烷酸或粗酚,此技术已得到了广泛应用;应用二氧化碳代替硫酸做中和剂生产粗酚,安庆、燕山、广州等公司获得了工业应用;在液态烃废碱液中通入硫化氢生产硫化钠或硫氢化钠,抚顺石油一厂已有多年的经验;将液状的硫化钠直接用于聚硫橡胶的生产,锦西石油五厂取得了成功。

废酸液处理主要用以下几种方法:硫酸烷基化废酸液经热解法分解为二氧化硫,然后再制硫酸,该方法已在齐鲁石化公司炼油厂和抚顺石油二厂得到了应用;精制润滑油的废酸液经过反应生产沥青,在玉门炼油厂得到了应用。

石油化学工业有机废液除焚烧处理外,还可回收利用,例如用精对苯二甲酸残液制取增塑剂,利用磷酸-醋酸钴残渣回收醋酸钴等都已用于工业生产。

b.废催化剂的处理

催化剂含有铂、钴、银等稀有金属,对含有稀有金属的废催化剂我们须全部回收处理。抚顺石油三厂回收废催化剂的方法是:废催化剂经烧炭后用盐酸溶解使载体和金属同时进入溶液,再用铝屑还原溶液中的金属离子形成微粒,然后再进一步精制提纯,我们便可将废催化剂中的金属回收。辽阳石油化纤公司回收白银纯度可达 99.96%,回收率达 95%。

c.污水处理场固体废物的处理

另一种数量很大的石油化学工业固体废弃物是污水处理场的"三泥",即隔油池池底泥、浮选的浮渣和剩余活性污泥。

池底泥因含油量高,一般掺入煤中作烧砖的燃料。浮选的浮渣一般经过脱水后焚烧处理。剩余活性污泥经过脱水后,用在石化厂内部作植树绿化肥料,效果很好。但使用这种方法处置的剩余活性污泥数量有限,许多厂家则建立了焚烧炉加以焚烧处理。

d.页岩渣的处理

油页岩渣是多功能的建材,其主要成分为二氧化硅(58.9%)、三氧化二铝(26.8%)、三氧化二铁(11.7%),利用它可生产水泥,另外页岩灰又是具有良好活性的火山灰石混合材料,是水泥厂良好的活性掺和料,掺入量一般为20%~30%,最高可达50%。

e.其他固体废物的处理

对于一些量大、危险性较小的废物,用填埋处理是一种较为经济的方法。燕山石化公司建设的卫生填埋场,填埋的废物有废分子筛、废白土、废干燥剂、废电渣、检修垃圾等。

9.1.3 国外治理技术及其发展趋势

国外在石油化学工业固体废物处理方面做了大量的研究工作,与国内相比有较大的优势。

9.1.3.1 改革工艺减少固体废物产生量

国外大量采用加氢精制的方法精制燃料油和润滑油,不采用碱洗电精制方法,可以减少排放的固体废物量。结合工艺他们也研究了许多新的少排废物的生产工艺,如产生剩余活性污泥少的污水处理方法。

9.1.3.2 重视废物资源化

对于硫酸烷基化装置,国外将废硫酸再制硫酸的装置作为硫酸烷基化的一部分同时设计,制好的硫酸返回烷基化重新使用,节约运输费用,也可使其作为工艺生产的一部分被加以资源化利用。

9.1.3.3 研究节能处理新技术

国外采用焚烧法处理废物,一般在废物进焚烧炉以前先进行气流干燥,这使得废物焚烧能耗比较少。剩余活性污泥中微生物体内水分用一般物理方法进行干燥较为困难,国外研制出一种小分子干磨将其粉碎,然后进行脱水,这样脱水容易并且效果好。

9.1.3.4 用地耕法方式处理含油废物

地耕法是以土地耕作方式处理炼油厂污泥的一种方法,将污泥撒在预处理的场地上,将其与土壤混合,靠土壤中的自生微生物把有机物分解成二氧化碳和水,增加土壤中腐殖质的含量。美国于1954—1983年用地耕法处理炼油厂污泥占炼油厂总污泥量的34%。目前美国、加拿大、英国、法国、荷兰、丹麦和瑞典均在使用和研究地耕法。用地耕法处理污泥不需脱水,用管道将污泥送入场地即可,总费用比焚烧法少2/3以上。美国长期使用这种方法,但其发现其对地下水、大气有潜在威胁,已开始限制使用。

9.2　石油炼制行业固体废物的回收和利用

9.2.1　概述

石油炼制行业作为能源产业的重要组成部分,依托石油和页岩为主要原料,采用常压、减压蒸馏、催化裂化、加氢裂化及延迟焦化等多种工艺,生产各类石油产品。这些工艺在为社会提供能源的同时,也伴随产生了一定量的固体废物。这些废物主要来自炼油过程中的各类操作及污水处理过程,涵盖了废酸、废碱液、废白土渣、废页岩渣、废催化剂及污水处理厂污泥等多种形式。如何有效处理和管理这些废物,已成为行业发展中的一个重要课题。

废物的处理与管理不仅关系到炼油厂的可持续发展,也与环境保护密切相关。炼油过程中产生的废酸和废碱液,具有强腐蚀性和污染性,我们需要采用先进的中和处理技术进行处理,以减少其对环境的负面影响。废白土渣和废页岩渣等固体废弃物,通常含有一定量的有害物质,其必须通过无害化处理,防止对土壤和水源的污染。废催化剂作为炼制过程中不可避免的产物,也需要经过特殊的回收和处理,以提高资源的再利用率,并减少其对环境的长期影响。此外,污水处理厂产生的污泥同样需要采用合理的脱水、稳定和无害化处理技术,确保其最终处置符合环保要求。

各类固体废物的来源及性质如表9-1所示。我国近年来多加工高含硫原油,不仅给石油加工带来一定的困难,而且增加了固体废物的产生量。有些炼油厂增建重油、渣油深加工装置,固体废物量明显增多,污染物组成更加复杂。

表 9-1　各类固体废物的来源及性质

废物种类	废物来源	废物性质
废酸液	电化学精制,酸洗涤,二次加工汽、煤、柴油的酸洗涤精制轻质润滑油;酯化工段丙烯与硫酸作用生成硫酸酯后的水解;磺化工段减压三线油,磺化反应后的废酸层;烷基化车间异丁烷与丁烯烃化法生产工业异辛烷,将硫酸作为催化剂,聚合工段生产聚甲基丙烯酰胺时将硫酸作为聚合催化剂	大部分废酸液为黑色黏的半固体,相对密度 $1.2 \sim 1.5 \ d_4^{20}$,游离酸浓度 $40\% \sim 60\%$,除含油 $10\% \sim 30\%$ 外,还含磺化物、醋类、胶质、沥青质、硫化物及氮化物等
废碱液	电化学精制,碱洗涤,二次加工汽、煤、柴油的碱洗涤精制轻质润滑油,常减压蒸馏直流汽、煤、柴油碱洗,焦化、裂化等装置二次加工汽油出装置前的预碱洗,脱硫工段干气、液态烃的碱洗;催化裂化等装置二次加工汽油用酞菁钴碱液催化氧化脱臭,烷基化车间用烃化法生产工业异辛烷碱洗	大部分废碱液为具有恶臭的稀黏液,多为浅棕色和乳白色,也有灰黑色等,相对密度 $1 \sim 1.1 \ d_4^{20}$,游离碱浓度 $1\% \sim 10\%$,含油 $10\% \sim 20\%$,环烷酸和酚的含量也相当高,一般在 10% 以上,还含有磺酸钠盐、硫化钠和高分子脂肪酸等。

废物种类	废物来源	废物性质
废白土渣	精制润滑油的白土补充精制,石蜡和地蜡的白土脱色工段	黑褐色的半固体废渣,含油或含蜡量在20%~30%
罐底泥	各类油品贮罐的定期清洗及各类容器清洗时的油泥和杂质	大部分为带油、杂质的黑色半固体
污水处理厂污泥	污水处理厂隔油池池底沉积的油泥,气浮池(投加絮凝剂)气浮时产生的浮渣,剩余活性污泥	油泥相对密度 $1.03\sim1.10\ d_4^{20}$,含水率99.0%~99.8%;浮渣相对密度 $0.97\sim0.99\ d_4^{20}$,含水率为99.1%~99.9%,为硫酸铝等的水化物与乳化油混合形成的糊状物;剩余活性污泥主要由微生物菌胶团组成呈絮状的棕黄色污泥,含水率 99.0%~99.5%
废催化剂	铂及铂-铁双金属重整催化剂及加氢催化剂,催化裂化车间的废催化剂;分子筛脱蜡定期更换的 5A 分子筛;分子筛精制定期更换的 CaY·Y,Cu·X 等类废分子筛	大部分催化剂和分子筛为硅铝氧化物固体
添加剂渣	钡渣:生产聚异丁烯硫磷化钡盐添加剂时,经沉淀和离心过滤,由成品罐分离出的渣。锌渣:生产二烷基二硫化磷酸锌添加剂时的过滤残渣。酚渣:用甲苯生产对甲酚时的釜底残渣。	带大量产品的钡盐水溶液,经沉淀和离心分离后,含产品40%,其余为碳酸钡和硫化钡;带44%石油醚抽提的锌废渣,含氧化锌30%,其余为硅藻土、硫、磷等;带7%~20%挥发酚及碳酸钠、硫酸钠和亚硫酸钠的水溶液

9.2.2 废酸液处理和利用

9.2.2.1 废酸液的来源及性质

常压蒸馏和二次加工得到的汽油、煤油、柴油等油品,程度不同地含有硫和氮的化合物及有机酸、酚、胶质和烯烃等。尤其是高含硫原油二次加工的产品,常含有相当数量的非烃化合物和二烯烃等杂质,致使油品性质不安定,质量差,我们需进行精制。

我国炼油厂通常采用酸碱精制与高压电场加速沉降分离相结合的电化学精制方法。这一过程通过在酸碱沉降器中设置电极,形成高压直流电场(15 000~25 000 V)。在这一电场作用下,酸碱与油品中的不饱和烃及硫、氮等化合物发生反应,且微粒的接触表面积增加。高压静电场进一步加速微粒的运动,促进反应产物颗粒间的碰撞,进而增强酸碱液的聚集与沉降效率,从而实现油品的有效分离。

大部分废酸液一般源于电化学精制、酸洗涤、酯水解等工艺,为黑色黏稠的半固体,相对密度 1.2~1.5,游离酸浓度 40%~60%,除含油 10%~30%外,还含叠氮化合物、磺化物、酯类、胶质、沥青质、硫化物及氮化物等。

炼油废酸液主要来自烷基化装置。烷基化装置用 98%的硫酸作为催化剂,使异丁烷与异丁烯进行烷基化反应,生成异辛烷,硫酸则循环使用。硫酸法烷基化工艺对催化剂硫酸的纯度有要求,我们必须定期排出废酸并补充新酸。当硫酸浓度降到 85%时,我们需排出废酸,更换新酸。其成分除硫酸外还有硫酸酯、磺酸等有机物及叠氮化合物。

每生产 1 t 烷基化油排 50~60 kg 废酸渣,主要成分是硫酸还含有约 10%的酸溶油。我们需要配套废酸再生装置,并补充酸性气,生产出硫酸再返回烷基化装置利用。对复合离子液体烷基化工艺,每生产 1 t 烷基化油副产 2.0~2.5 kg 废酸渣(废离子液)。废离子液具有反应性、腐蚀性等危险特性,但同时也含有酸溶油和金属资源。交合离子液体烷基化工艺配套了废离子液预处理单元,能够消除废离子液体危险特性,并可对酸溶油和金属资源进行回收。

各种废酸液的性状及组成如表 9-2 所示。

表 9-2　各种废酸液的性状及组成

废酸液来源	废酸液浓度	废酸液组成		性状
		有机物	硫酸	
烷基化装置排出的废酸液	98%	含量为 8%~14%,主要成分是高分子烯烃,烷基磺酸及溶解的小分子硫化物	80%~85%	黑色黏稠状液体
航空煤油精制废酸液	98%	含量为 4%~6%,主要成分是高分子烯烃,苯磺酸、烷基磺酸、噻吩、二硫化碳及芳烃、环烷烃	86%~88%	黑色黏稠状液体
润滑油精制废酸液	98%	含量为 6%,主要成分是硫化物、环烷酸、胶质等	30%	黏稠液

9.2.2.2　废酸液的处理技术

a.热解法回收硫酸

在废硫酸处理方面,国内通常采用将废酸送至硫酸厂进行回收的方式。废酸通过与燃料共同热解,在热解炉内分解,产生二氧化硫、二氧化碳和水蒸气。经过热解后,气体通过文丘里洗涤器进行除尘,并通过冷却设备冷却至约 90 ℃,随后经过静电酸雾沉降器去除酸雾及部分水分,最后进入干燥塔去除残余水分,防止设备腐蚀与催化剂失活。此过程通过催化剂 V_2O_5 的作用,二氧化硫在转化器内被氧化为三氧化硫,最终通过稀硫酸吸收,制得浓硫酸,从而实现废酸的有效回收与资源化利用。

b.废酸液浓缩

废酸液浓缩的方法很多,目前使用得比较广泛的是塔式浓缩法。此法可将 70%~80%

的废酸液浓缩到95%以上。其缺点是生产能力小,设备腐蚀严重,检修周期短,费用高,处理1吨废酸耗燃料油50 kg。

c.水解–中和–脱水–干化回收酸溶油资源

以某炼油企业 $30×10^4$ t/a 复合离子液体烷基化装置废离子液预处理系统为例,原料是复合离子液体烷基化装置排出的废离子液体和碱洗废水,采用水解–中和–脱水–干化工艺,回收酸溶油资源用于回炼,产生的含金属干化固渣可作为冶金原料。预处理系统主体由水解反应器、中和反应器絮凝沉淀系统机械脱水装置和干化装置构成。

工艺流程如下:装置排放的废离子液体和碱洗废水分别输送至储罐均质均量;在废离子液体的处理过程中,中间水罐起到了储存自板框式压滤机回流浓盐水的功能,浓盐水通过机械隔膜泵被提升至水解反应器,并与离心泵提升的浓盐水一起作为水解介质参与废离子液体的失活处理。在此过程中,水解反应器内的酸溶油将上浮至顶部,并通过浮式收油槽收集后进入污油罐储存,最终被作为原料送至延迟焦化装置。水解液流入中和反应器与碱洗废水混合,生成含金属氢氧化物沉淀的混合液,经过絮凝沉淀罐处理后,形成较大絮体,并送入板框式压滤机进行压滤。湿固渣在压滤后进入料仓,而产生的浓盐水滤液则回流至中间水罐,参与水解反应的循环利用,从而有效实现废离子液体的资源化和污染物减排。在后续处理过程中,料仓内的湿固渣经过造粒后,进入低温干化设备进行干化处理。通过循环热风对颗粒进行干化,我们得到含水率为15%~20%的干化固渣颗粒。低温干化过程中所产生的冷凝水,其污染负荷较低,可直接排入污水场,或送往凝结水回收装置进行进一步处理。该过程不仅提高了废弃物的资源化利用效率,也减少了对环境的污染,有助于实现废弃物的无害化处理和资源的循环利用。整套预处理工艺实现了对废离子液的安全可控水解和油分的高品质回收(图9-1)。

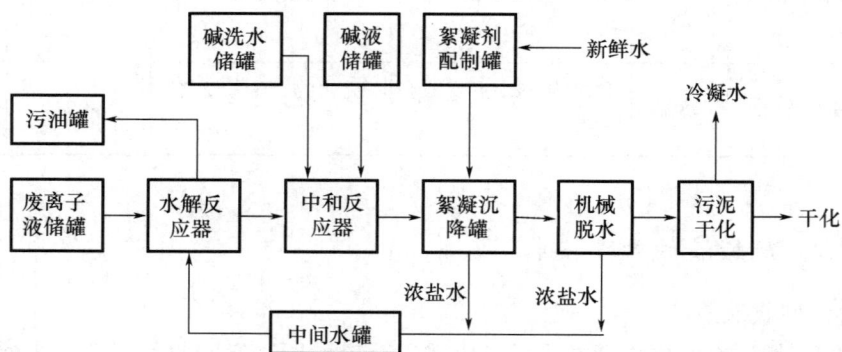

图9-1 某炼油企业复合离子液体烷基化装置废离子液体预处理工艺流程

9.2.3 废碱液的处理和利用

9.2.3.1 废碱液的来源与性质

废碱液主要来自石油产品的碱洗精制。碱精制能够洗出油品中的部分硫化物和酸性物质,这一过程排放废碱渣,根据来源有常压塔顶碱渣、直馏柴油碱液、催化汽油碱渣、催化柴油碱渣、液态烃碱渣及液化气碱渣等。碱渣中的特征污染物是高浓度的游离碱、硫化物、COD、挥发酚和环烷酸;不同来源的碱渣,其污染负荷和污染物组成也有所差别。现有处置技术都是针对无害化和环烷酸、挥发酚等成分的资源回收展开的。随着加氢精制工艺的大规模应用,碱精制逐渐被取代,碱渣产量也在逐年递减。因被洗产品的不同,废碱液的性质也有所不同,耗碱量随加工原油的含硫量增加而增加,相应的废碱液量也增加。废碱液的性质及组成如表 9-3 所示。

表 9-3　废碱液的性质及组成

废碱液来源	废碱液浓度	废碱液组成					
		中性油	游离碱	环烷酸	硫化物/(mg/L)	挥发酚/(mg/L)	COD/(mg/L)
常顶汽油	3%~5%	0.1%	2.9%	1.8%	3 584	3 200	3 500
常一、二线	3%~5%	0.14%	2.4%	9%	250	916	241 600
常三线	3%~5%	10%	1.5%	8.3%	64	300	8 340
催化汽油	10%~12%	0.17%	8%	0.85%	5 964	90 784	294 700
催化柴油	15%~20%	0.8%	8%	2.5%	5 052	50 748	340 900
液态烃	10%	0.04%	6.2%		1 553	737	36 000

9.2.3.2　废碱液处理利用技术

对炼油废碱渣的处理,首先要考虑对高附加值资源的回收,这一过程也是对污染负荷的削减;其次是去除硫化物和其他有毒有害物质,提高可生化性,再进行达标处理。

常压直馏汽油、煤油、柴油碱洗产生的废碱液中,环烷酸含量高;而催化汽油、催化柴油碱洗产生的废碱液中,挥发酚含量高。这两类废碱液都可以采用硫酸中和法,完成环烷酸和粗酚资源回收后,再进一步处理,或将废碱液进行造纸利用。在炼油废碱渣的工程处理技术中,湿式氧化法和生物氧化法应用最多。

a.硫酸中和法回收环烷酸、粗酚

废碱液中环烷酸的回收,特别是在常压直馏汽、煤和柴油的废碱液中,具有较高的环烷酸含量,硫酸中和法是一种有效的回收工艺。该过程首先加热废碱液并进行静置脱油,从而去除其中的油分。接着,向反应罐中加入 98%的浓硫酸,并调节 pH 至 3~4,促使硫酸与废液中的环烷酸反应,生成硫酸钠和环烷酸。通过沉淀作用,我们分离出 Na_2SO_4 及中性油,最终获得环烷酸产品。对于二次加工后的催化汽油和柴油废碱液,类似的方法同样能够获得粗酚产品。然而,酸化条件的控制是确保该技术成功应用的核心因素。过量的酸会对设备造成腐蚀,并且会导致后续排放污水处理具有复杂性;而酸量不足则可能导致粗酚和环烷酸难以被有效析出。因此,合理调控酸的添加量,是提高反应效率与产物质量的关键所在。

b.二氧化碳中和法回收环烷酸、粗酚

为降低设备腐蚀并减少硫酸的消耗,我们采用二氧化碳替代硫酸对废碱液进行酸化处理,从而实现环烷酸的回收。该工艺首先将废碱液加热脱油,随后送入碳化塔。塔内通入含二氧化碳的烟道气,通过中和反应形成沉淀。中和液经分离,上层为回收的环烷酸,下层则是碳酸钠水溶液。该水溶液经过喷雾干燥处理,最终可得到纯度为90%~95%的固体碳酸钠。此过程不仅提高了资源回收率,也有效减少了环境污染。

生产实践表明,该工艺既可以用来中和炼油厂常一、二线废碱液,也可以单独中和常三线废碱液或常一和常二线混合废碱液。不足的是中和后溶液的pH仍然较高,环烷酸的回收率较低,而且会产生大量泡沫,易堵塞管线。

c.利用废碱液造纸

废碱液含有高浓度的NaOH(5%左右)和Na_2S(不低于20%),它们也恰好是造纸工业中漂白碱法、硫酸盐法制浆工业所需蒸煮液的主要组成成分。从理论上讲,我们只要将废碱液中的油类物质去除掉,就可以将其用于制浆造纸。因此,采用上述工艺造纸的工厂可利用此类废碱液配制蒸煮液,既可消除废碱液的污染,又可获得经济效益。废碱液中含有较高浓度的氢氧化钠和硫化钠,并且包含一定量的碳酸钠。若能够有效去除其中的二氧化碳,废碱液可用于制浆造纸。然而,当废碱液中的碳酸钠含量较低时其可直接作为造纸蒸煮液使用。废碱液能够成功用于制浆造纸的关键在于其油类物质的完全去除。现有的废碱液处理技术尚难以彻底去除油类物质,若去油不彻底,则生产的纸张可能会出现油渍,从而影响产品质量。因此,废碱液的这种利用方式的实施,还需要依赖于周边具备接受废碱液的造纸厂,以确保处理后的废液能够得到有效利用。

d.湿式氧化法

湿式氧化是指在高温(120~320 ℃)和高压(0.5~20 MPa)的条件下,将氧气(通常为气)作为氧化剂,对高浓度硫化物和有机污染物进行氧化分解的方法。根据反应温度和压力条件的不同,湿式氧化法可分为缓和湿式氧化法和高温高压湿式氧化法。

炼油废碱渣的处理以缓和湿式氧化工艺居多,在较低反应温度和压力下(150~210 ℃,0.9~3.5 MPa),氧化硫化物和有机硫化物(如硫醇和硫酚等),并消除其他恶臭成分。如果采用高温高压湿式氧化工艺(150~270 ℃,6~9 MPa),则在脱臭的同时对挥发酚和环烷酸等有机污染物也会有一定的去除效果。

e.废碱渣生物强化处理

废碱渣生物强化处理主要应用快速生物反应器技术。快速生物反应器技术利用高活性的专性微生物,在较高的容积负荷下运行,对废碱渣等高浓度、难生化降解废液的前处理效果较好,处理出水能达到综合污水场的进水要求,而且工程投资和运行成本较低。

其炼油企业60 m^3/d 废碱渣综合处理装置采用快速生物反应器技术(图9-2),主要处理对象是油渣、常压柴油碱渣和液化气碱渣,工艺主体由预处理单元、快速生物反应器处理单元和快速生物过滤废气处理单元构成。预处理单元包括从催化汽油碱渣中提取粗酚和从常压柴油碱渣中提取环烷酸。

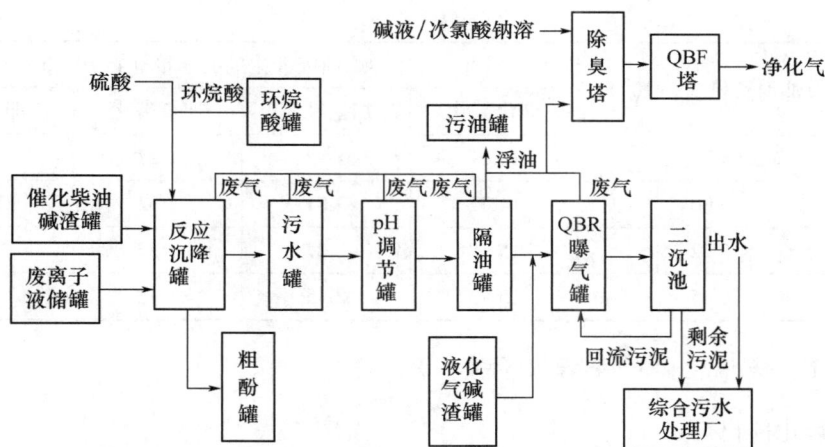

图 9-2 某炼油企业废碱渣综合处理装置工艺流程

9.2.4 废催化剂的处理和利用

石油炼制过程是将开采的原油通过多种技术手段转化为不同的石油产品或石油化工原料的过程。该过程在我国石油工业中具有举足轻重的地位,对经济发展起到了重要推动作用。在炼制过程中,催化剂的使用至关重要,其中包括催化裂化催化剂、加氢催化剂和催化重整催化剂等。这些催化剂在提升石油产品质量、提高能源利用效率及优化生产流程方面发挥了关键作用。随着炼油能力的提升和实际石油消费量的增加,废催化剂的产生量也相应增加。对废催化剂的有效管理和处理成为炼油行业持续发展的重要课题(表9-4)。

表 9-4 我国大陆地区各类炼油废催化剂的产量

年份	石油消费量/($1×10^8$ t)	各类炼油废催化剂的产量/($1×10^4$ t)			
		催化裂化	加氢精制	加氢裂化	催化重整
2005	3.25	7.92	1.08	0.71	0.38
2006	3.50	8.54	1.17	0.77	0.41
2007	3.66	8.92	1.22	0.80	0.43
2008	3.60	8.78	1.20	0.79	0.42
2009	3.84	9.36	1.28	0.84	0.45
2010	4.34	9.36	1.44	0.95	0.51
2011	4.45	10.58	1.48	0.98	0.52
2012	4.91	11.97	1.63	1.08	0.57
2013	5.02	12.24	1.67	1.10	0.59
2014	5.20	12.68	1.73	1.14	0.61
2015	5.41	13.19	1.80	1.19	0.63

年份	石油消费量/（1×10⁸ t）	各类炼油废催化剂的产量/（1×10⁴ t）			
		催化裂化	加氢精制	加氢裂化	催化重整
2016	5.77	14.07	1.92	1.27	0.67
2017	6.00	14.72	2.01	1.32	0.71
2018	6.22	15.18	2.07	1.37	0.73
2019	6.45	15.73	2.15	1.42	0.75

9.2.4.1 废催化剂的来源及种类

a.催化裂化催化剂

在炼油厂重质油轻质化生产汽油的工艺流程中，流化催化裂化，简称"催化裂化"，是最主要的加工过程。在这一过程中，重质馏分油或残渣油可在催化剂的作用下直接进行裂化、异构化、环化和芳烃化等反应，使重质油轻质化，并提高汽油的辛烷值。流化催化裂化的原料可以是减压馏分油、焦化重馏分油、蜡油、蜡下油、加氢预处理油及渣油等。其产品主要是汽油、柴油、液化石油气等，同时产生流化催化裂化油浆。据统计，目前我国70%～80%的汽油和40%～50%的柴油来自催化裂化。

工艺使用的催化剂称为流化催化裂化催化剂。伴随着流化催化裂化工艺的发展，流化催化裂化催化剂经历了许多渐进和革命性的革新。流化催化裂化催化剂至今已有几十年的历史，我国流化催化裂化催化剂起步于20世纪60年代中期，相继建立了甘肃兰炼、湖南长岭和山东齐鲁周村三家流化催化裂化催化剂厂。流化催化裂化催化剂经历了从天然白土催化剂、低铝微球催化剂、高铝微球催化剂、稀土X及稀土Y型分子筛催化剂、氢Y和稀土Y及超稳Y型分子筛催化剂几个发展阶段。流化催化裂化的进料中的有害杂质越来越多，催化剂的耐金属污染能力也应越来越强，这种态势有效地提升了流化催化裂化技术水平。

b.加氢精制催化剂

加氢精制过程是在原料油分子骨架结构变化较小的情况下，通过加氢反应去除杂质，以提升油品质量。该过程在催化剂和氢气的作用下，去除石油馏分中的硫、氮、氧及金属等非烃类组分，同时使烯烃、芳烃进行加氢饱和反应。加氢精制技术是提高石油产品质量的关键手段之一。

我国从20世纪50年代开始加氢精制催化剂的研发，首先研制并工业应用的催化剂是担载在活性炭上的硫化铂催化剂，用于页岩油的加氢精制。20世纪70年代为了提高二次加工油品的质量并改善其安定性，我国加氢精制催化剂的开发和生产逐步活跃起来，投产了一系列加氢精制催化剂。进入21世纪，为了清洁燃料的生产，我们又开发了汽油脱硫、脱氮、选择性烯烃饱和和加氢异构化等各种加氢催化剂，可基本满足国内炼油企业的需要。

c.加氢裂化催化剂

加氢裂化是指通过加氢反应使原料中分子变小，10%以上的加氢工艺，包括馏分油加氢裂化（含加氢裂化生产润滑油料）、渣油加氢裂化和馏分油加氢脱蜡（择形裂化和择形异化）。

加氢裂化催化剂与加氢精制催化剂的区别在于:加氢裂化催化剂是一种典型的由加氢组分和裂化(酸性)组分组成的双功能催化剂,它不但应具有加氢精制催化剂的加氢活性,还应具有裂化和异构化活性。加氢裂化催化剂的开发和选择应综合考虑催化剂的加氢活性、裂化及异构化活性,目的产品的选择性活性,稳定性,机械强度,对硫、氮、水蒸气的敏感性及再生性能。适宜的催化剂是根据不同的原料和产品要求及工艺过程,将两种催化功能进行选择和匹配得到的。

加氢裂化催化剂的金属组分具有加氢脱氢活性,常用的有钨、镍和钴等贵金属,或铂、钯等贵金属。加氢裂化催化剂化学组成的影响表现在活性组分原子比和金属总量上。

d.催化重整催化剂

催化重整是在催化剂存在下重组烃类分子的过程。它是石油炼化工业的关键技术。其主要产品重整油是高辛烷值汽油的调合组分。例如,美国的重整油占所有汽油的1/3;其重整芳烃是化纤、塑料和合成橡胶的基本原料,世界上70%以上的芳烃来自重整;其副产品重整氢是一种廉价的氢源,炼油厂使用的50%的氢由重整提供。而催化剂则是重整装置的芯片,是重整技术的核心。

目前,催化重整催化剂一般都采用含铂的催化剂,其发展处于一个相对稳定的阶段。

9.2.4.2　炼油废催化剂的成分

由于催化剂活性的需要,一些催化剂本身就含有有毒有害成分。例如催化重整催化剂中添加的 Ti 虽然也属有毒物质,但其含量很低,未达到致毒的条件。

在石油炼制过程中,原料油中的有毒有害成分不可避免地进入催化剂中,导致催化剂表面沉积重金属元素,如镍、钒、铁等。这些元素的积累不仅影响催化剂的性能,甚至可能导致其失效。某些情况下,镍的沉积量可高达0.8%,同时,钠、镁、磷、钙、砷、铜等元素也可能在废催化剂上沉积。此外,为了减少重金属对催化剂活性的影响,我们通常会加入钝化剂,其中含有如锑等有毒金属物质,这进一步加剧了废催化剂的毒性。在催化加氢反应中,类似的金属沉积(如镍、钒)及其他杂质(如砷、铁、钙、钠和黏土等)也会影响催化剂的活性,甚至导致其失活。同时,原料油中的非金属元素如氧、氯、硫等会与催化剂中的活性组分结合,生成有毒化合物,加速催化剂的报废。尽管催化重整过程中的废催化剂由于严格的原料油要求,含有较少有毒有害成分,长期运行依然会导致毒物的累积,最终造成催化剂中毒并变为废催化剂(表9-5)。

表9-5　炼油废催化剂的成分

种类	废催化剂样品	成分及含量
催化裂化	a	Na:0.153%,Mg:0.016%,Al:23.82%,P:0.376%,Ca:0.415%,V:0.035%,Fe:0.178%,Ni:0.257%,Cu:0.002 5%,As:0.059%,Sb:0.261%,Pb:0.013%
	b	Na:0.141%,Mg:0.024%,Al:47.23%,P:0.607%,Ca:0.310%,V:0.067%,Fe:0.264%,Ni:0.201%,Cu:0.007 7%,As:0.041%,Sb:0.559%,Pb:0.028%
	c	Ni:1.1%,Fe:0.28%,Cu:0.002 6%,V:0.14%,Sb:0.14%

种类	废催化剂样品	成分及含量
加氢精制	d	V:0.14%,Mo:1.9644%,Al:22.4345%,Co:1.3714%
	e	V_2O_5:14.5%,Mo:6.5%,Ni:27.3%,F:1.8%,Al_2O_3、油污:余量
催化重整	f	Al_2O_3:90.9%,SiO_2:0.29%,SO_3:0.21%,Cl:0.70%,TiO_2:0.03%,Fe_2O_3:0.13%,Re:0.39%,Pt:0.23%,LOI(烧失量):7.00%
	g	Al_2O_3:93.2%,SiO_2:0.27%,SO_3:0.17%,Cl:0.80%,TiO_2:0.17%,Fe_2O_3:0.17%,Re:0.30%,Pt:0.29%,LOI(烧失量):4.30%

9.2.4.3 炼油废催化剂的处理和利用

废催化剂再生技术是提高资源利用率和降低环境污染的重要手段。在炼油过程中,催化剂随着反应的进行逐渐失活,若催化剂活性未能达到反应所需水平,我们可通过再生方法恢复部分活性。再生过程通常包括热处理、化学浸泡、再生气氛的调整等方式。不同成分的废催化剂,其再生技术需要根据具体的成分差异进行调整。对于贵金属和其他金属的废催化剂,再生回收成为回收的核心目标,而低价值催化剂则需通过稳定化和无害化处理来减少有害物质的释放风险,从而实现资源的最大化回收。

a.贵金属的回收

贵金属因其稀缺性、有限的资源和较高的市场价值,在废催化剂回收领域中占据着重要的地位。随着全球对环境保护的日益重视,尤其是资源的日渐紧张和价格的不断上涨,贵金属回收研究已逐步成为国内外重点关注的领域。尽管国外在此领域的研究起步较早并取得了一定的成果,国内的相关研究起步较晚,但近年来在技术应用和理论探索方面取得了显著的进步。

废催化剂贵金属的回收方法主要可分为火法和湿法。

(1)火法工艺

火法作为一种较为传统的回收技术,涵盖了熔炼、氯化和焚烧三种主要工艺。熔炼工艺因其操作简便和回收效果良好而得到广泛应用。然而,熔炼工艺对于废催化剂的前处理要求较高,需要根据不同类型的催化剂选择合适的熔剂、捕集剂及优化操作系统,以确保回收效果的最大化。氯化工艺在能源消耗和操作流程方面具有较大的优势,尤其在回收某些贵金属如铑时展现出较高的回收效率。然而,氯化过程中所涉及的氯气具有毒性,同时对设备的腐蚀性也提出了更高的要求,因此在实际应用中,我们需要特别注意环境安全和设备保护。焚烧工艺具有流程简单、效率高、成本低的特点,尤其适用于含炭质载体的废催化剂。该工艺能有效减少处理成本,但在处理过程中对设备的要求较高,因此通常适用于大规模回收。

(2)湿法工艺

湿法工艺主要分为载体溶解法、活性组分溶解法和全溶解法三种。大多数含贵金属的石化催化剂(如长链烷烃脱氢催化剂、二甲苯临氢异构化催化剂和乙烯氧化制环氧乙烷催化剂)以 Al_2O_3 为载体,其中 $\gamma-Al_2O_3$ 易解于盐酸或硫酸,而 $\alpha-Al_2O_3$ 溶解性较差。载体溶解法虽然回收效率比较高,但操作过程复杂,对设备要求较高,适用于处理 $\gamma-Al_2O_3$ 载体催化剂;活性组分溶解法能保持 Al_2O_3 载体的性能,可重复使用,但也有铂溶解不彻底和回收率低的特点;全溶解法可保证高回收率,但耗酸多,处理成本高,也只适合处理 $\gamma-Al_2O_3$ 载体催化剂。湿法工艺包括浸溶、提取和提纯过程等,而贵金属的浸出和提取是决定回收效率的关键。

1)浸溶

废催化剂中金属的浸出效果是决定金属回收率的关键因素,因此提升金属的浸出效率成为研究中的重要目标。通过微波加热技术,我们能够显著提高金属的浸出效率。微波加热在降低冶金温度的同时,有助于促进矿物的溶解和冶金反应,从而加快金属浸出的速度,并有效减少能量消耗。这一技术不仅优化了浸出过程,还提升了金属回收的经济效益和环保性,是废催化剂资源化利用中的重要发展。

2)提取和提纯

从浸出液中富集和提取贵金属的过程,通常依赖还原沉淀法、溶剂萃取法及离子交换树脂法等常见技术。然而,传统的分离方法在处理多金属催化剂及含有稀土金属的催化剂时,常常难以实现理想的分离效果。此外,浸出液中的某些离子可能会对贵金属的提取与纯化产生干扰,影响回收效果。因此,开发新的萃取剂,尤其是无毒或低毒的萃取剂,并提升其萃取能力与回收效率,将为贵金属的回收提供更加高效、安全的解决方案,从而推动这一领域的技术进步和环境可持续性。

从废催化剂中回收贵金属的传统工艺有其自身的局限性和缺点,因此开发低耗、高效、通用性强的新工艺成为研究热点。

赵卫星等改善了从煅烧废钯/炭催化剂中回收金属的工艺。他们首先在高温下煅烧废钯/炭催化剂以去除碳和有机物,然后用甲酸还原炉渣,将其过滤以获得细渣,然后将其溶解在王水中以获得含钯溶液,金属钯可以通过浓缩结晶和锌还原精炼得到,适宜条件下回收率可以达 97%。该工艺较传统的熔炼法、焚烧法和浸出法而言,具有成本低、回收效率高的优点。

在石化废催化剂的回收过程中,某些催化剂如 YS 系列催化剂中含有较高的 $\alpha-Al_2O_3$ 和 SiO_2(沸石),这对贵金属的回收提出了挑战。为了有效回收其中的贵金属铂,研究者采用了烧结-溶出法,首先通过焙烧去除炭化物,再通过烧结处理使 Al_2O_3、SiO_2 和 Fe_2O_3 与其他成分反应生成易溶解的化合物,从而促进铂的富集。该方法不仅提高了铂的回收率,而且具有较强的适应性和操作简便的特点,解决了传统浸出方法中浸出效果不理想的问题。此外,其还提出了一种无须焙烧、加热或搅拌的常温柱浸法新工艺,利用混合溶液在室温下进行浸出,浸出率可达到 96% 以上,且通过铁板置换及二氯二氨络亚钯法提纯,回收率可达到 95% 以上。此工艺不仅降低了能耗和成本,还减少了废水污染,并能高效回收海绵钯,具有显著的环保和经济优势。

b.其他金属的回收

(1)有色金属的回收

在石油化工行业中,含钼、镍和钒的废催化剂广泛应用于多个重要工艺过程中。它们通常以氧化铝和沸石作为载体,这些金属元素不仅对催化反应的效果至关重要,而且其回收价值也十分高。传统的钼、镍、钒的回收方法主要包括硫化沉淀法、分步浸取法、碱浸法、酸浸法等,这些方法在工业生产中得到了广泛应用。然而,这些传统工艺仍存在一定的局限性,尤其是在能效、回收率及环境影响方面。因此,近年来许多优化工艺和新技术不断被研发,以期克服这些缺陷。

一种较为创新的工艺是低温焙烧-碱漫浸取法。该方法首先将废催化剂在 650 ℃ 下低温焙烧 3 h,去除其中的硫和碳,转化为氧化钼。然后,采用 30 g/L 的碳酸钠溶液进行常压浸出,温度控制在 85 ℃,浸出时间为 3 h,液固比为 6:1。实验结果表明,钼的浸出率可超过90%,而铝的浓度则保持在极低水平(低于 0.01 g/L)。镍则在溶渣中富集,相比传统的高温焙烧-水浸工艺,低温焙烧-碱漫浸取工艺在能效和浸出率上具有显著优势,且经济效益较好。这一方法不仅避免了高温下的升华损失,还有效提升了金属回收率。

复合浸取法也是近年来发展的重要回收技术。该方法采用盐酸、盐碱液、盐盐溶液等复合浸取剂,实现了不同金属的高效分离。与传统的单一酸、碱、水浸出剂不同,复合浸取剂能够更好地适应复杂的催化剂基质,并提升钼、镍、钒等金属的浸出效率。

生物浸出法作为一种新兴的金属回收工艺,因其低成本、环境友好等优点,逐渐成为回收钼、镍、钒的新发展方向。某些研究采用生物-化学联合浸出法,通过两步浸出有效提取废催化剂中的金属。第一步,铁氧化细菌在 pH 为 2、35 ℃、亚铁离子浓度为 2 g/L 的条件下,浸出废催化剂中的钼、镍和钒。实验表明,镍和钒的浸出率分别可达到 97% 和 92%,但钼的浸出率较低。为提高钼的回收率,第二步采用 $(NH_4)_2CO_3$ 溶液对残渣进行浸出,实验结果显示钼的浸出率可提高至 99%。通过这种两步浸出法,钼、镍、钒的回收率分别达到了99%、97% 和 97%。这种方法不仅能显著提高金属的浸出率,而且具有良好的环境友好性和经济效益。

(2)氧化铝载体的回收

废催化剂的回收利用,尤其是稀贵金属和氧化铝的提取,已成为资源循环利用和环境保护领域的重要研究方向。在我国,废催化剂中含有大量的铂、钯、银等稀贵金属,这些金属因高回收价值而被广泛提取。然而,废催化剂中占比 50%~70% 的氧化铝往往未得到充分利用,许多情况下被当作废弃物处理,造成了资源浪费,并对生态环境造成了严重破坏。因此,从废催化剂中回收氧化铝,不仅能够实现资源的综合利用,还是解决资源短缺问题、降低环境污染的有效途径。

随着人们对资源回收利用的重视,国内研究人员在废催化剂中氧化铝回收的技术上取得了显著进展。多项新工艺被提出,旨在通过合理的工艺流程将废催化剂中的氧化铝提取出来,并加以再利用。例如,一些研究通过磁选除铁、降酸提铝、金属置换和重结晶等方法,从铝基废催化剂中回收铂后产生的高铝高酸尾液中提取铝。这一方法能够有效提高铝的综合回收率,并且实验结果显示,该工艺每处理 1 吨含铝废水可获得 502 kg 纯度99.35%的铝产品,铝回收率高达 98.9%。此外,经过这一工艺处理后,生成的硫酸也可作为副产品得到有效利用,整体实现了清洁生产。

一些研究对石油化学工业行业废铝基催化剂中的氧化铝回收工艺进行了进一步优化。该工艺将废催化剂与碱混合后,在马弗炉中进行钠化焙烧处理,焙烧后的物料在热水中溶解,形成含铂和钒的铝酸钠母液。随后,通入 CO_2,利用碳分法制备氢氧化铝,最终通过高温烧结得到氧化铝。该工艺的显著优势在于,钠化焙烧预处理后,镍和钒的浸出率分别可达98.2%和98.5%,且相比传统的酸浸法,其回收效果更为突出。此方法不仅高效回收了氧化铝,还促进了其他金属的回收,进一步提升了资源的综合利用效率。此外,还有研究提出了新工艺路线,利用含有较高 $Al(OH)_3$ 的废催化剂铝渣,通过低渣合成二步法制备聚合氯化铝,该产品符合国家标准,并推动了资源的循环利用。

c.其他资源化利用及稳定化处理

铁系催化剂在石油化工领域中具有广泛应用,其低成本特性使得铁元素通常未被回收。然而,含铁废催化剂可以作为一种资源进行有效回收利用。这类废催化剂不仅可作为炼铁原料,与废钢铁和废车屑一同冶炼回收,而且在废催化剂中所含的铁元素还可用于合成氨催化剂或用作脱硫剂。这些资源化利用方式不仅有助于降低废催化剂的处理成本,还促进了资源的有效再利用,符合循环经济的理念。此外,对于含有铝土矿和硅石的废催化剂,建筑材料的固化处理已被证明是一种有效的无害化处理方式。废催化剂的主要成分与水泥及釉面砖的原料相似,因此,经过磨碎处理后,废催化剂可部分替代这些传统原材料,进而广泛应用于建筑材料的生产。近年来,一些石化企业已经开始采用废催化剂作为水泥生产的替代原料,或在釉面砖生产中加入催化剂成分。这些举措不仅提高了废催化剂的资源化利用率,还为废催化剂的处理提供了环保且经济的解决方案,从而推动了资源的可持续利用。

9.2.5　白土渣的处理和利用

9.2.5.1　来源及性质

在炼油厂的润滑油精制过程中,尽管经过溶剂精制或酸碱精制,仍然会残留少量胶质、酸渣、环烷酸盐和磺酸等杂质,因此我们需要大量的白土进行补充精制。白土的主要成分包括 SiO_2、Al_2O_3、Fe_2O_3 及少量的 CaO、MgO 等,这些成分使得白土对润滑油中的杂质具有强烈的吸附作用。然而,在精制过程中,白土不仅吸附杂质,也会吸附一部分被精制的润滑油。这导致了废白土的产生,这些废白土含油量高达 30%,其中约 60% 是可以回收的润滑油。如果这些废白土得不到有效回收,将不仅造成资源浪费,也会对环境造成污染,因此,开发高效的废白土回收利用技术具有重要的经济和环保意义。

白土渣表面多孔,比表面积 150%～450%。表面吸附芳烃或其他油品的白土渣,具有一定的可燃性。据测定,铂重整过程产生的白土渣热值为 75.4 kJ/kg。

精制不同润滑油所产生的白土渣含油多少不同。一般油品精制过程的白土渣含油可达 20%～30%。

9.2.5.2　主要处理技术

白土渣的处理方法多种多样,传统的填埋、焚烧等方式在使用过程中可能对环境产生不良影响,且逐步受到环保法规的限制。近年来,随着环保要求的提高,单一的填埋或焚烧方式已无法满足可持续发展的需求。废白土的资源化利用逐渐成为处理的主流技术。

a.石油烃类物质的回收

废白土中的石油烃类物质含量较高,且其中某些组分可转化为有价值的理想产品。因此,废白土中的石油烃类物质回收具有较高的经济价值。回收技术主要包括物理法、物化法和热处理法等,三者能够有效提高石油烃类物质的回收效率和利用价值。

1)物理法

高压压榨法是物理回收中的一种常见技术,通过外力作用将废白土中的油分挤出,适用于高含油废土。尽管该方法具有显著的回收效果,但设备投资较大,且回收的油品质量相对较低。

离心法利用离心力使废土分层分离,该方法不仅占地面积小、处理速度快,还能提高处理效率,但其管理复杂且残留油量较高,设备成本也较高,因此在实际应用中我们需要权衡其优缺点,以达到最佳回收效果。

超临界 CO_2 萃取法通过调节温度和压力,使二氧化碳处于超临界状态,利用其优异的传质和溶解性能,从废白土中提取油分。这一技术具备良好的萃取分离效果,并具有较好的应用前景,特别是在油分提取的精确性和效率上。然而,该技术仍处于发展阶段,需要进一步优化以提高其广泛应用的可行性。

溶剂法通过溶剂的溶解作用将废白土中的油分解析并分离。该方法能够实现低残油率,并能够较好地提取理想油组分。尽管如此,溶剂的易燃易爆性质使得该方法在安全性方面具有较高要求,并且操作较为复杂。

2)物化法

表面活性剂法是一种通过利用表面活性剂的亲水性和亲油性特点来实现废白土中油分分离的方法。在加热与搅拌的条件下,表面活性剂能够有效地形成稳定的乳状液,从而在破乳过程中实现油、水与固体物质的分离。此方法的优势在于其分离效果显著,能够高效去除废白土中的油分。然而,实际应用中,理想油分与非理想油分的难以区分及复杂的表面活性剂成分增加了废水处理的难度,可能导致二次污染的问题,这些因素限制了其广泛应用。

水剂法利用碱性热水对废白土进行处理,在搅拌条件下溶解其孔隙中的油分,并实现油分的分离。尽管与表面活性剂法相比,水剂法的分离效果和油分回收率稍显逊色,但该方法操作简单,且无须使用复杂的化学试剂,具有较高的实用性。其主要问题在于,水剂法可能破坏废白土的结构,影响其再生利用价值,并且处理后的废水需要中和,以避免对环境造成污染。

3)热处理法

电热解法通过在高温条件下对废白土中的有机物进行裂解,旨在回收石油烃类资源。该技术的显著优势包括能够彻底处理废白土、减少二次污染、显著降低废弃物的体积并有效回收油分。此外,电热解法可回收的油质量较高,符合资源回收的要求。然而,电热解法的实施需要较高的基础设施投入及复杂的操作维护,且对安全性有较高要求,这对其广泛应用构成一定的限制。

超声–微波协同预处理法通过结合超声的空化效应与微波的高能量作用,能够有效改善废白土表面结构,增强油分的分离效率。在此基础上,结合表面活性剂法进一步优化分离过程,不仅缩短了处理时间,还显著提高了油脂的回收率,从而提升了整体的资源回收效率。这一方法在提高资源回收率方面表现尤为突出,适应性较强。

过热蒸汽喷射技术将过热蒸汽引入废白土体系,在高温和高流量作用下促进油分与水分的蒸发与分离。该技术有效提升了分离效率,并且减少了对化学试剂的依赖,展现了良好的资源回收潜力,为废白土的处理提供了一种更加高效且环保的解决方案。

b.再生活化

废白土的再生活化技术旨在实现废物的循环利用,我们主要采用焚化法、隔绝空气碳化法及焙烧酸化法等关键技术。焚化法通过高温煅烧去除废白土中的油分及杂质,从而疏通其介孔和微孔,恢复其吸附活性。该方法可能导致再生白土的结构破坏,吸附性能显著下降,同时油分燃烧过程中对环境的污染较为严重,造成石油资源的浪费。

隔绝空气碳化法则是在缺氧或惰性气体条件下进行热处理,使废白土碳化,再通过氧化条件下的高温加热去除生成的碳素,恢复孔道的通透性并提高其吸附活性。焙烧酸化法结合焙烧与酸化处理,先通过焙烧去除色素和有机物,再通过酸化去除其他杂质,最终实现废白土的再生。每种方法各有优缺点,我们需根据实际情况进行选择与优化。

c.资源化利用

1)新产品:通过生物培养、造化、酸化、过滤等处理,以废白土为原料或辅料,制造核黄素、去污粉、4A 分子筛等产品。

2)建筑材料:将废白土制备建筑密封剂、替代黏土生产水泥、烧砖、制备有机膨润土等。

3)产品添加剂

废白土在多个领域的再利用具有广阔的前景。在橡胶制备中,废白土作为填充剂和软化剂使用,可显著提升橡胶的抗磨性能。在农业和畜牧业领域,废白土因其含有有机质、油脂及磷脂等营养物质,可作为生物有机肥料或饲料添加剂,既减少了堆肥过程中的臭味污染,也降低了饲料成本,提升了养殖效益。此外,废白土在复合材料的制备中具有重要作用,通过改性可以提高材料的力学性能、耐热性及加工流动性,进一步拓宽了其应用领域。

9.2.6　页岩渣的处理和利用

用低温干馏法加工油母页岩时,我们可以从中提取含量只有 3%~5% 的油。97% 的页岩将成为页岩渣。页岩渣呈灰红色,含有未被完全去除的有机物。

页岩渣的成分结构与黏土相似,主要由 SiO_2、Al_2O_3、Fe_2O_3 和 CaO 等组成。其中,SiO_2 的含量约占 60%,Al_2O_3 占 20% 左右,其他成分如 MgO、Fe_2O_3、SO_3 和 CaO 等合计约占 20%。目前,油母页岩废渣的利用主要集中于建筑材料的生产方面,如烧砖、制水泥及吸附材料等。随着研究的深入,我们对废渣的物理化学性质进行系统分析,并通过添加不同的辅助成分及应用新的加工方法,推动油母页岩废渣的多元化应用,这已经成为其循环利用的关键方向。油母页岩废渣的潜在应用不仅局限于建筑领域,还可扩展至矿井充填等多个行业,为资源的高效利用提供了更多可能。

1)作矿井充填

充填废弃矿井的物料应满足以下要求:量大、坚硬、含泥少、无可燃性、质轻、廉价。页岩渣完全满足上述要求,用页岩渣充填矿井的费用大大低于用河沙充填。

2）利用赤页岩粉作菱镁制品的改性填料

菱苦土是一种胶凝材料,其制品可用于各种建筑结构。但由于其耐水性差,在使用上受到限制。近几年来,抚顺市有关建材厂经大量探索性试验,发现赤页岩灰是改善菱苦土耐水性能的良好填料。赤页岩粉中的活性硅和活性铝可与菱苦土进行化学反应,产生不溶于水的硅酸镁和硅酸铝,改善菱苦土的耐水性能,其效果显著,且提高了其强度和安定性。目前很多建材厂利用赤页岩粉改性的菱苦土配合玻璃纤维生产内墙隔板、天棚板、屋面板、包装箱等产品,节省了大量木材。

3）生产水泥

抚顺水泥厂曾采用湿法配制水泥生料,配料中掺石灰 67%、石油一厂页岩渣 28% 和石油一厂硫酸装置排出的废铁粉 5%,所生产的水泥标号达 425 号。改用干法生产后,配方为:石灰石 82%～83%,页岩渣 9%～10%,河沙 6.0%～6.5%,铁粉 0.95%,氟石膏 4%。水泥年产量 42 万吨。

4）页岩渣制陶粒

将含碳 3% 左右的页岩渣干燥、磨细,然后与红黏土混合,加水制成料球,代替黏土及白土粉作为隔离剂,再经烘干制成较干的陶粒生球。生球经 300～400 ℃ 的烟气烘干、预热,再进入高温炉焙烧,保持炉温在 1 150 ℃,陶粒即膨胀至最大粒径,出炉冷却后即得陶粒,可作轻质混凝土骨料。

9.2.7　含油污泥的处理和利用

9.2.7.1　含油污泥的来源

含油污泥主要产生于原油开采、油气集输、炼油化工厂污水处理等生产过程。

a.原油开采地面处理过程产生的含油污泥

原油开采过程中的地面处理环节往往伴随着原油的洒落和渗漏,这些原油会深入土壤,形成油泥。此外,采油污水处理过程中,絮体的沉淀及管道内积聚的垢物,也会与油水混合,形成含油污泥。

b.油气集输过程罐底产生的含油污泥

在原油集输过程中,油气三相分离后常常产生大量含油污泥,尤其在接转站和联合站的油罐及沉降罐中。此类污泥含有丰富的碳氢化合物,往往表现为复杂的油砂和油泥混合物。

c.炼油厂污水处理过程产生的含油污泥

炼油厂的污水处理过程,随着油水分离及化学反应,产生了大量含油污泥。此类污泥水分含量高,成分复杂,主要包括隔油池底泥、浮选单元的浮渣及生化污泥等。

9.2.7.2　含油污泥的特点

含油污泥的成分极为复杂,通常由水包油、油包水及悬浮固体等组成,形成稳定的乳状液体系。由于其具有较差的流动性和较高的含油量,导致在处理过程中存在较大的技术难度。化学药剂的使用常会使其黏度增加,并且破乳、絮凝效果显著下降,这进一步加大了污泥的分离和资源化利用难度。

含油污泥的特性使其对环境构成严重威胁,具有污染空气、水体和土壤的潜在危害,且含有毒有害物质,由于含油污泥体积庞大,若不加以妥善处理和排放,可能对环境造成严重污染。因此,我们必须进行有效的处理,以避免其对环境的持续影响。根据相关法律法规,含油污泥被列为危险固体废物,并受到严格的管控,不能随意排放。特别是在《国家危险废物名录(2025年版)》及《关于办理环境污染刑事案件适用法律若干问题的解释》中明确规定,非法排放、倾倒或处置三吨以上的危险废物将被视为严重污染事件,构成污染环境罪。因此,含油污泥的处置不仅要遵守环境保护的相关规定,还必须满足特定的处理标准。

国家相关标准已明确规定了含油污泥的处理要求。例如,《农用污泥污染物控制标准》(GB 4284—2018)规定土壤中矿物含油量应小于等于0.3%。《陆上石油天然气开采含油污泥资源化综合利用及污染控制技术要求》(SY/T 7301—2016)则提出,处理后的含油污泥剩余固相中的石油烃总量应控制在2%以下。国内油田在处理含油污泥时,严格遵循这些标准,以确保处理后的污泥符合环境保护要求。

9.2.7.3　含油污泥的处理

含油污泥处理的传统技术如下:

a.化学热洗法

化学热洗法将含油污泥与热化学溶液混合并反复洗涤,能够有效实现污泥的减量化和资源化处理。该方法通过降低油、泥、水三相之间的界面张力,促进油类物质从泥砂表面脱离,从而实现三相分离。常用的热洗药剂包括无机盐、无机碱、破乳剂和絮凝剂等。此方法特别适用于含油量较高且富含轻质烃的油泥处理。

b.热解法

热解法是一种常见的含油污泥资源化处理方法,属于高温处理技术,广泛应用于油泥的无害化和资源化处理。尽管国外自20世纪80年代起便开展了相关研究,并开发了多种热解技术,如低温热解冷凝法和锅炉废热干燥油泥饼法等,但国内的研究起步较晚,目前仍主要集中于实验室阶段。热解法可分为高温热解和低温热解两种类型。在高温热解过程中,处理温度为360~520 ℃,主要针对高分子烃类的回收;低温热解则在100~200 ℃下进行,主要回收低分子烃类。热解法的优势包括显著的减量化效果、较为彻底的处理过程及通过密封冷凝回收蒸汽减少大气污染。然而,该方法仍面临高反应条件、较高成本、较大能耗和操作复杂等挑战,尚未在工程应用中得到广泛推广。

c.固液机械分离法

固液机械分离法作为含油污泥的预处理技术,常与其他深度处理技术联合使用,以提高处理效率和效果。在此过程中,通过添加高分子净水剂等化学药剂,并结合机械分离装置,我们可以实现油、水、渣三相的有效分离。浮油上浮至表面,泥水混合液则位于下层。回收浮油后,我们利用机械脱水设备,如卧螺式离心机和真空带式过滤机,对泥水混合液进行脱水处理。固液机械分离法能够显著减少污泥体积,降低后续处理费用和整体成本,具备较好的体积减小效果。然而,固液机械分离法通常需要与脱水技术结合使用。在真空过滤过程中,油泥中的石油类物质可能堵塞滤布,降低处理效率,并需频繁清洗;同时,离心脱水也可能带来较高的维护成本。

d.生物降解技术

生物降解技术通过微生物的降解作用将石油和有机物分解为无害物质,如二氧化碳和水,同时有助于促进土壤腐殖质的积累。生物修复技术可分为植物修复和微生物修复,其中微生物修复因其成本低、效率高及较强的适应性,成为环境治理领域的研究重点。微生物修复不仅能够有效降解污染物,还能恢复土壤的生态功能,具有广阔的应用前景。

e.焚烧法

焚烧法是一种高效且彻底的含油污泥处理技术,通过将处理过的油泥加热至特定温度,使其中的油类和有机物充分燃烧,转化为 CO_2 和 H_2O。该方法已在多个油田得到应用,流化床和旋转炉是常见的焚烧设备。焚烧过程中释放的热能可用于蒸汽或电力生产,而燃烧后的固体渣类可用于砖块生产或铺路等二次利用。焚烧法的主要优势在于能够显著减少油泥的体积,降低堆放面积,并有效消灭其中的细菌,处理过程较为安全,同时释放的热量可转化为能源。然而,焚烧法在我国的应用仍面临一些挑战,如设备投资和运行费用较高、产业结构不合理、实际利用率较低等,可能引发二次污染问题。近年来,焚烧技术不断优化,烟气净化问题逐步得到解决,力求实现经济与环保的平衡。

f.固化处理技术

固化处理技术是一种有效的无害化处置手段,其核心通过向含油污泥中添加固化剂,引发物理化学反应,最终将污泥转化为固体物质。这一过程不仅显著降低了油污泥的毒性及其在生态环境中的迁移能力,还使得固化后的污泥具备了更高的稳定性,从而便于后续的堆放、储存及处理。固化后的油污泥可在多种环境中使用,包括填埋和建筑材料的制作。固化剂的选择因污泥性质而异,常用的固化剂包括无机材料和有机化学品。该技术对含水量较高、含油量较低及高盐度的油污泥尤为有效。固化处理技术将有害成分进行稳定化处理,降低了污染风险。然而,该技术面临占地面积较大、处理成本较高等挑战,且难以有效回收其中的油脂资源。因此,未来的研究应集中在固化剂和添加剂的创新上,以实现油污泥资源的循环利用。

国内在含油污泥处理方面,普遍采用热解、调质分离、焚烧、化学热洗等技术。如商丘瑞新通用设备制造股份有限公司通过热解技术处理含油污泥,处理能力达到 1 t/h;大庆海啸机械设备制造有限公司则使用调质离心分离技术,处理能力为 5~40 m³/h;其他如中国华油集团有限公司和辽河油田公司也采用了不同的技术手段,取得了良好的处理效果。同时,多个油田如大庆油田和胜利油田在实际操作中也尝试了多种复合工艺,以提高处理效率和效果。

9.3 石油化工行业固体废物的回收和利用

9.3.1 概述

石油化工产业主要涵盖基础化学品生产、有机化工产品生产和高分子化工产品生产三个核心过程。基础化学品生产以石油为原料,通过炼制加工生成乙烯、丙烯、丁烯等基础化工品及苯、甲苯、二甲苯等三苯类化合物。随后,有机化工产品的生产过程利用这些基础化学品,通过一系列反应生成醇、醛、酮、酸、醚、胺类和腈类等多种有机化学品,包括精细化学品。高分子化工产品生产则基于基础化学品或有机化工产品,通过聚合反应制造合成纤维、塑料和橡胶三大合成材料,最终形成各类高分子化工产品。

石油化工行业主要固体废物的来源及组成如表 9-6 所示。

表 9-6　石油化工行业主要固体废物的来源及组成

物质	名称	排放点	排放量/(t/a)	主要组成
乙烯 3×10^5 t/a	废碱液	碱洗塔底	4 000	Na_2S、Na_2CO_3、$NaOH$
	废黄油	碱洗塔	50~150	烃类聚合物
		加氢反应器出口	0.1~0.5	烃类聚合物
	废催化剂	C_2 加 H_2,C_3 加 H_3,烷化	—	Pa、Ni、Al_2O_3 等
	干燥剂	—	—	分子筛活性氧化铝
汽油加氢 6.46×10^4 t/a	废催化剂渣	一段加氢	1.06~1.77	铁、钴
		二段加氢	0.26~0.43	
苯、甲苯 1.9×10^5 t/a	废白土渣	白土塔	45	含微量烯烃和芳烃
	环丁砜	溶剂再生塔	极少量	环丁砜和烃类聚合物
乙醛 3×10^4 t/a	压滤机滤饼	催化剂、压滤机	1~2	固态乙醛衍生物
醋酸 3×10^4 t/a	醋酸锰残渣	回收蒸馏釜	9~10	醋酸、醋酸酯类、醋酸锰
环氧乙烷乙二醇 6×10^4 t/a	多乙二醇	多乙二醇釜	40	多乙二醇聚合物
	EO 反应催化剂	反应器	6.4	Ag
环氧丙烷丙二醇 0.8×10^4 t/a	废石灰渣	石灰消化器	3 960	$CaCO_3$、$Ca(OH)_2$、有机物
甘油 0.1×10^4 t/a	废活性炭	吸滤器	8	活性炭、有机物
	食盐	离心机	900	甘油
苯酚丙酮 1.5×10^4 t/a	酚丝油	丝油锅	800	多异丙苯
		丝油锅	2 000	酚、苯乙酮
间甲酚 3×10^4 t/a	磷酸催化剂	烷化反应	44.9	磷酸及烃
	废吸附剂	吸附分离	38.43	分子筛、芳烃
	$Al(OH)_3$ 渣	异构化	585	$Al(OH)_3$、水、有机物
	焦油	精馏塔	18 598	有机物

物质	名称	排放点	排放量/（t/a）	主要组成
烷基苯 $5×10^4$ t/a	氟化铝	循环烷烃、氧化铝处理器	30	氟化铝
	氟化钙	中和池	15	氟化钙
	泥脚	沉降罐	340	烯烃、三氧化二铝与苯合物

石油化工行业固体废物由于生产过程、原料和产品差异性大，所以废物的种类多，成分复杂，多数废物具有易燃、有毒、易反应的特性。其形态有固体状、浆液状等不同类型，大部分都具有刺激性臭味。其按性质可分为以下几类。

9.3.1.1 废酸、碱液

在石油化工行业生产过程中，原料中的硫化物会生成硫化氢等酸性化合物，有时需用碱加以洗涤。废碱液中一般含有 Na_2S、Na_2CO_3、含酚钠盐等，并溶有一部分烃类化合物。一套 $3×10^5$ t/a 的乙烯装置碱洗塔排出的废碱液达 $0.4×10^4$ t/a。

石油化工废碱液的回收利用一直是我们处理废弃物的重要技术途径之一。传统的处理中和方法多依赖酸性物质进行直接中和，尽管此方式操作简便，但其处理效果并不完全，且消耗大量的酸性物质，导致设备腐蚀严重和工作环境恶劣。近年来，越来越多的厂区开始采用二氧化碳法，这一方法不仅能减少对酸性物质的依赖，还具有较低的能耗和成本，且设备简洁、操作稳定。对于废酸液的处理，我们不仅可以通过废碱液进行中和，还可以通过进一步的回收利用，转化为其他有价值的化学品。例如，某些厂区采用液氨中和废酸液，并结合空气浮选法去除聚合物，生产出固体肥料。此类废酸液的综合回收和资源化利用，不仅有效减少了环境污染，还提升了资源利用效率。

9.3.1.2 反应废物

石油化工行业生产过程中会产生含高、低聚合物的反应残渣，其有机成分含量高，如丁二烯装置溶剂精制塔底的丁二烯二聚物、苯酚、苯乙酸及醋酸酯等。苯酚丙酮生产装置的焦油产量为 250 kg/t。一些反应残渣还含有反应时加入的含金属催化剂。反应废物中一般有机物占绝大多数，大部分都可以作为燃料加以利用。

9.3.1.3 废催化剂

石油化工行业中一般反应用的催化剂多数是固体催化剂，大部分载体采用碳化硅或氧化铝，载有所需要的 P、Co、Mo、Pb、Ni、Cr、Rh 等。这些催化剂重金属含量高，常常在卸出前进行吹扫，将易挥发物除去，然后卸出。加氢催化剂一般含钯、钴、铝等，可送专门厂处理，回收贵重金属。在对苯二甲酸二甲酯的生产中所用的钴、锰催化剂，原来作为废液加以焚烧，现在可采用萃取—离子交换工艺回收醋酸及醋酸锰催化剂。在环氧乙烷生产中，产生的废催化剂含有 Ag，可以送金属回收厂回收 Ag。

目前有些催化剂还未研究出回收利用方法,有些回收利用价值较低,这部分废物如氧化锌、浸铜活性炭、氟化铝、氟化钙、废分子筛、废白土渣等,都只经钝化后埋填处理。有一些废渣如电石渣,可作为铺路材料等。

9.3.1.4　污水处理厂污泥

石油化工行业产生的废水多含溶剂及油,COD 含量高。我们一般都采用沉淀、隔油、浮选、曝气处理流程,产生含油污泥、浮选渣及生化剩余活性污泥。目前油泥作燃料烧砖等用,浮选渣过油后填埋,剩余活性污泥少部分用作绿化肥料,大部分还是填埋处理,焚烧的方法应用得较少。污水处理厂污泥的特点是含水率高,一般在 99% 左右,含油,COD 含量高达 1 万~2 万 mg/L。

剩余活性污泥主要是由细菌和菌胶团组成,结构松散,呈絮状,棕黄色,含水率为 99%~99.5%。

石油化工行业固体废物还有废固体吸附剂、废皂化反应剂等。

9.3.2　废碱液的处理利用

9.3.2.1　国外主要研究技术

湿式空气氧化技术作为废碱液处理的有效手段,已在欧美和日本等发达国家得到广泛应用,并具有数十年的发展历史。自 20 世纪 50 年代以来,废碱液处理技术在环保领域得到了广泛关注。根据相关法律法规,废碱液中的活性硫化物被认定为有害污染物,故不可直接排放至废水处理系统。这一规定强调了废碱液的无害化预处理需求,旨在通过转化硫化物为稳定的硫、不可溶的金属硫化物或可溶的硫酸盐,避免对环境造成污染。湿式空气氧化技术通过在高温、高压下利用氧气进行氧化反应,将废碱液中的硫化物转化为硫代硫酸钠或硫酸盐,并有效去除恶臭气味。此过程不仅能显著降低废碱液的化学需氧量,还能够氧化部分有机物生成二氧化碳,从而减少废碱液的污染程度。多种湿式空气氧化工艺得到了开发并投入应用,其中某些工艺因技术的成熟度和广泛应用,成了主流选择。然而,这些技术的高温高压要求往往导致工程造价较高,限制了其在某些地区的广泛推广应用。因此,未来的技术改进应着重于降低能耗和成本,以促进这一技术的普及和更广泛应用。

近年来,催化剂和纯氧应用于湿式空气氧化工艺,使得处理温度和压力得以显著降低,从而降低了成本并增强了推广应用的可行性。然而,尽管湿式空气氧化技术能够显著减少废碱液中的污染物,但仍未能完全去除所有污染物,因此,在实际应用中,我们往往需要与生物处理技术结合使用,形成综合处理体系。欧美发达国家普遍采用湿式空气氧化工艺预处理后,再进入生物处理阶段,以实现废碱液的高效、彻底处理。

9.3.2.2　国内主要研究技术

目前,国内乙烯碱洗废液的处理主要是预处理与生化处理相结合。常见的预处理方法包括中和法、氧化法和生物处理法,之后废液被送至综合污水处理厂进行生化处理。此外,综合利用法等新兴技术也在逐步应用,显著提升了废液的处理效果。

a.中和法

废碱液因其高 pH 无法直接排放,因此需要通过加入废酸调节至中性。在此过程中,产生的 H_2S 和 CO_2 气体需经过汽提处理后单独处理。酸中和和 CO_2 中和是两种常用的有效废碱液排放处理方法,能够确保废液达标排放。

(1)酸中和法

酸中和法是一种有效的废碱液处理方法。通过将废碱液酸化并调节其 pH 至 2~4,硫化钠转化为硫酸钠,随后将其送至污水处理厂进行进一步处理。在这一过程中,生成的 H_2S 和 CO_2 气体可通过汽提装置收集,并送至火炬进行燃烧,有效去除废碱液中的有害成分。该方法不仅提高了废碱液的处理效率,还减少了环境污染,具有较高的应用价值。

酸中和法存在以下缺点和问题:

1)设备和管线的腐蚀问题主要源于废碱液成分波动较大,难以精确控制硫酸的加入量,以及酸碱交替作用,导致腐蚀加剧,存在较大安全隐患。

2)在酸化处理前,我们必须彻底去除废碱液中的黄油,以防止汽提塔结焦或被堵塞,从而保证处理效果的稳定性和效率。

3)燃烧过程中生成的 SO_2 气体仍为有害物质,如果处理不当,可能引发二次污染问题。这些因素需要我们在实际操作中予以重视和改善。

(2)CO_2 中和法

CO_2 中和法作为废碱液处理的一种新兴技术,通过使用二氧化碳代替硫酸进行酸化处理,有助于减少设备腐蚀和硫酸消耗量。该方法通过反应将废碱液中的 Na_2S、NaOH 转化为 Na_2CO_3 和 $NaHCO_3$,进而去除硫化物并中和废碱。处理后的废碱液中硫化物浓度可降至 40 mg/L 以下,油含量亦能降低至不可检出的水平。该工艺流程简洁,设备要求较低,且对设备材质的要求较为宽松。尽管该方法具有明显优势,但由于其依赖廉价的 CO_2 废气,并且 H_2S 气体需要单独处理,若处理不当,可能导致二次污染问题。因此,该工艺的应用我们需要谨慎评估。

b.氧化法

湿式空气氧化技术通过氧化剂的作用,将废碱液中的硫化物转化为无害的硫酸盐、硫代硫酸盐和亚硫酸盐,从而实现废碱液的无害化处理。该工艺通常在高温高压条件下进行,利用空气中的氧气进行氧化反应。该方法目前已被多个国内石化企业应用于乙烯废碱液的处理中,如上海赛科石油化工有限责任公司、中国石油化工股份有限公司茂名分公司等。然而,尽管该技术具有一定的处理能力和应用前景,其推广和应用仍面临一些挑战和局限性。

首先,湿式空气氧化法的投资和运行成本较高。高温高压的操作条件要求设备具有较高的耐腐蚀性和耐高压性,导致设备造价较高。此外,高能耗也是该技术的一大难题。其次,处理效果虽然较为显著,但仍不理想。尽管湿式空气氧化法能够有效去除废碱液中的硫化物,但处理后的废水化学需氧量浓度仍较高,通常可达 5 g/L 左右,仍不能满足污水处理厂的进水水质要求。为了避免对污水处理厂造成冲击,我们通常需要对处理后的废水进行稀释,从而增加了污水处理厂的负担。此外,湿式空气氧化法在处理过程中,管线容易堵塞,这也是其在实际应用中的一大问题。

安全性方面,由于操作压力较高,湿式空气氧化过程中可能产生有毒气体(如硫化氢),这为操作带来了潜在的安全风险。因此,处理设备的安全保障和环境监控问题至关重要。

为了提高处理效果,国内一些石化企业已尝试将湿式空气氧化与其他处理技术相结合。例如,茂名分公司采用湿式空气氧化+工程菌-曝气生物滤池工艺对废碱液进行进一步的生化处理,湿式空气氧化工艺有效降低了废碱液中的化学需氧量浓度,并通过生化处理达标排放。尽管这种工艺在处理过程中取得了一定的进展,但由于湿式空气氧化后的废碱液中仍含有较高的无机盐和可生化性较低,其依然需要进一步处理。

c.综合利用法

乙烯碱洗废液的综合利用包括多个环节,首先我们需去除油类物质及悬浮物,然后对硫化物(如 Na_2S 和有机硫)及 CO 的利用进行有效处理,最后回收剩余碱。除了将废碱液中的 Na_2S 和 NaOH 用于造纸行业外,尚有其他创新的资源化利用途径,具有广阔的应用前景。

(1)回收废碱液中的有用组分

1)结晶法是提取乙烯废碱液中 Na_2S 的有效方法,利用不同温度下 Na_2S、Na_2CO_3 和 NaOH 在水中的溶解度差异,我们能够通过调整条件实现 Na_2S 的高效回收。在适当的温度和真空度下,结晶法可将废碱液中的 Na_2S 浓缩并得到较高纯度的产品,通过二次结晶我们可使 Na_2S 的含量达到工业要求,从而实现约 90% 的总回收率。

2)酸化-萃取法可有效处理高含有机硫的废碱液。通过 98% 的浓硫酸酸化,我们能够将 H_2S 和 RSH 转化为游离态硫化物。采用高沸点萃取剂进行萃取,我们可将这些硫化物从废碱液中分离出来。通过加热和蒸馏,H_2S 和 RSH 可被回收,萃取剂则得以再生。随后,产生的 H_2S 和 RSH 可通过灼烧处理,释放出的 SO_2 通过碳酸钠溶液吸收生成亚硫酸钠副产品,而酸化废水则可通过碱中和进一步处理,制得硫酸钠副产品。该方法能够有效实现废碱液中的有机硫和无机硫的综合利用,减少环境污染。

(2)利用废碱液净化工业尾气

在废碱液净化过程中,采用含硫化物的废碱液作为硫化碱源处理克劳斯尾气是一种典型的方法。该系统主要处理多种形式的硫化物,如 SO_2 和 H_2S,目标是将其转化为同一种形式以便于脱硫。废碱液中富含 Na_2S,且 pH 大于 12,能够作为克劳斯变换反应的硫化碱源。通过控制废碱液的 pH 在 8.5~9.0,并维持反应温度在 70 ℃ 以上,我们可以实现 SO_2 的高效脱除,脱除率超过 98%。这种方法能够有效利用废碱液中的硫化物,减少资源浪费,并提高脱硫效率。

(3)废碱液再生

苛化法再生废碱液的原理是通过 $Ca(OH)_2$ 将废碱液中的 Na_2CO_3 转化为 NaOH,并与新鲜碱液重新配比以便回用。生成的 $CaCO_3$ 经煅烧后可再生为 CaO,实现循环利用。

d.生物处理法

生物处理法是一种通过微生物的代谢作用,将废水中的有机物和其他污染物转化为无害物质的技术。其优势在于经济性和较广泛的应用,目前已成为废水处理中较为常见的处理方法。通过适当的操作条件和工艺设计,生物处理法可以高效去除废水中的污染物,尤其是在处理含油废水和含硫废水方面表现优异。在生物处理过程中,微生物能够有效降解有机物,并将硫化物转化为无害的物质。同时,采用不同的生物处理技术,如曝气生物滤池、内循环 RBF 生物氧化等,我们可以大幅提高废水的处理效果。通过优化这些工艺,我们能够进一步提升 COD 去除率和污染物降解效率,从而实现废水的资源化和无害化排放。

9.3.3 废催化剂的处理利用

9.3.3.1 废催化剂的种类

石油化工行业催化剂是催化剂工业中的重要产品,种类繁多,主要有丙烯腈催化剂、聚烯烃催化剂(包括聚乙烯催化剂和聚丙烯催化剂)、长链烷烃脱氢催化剂、乙苯脱氢制苯乙烯催化剂、甲苯歧化和烷基化转移系列、二甲苯临氢异构化催化剂、乙烯氧化制环氧乙烷催化剂七个系列。

石油化工行业催化剂多种多样,即使是生产相同的产品,因生产工艺不同,使用的催化剂种类也会有差异。石油化工行业催化剂,除了早期使用的少数单组分催化剂外,绝大多数石油化工行业催化剂都是由多种化合物构成的。这类催化剂的组成主要有活性物质、助催化剂和载体。

高效催化剂的使用大大地促进了石油化工行业的发展,但同时也带来了环境污染和持续发展问题,经再生处理后,也会损害催化剂的原有活性,当多次再生后,活性低于接受的水平时,就将变成废催化剂。废催化剂处理重点关注的应当是稀有金属及贵金属的回收和利用。

9.3.3.2 石油化工行业废催化剂的成分及危害

与新鲜催化剂相比,经长期运行,石化废催化剂的主要成分变化不大,但催化剂的表面和孔道中会沉积含碳物质和 Ni、V、Fe、Cr、Cu 等,也常存在少量的 Na、Mg、P、As 等。对于含贵金属的石化废催化剂,贵金属基本没有流失,回收价值非常高。

当前,我国石化废催化剂的处置方法主要依赖于填埋方式,将其直接存放于工业固体废物填埋场。然而,非标准填埋过程中,废催化剂可能暴露于环境中,导致有害物质通过降水或渗透液渗入土壤和水源,形成潜在的污染问题。同时,挥发性物质可能在阳光照射下释放,污染空气。此外,废催化剂颗粒微小,易被人体吸入,存在健康风险。因此,探索更加安全且环保的废催化剂处理技术显得尤为迫切(表9-7)。

表9-7　石油化工行业废催化剂的成分

种类	废催化剂样品	成分及含量
丙烯腈催化剂	a	Mo:21.3%;Co:4.62%;Bi:4.5%;Ni:2.44%;Fe:3%;Cr:0.2%;P:0.15%
	b	Mo:11.29%;Bi:3.45%;Co:0.87%;P:0.3%; Ni:1.2%
	c	MoO_3:12.99%;CoO:1.35%;NiO:2.57%;Bi_2O_3:4.1%; Fe_2O_3:2.57%;K:0.12%
长链烷烃脱氢催化剂	d	Pt:0.359%;Sn:0.72%;积炭及有机物:10%;Li、Fe:少量

种类	废催化剂样品	成分及含量
二甲苯临氢异构化催化剂	e	Pt:0.35%~0.36%;Al$_2$O$_3$:96.5%,Fe:0.37%,SiO$_2$:0.7%;Ni、Pb、Mg:微量
醋酸乙烯催化剂	f	Pd:0.5%;Au:0.25%;有机物:7.00%
	g	Zn:8.76%;Fe:0.5%;Si:0.15%;Ca:0.015%;Mg:0.007%;C:81.71%
	h	Zn:8.65%;Fe:1.41%;C:81.32%;Si、Cu、Mg、Al:微量

丙烯腈废催化剂中的 NiO 会对水体环境产生长期不良影响,吸入可致癌,皮肤接触致敏。乙苯脱氢制苯乙烯废催化剂和丙烯废催化剂中含有 Cr,三价铬和六价铬对人体健康都有害,并在环境中可相互转化。六价铬的毒性比三价铬要高 100 倍,具有强致突变性致癌性,对环境有持久危险性。聚烯烃废催化剂中含有高毒性的原生质毒挥发酚,摄入一定量会使人体出现急性中毒症状;长期饮用含酚的水,可出现头痛、出疹、瘙痒、贫血及各种神经系统症状。一些废催化剂中含有少量剧毒元素,如砷和铅等,对环境和人体健康的危害都非常大。

9.3.4 污水处理厂污泥的处理利用

石油化工污水净化厂的污泥主要是隔油池的池底泥、浮选池的浮渣和曝气池的剩余活性污泥。与其他种类的污泥相比,其最突出的特点是含可燃性油分。燕山石油化工有限公司污水净化厂污泥产生总量大约 10 t/d(干基),主要污染物有油、苯、酚和微生物代谢物。基于这个特点,我们采用回转窑焚烧炉焚烧污水净化厂的污泥。由于所产生的污泥性质不同,所以我们在污水净化厂设置了两套相互独立的污泥处置系统。分别进行油泥、浮渣脱水和剩余活性污泥脱水,剩余活性污泥脱水后送至堆埋场堆埋。油泥、浮渣脱水工艺流程如图 9-3 所示。

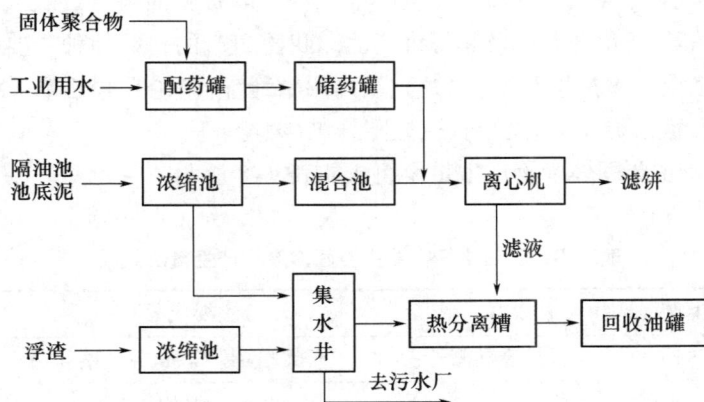

图 9-3 油泥、浮渣脱水工艺流程

隔油池的池底泥和浮渣分别由泵送至各自的浓缩池,池底泥浓度可浓缩 4%。浓缩后的池底泥与浮渣按一定的比例由计量泵打入混合槽混合。浓缩后的泥、渣也可单独送至混合槽,以保持比较稳定的浓度。由混合槽出来的污泥经污泥输送泵到电磁流量计,计量后送入离心脱水机,同时阳离子絮凝剂由隔膜泵也送至离心脱水机,脱水产生的泥饼,经输送带,再经可逆带送到泥饼贮存漏斗,贮存漏斗带有螺旋加料器,泥饼由加料器送至焚烧系统。离心液依靠重力流到热分离槽,在蒸汽加热的情况下,进行油水分离;水通过排放口流至集水井,由泵打回预处理系统,油进入回收油罐,拟作为焚烧炉的辅助燃料。

油泥经离心脱水后,含水率为 50% 左右,然后通过输送带送至回转窑焚烧炉的进料斗中,由螺旋推进器送至回转窑焚烧炉。污泥滤饼中所有的有机物在炉体的燃烧区内被燃烧和氧化,烧余的灰由斜转阀卸到输送带上,然后送至灰斗,再经过灰输送器送到运输车上,运到堆埋场填埋。另外,在焚烧油泥的过程中产生的废气,首先进入旋风分离器除尘。灰尘通过翻转阀卸到运输车上,送往废渣堆埋场堆埋。除尘后的气体通过热交换器预热,再进入后燃烧器,烧除所有可燃气体,控制有害气体的排放。脱臭后的废气及蒸汽经换热器除湿后,由引风机送至烟囱排放到大气中。

无论是油泥、浮渣,还是剩余活性污泥,经过机械脱水处理,污泥体积都有明显减少,污泥形状由流动状转变为固态状,从而为泥渣的进一步处理提供了条件。剩余活性污泥由含水率 99.2% 降低到 76.0%,油泥由原来的 99% 的含水率降低到 75% 左右。脱水油泥和剩余活性污泥经焚烧后,泥渣量减少了 99%。烟尘排放量 500 mg/m³,林格曼数小于 0.5,臭气浓度小于 200。

9.4　石油化纤行业固体废物的回收和利用

9.4.1　概述

化纤可分为再生纤维、合成纤维、无机纤维三种。以石脑油、轻柴油、天然气为原料,通过有机合成可制得各类化纤单体及其纤维产品。我国生产的化纤品种主要包括(按产量排序):聚酯纤维(涤纶)、聚酰胺纤维(尼龙)、聚丙烯腈纤维(腈纶)、聚乙烯纤维(维纶)、聚丙烯纤维(丙纶)、聚氯乙烯纤维(氯纶)、聚氨酯纤维(氨纶)等。

石油化纤行业主要固体废物产生量及组成如表 9-8 所示。

表 9-8　石油化纤行业主要固体废物产生量及组成

名称	产生量/(t/a)	主要成分
化学废液	91 600	废硅藻土、乙醛、二元酸、醇酮、硫胺、硫酸钠、碱渣、无规聚丙烯等
废催化剂	410	钴、锰、镍、银、铂等
聚合单体废块废丝	4 900	涤纶、锦纶、腈纶、丙纶的单体废块、废条、废丝

名称	产生量/(t/a)	主要成分
石灰石渣	7 192	酸性废水中和沉淀渣
污泥	8 000(干基)	油泥、浮选渣、预沉池底泥、剩余活性污泥

①涤纶固体废物

聚酯纤维的生成过程中产生的主要固体废物有废催化剂钴锰残渣、聚酯残渣、聚酯废块、废丝等。

②尼龙固体废物

尼龙-66 和尼龙 6 生产过程中产生的主要固体废物有废镍催化剂、一元酸废液、醇酮及己二胺废液,锦纶单体废块、废丝等。

③腈纶固体废物

腈纶生产过程中产生的主要固体废物有硫铵废液、硫氰酸钠废液、废丝废块等。

④维纶固体废物

维纶生产过程中产生的主要固体废物有炭黑废渣、过滤机滤液、废丝等。

⑤丙纶固体废物

丙纶生产过程中产生的主要固体废物为无规聚丙烯等。

9.4.2 石油化纤行业固体废物的综合利用技术

石油化纤行业生产过程中产生的废物危害较大的首先是化学废渣,其次是污水厂污泥。治理这些废物我们要综合利用,通过综合利用这些废物达到资源回收的目的。含贵重金属和重金属的废催化剂可以回收利用,"五纶"废块、废丝等可再加工等。然后我们再根据废物的性质采用焚烧或填埋的处理、处置方法。

综合利用是处理固体废物的最好途径。它一方面回收了废物中宝贵的资源,另一方面给化工生产提供了原料,既有经济效益,又有环境和社会效益。

9.4.2.1 "五纶"废丝、废块、废条的综合利用

涤纶、锦纶、腈纶、维纶、丙纶的聚合单体废块、废丝等均属残次品,有较好的再生价值,经过洗净、干燥、熔融其可以被再加工成切片或纺成纤维出售。目前这部分废料可实现100%回收利用。

9.4.2.2 废催化剂的综合利用

石油化纤行业的废催化剂品种多、数量大,重金属或贵金属含量高,非常有利于回收。我们采用的方法因催化剂种类的不同而异,主要有废钴催化剂用水萃取,再经离子交换,解析回收金属钴锰,最后制醋酸钴、醋酸锰,再用于生产;废镍催化剂采用水洗干燥,再经电极电炉熔炼,回收金属镍,效益较好;废银催化剂采用硝酸溶解,氯化钠沉淀分离出氯化银,再用三氧化二铁置换,最后经熔炼,回收金属银等,总体工艺与石油炼制行业类似。

9.4.2.3 酸、碱废液的综合利用

石油化纤行业生产过程中,酸、碱废液的产生量很大,但一般经过必要的处理后其都可以回收利用。如年产 3 万 t/a 的己二酸生产装置,平均每小时产生 1.2 吨的二元酸废液,其中含二元酸 38.6%,硝酸 11%,己二酸 10%,少量铜和钒等。采用蒸发、浓缩、分离等手段处理。

二元酸废液,每年可回收己二酸 200 吨,二羧酸 800 吨。年产 30 万吨的常减压装置生产时,要产生大量的废碱液,采用硫酸中和回收环烷酸效果很好。

9.4.2.4 化纤废液的综合利用

年产 8 000 吨的 DMT 生产装置,产生的二甲酯残液同乙二醇反应可制取黏合剂,代替酚醛树脂用于钢铁工业,效果很好。年产 3 万吨己二酸生产装置平均每小时产生含盐废液 241 kg,其中含尼龙 66 盐 25.4%,采用过滤蒸发,分离纺丝工艺制取锦纶长丝 200 吨。

9.5 石油化学行业固体废物的回收和利用案例

9.5.1 某炼化企业废碱渣处理案例

某炼化企业 $8×10^4$ t/a 废渣湿式空气氧化装置采用缓和湿式氧化工艺(图 9-4),对炼油废碱渣和乙烯废碱渣的混合料进行处理,工艺主体由湿式空气氧化反应器和洗涤器构成。湿式空气氧化反应器在 2.5 MPa,190 ℃的操作条件下将原料中硫化物氧化脱臭。洗涤塔用于降低脱臭废碱液温度,减少尾气排放中水蒸气及挥发性有机物。

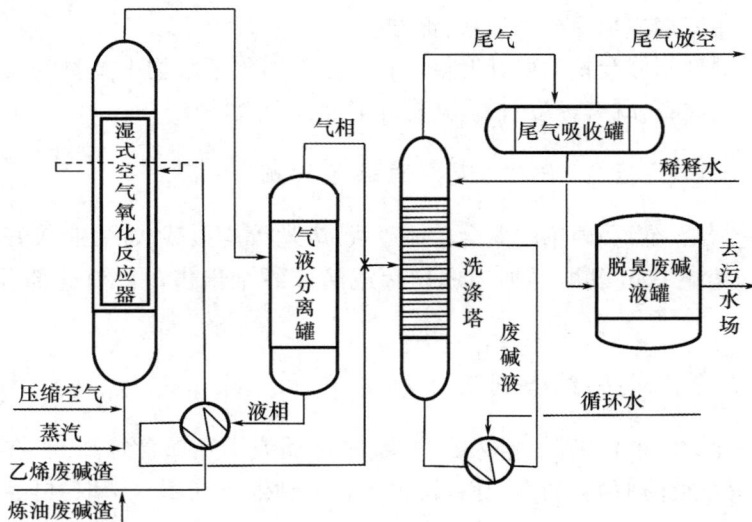

图 9-4 某炼化企业废碱渣湿式空气氧化装置工艺流程

工艺流程如下:脱油废碱渣提升进入进料换热器升温。升温后的废碱渣从氧化反应器的上部进入,在反应器内外筒之间的环隙内与高源内回流液混合,在向下流动的过程中被预热到反应温度;废碱渣到达反应器下部时,与压缩空气及 4 MPa 蒸汽混合,在反应器内筒上升的过程中进行氧化反应。物料到达反应器顶部后,分废碱渣内回流至反应器内外筒之间的环隙,剩余废碱渣和空气被排至气液分离罐,分离出的相经减压进入洗涤塔。分离出的液相进入进料换热器,与脱油废碱渣换热降温后进入洗涤塔,液相进料从洗涤塔第八层塔盘到达塔底,从塔底进入废碱液冷却器,与循环水换热冷却到 40 ℃后,部分回流到洗涤塔第四层塔盘,剩余部分排至脱臭废碱液罐,气相进料从洗涤塔的第八层塔盘向塔顶移动,与从第四层塔盘回流的低温液相接触,气相混合物中的水蒸气及挥发性有机物被冷凝回到塔底,剩余气相混合物经与第一层塔盘来的新鲜水接触进一步冷凝,由塔顶排出至尾气吸收罐,尾气吸收罐中的气相放空至大气,液相也排至脱臭废碱液罐。脱臭废碱液硫化物达到设计指标<20 mg/L,排至综合污水场继续处理。在一些工程案例中,缓和湿式氧化工艺能将硫化物降至 2 mg/L 以下,去除 40%~60%的 COD。

9.5.2　石家庄炼化分公司碱渣减量化案例

石家庄炼化分公司(简称"石家庄炼化")为国家大型一类企业,隶属于中国石油化工股份有限公司。石家庄炼化原油综合加工能力现已达 800 万吨/年,拥有常减压、催化裂化、蜡油加氢、渣油加氢、连续重整、柴油加氢等 28 套炼油生产装置;己内酰胺生产规模达到 20 万吨/年,拥有甲苯法和苯法两个生产系列,双氧水、氨肟化等 11 套己内酰胺生产装置。主要产品涵盖了汽油、柴油、航空煤油、聚丙烯、液化气、己内酰胺、聚酰胺切片等 30 多个品种和牌号。

2021 年 11 月以来,公司在气分装置使用高效碱替代原有碱,在此过程中加强精细化管理,有效保障碱的长周期使用,从源头降低危险废物的产生。此外,大力引导碱渣回注污水汽提装置,从而既降低汽提装置新鲜碱用量,又提升了公司危险废物内部利用量,真正实现双赢。

2022 年 1 至 12 月,碱渣产生量为 332.98 吨,较 2021 年同期减少 820.72 吨。此类危险废物产生量降低 71.2%。同口径(炼油部分)年度危险废物产生量较 2021 年降低 52.4%。

同期碱渣回注量累计为 278.99 吨,较去年同期回注增加 233.99 吨。同口径(炼油部分)年度危险废物利用率提高 35%。

酸性水汽提-碱渣回注主要工艺情况介绍如下(图 9-5):

该公司设有 2 套处理能力分别为 70 吨/时和 140 吨/时的酸性水汽提装置。140 吨/时酸性水汽提装置处理来自两套常减压装置、两套催化裂化装置、两套焦化装置、两套制硫装置的酸性水。70 吨/时酸性水汽提装置处理来自 100 万吨柴油加氢装置、260 万吨/年柴油加氢装置、渣油加氢、蜡油加氢装置及 S-zorb 装置的酸性水。装置由脱气、除油、酸性水汽提和相关换热流程等组成。

140 吨/时酸性水汽提装置采用单塔低压汽提全吹出工艺路线处理酸性水。70 吨/时酸性水汽提装置采用加压侧线抽氨工艺;为保证汽提塔底的稳定操作,同时减少汽提后的净化水量,汽提塔底设重沸器,凝结水可回收利用。严格控制酸性水汽提塔顶操作温度,避免 NH_3 与 H_2S 低温下形成结晶堵塞后路管道及设备。

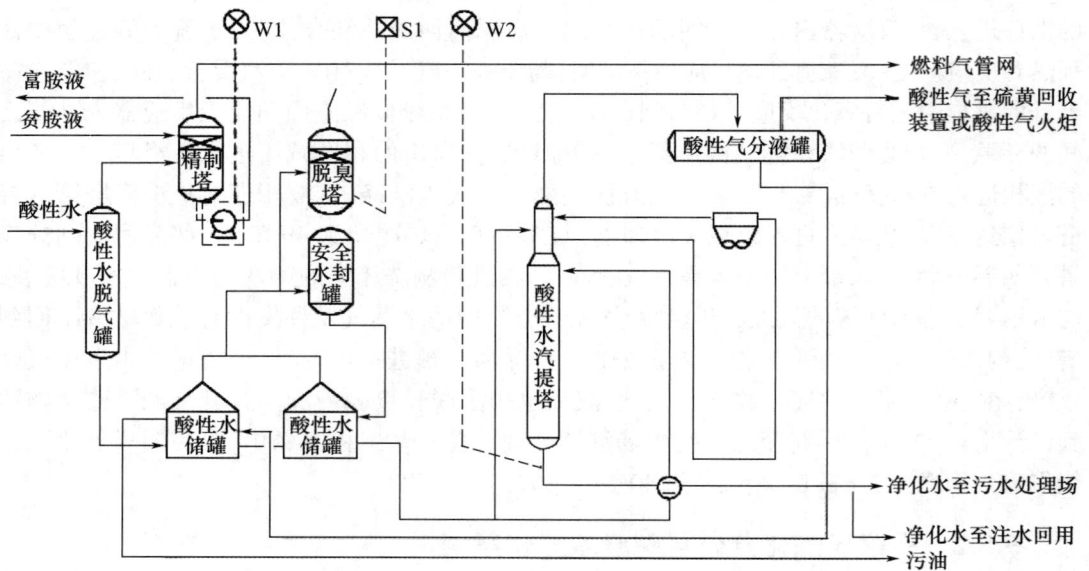

图9-5　酸性水汽提装置工艺流程和污染源示意

　　酸性水与外来酸性水一同进入脱气罐,进行油气脱除,脱除后的油气通过 MDEA 精制塔洗涤去除 H₂S 后排放至系统燃气管网。脱油后的酸性水进入贮罐,静置隔离大部分油分,顶部设有安全水封罐和脱臭罐。处理后的酸性水再进入汽提塔,在塔内自上而下流动,借助塔底重沸器提供的热源,进行汽提作用,分离出含 H₂S、NH₃ 等成分的酸性气体,送至制硫装置回收硫黄。在紧急情况下,酸性气体可通过火炬进行处理。

　　汽提塔底产出的净化水冷却后送出装置,大部分回用至各工艺装置,小部分送往污水场继续处理。

　　为保护设备,在酸性水–净化水换热器及汽提塔顶循环空冷器前注缓蚀剂;另外,对汽提塔采用注碱技术,以减少非加氢类净化水中氨氮含量。

9.5.3　锦州金利源环保科技有限公司含油污泥处理案例

　　锦州金利源环保科技有限公司油泥处理量 20 000 t/a,主要处理辽宁省内石油炼制企业产生的含砂土率较低的储罐油泥。全部油泥使用"热水调质+加热搅拌+固液分离"的处理工艺进行无害化处理,油泥处理系统设计进料指标和产出物指标如表 9-9 和表 9-10 所示。

表9-9　油泥处理系统设计进料指标

项目	含水率	含油率	含固率	设计规模/(t/a)
清罐油泥(液态)	35%	50%	15%	16 000
落地油泥(低含油、固态)	10%	10%	80%	4 000

表 9–10　油泥处理系统设计产出物指标

指标项目	分析项目	单位	指标	备注
热洗尾渣	含油率	—	2%~5%	受原料组分的影响,一般情况下热洗尾渣:含油率1.5%~5%、含水率60%~80%,如果原料中的重质油组分不多,含油率指标可以达到2%以下。
	含水率	—	60%~80%	
回收重油	含油率	—	≥97%	—
	含水率	—	≤1%	—
	机械杂质	—	≤2%	—
排放水	悬浮物	mg/L	≤1 500	—
	COD	mg/L	≤10 000	—
	BOD_5	mg/L	≤3 000	—
	氨氮	mg/L	≤350	—
	石油类	mg/L	≤500	—
车间 VOCs	—	—	—	
噪声	厂界噪声	—	3 类	《工业企业厂界环境噪声排放标准》(GB 12348—2008)
	厂内噪声	—	3 类	《声环境质量标准》(GB 3096—2008)

　　油泥处理工艺流程如图 9-6 所示。工作制度 24 小时/天。

　　油泥由转运车辆拉入厂内后,经过汽车衡计量,根据油泥形态不同,选择不同的预处理方式。高含固落地油泥,进行人工破袋、筛分处理,然后油泥进入液态油泥存储池暂存。高含液油泥,经过破袋格栅,进入液态油泥池暂存。

　　液态油泥存储池内的表层油泥,包括含油污水、污油等,通过存储池内设置的格栅溢流进入油泥提升池,然后通过油泥提升泵输送进入均质除杂装置。存储池底部的含固率较高、流动性差的含油污泥,通过龙门吊抓斗抓到处在存储池上方的进料斗内,通过密封螺旋输送至均质除杂装置。油泥在均质除杂装置内通过筛分、沉砂、流化,形成含固率 5%~8%、可泵送的液态油泥,通过管道输送至调质分离装置,经过加药、清洗、分离后,再使用管道输送到离心脱水单元,经过脱水分离后,油去储油罐,经碟片离心机净化后暂存,定期外输。水通过管道到工艺中水罐加热后循环使用,三相卧式离心机出料的固相则输送至热洗后油泥堆存区暂存。

　　废油泥的处置过程中,所有设备设施均采用密闭化设计,包括油泥存储池、均质除杂装置、调制分离装置、离心分离设备及主要罐体,以确保有效防止有害物质的外泄。废气通过管道负压系统进行集中收集,并引导至废油泥处置车间的废气处理系统。在此系统中,我们采用“碱洗涤塔+活性炭吸附”组合工艺进行废气处理,洗涤塔排放的废水回流至油泥存储池,确保资源的循环利用。经过处理后的废气通过 15 m 高的排气筒排放,符合环境标准。同时,活性炭定期更换并送至焚烧车间进行处置,进一步降低对环境的负面影响,有效实现了废油泥处置过程中的污染控制与环境保护目标。

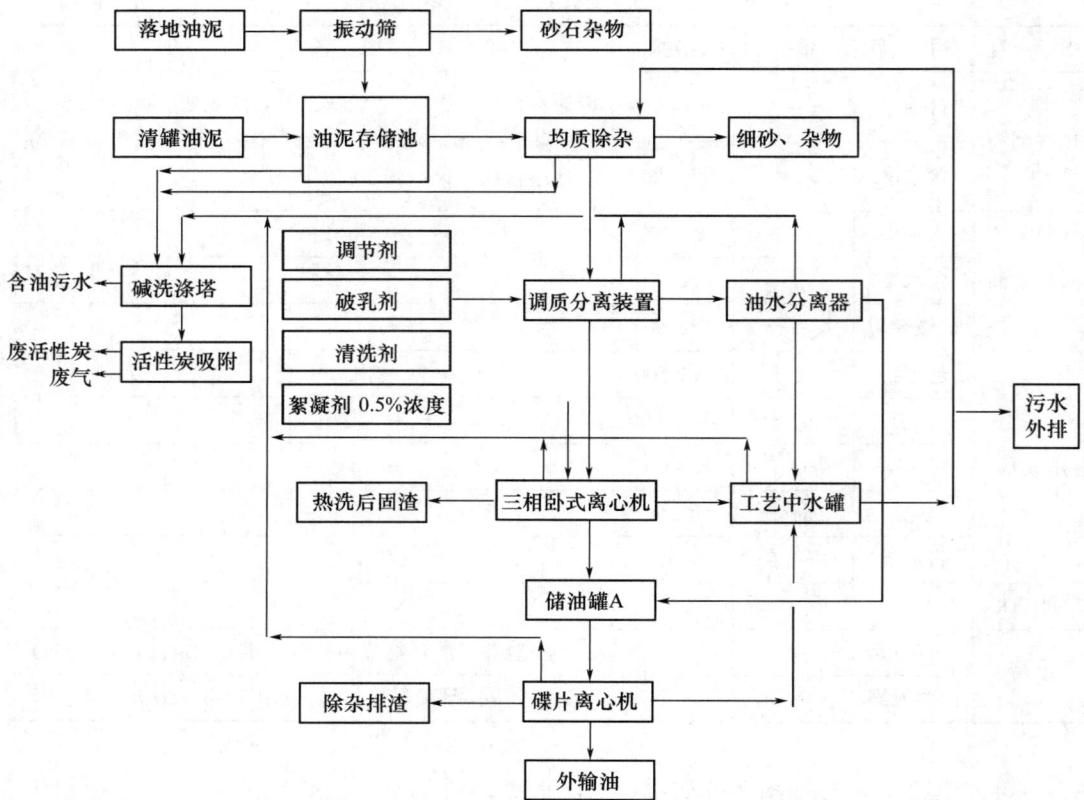

图 9-6 油泥处理工艺流程

9.5.4 石家庄炼化分公司延迟焦化装置回炼浮渣油泥工艺案例

工艺流程简介如下。

自常减压装置和油品罐区来的减压渣油进入原料油缓冲罐,换热后和循环油馏分混合进入加热炉进料缓冲罐,然后进入加热炉加热到496℃进入焦炭塔底部,高温原料在焦炭塔内进行裂解和缩合反应,生成焦炭和油气,生焦过程中自焦炭塔顶部注入急冷油进行反应温度控制。焦炭聚集在焦炭塔内;高温油气自焦炭塔顶送至分馏塔,循环油馏分冷凝油落到塔底,其余油气分馏出富气、汽油、柴油和蜡油馏分(图9-7)。

分馏塔底循环油馏分抽出打到加热炉进料缓冲罐与原料油混合进入加热炉。分馏塔蜡油抽出经换热冷却后一路作为焦炭塔备用急冷油,一路作为封油;另一路作为蜡油出装置。分馏塔柴油抽出换热后一路出装置;一路进入柴油吸收塔顶部和吸收稳定装置作为吸收剂用,吸收后返回分馏塔作为柴油回流。

分馏塔塔顶油气经冷却后进入分馏塔顶油气分离罐进行油、气、水分离,汽油送至稳定吸收塔。含硫污水送出装置,塔顶富气至柴油吸收塔,经柴油吸收后自塔顶出来,和加氢来的低压酸性气混合进入压缩机入口分液罐,送气体脱硫部分。

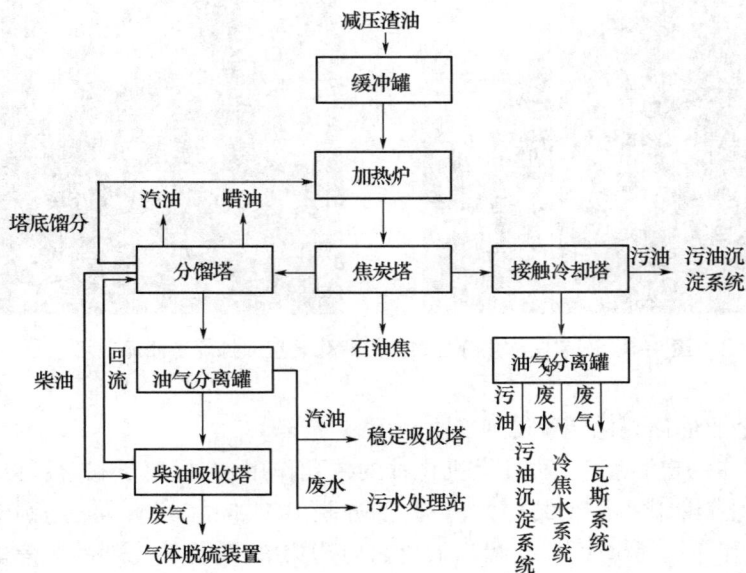

图 9-7　石家庄炼化分公司延迟焦化装置回炼浮渣油泥工艺流程

焦炭塔内焦炭冷却过程包括小吹汽、大吹汽和注冷焦水。大吹汽用部分饱和水代替蒸汽,在通饱和水时配污水场浮渣一起通入,利用焦炭塔中的高温使浮渣中的油气与水分离,油气进入分馏塔进一步分离,通入饱和水和污水场浮渣时,污水场浮渣量为 3~4 吨/时。

焦炭塔使用吹汽、冷焦时产生的大量蒸汽及少量油气进入接触冷却塔洗涤,洗涤后重质油冷却后部分作冷回流返回接触冷却塔顶,剩余部分出装置;塔顶蒸汽及轻质油气经冷却后,进入塔顶油气分离罐,分出瓦斯、污油和水,瓦斯直接通过低压放空系统送出装置,污油送入污油沉淀系统,污水排入冷焦水系统。

污水场产生油泥送油品罐区污油罐,污油自罐区送到焦化装置污油沉淀系统进行脱水后,在焦炭塔冷焦过程中作为接触冷却塔回流打入塔顶部,在塔中利用大吹汽的热量进行油水分离,污油落入塔底送到污油沉淀系统作为焦炭塔急冷油,水经过塔顶冷却器冷却后送到冷焦水系统。

焦炭塔冷焦水去冷焦水沉淀池,分离油和焦粉后循环使用。旋出的焦粉被水携带自流到焦场,污油自流到污油池(图 9-8)。

9.5.5　石家庄炼化分公司废催化剂处置工艺案例

石家庄炼化分公司产生的大量废催化剂主要通过委托第三方公司的方式的方式进行处置。

9.5.5.1　第三方 FCC 废催化剂处理方案一

a.利用废催化裂化催化剂复活专利技术生产复活剂

采用无机-有机耦合配位专利技术对 FCC 废催化剂进行复活处理,所得的复活催化剂

图 9-8　石家庄炼化分公司延迟焦化装置回炼浮渣油泥现场

产品返回石化企业催化裂化装置得到二次利用。

　　基本原理:在一定温度下,通过无机物种的扩孔作用、有机离子和金属的配位功能,二者协同完成 FCC 废催化剂骨架结构的重构,部分脱出 V、Fe、Ca、Na 等,达到催化剂的二次设计,实现微孔和介孔的梯度分布,提高催化剂的孔隙率,改善催化剂的容焦能力和抗金属能力,最终改善催化裂化性能。

　　FCC 复活催化剂的工艺过程包括复活反应、洗涤过滤、气流干燥与有机酸回用四个生产工艺环节。

　　FCC 复活催化剂工艺流程如图 9-9 所示。

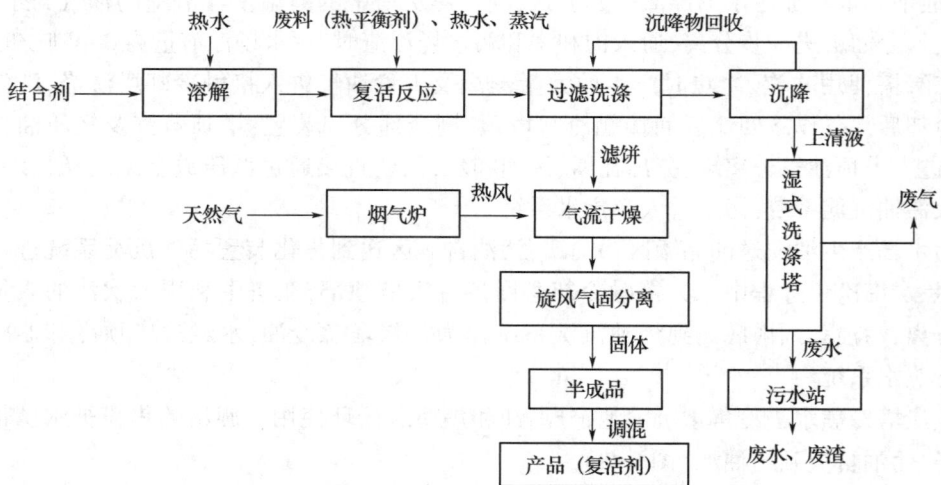

图 9-9　FCC 复活催化剂工艺流程

　　b.催化裂化固体废物资源化利用技术

　　针对无法进行复活的废催化剂和三旋细粉及脱硫废渣等,采用高温酸溶氧化将其进行拆解处理得到固液混合物,将混合物进行固液过滤分离;固体部分进行洗涤、干燥纯化得到质轻、性优的超细二氧化硅(硅粉)产品,应用范围广泛;液体部分采用铵晶法和碱沉法进行反应,蒸发、结晶得到相应的硫酸铝产品、镍产品、钒产品、稀土产品等。

FCC 废催化剂固体废物资源化利用工艺流程如图 9-10 所示。

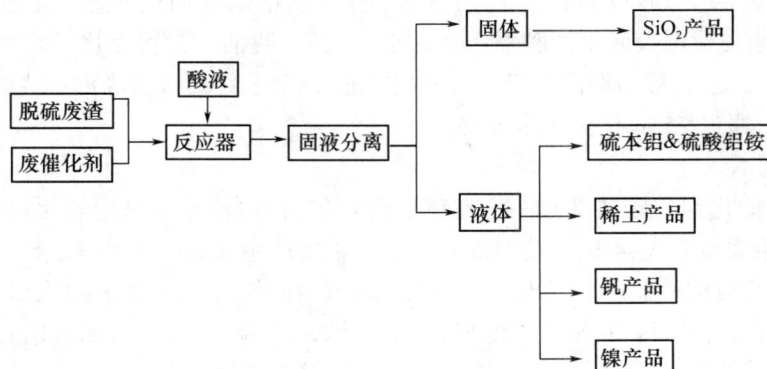

图 9-10　FCC 废催化剂固体废物资源化利用工艺流程图

9.5.5.2　第三方 FCC 废催化剂处理方案二

a.原料情况说明

处置对象：催化裂化废催化剂（FCC），新的催化剂主要成分为铝体（氧化铝 60%～70%，氧化硅 30%～40%），由于在使用过程中吸附原油中的重金属镍和钒成为危险废物，其中卸后的废催化剂中重金属含量镍+钒在 6 000～12 000 mg/L（0.6%～1.2%），如果完全通过资源再利用将废催化剂中的重金属提炼出来，由于金属含量太低，生产成本远远大于金属市场价值，所以一般收费处置。

b.流程说明

原料通过三级磁选将原料中重金属含量进行重新分布，重金属含量高的部分我们称为高磁剂（初级磁选镍钒总含量在 0.8%～1.2%），重金属含量低的部分我们称为低磁剂（初级磁选低磁剂中镍钒总量在 0.1% 以下）这部分根据产废单位要求可返回催化裂化装置作为再生剂使用（尤其新开工装置可以节约新催化剂的购入量）。

初级磁选出来的高磁剂为了进一步提高重金属的分布通过破碎研磨使颗粒度达到 300 目左右进行第二次磁选，二次磁选所产生的高磁剂重金属镍钒含量在 1.5%～3.0%，高磁剂与加氢催化剂进行混合通过加碱（碳酸钠）进行高温焙烧，使用催化剂中的镍钒转换成可溶于水的金属盐通过后期的除杂、萃取、反萃取、蒸发结晶等工艺做成偏钒酸铵和七水硫酸镍对外销售。二次磁选出来的低磁剂基本上重金属镍钒含量都在 500 mg/L 以下，通过浸出毒性分析达到一般固废要求，通过与沙子、石子等按一定的比例制成标准的砌块砖对外销售。

9.5.5.3　第三方含钼/钨废催化剂综合利用方案

处理含钼/钨废催化剂的工艺原理、反应原理基本相同，均采用焙烧-水浸工艺。反应原理以处理含钨废催化剂为例说明。

其反应原理如下。

1）脱油

项目利用脱油炉，通过直接燃烧的方式，去降催化剂表面的重油，脱油炉燃烧温度400 ℃左右。废催化剂表面重油燃烧产生的烟气，进入脱油炉二次燃烧，以天然气为燃料，燃烧温度800 ℃左右，停留时间大于 2 s，使烟气充分燃烧，经过二次高温燃烧的烟气由双碱法脱硫废处理，通过 25 m 高排气筒排放。

2）焙烧–水浸

将含钨废催化剂与碳酸钠按一定比例混合均匀，在回转炉中进行氧化焙烧，焙烧温度700~800 ℃、焙烧时间 3~4 h，焙烧时除钨与碳酸钠反应生成碳酸钨外，硫、磷、硅、铝也与碳酸钠反应生成相应的钠盐。往浸出罐中加入水，开启搅拌，按工艺要求加入焙烧后的料，室温搅拌浸出 1 h 后，泵打入板框式压滤机过滤，滤液送除磷工序，渣再回浸出罐用清水制浆洗涤过作为制砖原料，洗液部分送浸出，部分与浸出液合并送除磷。

3）化学除杂

分析浸出液中磷含量，将钨浸出液升温至 90 ℃，加入化学计算量量的七水硫酸镁，同时控制 pH 为 8.5~9.0，搅拌 1 h 后，分析样液中磷含量，当磷含量小于 0.1 g/L 时脱磷合格，打入板框三辛基铝式压滤机过滤，滤液送萃取工序，渣收集后集中进行制浆洗涤过滤，洗后渣为磷铁渣，用于制砖，洗液返回浸出。

4）萃取

将除磷液用工业浓硫酸调 pH 为 2.5~3.0 作为萃原液。用 10%的硫酸转型后的 10%（V/V）三辛基铝+15%仲辛醇（V/V）+75% 260#溶剂油作为萃取剂，室温下搅拌 10 min 后，静置进行分相，有机相用稀碱液（0.5 mol/L）洗涤，洗液返回萃原液调配，载钨有机相用5 mol/L 氢氧化钠溶进行反萃取，贫钨有机相用硫酸转型后返回萃取，反萃取液经活性炭脱色过滤后进行蒸发浓缩结晶，离心过滤在 70~80 ℃干燥、包装即成品，母液返回浓缩。废活性炭交由有资质单位处理。

9.5.5.4 第三方脱硝废催化剂综合利用流程方案

处理脱硝废催化剂，我们采用焙烧–水浸工艺。

首先项目利用脱油炉，通过直接燃烧的方式，去除脱硝废催化剂表面的重油，脱油炉燃烧温度 400 ℃左右。催化剂表面重油燃烧产生的烟气，进入脱油炉二次燃烧室，以天然气为燃料进行二次燃烧，燃烧温度 800 ℃左右，停留时间大于 2 s，使烟气充分燃烧。经过二次高温燃烧的烟气由双碱法脱硫处理，通过 25 m 高气筒排放。

将脱硝废催化剂与碳酸钠按工艺要求比例混合均匀后在 800~900 ℃下烧 3 小时，焙烧料冷却至 100 ℃以下后用水在室温浸出，浸出液固比（2~3）:1，浸出 1 h，过滤，滤渣用水洗涤，洗液与滤液合并送除杂；分析浸出液中的磷含量，将浸出液加温至 90 ℃，加入化学计量量的硫酸镁，保持 pH 为 8.5，继续搅拌 2 h 取样分析磷含量，当磷含量<0.01 g/L 时脱磷合格，过滤，滤渣用水洗涤后送制砖，洗液与滤液合并。除磷后溶液先用特种螯合树脂选择性吸附钒，吸附流出液送回收钨钼，吸附钒后树脂用去离子水洗涤，洗液与除磷合格液合并，洗后载钒树脂用 2 mol/L 氢氧化钠溶液解吸，解吸钒后的树脂用去离子水洗涤后返回下次吸附，循环使用，循环过程中树脂会出现破损和碎裂造成损耗，补充新树脂。含钒解吸吸液

用硫酸铵沉在弱碱性介质中沉淀钒,过滤洗涤得到偏钒酸铵产品,过滤母液和洗液合并返回吸附钒。吸附钒后含钼钨溶液先调整酸度,用硫化钠沉淀钼得三硫化钼产品,沉钼后含钨溶液再用转型后的 10%三辛基铝+10%仲辛醇+80%磺化煤油萃取剂萃取钨,萃钨后的水相用石灰中和−澄清后上清波送多效蒸发浓缩,底渣送制砖;载钨有机相用0.5 mol/L的 NaOH 溶液洗涤后再用 200 g/L 的 NaOH 溶液反萃取,反萃取后的贫钨有机相硫酸转型返回下一次萃取,含钨反萃取液进行蒸发浓缩结晶得到钨酸钠产品。

第10章　其他工业固体废物处理及资源化技术

10.1　铸　造　废　砂

10.1.1　铸造工业概况

10.1.1.1　铸造工业

铸造工业是通过熔炼金属、制造铸型,并将熔融金属浇入铸型中,凝固后获得具有特定形状、尺寸和性能的金属零件毛坯的过程。其属于金属制品业,细分为黑色金属铸造和有色金属铸造。绝大多数铸造方法生产的铸件需经过机械加工后才能转化为符合标准的机器零件。然而,少数近终形铸造技术能够直接生产尺寸精度和表面粗糙度符合要求的铸件,这些铸件可作为成品或直接用于零件制造。

铸造是现代装备制造业的基础技术之一,是机械工业的根本,在国民经济建设中占有极其重要的地位,铸造生产的水平和铸件质量极大地影响着机械产品的发展和使用寿命。在各种类型的机械产品中,从铸件在整机中所占的比重我们就可以看出铸造的重要性。例如,在机床、内燃机、重型机器中,铸件占70%~90%;在风机、压缩机中占60%~80%;在拖拉机中占60%~70%;在农业机械中占40%~70%;在汽车中占20%~30%。矿山冶金、工程车辆、机床工具、锻压设备、水电动力、石油化工、仪器设备、农业机械、轻纺机械、工业民用建筑、军工武器、船舶舰艇、航空航天、艺术雕塑,乃至日常生活用具都离不开铸造,铸件在各领域中得到了广泛应用。

铸造生产是一个复杂的多工序组合的工艺过程,它包括以下主要工序(图10-1):

a.生产工艺准备

根据要生产的零件图、生产批量和交货期限,制定生产工艺方案和工艺文件,绘制铸造工艺图。

b.生产准备

包括准备熔化用材料、造型制芯用材料和模样、芯盒、砂箱等工艺装备。

c.造型与制芯

d.熔化与浇注

e.落砂清理与铸件检验。铸造工艺流程如图10-1所示。

10.1.1.2　铸造生产对环境造成的影响

铸造产业作为国民经济中的基础性行业,长期以来被视为资源和能源消耗较高、环境污染严重的行业,如果缺乏有效的技术革新和管理措施,可能导致高消耗、高污染、高劳动

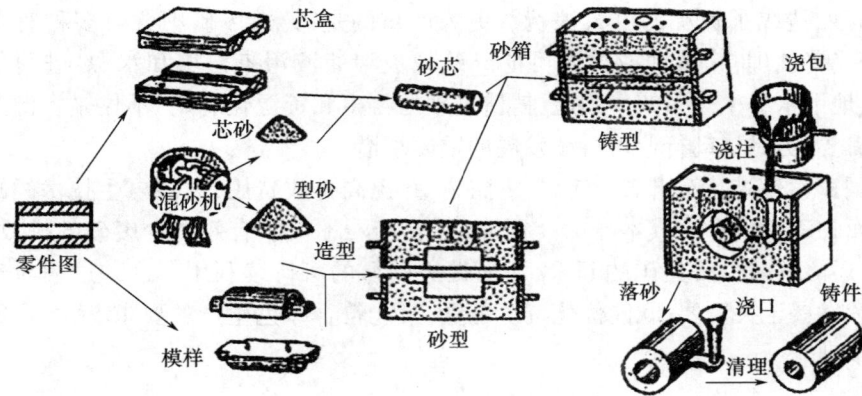

图 10-1　铸造工艺流程

强度、生产率低及产品质量不达标的现象,从而加剧劳动条件的恶化并对周围环境造成负面影响。目前,我国已成为全球铸件产量最大的国家,并且铸件生产量仍以年均 10% 以上的速度增长,显示出其在全球市场中的重要地位和快速发展势头,铸造行业耗能占机械工业总耗能的 25%~30%。每生产 1 吨合格铸件,大约要排放粉尘 50 kg、废气 1 000~2 000 m³、废渣 300 kg、废砂 1 300~1 500 kg。其中,铸造企业在生产过程中对环境污染最严重、数量最大的是废砂。

　　铸造企业中,废砂的管理与回收利用是一个亟待解决的问题。砂在进入铸造企业后,经过处理和混砂以得到所需成分,进而用于造型或制芯。铸件浇注、凝固冷却、落砂过程完成后,剩余的旧砂通常会被收集,有些可以直接回用于混砂环节,而有些则因物化性质发生变化(如固化、结块等)需要经过砂再生工序进行处理。这一过程的有效性与铸造工艺密切相关,传统的黏土砂工艺能够大部分实现砂的循环回用,而水玻璃砂和树脂砂等新型工艺中,旧砂含有化学黏结剂,这使得其回用受到限制,必须经过砂再生程序(图 10-2)。

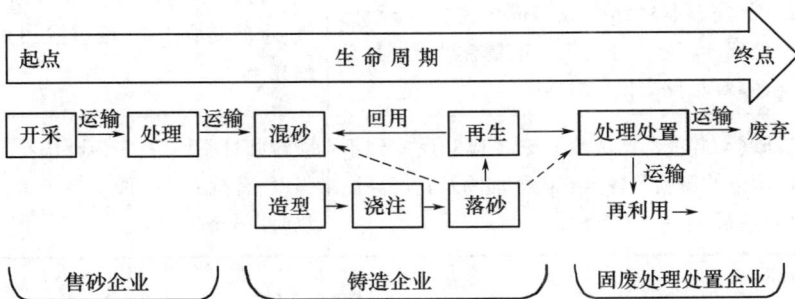

图 10-2　铸造用砂的生命周期

　　我国铸造行业废砂的回收率较低,重复利用率不足 15%,大部分废砂被丢弃或填埋。

按照废砂存层计算,我们每年需要占用大量土地进行堆积,并且大量开采自然资源(如石英矿)制造新砂,造成了资源的巨大浪费。更为严重的是,铸造废砂中含有多种有毒有害物质,若未经妥善处理,其填埋或排放可能导致垃圾渗滤液污染土壤和水源,进而危害农作物、河流及地下水等生态系统。因此,铸造废砂的再生和资源化利用,不仅是资源节约和环境保护的需要,更是推动行业可持续发展的重要举措。

随着国家对铸造废砂排放实行严格控制,并提高排放费用,废砂再生技术的缺乏使得铸造企业面临逐年上升的成本压力。循环利用废砂,不仅能有效减少废砂的排放,降低环境的负担,还能够减少石英矿的开采,从而促进资源的可持续利用。这一过程对于铸造企业的可持续发展至关重要,既能优化资源配置,又能符合绿色生产的要求,为行业的长远发展奠定了基础。

10.1.1.3　铸造废砂的成分及性质

铸造废砂的成分和处理方法决定了其资源化利用的可行性。不同类型的废砂成分差异较大,例如,黏土砂废砂的成分较为简单,适合在一定条件下替代天然砂;而水玻璃砂和树脂砂废砂则含有化学黏结剂,成分较为复杂,我们必须通过水洗、焙烧等特殊处理手段才能有效去除有害物质,从而实现再生利用。这些处理手段虽然有效,但其操作成本和技术要求较高,使得水玻璃砂和树脂砂的资源化利用面临较大挑战。总体而言,不同类型废砂的回收利用具有不同的技术难度,我们亟须针对性地发展高效的处理工艺(表10-1)。

表 10-1　不同铸造废砂可能含有的成分及具有的性质

种类	成分	性质
黏土砂废砂	硅砂(破碎或形状改变),未反应的黏土和各类添加剂(膨润土煤粉等),烧结的死黏土、经浇注(高温反应)后形成微粉的黏土和添加剂	颗粒细且不均匀;物理化学性质较为稳定;基本不溶于水;耐高温
水玻璃砂废砂	硅砂(破碎或形状改变),已固化的水玻璃黏结剂(与砂紧密结合或形成微粉)。酯硬化水玻璃砂废砂中还含有一定量有机酯及其经浇注(高温反应)后的产物	颗粒细且不均匀;多为硬块状,机械强度大;水玻璃溶于水,废砂浸出液有强碱性;耐高温
树脂砂及覆膜砂废砂	硅砂(破碎或形状改变),未反应和反应到不同阶段的树脂及各类有机添加物及其经浇注(高温反应)后的产物	颗粒细且不均匀;多为硬块状,有一定机械强度;有机成分一般不溶于水,且在高温焙烧时可分解或氧化

10.1.2　废砂资源化技术

铸造废砂的最佳处理方式是再生循环利用,通过物理、化学或加热处理去除砂粒表面包裹的黏结剂惰性薄膜及杂质,从而使废砂恢复到与原砂相似的状态,能够替代新砂使用,实现资源的循环利用。废砂再生不仅解决了废砂的环保处理问题,还减少了对自然资源的依赖,具有显著的环境与经济效益。我国大多数废砂为湿型废砂与少量树脂废砂的混合型废砂,处理这些废砂的关键在于彻底去除表面的惰性薄膜,恢复砂粒的活性,确保其可用于铸造过程。同时,废砂再生的技术需保证较高的回收率和较低的再生成本,确保再生砂的性价比不低于新砂,并实现 100%的循环利用,最大限度避免再生过程中的二次污染。

10.1.2.1 热法再生技术

热法再生工艺是一种常用于废砂回收的技术,主要包括废砂的筛分、磁选、焙烧、冷却及出料等关键步骤。首先,在投料阶段,我们将旧砂送入筛分工序,通过筛分设备去除杂质,确保砂粒的基本形态和尺寸适合后续处理。其次,磁选工序通过皮带机与磁选装置分离砂中存在的铁渣,这一过程能够有效去除铁杂质。再次,焙烧阶段,通过天然气加热将废砂加热至约 600 ℃,在高温下去除附着在砂粒表面的树脂膜,使得废砂恢复至可再生的状态。复次,焙烧后的砂会经过冷却工序,冷却过程采用沸腾冷却床,利用水循环冷却砂粒,这种间接冷却方式能够有效避免砂粒因温差过大而受到损伤。最后,经过处理的废砂通过出料工序,重新用于树脂砂制芯和造型等应用领域。

热法再生砂具有显著的质量优势,其砂粒形貌圆整,表面树脂膜去除彻底,消除了因树脂膜残留而产生的相变应力,确保砂粒在再生过程中不受到严重损害。热法再生砂的稳定性较高,作为一种成熟的砂处理技术,广泛应用于铸造行业,能够保证再生砂的重复使用性,降低生产成本。

热法再生工艺也面临一些挑战。首先,火焰与砂粒的直接接触可能导致局部温度过高,这种高温可能引起砂粒的炸裂或粉化,影响再生砂的质量;其次,焙烧过程中高温环境可能导致砂的不可逆晶相变化,甚至玻化和结团,这会显著影响砂粒的性能,降低其再生价值。因此,如何控制温度和焙烧过程中的热力学条件,是热法再生技术亟待解决的问题。

10.1.2.2 湿法再生技术

湿法再生技术利用水作为介质,通过多级柔性擦洗有效去除废砂表面杂质,同时避免或减少砂粒的磨损,恢复其原有形貌。经烘干处理后的废砂可单独用于树脂砂制芯,满足多次循环使用的要求,促进资源的高效利用。湿法再生技术工艺流程如图 10-3 所示。

工艺流程简要说明:

湿法再生技术通过多步骤处理废砂,不仅提升了铸造行业对资源利用和再生技术的重视,也在实现废物回收和减少环境污染方面发挥了重要作用。该过程包括前处理、湿法再生、湿砂干燥、冷却和贮存等关键步骤。

在废砂再生过程中,前处理阶段的初步净化至关重要。废砂首先在密闭环境中经历破碎、筛分、磁选及风选等步骤,以有效去除其中的杂质。此外,我们通过脉冲除尘器收集浮尘,确保废砂的清洁程度,保障后续处理工艺的顺利实施。这一阶段的关键目标是为湿法再生技术提供一个较为纯净的原料基础。湿法再生技术通过多缸串联的柔性机械擦洗技术,去除废砂表面的杂质,为进一步的砂液分离和脱水作准备。脱水后,废水通过回用水处理系统进行净化处理,再次循环使用,从而有效减少了水资源的消耗。

```
                    ┌──────────┐
                    │ 铸造废砂 │
                    └────┬─────┘
                         │
                    ┌────▼─────┐      ┌──────────┐
                    │ 前处理   ├──────┤ 脉冲除尘 │────────────────────┐
                    └────┬─────┘      └──────────┘                    │
                         │                                            │
  ┌──────────┐     ┌────▼─────┐      ┌──────────┐   ┌──────────┐     │
  │ 清洁水源 ├────►│ 湿法再生 ├─────►│ 水处理   ├──►│ 循环净水 │     │
  └──────────┘     └────┬─────┘      └──────────┘   └──────────┘     │
                        │    ▲                                        │
                   ┌────▼─────┐ 脱出水   ┌──────────┐          ┌─────▼────┐
                   │ 脱水     ├──────────│ 煤泥干化 ├─────────►│ 干粉     │
                   └────┬─────┘          └──────────┘          └──────────┘
                        │                 ▲
                        │           ┌─────┴──────┐
                        │           │  脉冲除尘  │
                        │           └─────▲──────┘
                        │                 │
  ┌──────────┐     ┌────▼─────┐     ┌─────┴────┐    ┌──────────┐
  │水煤气干燥│◄────│          ├────►│ 冷却     ├───►│ 输送     ├──► 再生砂
  └──────────┘     └──────────┘     └──────────┘    └──────────┘
```

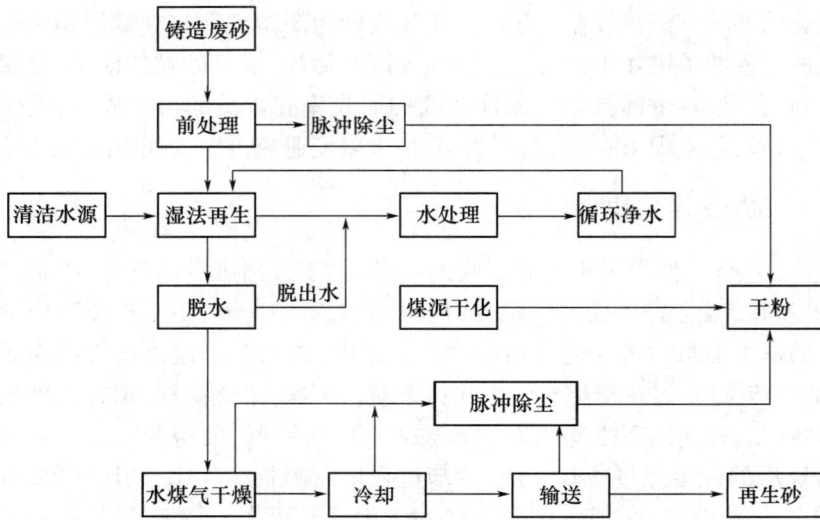

图 10-3　湿法再生技术工艺流程

在湿砂干燥阶段,废砂经过机械振动和重力堆积进行初步脱水,随后进入三回程烘干滚筒进行彻底干燥,确保再生砂的水分含量达到标准要求。烘干后的再生砂经过冷却系统处理后储存于成品罐中,等待回用。在湿法再生技术中,水处理系统通过絮凝、沉降和过滤等工艺,确保水质的清洁与水的有效循环。

湿法再生过程中产生的煤泥和除尘粉可通过絮凝沉降处理后送入烘干炉,进一步转化为复合粉。这些复合粉可作为黏土砂、煤球及水泥等材料的外掺料,从而实现废料的有效利用,进一步推动资源的循环利用。通过这一系列处理工艺的优化,废砂的再生不仅提高了资源利用效率,也显著减轻了环境负担。这一做法不仅避免了废物的排放,还有效利用了副产品。

湿法再生技术相较于热法再生技术,工艺更为复杂,但其在保障砂粒的质量上更具优势,尤其在细粉去除和砂粒形态的恢复方面具有很好的效果。通过脉冲除尘系统,湿法再生技术能确保砂子的质量不受影响,同时保证再生砂的粒度分布与新砂相似,实现无差别利用。此外,由于不同来源的废砂其成分和特性存在差异,选择合适的砂源进行再生是确保砂质符合铸造生产要求的关键。因此,湿法再生技术能够为铸造行业提供高质量、可持续的再生砂,推动资源循环利用并减少对新砂的依赖。

10.1.2.3　热-机械再生技术

焙烧过程中,我们遵循"适温焙烧"原则,通过控制温度,使旧砂中可燃物充分燃烧分解,去除树脂和黏土残留物。树脂旧砂表面的树脂被完全分解,而黏土旧砂的表面黏土膜在高温下变脆,便于通过机械手段去除。通常,焙烧温度设定在 600~700 ℃,确保树脂和黏土膜的有效去除,同时避免黏土表面陶瓷化,从而使再生砂的质量满足铸造行业标准,保证其再利用性能。混合型废砂热-机械再生技术工艺流程如图 10-4 所示。

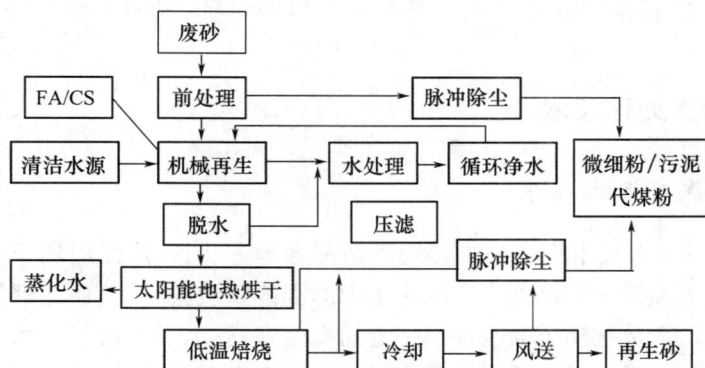

图 10-4　混合型废砂热-机械再生技术工艺流程

热-机械再生技术所用的设备包括计算机控制系统、焙烧炉、破碎机、冷却装置、磁选机等,这些设备不仅具备磁选、给料、焙烧和研磨等多项功能,而且它们的协同作用能够确保再生砂的高效生产。在焙烧过程中,我们遵循"适温焙烧"原则,温度被严格控制在 600～700 ℃,以有效去除旧砂中的树脂和黏土膜,防止过度加热可能导致的材料性能下降。同时,焙烧温度的精准控制也保证了再生砂的质量,满足铸造行业的高标准要求。

10.2　工　业　污　泥

10.2.1　来源与分类

工业污泥是由工业废水在减害化处理过程中产生的泥状物质,其成分复杂,且多包含无机物质和有机物质。无机物质主要包括 SiO_2、Fe_2O_3、Al_2O_3 等,同时还可能含有如 As、Cd、Cu、Zn、Ni 等重金属元素,这些成分使得大部分工业污泥成为危险固体废物,需要进行严格处理。污泥的处理不当会导致严重的环境污染,后果往往远超一般固体废弃物。

污泥按照从水中分离的过程可分为沉淀污泥和生物处理污泥。沉淀污泥包括物理、混凝、化学污泥,主要通过物理或化学方法沉降形成;生物处理污泥包括腐殖污泥和活性污泥,通常在生物降解过程中形成。现代污水处理厂多产生混合污泥,包含物理化学沉淀和生物处理成分。

根据成分,污泥可分为有机污泥和无机污泥。有机污泥主要含有机物,易腐化、发臭,亲水性强、含水率高,难脱水,但易输送;无机污泥含无机物,颗粒粗、密度大、含水率低,易脱水,但难运输。污泥的成分差异决定了其后续处理方式。

污泥处理通常经过多个阶段,包括生污泥、浓缩污泥、消化污泥、脱水干化污泥、干燥污泥及污泥焚烧灰。各阶段的处理方式依据污泥性质有所不同。通过浓缩、消化和脱水等方法,污泥的体积和有害物质减少,最终通过焚烧等方式被处理成灰烬,减少对环境的影响。

污泥的特性包括物理、化学和微生物学方面。物理特性如含水率、密度、比阻等影响脱水与输送;化学特性如有机物、重金属含量决定污泥的污染程度;微生物学特性则决定污泥的降解过程,影响稳定性和处理效果。全面了解污泥特性,有助于我们选择合适的处理技术。

10.2.2　污泥处理技术

10.2.2.1　深度脱水技术

高压板框污泥脱水技术作为一种传统的污泥处理方法,已广泛应用于污水处理领域。该技术通过沉淀、絮凝及药剂添加来实现污水中的固体物质去除,从而达到污泥脱水目的。然而,尽管其在去除固体物质方面表现出一定的有效性,脱水后的污泥含水率往往仍较高,通常超过40%。此外,该工艺的设备投资较大,且过滤效率有限,需要大量的药剂添加,这导致其在降低污泥体积的效率上存在一定局限。目前,该技术主要应用于处理规模较小的污水处理设施(图10-5)。

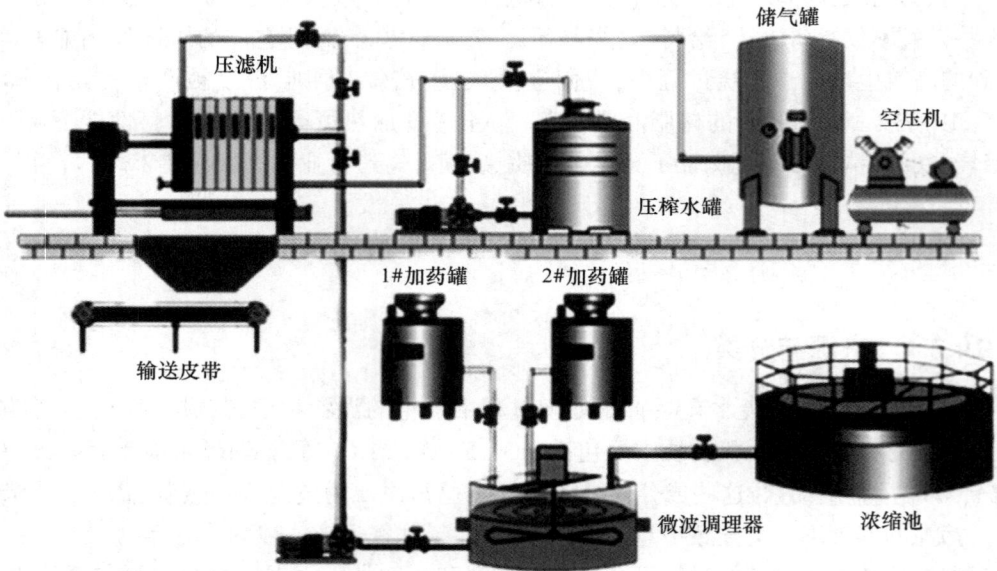

图10-5　高压板框污泥脱水技术工艺流程

10.2.2.2　热干化技术

根据热介质与污泥接触的方式,污泥干化技术可分为直接加热、间接加热和直接-间接联合式三种类型。这些干化方式的选择能够根据不同的工艺需求提高干化效率,优化能源使用,降低能耗。具体而言,直接加热方式可以快速提高污泥温度,间接加热则有助于更精细地控制温度波动,而联合式方式结合了两者的优点,能够在保证效率的同时提高能源的利用率。

干化设备的进料方式有干料返混和湿泥进料两种形式,前者适用于对湿度要求较低的情况,后者则可以直接处理湿度较高的污泥,提供了灵活的选择空间(表 10-2)。

表 10-2　常见热干化技术工艺对比

序号	技术	直接/间接加热	干化温度/ ℃	余热处理	进料含水率	干化后含水率	进料形态	出料形态	尾气
1	直接加热转鼓干化技术	直接	约 700	水冷后排出	30%~40%	≤8%	干料返混	颗粒	净化排出
2	间接加热转鼓干化技术	间接	约 350	水冷后排出	60%~85%	≤5%	湿泥进料	粉末	净化排出
3	离心脱水干化一体技术	直接	约 300	水冷后排出	80%	约 20%	湿泥进料	颗粒	净化排出
4	间接式多盘干燥技术	间接	230~260	水冷后排出	70%~75%	约 10%	干料返混	球形颗粒	返回燃烧炉
5	流化床污泥干化技术	间接	85	水冷后返回设备	70%~85%	10%~30%	湿泥进料	颗粒	冷却后循环
6	热泵低温干化技术	直接	65~80	热泵回收再利用	70%~85%	10%~30%	湿泥进料	条形颗粒	热能回收循环

表 10-2 中所列的前四种干化技术:尽管现有的干化脱水技术,如直接加热转鼓干化技术、间接加热转鼓干化技术、离心脱水干化一体技术和间接式多盘干燥技术,在降低污泥含水率方面取得了显著成效,其中一些技术能够将含水率降至 5%以下,但它们仍存在一定的局限性。首先,干化过程通常在较高温度下进行,温度常常超过 200 ℃,某些情况下甚至达到 700 ℃,这导致了大量能源的消耗。其次,由于工业污泥中可能包含油性物质,高温操作增加了发生火灾或爆炸等安全事故的风险。更为重要的是,这些技术中脱水过程产生的高温气体在排放前需要通过水冷系统降温,这使得能源得不到有效回收和再利用,造成了不必要的能源浪费。因此,当前这些技术在处理工业污泥时,存在着不小的挑战,我们亟须开发更加高效、环保且安全的替代技术。

流化床污泥干化技术与热泵低温干化技术在处理效率和能耗方面存在显著差异。两种技术都以低温干化为特征,并利用封闭式空气对流空间实现较低的能量消耗,减少尾气排放,从而有效提高工业污泥干化的环保性。然而,流化床污泥干化技术采用间接加热方式,热油作为传递媒介,将热量从外部热源输送到干化过程。在干燥过程中,流化床维持较低的温度(约 85 ℃),并通过冷却塔对含水气体进行降温,之后再通过风机将空气引入系统,并对冷却后的空气进行加热。这一过程需重新消耗外部热源加热冷却后的空气,导致一定的能量损耗。因此,尽管流化床污泥干化技术能够提供稳定的脱水效果,但其脱水效率通常不超过1 kg/kW·h,表明其能效相对较低(图 10-6、图 10-7)。

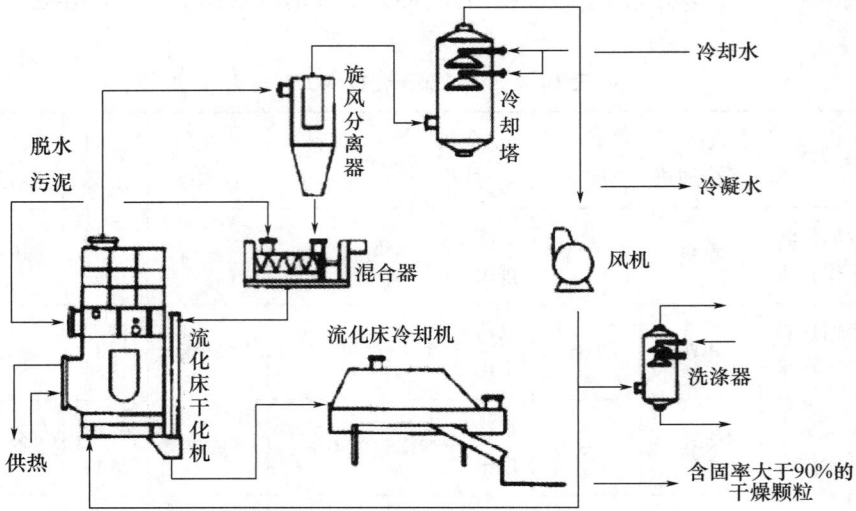

图 10-6   流化床污泥干化技术工艺流程

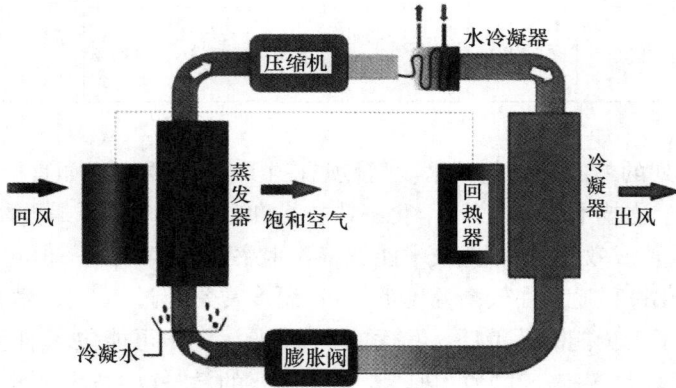

图 10-7   热泵低温干化技术工艺原理

　　热泵低温干化技术作为一种新兴的节能技术,近年来取得了显著的进展。该技术通过热泵系统对干化过程中产生的热量进行回收和再利用,从而显著提升了能源利用效率。与传统的热风干化方法相比,热泵低温干化技术在空气循环与除湿方式上具有独特优势。在这一过程中,湿热空气在干化室与热泵系统之间进行闭环循环,热泵的制冷系统通过降低空气温度来脱湿,促使空气中的水分凝结成液态水。通过蒸发器,低压制冷剂吸收空气中的热量并转化为气态,从而有效降低空气温度并去除水分。该技术在提高能源效率的同时,有助于减少能源消耗,并在污泥干化过程中实现更高的节能效果(图 10-8)。

　　这一过程的核心优势在于回热循环的应用,经过降温和脱湿后的干冷空气再次流经冷凝器,其中的高压制冷剂释放热量,经过加热后的干冷空气被送回干化室,继续参与污泥的

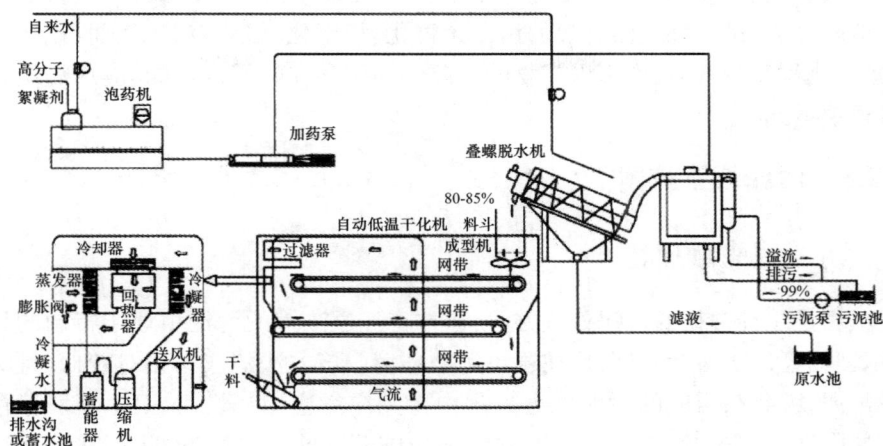

图 10-8　热泵低温干化技术工艺流程

脱水过程。通过回收空气中的热量并加以再利用,热泵低温干化技术极大提高了能源的使用效率,使得干化过程能够在低温下完成。这种技术的脱水效率较高,部分先进设备的脱水效率可达到 $3 \sim 4$ kg/kW·h,远超传统干化技术。

在污泥的处理过程中,热泵低温干化技术能够显著降低湿污泥的含水率。经过机械脱水处理后,污泥含水率为 $80\% \sim 85\%$。这些成型湿泥经过热泵干化机处理后,含水率可降低至 $10\% \sim 30\%$,大大减少了污泥的总重量。整个干化过程的时间周期为 $1.5 \sim 2.0$ h,能够充分完成污泥的脱水处理,并且其能效优势突出,具有良好的节能特性。此外,该技术的自动化控制与封闭运行方式也提高了系统的安全性与稳定性。

与其他干化技术相比,热泵低温干化技术在能效与节能方面表现出色,其低温操作不仅减少了能源消耗,也避免了高温引起的燃烧或爆炸风险,因此非常适合于处理高含水率的工业污泥。综合来看,热泵低温干化技术是一种高效、节能且环保的污泥处理技术,能够满足日益严苛的环保要求,并为污泥处理行业提供了更为可持续的解决方案。

10.2.2.3　石灰干化技术

石灰干化技术,又称碱稳定技术、增钙干化技术,是一种常用于污泥处理的技术,其主要作用是通过调节污泥的 pH 来抑制微生物活动、减少臭味并实现污泥的稳定化。该技术的设计参数包括 pH、接触时间及石灰的添加量,这些因素对处理效果至关重要。石灰干化技术适用于几种特定情境:首先,它可以作为现有污泥处理设施的备用措施;其次,适用于污水处理厂即将拆除时作为过渡性处理方案;最后,它也常用于改善现有设施的臭味问题。

将污泥与生石灰均匀混合,生石灰与污泥中所含的水分发生如下反应:

石灰干化技术通过其独特的反应过程,实现了多个目的:首先,能够有效增加固体物的总量并降低水分含量,从而达到干化的效果;其次,反应中的放热过程具有一定的杀菌作用;再次,pH 的升高有助于进一步增强杀菌和脱臭效果;最后,有机物浓度的降低有助于污泥的稳定化。然而,尽管干化后的污泥可以通过填埋、筑路用稳定土和水泥窑协同焚烧等途径处置,但这一技术的局限性不容忽视。石灰干化技术具有占地面积小、建造周期短及建设成本低等优势,是一种灵活有效的污泥无害化、稳定化处理方法。然而,该技术消耗大量资源、减量化程度较低,且处理后产物的资源化利用存在障碍,因此其应用需结合具体项目情况进行慎重选择。

10.2.3 污泥处置技术

10.2.3.1 卫生填埋技术

卫生填埋是一种常见的污泥处置方法,通常将经过浓缩的污泥填埋于特制的垃圾填埋场,这些填埋场经过防渗漏处理,旨在避免污染环境。该方法的成本相对较低,且能够迅速处置大量污泥,因此在当前的污泥处理过程中得到广泛应用。然而,卫生填埋存在诸多潜在风险和局限性。首先,垃圾填埋场的防渗漏措施若未能达到标准,污泥在填埋过程中发酵和分解会产生大量渗滤液,可能渗透至防渗层并最终污染地下水资源,造成严重的环境污染。此外,污泥填埋导致了大量土地资源的占用,同时填埋过程中污泥中的可回收有机质和营养成分被浪费,进一步加剧了资源的浪费。因此,为了防止渗滤液对水环境的污染,并考虑到自然圈中资源流动的负面影响,许多国家和地区已逐步限制或淘汰卫生填埋技术。

10.2.3.2 焚烧技术

焚烧技术是一种通过高温完全燃烧污泥的处理方法,通常通过向焚烧炉中引入过量空气,以确保污泥能够在充分的氧气供应下彻底燃烧。该方法的主要优势在于其处理的彻底性,不仅能显著减少污泥的体积,还能够有效碳化污泥中的有机物。焚烧过程中所产生的余热可被回收利用,转化为蒸汽、热能或用于发电,从而具备一定的能源利用价值。然而,焚烧过程中可能会排放有毒有害气体,例如二噁英,尽管现代焚烧技术和废气处理系统能够有效减轻此类污染,但仍会增加处理成本。因此,在实际应用中,焚烧技术的选择需在环境影响与经济效益之间进行综合权衡。

10.2.4 污泥资源化技术

10.2.4.1 水泥窑协同处置技术

工业污泥的水泥化处置是将污泥作为原料或燃料替代水泥生产过程中的部分传统原料,来实现资源化利用的技术手段。工业污泥中主要矿物成分与水泥的原料成分相似,因此,利用污泥代替一部分原料用于烧制水泥具有很高的技术可行性。这一做法不仅能减少废料的产生,降低环境污染,还能提高资源的综合利用率,从而实现经济效益与环境效益的双重提高。具体来说,工业污泥在水泥生产过程中,作为二次原料或二次燃料被利用,能够有效减少废弃物的排放,避免了其在传统处置方法中的环境负担。

水泥的煅烧过程主要通过低速旋转的回转窑来实现,这一过程中,水泥的生料需要经过高温处理以生成水泥熟料。该工艺的优势之一是水泥窑内温度可达 1 350~1 650 ℃,这一高温条件能够完全分解污泥中的有机物,并且,回转窑内部的碱性环境有助于与燃烧后的酸性气体发生中和反应,从而有效减少废气污染。此外,水泥化处理还具有处理规模大、烧结时间长、能有效固化重金属并减少灰渣排放等优点,这使得其成为一种有益的污泥处置方式。

工业污泥水泥化处置的工艺流程较为复杂,通常包括污泥的收集、分离、预处理、运输、接收及储存等环节。预处理阶段尤其重要,通常包括干化、筛分、中和沉淀、干燥、破碎、研磨、混合等过程,这些步骤旨在为后续的水泥化处理提供适宜的原料形态。我们需要特别注意的是,涉及有毒有害污泥的预处理时,所有设施和设备必须具备良好的密封性,并且操作区域需要配备通风换气装置,以防有毒气体的累积对环境和操作人员造成危害。

在将预处理后的污泥送入水泥窑时,我们可以选择不同的入窑方式。常见的方式包括通过配料系统直接送入窑尾或经过破碎和混合后送入窑头。在这些过程中,我们需保证污泥的充分破碎和均匀混合,以便提高烧制过程的效率和水泥的质量(图 10-9)。

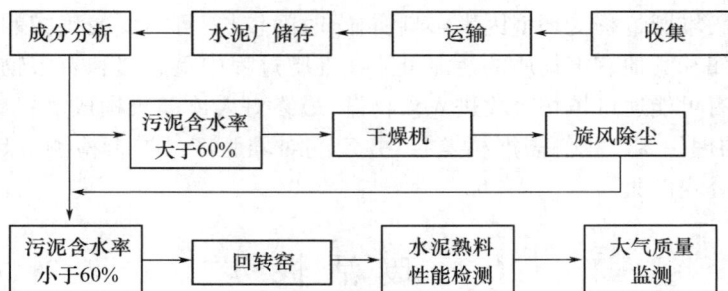

图 10-9　水泥窑协同处置技术工艺流程

水泥窑直接协同处理湿污泥是一种行之有效的废弃物资源化利用方法。该技术将湿污泥与水泥生产过程中常用的原料如生石灰和黏土等混合,经过粉磨制成水泥生料,以此实现污泥的无害化和资源化处理。在此过程中,湿污泥的含水率通常在 20%~60%,湿污泥的掺入比例一般占水泥生料总质量的 5%~12%。通过这一处理过程,我们不仅能够有效减轻污泥处置的环境压力,同时也能提升水泥熟料的强度与产量,进而减少水泥生产中的天然矿物消耗。

在湿污泥与生石灰混合时,生石灰起到关键作用,其能够通过化学反应将湿污泥中的一部分水分转化为氢氧化钙,同时另一部分水分通过吸热蒸发,从而降低湿污泥的含水率。氢氧化钙随后与空气中的二氧化碳发生反应,生成碳酸钙,这一过程不仅促使湿污泥的水分被有效去除,还促进了水泥生料中有害成分的转化。通过这种方式,湿污泥在进入水泥窑之前已经经历了有效的干燥处理,避免了在水泥生产过程中产生不利影响,同时改善了最终产品的质量。

此外,水泥窑协同处理湿污泥的另一重要特点是我们能有效利用水泥生产过程中的余热进行湿污泥的干燥。这一过程利用水泥窑废气中的热量或其他热源,对湿污泥进行干化处理,从而避免了额外的能源消耗,并且能够分解湿污泥中的有害气体,减少污染物的排放。在湿污泥干化过程中,热能的最大化利用提升了资源的综合利用效率,不仅降低了湿污泥处理的成本,还能够确保水泥熟料的质量不受影响。

在污泥干化之前,污泥的分类处理至关重要。对于含有较多重金属的污泥,我们通常需要将其与煤混合,送入水泥窑进行高温焚烧。此过程能够确保污泥中的有害物质被完全分解,并转化为灰烬,这些灰烬可以作为原料掺入水泥熟料中,用于生产符合质量标准的水泥产品。而对于含有较少重金属的污泥,我们则可以利用水泥窑尾部的余热进行烘干,之后与水泥窑灰混合制成生料。这一系列处理措施不仅有效避免了污泥中有害成分对环境的污染,同时将污泥转化为具有经济价值的水泥生产原料,进一步提升了水泥生产过程中的资源利用率。

10.2.4.2　污泥堆肥技术

污泥堆肥是一种通过微生物作用,将污泥中的有机物在特定环境下分解与稳定,从而转化为可供农业或园艺使用的资源的过程。该方法为污泥资源化提供了一种行之有效的解决方案。然而,堆肥过程受环境因素影响明显,时间较长,且需要精确控制温度、湿度等。此外,含有重金属和其他有害物质的污泥可能在堆肥过程中重金属和有害物质未能被有效去除,这些物质有可能通过植物吸收进入食物链,最终对人体健康构成潜在威胁。因此,污泥堆肥过程中的理化参数我们需严格监控,并定期对堆肥产品进行检测,以确保其安全性和合规性,保障公众健康。

10.3　废　活　性　炭

10.3.1　来源与特性

活性炭是一种有机碳化合物在高温条件下经热解与活化处理制得的碳材料。其具备高度发达的孔隙结构和较大的比表面积,具有显著的吸附能力和化学稳定性,广泛应用于环境污染物的治理中,如废水和烟气处理。此外,活性炭还在催化剂载体、电极材料、土壤修复及氢气存储等领域有重要作用。然而,随着吸附过程的进行,活性炭的孔隙结构可能被堵塞,导致吸附能力下降,最终转变为废活性炭,我们需进行有效处置。

随着工业化水平的提高,废活性炭产量呈现增长态势。废活性炭因含有害物质(烷类、醇类、芳烃类、酚类、醛类、重金属等),具备危险特性(如毒性、易燃性),若处理不当,对生态环境、人体健康都将造成危害。根据《国家危险废物名录(2025年版)》,此类废活性炭属于危险废物,须严格管理。

目前,废活性炭的处理方法主要有焚烧法和再生法。焚烧法适用于处理大多数废活性炭,但其存在一定的局限性,尤其是在处理含卤素、氮或硫等成分的物质时,高温焚烧可能导致有毒有害物质生成。特别是含氯有机物在焚烧过程中可能释放二噁英等致癌物质,进而对环境及人类健康构成重大威胁。相比之下,再生法不仅能够实现废活性炭的资源化利用,符合可持续发展的需求,还能显著降低企业的环保成本,具有较高的经济与环境效益。

本部分我们主要介绍废活性炭的再生利用技术。

10.3.2　再生方法

废活性炭再生是通过物理、化学或生物方法,去除其吸附物质并恢复其孔隙结构,从而恢复其吸附性能。再生过程中其需保持原有结构不变,以确保有效性。当前,废活性炭的主要再生技术包括热再生法、溶剂再生法、生物再生法、电化学再生法和湿式氧化再生法等,这些方法均能有效延长活性炭的使用寿命,促进资源的再利用。

10.3.2.1　热再生法

热再生法是一种成熟且广泛应用的活性炭再生技术,其利用高温使吸附饱和的活性炭中的吸附物质解吸,从而恢复其孔隙结构和吸附性能。该方法通过高温处理能够分解多种吸附物质,展现出较高的通用性和彻底性,因此成为主流的再生技术。热再生法具有较高的再生率和较短的再生时间,其中颗粒炭的再生时间通常为 30~60 min,而粉状炭则能在几秒钟内完成再生,确保了其在实际应用中的高效性与经济性。

热再生法其过程主要包括三个阶段。

第一阶段,干燥阶段,在 350 ℃ 以下,废活性炭孔隙结构中吸附的水分及低沸点有机物被解吸脱附。

第二阶段,炭化阶段,反应温度 350~800 ℃。大分子高沸点有机物,发生热解反应,形成小分子有机物,从孔隙结构中解吸,残余部分有机物在孔隙结构中形成积炭。此阶段孔隙结构恢复率达到 60%~80%。

第三阶段,活化阶段,反应温度为 800~1 000 ℃,利用 CO_2、H_2O 等气体与第二阶段积炭发生水煤气反应,生成 CO_2 与 H_2,使活性炭孔隙结构得以恢复,达到再生目的。

热再生过程中会存在一定的活性炭损失,通常在 5%~15%,并且会出现再生后活性炭的机械强度下降的现象。因此,在进行热再生时,我们需严格控制反应条件,优化温度、时间等参数,以保证再生后的活性炭既能恢复较好的吸附性能,又能最大限度地减少物料损失并保持较高的机械强度,从而确保其实际应用效果。

10.3.2.2　溶剂再生法

溶剂再生法为化学再生法中的主要方法,其机理是打破被吸附物质的溶解、吸附平衡,将吸附的物质解吸出来。此过程受溶剂酸碱度、浓度、温度等因素影响。

再生用溶剂主要为无机、有机再生溶剂两大类,如酸、碱及苯、丙酮等。再生产生的废溶剂属于危险废物,我们采用溶剂回收方法进行治理,但废溶剂成分复杂,回收过程运营成本较高,此再生方法在应用中受限。

10.3.2.3　生物再生法

生物再生法是一种有着悠久历史的方法。我们用培养的微生物氧化分解废活性炭中的有机物,从而使活性炭再生。近年来,水处理用净化炭床,则是在污水吸附处理过程中,向炭床鼓入空气,以供微生物生长繁殖和有机物分解,使整个炭床处在由水中吸附有机物,且又不断进行氧化分解有机物的动态平衡中,实现吸附-再生的动态平衡。

再生过程的废气处理及退役后含微生物炭床的妥善处理是其环境管理中的重要环节。

10.3.2.4 电化学再生法

电化学再生法应用电解氧化原理。活性炭填充到两个电极上,置于直流电场的电解液中,两极的活性炭被极化形成阴阳两极,发生还原和氧化反应,达到分解吸附质的目的。同时,在电泳力的作用下,吸附的污染物发生脱附,污染物被解吸,活性炭得以再生。

反应器分为间歇式反应器或固定床反应器,操作相对简单。反应受电解质种类、电流大小等因素影响,且阴阳两极活性炭再生效率存较大差异,产生的废电解液、废气的治理存在一定难度。因此,电化学再生法仍需要我们的进一步的研究。

10.3.2.5 湿式氧化再生法

湿式氧化是一种在高温高压条件下,利用氧气或空气作为氧化剂对吸附的有机物进行氧化降解的再生方法。引入催化剂(如铜)可以降低反应能垒,减少能耗,从而提高再生过程的效率。与无催化湿式氧化相比,非均相催化湿式氧化能够显著缩短再生时间,提升再生效果。该方法在处理某些毒性较高、难以降解的物质时显示出了较好的处理能力,具有较大的应用价值。然而,其操作复杂性较高,并且需要配备较为烦琐的附属设施,这在一定程度上增加了整体操作的难度。此外,湿式氧化过程中可能会生成一些污染较大的中间产物,这些产物主要以废气的形式存在,需要额外的净化措施来减少环境影响。

废活性炭的再生技术已成为当前废物管理的重要组成部分,尤其在活性炭广泛应用的背景下,其处理需求不断增长。废活性炭的再生不仅为相关企业带来了经济效益,还能有效地促进资源的再利用和环境保护。再生技术的选择应根据废活性炭的来源、使用状况及其吸附物的类型,确保工艺效率最优化。在现有技术中,热再生法仍然是最为成熟且应用广泛的方式,但随着新兴技术的不断发展,诸如湿式氧化再生法、光催化再生法和电化学再生法等新技术逐渐崭露头角。相较于传统方法,这些新技术不仅在降低能耗和减少再生损失方面具有明显优势,而且更符合现代环保理念,为废活性炭再生提供了更为高效和可持续的解决方案。随着技术的不断创新,废活性炭再生有望实现更高水平的资源循环利用。

10.4 废 电 池

10.4.1 来源与分类

废电池的处理问题日益严峻。由于其含有重金属、废酸、废碱等有害物质,若未得到妥善处理,废电池将对环境及人体健康构成重大威胁。此外,废电池中还蕴藏着丰富的可回收资源,如锌、锰、铅、镉等金属,具有重要的经济和环境价值。我国作为全球电池生产大国,每年消耗大量这些金属资源,因此开展废电池的回收和再利用,不仅能有效减少环境污染,还能节省宝贵的资源,推动循环经济的发展。

电池的种类繁多,主要有锌-二氧化锰酸性电池、锌-二氧化锰碱性电池、锡镍充电电池、铅酸蓄电池、锂电池、氧化汞电池、氧化银电池、锌-空气纽扣电池等。每种电池都有许多不同的型号,其组成成分也有很大的不同,因此处理方法有很大的差别。

本部分我们主要介绍废干电池和废铅酸蓄电池的回收利用技术。

10.4.2　废干电池

废干电池的回收利用首先是回收金属汞和其他有用物质,其次是废气、废液、废渣的处理。目前,废干电池的回收利用技术主要有湿法冶金和火法冶金两大类。

10.4.2.1　湿法冶金

湿法冶金是一种通过酸性溶剂与电池金属成分反应回收有价值金属的技术。在这一过程中,废电池被处理后,其金属成分如锌和二氧化锰与酸性溶液发生反应,生成可溶性盐进入液相。湿法冶金可以有效提取有价值的金属,并将其转化为其他有用化学产品,如立德粉、氧化锌及化肥等。

a.焙烧浸出法

焙烧浸出法是我们先通过机械切割将废电池中的非金属成分分选出来,然后将电池残渣进行高温焙烧。在焙烧过程中,电池中的有害物质如有机溶剂和重金属化合物会挥发并被回收,减少对环境的危害。我们对剩余的固体物料进行酸浸出处理,利用酸性溶液溶解金属成分,如锌和二氧化锰,再通过电解工艺进一步回收这些金属。废干电池的焙烧浸出法工艺流程如图 10-10 所示。

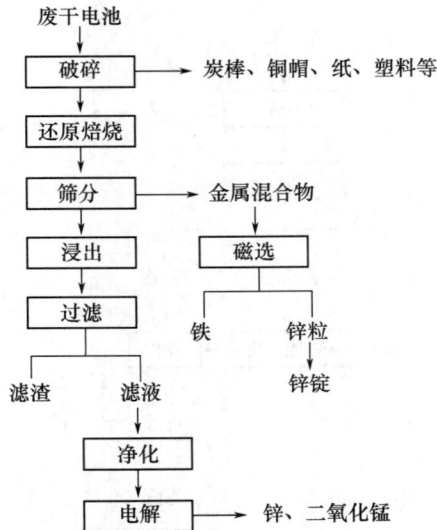

图 10-10　废干电池的焙烧浸出法工艺流程

b.直接浸出法

直接浸出法是我们通过破碎、筛分和洗涤等步骤将废电池中的非金属和杂质去除,然后直接使用酸性溶液浸出其中的有价值金属,如锌和锰。该过程不需要复杂的焙烧或高温操作,因此能在较低温度下完成金属的溶解和提取。经过过滤和净化等处理后,我们可以进一步提取金属或生产化工产品。图 10-11 至图 10-13 为制备立德粉、化肥及锌、二氧化锰的工艺流程。

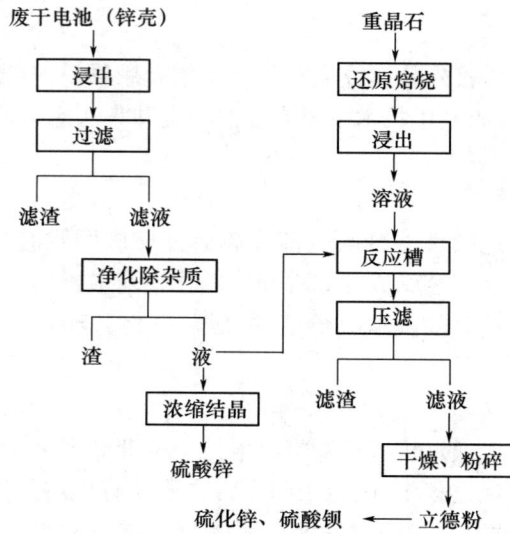

废干电池（锌壳）　　　　　　重晶石

　　　浸出　　　　　　　　还原焙烧

　　　过滤　　　　　　　　　浸出

滤渣　　滤液　　　　　　　溶液

　　净化除杂质　　　　　　反应槽

渣　　液　　　　　　　　压滤

　　　　浓缩结晶　　　滤渣　　滤液

　　　　硫酸锌　　　　　干燥、粉碎

硫化锌、硫酸钡　←　立德粉

图 10-11　废干电池的直接浸出法制备立德粉工艺流程

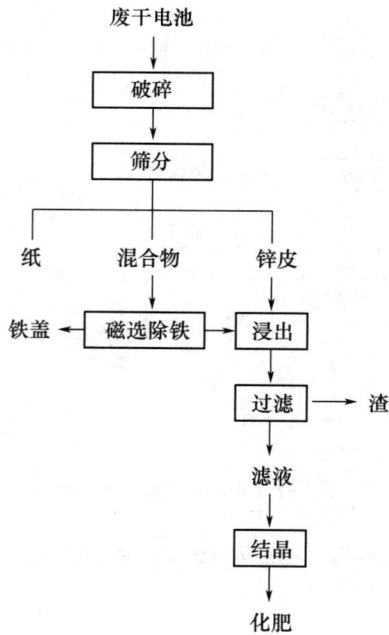

废干电池

　　破碎

　　筛分

纸　　混合物　　锌皮

铁盖　←　磁选除铁　　浸出

　　　　过滤　→　渣

　　　　滤液

　　　　结晶

　　　　化肥

图 10-12　废干电池的直接浸出法制备化肥工艺流程

废干电池

破碎

筛分

纸、塑料等　混合物　锌皮

过滤　锌锭

滤液　二氧化锰等

浸出

过滤

滤渣　滤液

电解 → 锌、二氧化锰

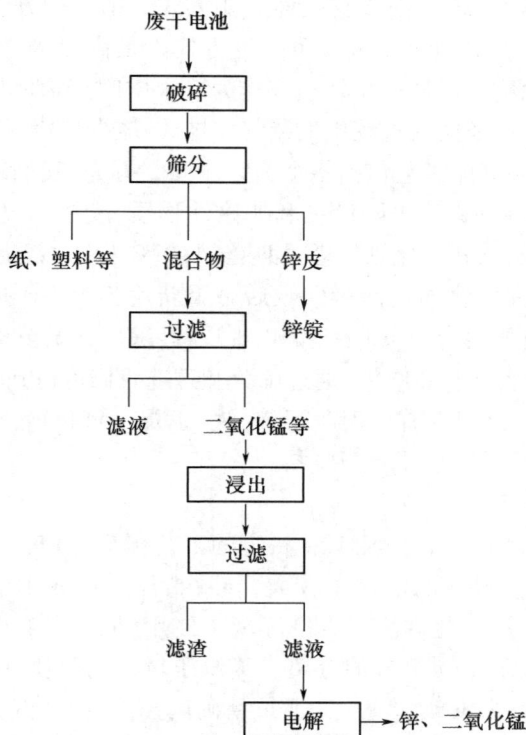

图 10-13　废干电池的直接浸出法制备锌、二氧化锰工艺流程

总体来讲,湿法冶金流程过长,废气、废液、废渣难处理,而且近年来我们逐步实现电池无汞化,加上铁、锌、锰价格疲软,致使回收成本过高,所以湿法冶金回收废干电池逐步被减少使用。

10.4.2.2　火法冶金

火法冶金是一种通过高温氧化、还原、分解和挥发等过程回收废干电池中有价值金属的方法。根据操作环境的不同,火法冶金可分为常压冶金法和真空冶金法。

a.常压冶金法(图 10-14)

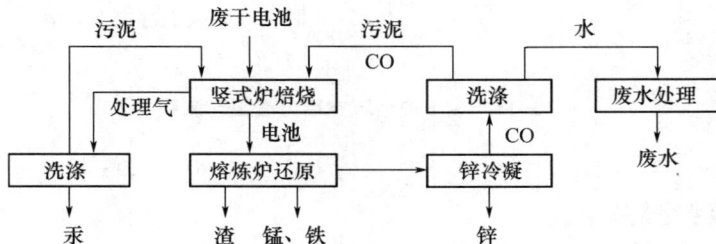

污泥　废干电池　污泥　水

处理气　竖式炉焙烧　CO　洗涤　废水处理

电池　CO　废水

洗涤　熔炼炉还原 → 锌冷凝

汞　渣　锰、铁　锌

图 10-14　废干电池常压冶金法工艺流程

常压冶金法处理废干电池的过程涉及两种主要方式。第一种方式是在较低温度下加热废电池,挥发汞并回收锌及其他重金属。第二种方式则是高温焙烧,使易挥发金属及其氧化物在高温下挥发,剩余物可以进一步处理或作为冶金中间产物使用。此类方法不仅能有效提取有价值的金属成分,还能在过程中控制气体排放,减少环境污染。

废干电池回收有价值金属的工艺包括多个关键步骤。首先,我们通过破碎与筛选将电池分为粗粒和细粒。粗粒经过磁选去除废铁和非磁性物质,废铁经过水洗去除汞后,可作为冶金原料。细粒则利用盐酸和氯化钙处理,加热至110 ℃去湿,接着在370 ℃加热以挥发汞、氯化汞和氯化铵,这些挥发物通过冷凝回收后可重新用于生产干电池。馏出含汞物质后,剩余的细粒与非磁性物质混合,再加热蒸馏以提取锌,随后升温至800 ℃使氯化锌升华。最后,残渣在还原气氛下加热至1 000 ℃,通过筛分和磁选我们可得到用于锰和铁冶炼的氧化锰、碎铁及非磁性物质。该工艺有效回收了锌、铁、汞及二氧化锰等有价值的金属成分,为资源的循环利用和环境保护提供了重要支持。

b.真空冶金法(图10-15)

常压冶金法在大气压力下操作,尽管具备一定的工艺优势,但其生产过程冗长,污染问题较为严重,同时,能源和原材料的消耗量较大,导致整体生产成本较高。为解决这些问题,真空冶金法逐步得到应用。此方法在真空环境下使用,依据废弃电池各组分蒸汽压差异,利用蒸发和冷凝原理实现不同组分的分离。蒸汽压较高的物质在加热后进入气相,而蒸汽压较低的组分则停留在残液或残渣中。通过精确调控温度,蒸汽得以冷凝为液态或固态,从而实现资源的高效回收。该方法不仅显著提升了回收效率,还有效减少了污染物的排放与能源的消耗,具有良好的环境效益与经济前景。

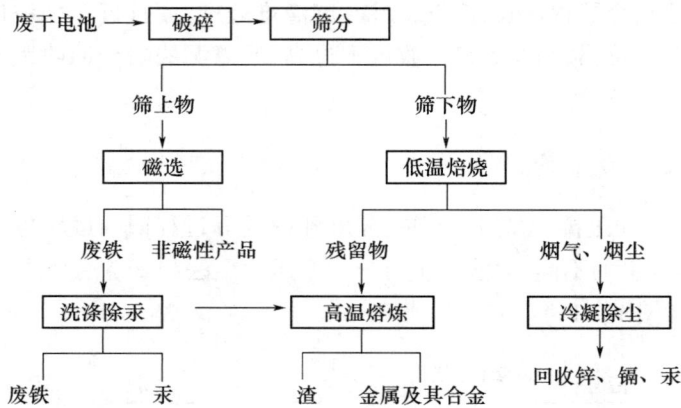

图10-15 废干电池真空冶金法工艺流程

10.4.3 废铅酸蓄电池

铅酸蓄电池因其在汽车、摩托车、应急灯设备等领域的广泛应用,成为一种重要的能源储存形式。废铅酸蓄电池的来源主要包括发电厂、变电所、电话局等固定设施中的防酸型蓄电池;汽车、拖拉机、柴油机等车辆的启动、点火和照明用蓄电池;叉车、矿用车、起重车等备用电源用蓄电池;铁路客车及内燃机车上的动力牵引和照明电池;以及摩托车和其他设备的电池等。废铅酸蓄电池的回收利用不仅集中于废铅的再生利用,还涉及废酸和塑料壳体的再处理。由于铅酸蓄电池的体积较大,且便于回收,其金属回收率显著高于其他类型废电池。通过高效的回收手段,我们能够最大限度地减少资源浪费,促进资源的循环利用(表 10-3、表 10-4)。

表 10-3　废铅酸蓄电池铅膏的成分

成分	Pb	S	$PbSO_4$	PbO	Sb	FeO	CaO
含量	5%	5%	42.1%	38%	2.2%	0.75%	0.88%

表 10-4　电解液中的成分

物质	铅粒	溶解铅	砷	锑
浓度/(mg/L)	60~240	1~6	1~6	20~175
物质	锌	锡	钙	铁
浓度/(mg/L)	1.0~13.5	1~6	5~20	20~150

构成铅酸蓄电池的主要部件是正负极板、电解液、隔板和电池槽,此外,还有一些零件如端子、连接条和排气栓等。从废铅酸蓄电池的组成我们可以看出,其中含有大量的金属铅、锑等。铅的存在形态主要有溶解态、金属态、氧化态,我们可通过冶炼过程将其提取再生利用。再生铅业主要采用火法和湿法及固相电解三种处理技术。

10.4.3.1　火法冶金工艺

火法冶金工艺主要包括无预处理混炼、无预处理单独冶炼及经过预处理单独冶炼三种形式。

无预处理混炼工艺操作简便,适合大规模应用,但由于其金属回收率较低,并且未能充分回收废酸、塑料及锑等资源,导致这些资源无法被有效利用,形成潜在的环境污染。此外,废酸的处理不当容易污染土壤和水源,塑料和锑元素的排放则增加了冶金过程中的环境负担。

无预处理单独冶炼工艺在破碎和分选后,将铅膏与金属部分分别冶炼,能够回收铅锑合金和精铅,回收率提升至 90%~95%。与混炼工艺相比,该方法在一定程度上降低了污染风险,体现出工艺改进对资源利用率和环境保护的重要作用。

经过预处理单独冶炼工艺对铅膏脱硫处理后进行冶炼,不仅使金属回收率进一步提高至 95% 以上,还显著减少了废气和废渣对环境的影响。传统的熔炼设备技术相对滞后,如普通反射炉、水套炉、鼓风炉和冲天炉等,依然存在金属回收效率较低、能耗较高及污染严重等问题。提升设备的技术水平和优化工艺流程,已成为进一步提高资源回收效率并减少环境污染的关键方向。

10.4.3.2　固相电解还原工艺

固相电解还原工艺是一种创新的炼铅技术,相比传统的炉火熔炼法,其具有显著的优势,特别是在铅的回收率和工艺灵活性方面。该技术通过电解过程将铅的化合物还原为金属铅,操作过程中使用的是立式电极电解装置。该工艺的主要特点是高效的铅离子还原过程,这使得铅的回收率可达到95%以上,且金属铅的纯度能够稳定在99.95%,远高于传统方法的产出。通过调节电解过程的参数,固相电解还原工艺能够根据实际需求灵活调节生产规模,尤其适合供电资源丰富的地区应用。此外,虽然该工艺消耗约700 kW·h的电能来生产每吨铅,但相比矿石冶炼法,其生产成本具有明显的降低效应。

10.4.3.3　湿法冶炼工艺

湿法冶炼工艺使铅泥、铅尘等废料进行一系列化学反应,生产含铅化工产品,如三碱式硫酸铅、二碱式亚硫酸铅、红丹、黄丹和硬脂酸铅等。这些产品广泛应用于化工和加工行业。该工艺具有工艺流程简单、操作便捷的优点,且污染排放量较低,能够有效减少环境影响。此外,湿法冶炼工艺的回收率通常超过95%,确保了废弃物的高效回收和资源化利用,具有良好的经济效益和环境效益。

湿法冶炼工艺的基本流程包括铅泥的转化、溶解沉淀、化学合成等步骤,最终获得精铅、铅锑合金或铅化合物等产品。此外,废酸的集中处理可为多种工业领域提供原料,包括生产蓄电池、除锈处理、纺织厂中和含碱污水及生产硫酸铜等化工产品。废酸的有效利用为循环经济提供了支持。

铅酸蓄电池中的聚烯烃塑料壳体和隔板具有良好的重复使用价值。经过清洗和破碎后,完整或损坏的壳体可以被重新加工成新的壳体或其他产品,这进一步推动了废弃物的资源化利用。

10.4.4　典型案例

河北雄泰再生资源有限公司(简称"雄泰公司")成立于2020年4月30日,位于河北省保定市博野县,致力于无害化处置利用废铅酸蓄电池及含铅废物,力争打造环境友好型、资源节约型的绿色循环经济企业(图10-16)。

图10-16　河北雄泰再生资源有限公司环境

2021 年 3 月,雄泰公司投资 3.65 亿元建设年处理 30 万吨废铅酸蓄电池及含铅废物再生资源循环利用系统项目,项目建筑总面积为 37 833.59 m³,建设有拆解车间、再生熔炼车间、废水处理车间、制氧车间、废塑料车间、机修车间及综合仓库等生产及辅助车间。项目引进两条国内先进的废铅酸蓄电池全自动拆解生产线;选购塑料自动清洗色选生产线一条;配套建设固定式熔炼炉 6 台、板栅低温精炼系统 1 套、精炼锅 4 台、合金锅 6 台、富氧侧吹炉 2 台等生产设施及除尘、脱硫等环保设施;采用超滤、反渗透等处理工艺处理生产废水,实现生产废水零排放,回用水全部回用于生产系统,生活废水经生化系统处理后排入工业园区污水管网后由污水处理厂进一步处理。

公司主要产品为再生精铅及铅合金锭,与风帆有限责任公司、骆驼集团股份有限公司、天能电池集团股份有限公司、理士国际技术有限公司等铅酸蓄电池生产企业建立合作关系,产品集中销售到铅酸蓄电池生产企业,铅酸蓄电池企业将生产边角料、含铅废物等转移到公司进行再生处置,形成良好的循环再生利用经营模式,年可处理 30 万吨废铅酸蓄电池及含铅废物(其中废铅酸蓄电池 23 万吨/年),年产再生铅约 19 万吨(其中再生精铅约 11 万吨、合金铅 7.7 万吨、铅零件 0.3 万吨),实现 350 余人就业,年营业额 33.15 亿元(图10-17)。

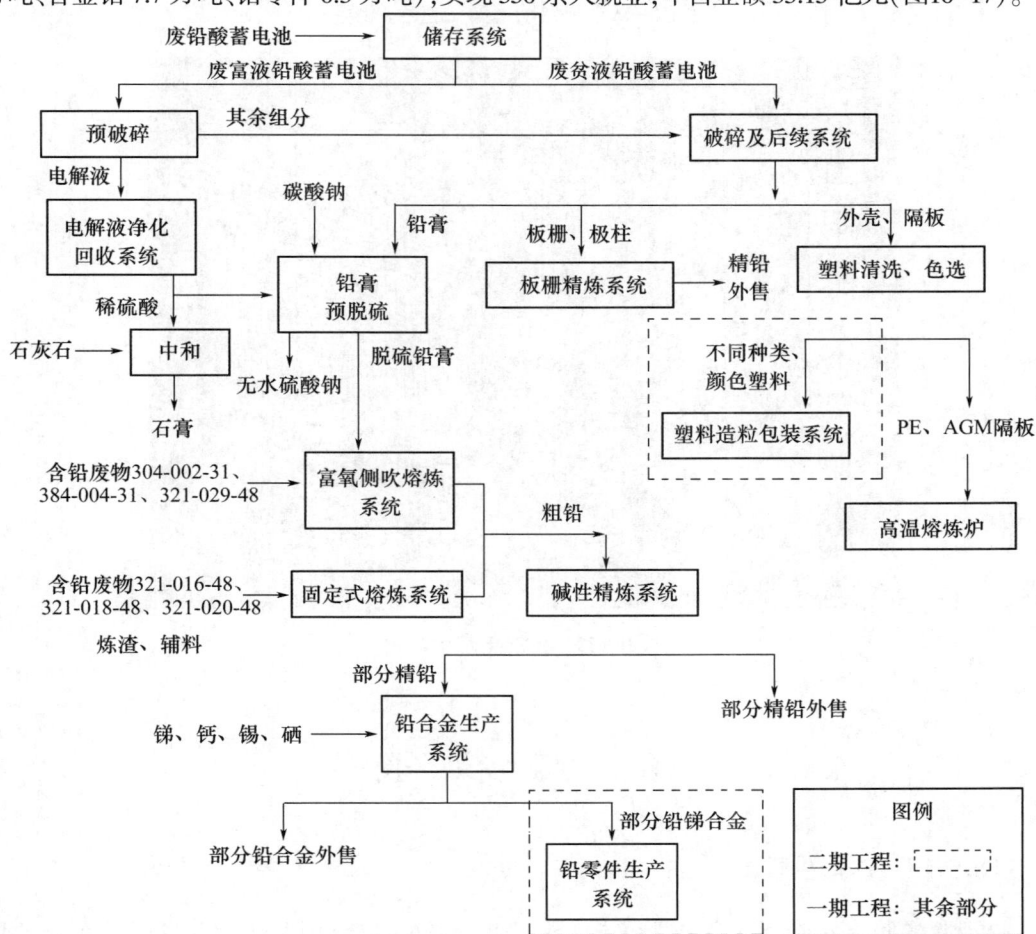

图 10-17　含铅废物处置总体流程

图 10-18　全自动拆解工艺生产线

图 10-19　低温熔炼生产线

10.5　废　橡　胶

10.5.1　化学性质

　　由于废橡胶自然降解过程非常缓慢,且产生量增长迅速,因此成为各国迅速蔓延的黑色公害。废橡胶的来源主要为工业生产活动中产生的废轮胎及轮胎使用过程中产生的废轮胎或者机动车拆解过程中产生的轮胎等橡胶制品,占所有废橡胶比例的 90% 以上。因此,这里我们以废轮胎的处理方法为例,介绍废橡胶的处理方法。

废轮胎的主要化学组成是天然橡胶和合成橡胶,此外,还含有丁二烯、乙烯、玻璃纤维、尼龙、人造纤维、聚酯、硫黄等多种成分。废轮胎的典型化学成分如表 10-5 所示。

表 10-5　废轮胎的典型化学成分

序号	成分	完整轮胎	破碎后轮胎
1	碳	74.50%	77.60%
2	氢	6.00%	10.40%
3	氧	3.00%	0
4	硫	1.50%	2.00%
5	氮	0.50%	0.50%
6	氯	1.00%	1.00%

废轮胎的处理处置方法大致可分为材料回收(包括整体再用、加工成其他原料再用)和能源回收、处置三大类。具体来看,主要包括整体再用式翻新再用、生产胶粉、制造再生胶、热解与焚烧等方法。

10.5.2　整体再用或翻新再用

废轮胎作为资源再利用的潜力巨大,已在多个领域展现出广泛的应用前景。其不仅可用于船舶缓冲器、人工礁、防波堤、公路防护栏、水土保护栏及建筑消声隔板等基础设施建设,还能在污水和油泥堆肥过程中作为桶装容器。废轮胎通过分解和剪切处理后,可转化为地板席、鞋底、垫圈等多种日常用品,甚至可被加工成用于填充地面底层或表层的材料。尽管废轮胎的再利用途径众多,但目前这些处理方式对废轮胎的整体处理量仍不足。

轮胎的破损方式中,胎面破损尤为常见,因此轮胎翻修工艺逐渐得到广泛关注。轮胎翻修通过打磨去除旧胎面胶,并通过局部修补、加工及硫化等环节恢复其使用功能,从而延长了轮胎的使用寿命。这不仅有助于实现资源的最大化利用,而且通过延长轮胎生命周期,我们能够有效减少废轮胎的产生使促进废弃物的减量。

10.5.3　生产胶粉

除了简单加工后使用之外,我们还可以用废轮胎生产胶粉。胶粉是将废轮胎整体粉碎后得到的粒度极小的橡胶粉粒。按胶粉的粒度大小其可分为粗胶粉、细胶粉、微细胶粉和超微细胶粉。橡胶粗粉料制造工艺相对简单,回用价值不大,而粒度小、比表面积非常大的精细粉料则可以满足制造高质量产品的严格要求,市场需求量大。胶粉的应用范围很广,概括起来可分为两大类:一类是用于橡胶工业,直接成型或与新橡胶混合制成产品;另一类则是应用于非橡胶工业,如改性沥青路面、改性沥青防水卷材的生产,及建筑工业中的涂覆层和保护层等。废轮胎的粉碎工艺通常分为冷冻粉碎和常温粉碎,其中冷冻粉碎工艺包括低温冷冻粉碎和低温与常温结合的粉碎工艺。

在粉碎之前,废轮胎需要进行预加工处理,这包括分拣、切割、清洗等步骤。经过预处理后,废轮胎通过初步粉碎进入破胶机,在剥去侧面钢丝圈后,废轮胎被破碎成胶粒,我们利用电磁铁将钢丝分离。之后,钢丝圈被送入破胶机进一步碾压,与胶块分离,并通过振动筛筛选出所需粒径的胶粉。剩余的粉料我们通过旋风分离器去除帘子线。

近年来,新兴的粉碎工艺如臭氧粉碎、高压爆破粉碎和精细粉碎等,已在不同规模的胶粉生产厂中得到应用。这些方法有效提高了废橡胶的回收效率,避免了因氧化或热作用导致的产品质量劣化,促进了废橡胶的高效再利用。

目前以液氮为冷冻介质的工艺流程有两种:一种为废轮胎的超低温粉碎流程,另一种为废轮胎的常温粉碎与超低温粉碎流程。相比较而言,第一种流程粗碎生热影响较大,因此粗碎后我们必须再用液氮冷冻,而第二种流程比第一种可节省液氮的用量,但有多次粗碎与磁选分离,设备投资增大。精细胶粉的制造需要将两种方式结合起来。制得精细粉料后,进行分级处理,可提取符合规定粒径的物料,将这些物料经分离装置除去纤维杂质装袋即成成品。部分成品可进行改性处理。表面改性技术通过化学、物理等方法对胶粉表面进行处理,从而改善其与生胶或其他高分子材料的相容性。经过改性处理的胶粉能够与其他材料有效混合,形成的复合材料性能接近纯物质,但成本显著降低。同时,这一过程还促进了资源的回收,解决了废弃物带来的环境污染问题。当前,胶粉处理技术包括:在胶粉表面吸附配合剂与生胶交联;吸附特定有机单体和引发剂后,在氮气中加热使之反应,形成互穿聚合物网络;对胶粉进行化学处理,通过引入官能团与生胶结合;以及通过喷涂聚合物单体并进行机械粉碎,引发自由基与单体发生接枝反应。改性胶粉在多种应用中表现出色,尤其在与沥青混合铺设路面方面,改性胶粉能够与热沥青均匀拌和,减少离析沉淀,满足管道输送和泵送等技术要求,从而提高了路面材料的性能和可操作性。

10.5.4 制造再生胶

再生胶是通过对废旧橡胶进行粉碎、加热及机械处理等,将其转化为具有塑性和黏性的可再硫化橡胶。该过程不仅有效地延长了橡胶的使用寿命,而且实现了废旧橡胶资源的再利用。再生胶在分子结构和成分上与生胶存在显著差异。除了橡胶烃外,再生胶还包含增黏剂、软化剂和活化剂等成分,这些添加剂改善了再生胶的加工性能和最终产品的物理特性。

与生胶相比,再生胶具有显著的优势。首先,良好的塑性使得再生胶能够与生胶及其他配合剂充分混合,进而节省了生产时间并降低了动力消耗。其次,再生胶的收缩性较小,有助于提高产品的表面平滑度和尺寸的准确性,从而提升制造精度。其良好的流动性使得再生胶在生产模型制品时更加便捷,而在耐老化性、耐热性、耐油性及耐酸碱性等方面,再生胶表现优异,硫化速度快,耐焦烧性强,能够在多种苛刻环境中保持较好的性能。尽管如此,再生胶也存在一定的不足之处,尤其是在吸水性、耐磨性和耐疲劳性方面,其性能较生胶差,这限制了其在某些领域的广泛应用。再生胶的生产工艺多样,常见的有油法、水油法、高温动态脱硫法等,每种方法都能够根据不同的橡胶制品需求,灵活调整工艺条件,以满足不同应用领域的生产要求。

10.5.4.1　油法

油法工艺流程简便且成本较低,适用于小规模生产,尤其是在对再生胶性能要求较低的产品中,如胶鞋和杂胶等,油法的应用尤为广泛。该方法的优势在于其设备和操作要求较低,且对环境的污染较小。然而,由于其再生效果较差,所得到的再生胶性能较为低下,尤其是在对胶粉粒度有较高要求的情况下,油法的应用受到限制。一般而言,油法要求胶粉粒度为 28~30 目,这使得其在处理某些类型的废胶时,难以达到较高的再生效果。因此,油法适用于那些对再生胶质量要求不高、生产规模较小的情况。

10.5.4.2　水油法

水油法在废胶再生过程中表现出较为复杂的工艺流程和具有较高的生产成本。该方法需要较为精密的设备支持,且在生产过程中伴随污水排放,导致环境负担较重。尽管如此,水油法能够实现较好的再生效果,尤其适合于含天然橡胶成分较多的废胶,如旧轮胎和胶鞋等产品的再生。水油法的优势在于其能够有效提升废胶的再生性能,适用于中大规模的生产。然而,较高的投资成本和复杂的生产过程使得水油法在一些中小型企业中的推广应用受到一定限制。因此,水油法主要应用于对再生胶性能要求较高且生产规模较大的领域,如轮胎再生和其他橡胶制品的再利用。

10.5.4.3　高温动态脱硫法

高温动态脱硫法作为一种较为先进的废胶再生技术,其工艺简单、再生效果良好,且环境污染较小。该方法适用于多种类型的橡胶废料,能够高效处理废胶,并在较短时间内完成再生过程。高温动态脱硫法不产生污水,降低了对水资源的依赖和污染,有助于环境保护。尽管该方法的设备投资较高,但其高效的废胶处理能力和较高的再生胶质量,使得它在中大规模生产中具有较大的应用潜力。这种工艺不仅提升了再生胶的性能,还提高了废料的利用效率,符合现代工业对资源循环利用的需求。因此,高温动态脱硫法适合于对再生胶质量要求较高、生产规模较大的企业,具有较强的市场竞争力和应用前景。

10.5.5　热解与焚烧

10.5.5.1　热解

废轮胎热解技术通过外部加热将废轮胎中的有机物分解为燃料气、油及炭黑等可利用产品,广泛应用于废物资源化和能源回收中。该工艺的热解温度通常控制在 250~500 ℃,能够有效地将废轮胎转化为高价值的化学原料和能源。在热解过程中,生成的气体主要组分为一氧化碳、氢气和丁二烯等,气体的产生量随着温度的升高而增加,油品的产量则随温度的升高呈现递减趋势,炭黑的含量则随温度的升高增加。

热解产品中的液化石油气可经过进一步纯化装罐,混合油经精制可制得各种石油制品(如溶剂油、芳香油、柴油等);粗炭黑经精加工可得到各种颗粒度的炭黑,用以制成各种炭黑制品,但这种过程得到的炭黑产品中灰分和焦炭含量都很高,必须经过适当处理后其才可作为吸附剂、催化剂或在轮胎制造中作为增强填料。

10.5.5.2 焚烧

废轮胎具有较高的热值,约为 2 937 MJ/kg,且可作为水泥窑的燃料被高效利用。通过燃烧废轮胎中的橡胶和炭黑,我们可以为水泥生产提供所需的热能。同时,废轮胎中的硫和铁可作为水泥生产所需的原料成分。在该工艺中,废轮胎经过剪切破碎后,被投入水泥窑中,在 1 500 ℃ 的高温下燃烧。燃烧过程中,硫被氧化为 SO_3,与生石灰结合生成 $CaSO_4$,避免了 SO_2 对大气的污染;金属丝则转化为 Fe_2O_3,进一步与水泥原料中的 CaO、Al_2O_3 反应,最终成为水泥的组成部分。

10.6 废 陶 瓷

随着陶瓷工业的飞速发展,陶瓷废料的产量大幅增加,给环境带来了显著的压力。我国陶瓷废料的处理与利用水平相对较低,资金短缺使得废料处理方式单一,未能有效实现废料的资源化。当前,废陶瓷料的无害化处理和资源化利用成为亟待解决的难题。

10.6.1 废陶瓷的来源

10.6.1.1 生坯废料

生坯废料主要源于原材料加工、成型过程中的残留物,包括矿渣、粉尘、废屑等。根据其是否涂釉,其可以被分为有釉和无釉两类。由于这些废料通常含有一定的矿物成分,因此其具有较高的回收利用价值。通过将生坯废料回收并重新利用,我们可以有效降低生产成本,减少对自然资源的消耗,具有显著的经济效益和环境保护价值。

10.6.1.2 废釉料

废釉料是陶瓷生产过程中由于配料错误、污染或配比失误等形成的。这类废料含有有毒金属成分,若未经妥善处理,可能对环境和人体健康造成危害。因此,废釉料需要专门的处理程序,避免直接排放。

10.6.1.3 废模具、匣钵

废模具和匣钵是陶瓷生产中不可避免的废弃物。这些材料通常在长期使用过程中因破损、失效而成为废弃物,无法继续使用。石膏模具在成型过程中决定着陶瓷制品的形状和细节,匣钵则用于陶瓷烧成时承载物料。随着这些工具的使用寿命结束,它们往往成为生产中的废品。棚板等其他烧成过程中使用的材料,也因长期高温作用或碰撞而破损,最终变为废弃物。

10.6.1.4 废泥渣、废砖屑

废泥渣主要源于生产过程中使用的废水沉淀物,其中包括含釉料和不含釉料的废泥。

这些废泥渣在废水处理中积累,具有一定的污染性,若未经处理排放,可能会对水源和土壤造成污染。

废砖屑主要来自墙地砖抛光工序,含有碳化硅等物质。由于其成分复杂且含有一定的有害物质,废砖屑的处理需要采用环保技术。

10.6.1.5　烧成废瓷

烧成废瓷是陶瓷生产过程中由于烧成过程中产品变形、开裂或存储不当等形成的。烧成废瓷的种类广泛,包括建筑陶瓷、日用陶瓷及艺术陶瓷等。随着烧成工艺的不断改进,烧成废瓷的出现率得到了有效控制,但在生产过程中仍然不可避免地存在一定比例的废品。

10.6.1.6　磨边废料

在磨边工艺中,陶瓷砖的边缘通常会经过加工处理,以达到外观精细的效果。这一过程会产生大量的细小颗粒废料。由于这些废料颗粒较小且杂质较少,我们可以通过有效回收,将其再次作为坯体配方中的成分进行利用。

10.6.1.7　抛光废料

抛光砖和抛釉砖的表面处理工艺是使产品有光泽和精细的关键环节。然而,这一过程也伴随着大量废料的产生,主要表现为抛光废料。相比之下,抛釉砖因其表面硬度较低,抛光层更薄,废料产生量显著较少,仅为每平方米约 25 g。总体而言,陶瓷行业每年产生的抛光废料总量可达到 630 万吨,这其中不仅包括干料,还包括废水。抛光废料中含有 SiC 和氯氧镁水泥等,这些物质在高温环境下具有发泡特性,使得废料的回收和再利用面临巨大挑战。

10.6.2　陶瓷行业带来的危害

近年来,随着社会发展和科学技术的进步,我国陶瓷的产量位居世界首位,与此同时,废陶瓷带来的危害也成为备受诟病的痛点。陶瓷行业带来的危害主要有重金属污染、大气污染、水污染和侵占大量土地资源等。

10.6.2.1　土壤污染

如今,陶瓷废料废渣的回收和再利用技术仍不够先进,我们通常采用取直接填埋的方式处理,致使大量废渣挤占耕地,而废渣短时间内无法降解,废渣中又含有重金属元素等有毒化学物质,对土壤造成严重污染。除了对土壤的污染,陶瓷生产还需要消耗大量不可再生的自然资源,造成了自然矿产资源的严重枯竭。

10.6.2.2　大气污染

陶瓷生产的燃烧和煅烧阶段会释放出大量烟气粉尘和有害气体,其中包括一氧化碳、硫的氧化物、氮氧化物和氟化物等,这些有害气体直接排放到空气中,会造成大气污染、酸雨、植物不结果,甚至还会造成温室效应、海平面上升、气候反常等严重后果。

10.6.2.3 水污染

在陶瓷生产过程中,淋釉生产工序以及清洗工具的过程会产生大量废水。废水中含有铅等重金属元素和焦油酚水、固体悬浮物等有害物质,会导致水源发黑、发臭,对地下水源造成严重的污染,同时给植物生长带来巨大的危害。

10.6.3 陶瓷废料再生利用

10.6.3.1 陶瓷废料用于制备建筑陶瓷坯料

在建筑陶瓷生产中,未烧结废料如生坯和沉淀污泥等,由于其数量较少且成分波动较大,通常以较低的比例(0.5%~3.0%)被加入仿古砖坯体中。这样的废料因较低的烧成温度和较易控制的产品质量,能够较为高效地实现回收和利用。当前,大多数陶瓷厂已能够对这些未烧结废料进行完全回收利用,从而有效降低了生产过程中的资源浪费。

烧结废料的回收利用也是陶瓷行业的重要进步。许多破碎的陶瓷砖经过粉碎后,可直接作为坯用原料回收再利用。虽然抛光废料由于含有如碳化硅等发泡成分,使其回收过程较为复杂且困难,但经过不断的技术探索,部分企业已经成功将这一类废料应用于建筑陶瓷的坯料生产中。值得注意的是,抛光废料的回收不仅仅能够减少环境污染,还能够为陶瓷生产提供附加价值。

在实际生产中,部分企业采用了将30%的抛光废渣、10%的釉面砖废渣和60%的生坯料混合使用的技术方案,通过先低温素烧再高温釉烧的工艺,成功制备出符合国标要求的釉面砖产品。这一过程中,废料的有效回收不仅完全消耗了自家公司生产的抛光废渣和釉面砖废渣,还减少了资源浪费,推动了企业的可持续发展。此类技术的成功应用标志着废料利用技术的成熟,并为陶瓷行业的绿色生产提供了重要示范。

此外,抛光废料作为助熔剂的替代品也得到了一定的研发。当抛光废料的替代比例为5%~15%时,我们所得陶瓷砖的吸水率、力学性能等均能满足标准要求。通过技术创新,抛光废料的回收利用不仅降低了生产成本,还为企业解决了废料堆积的问题,具有重要的社会与环境意义。为了进一步提升回收效率,有些企业将烧成温度降低至1 150 ℃以下,缩短烧成时间,既确保了废料的有效利用,又实现了能源消耗的最小化,为推动节能减排做出了积极贡献。

10.6.3.2 陶瓷废料用于制备卫生陶瓷坯料

卫生陶瓷的生产过程受多种环境因素的影响,诸如气候变化、温湿度差异、窑炉温度波动及原材料的多样性等,这些因素对生产过程的稳定性提出了较高要求。因此,其整体合格率往往较低,尤其是小型生产企业的产品,合格率通常仅为60%~70%。然而,一些规模较大的企业通过优化生产流程和技术手段,产品能够达到85%~90%的合格率。以日产85吨成品、废物瓷率为13%的生产线为例,每条生产线每天产生的废陶瓷量大约为11吨,年废陶瓷总量超过300吨。废陶瓷的再利用主要是破碎处理后作为新陶瓷坯体的原料,通常可以达到30%~40%的回收利用率。然而,由于废陶瓷的体积较大且硬度较高,回收前我们需要进行多次粉碎,使颗粒达到所需粒径。如何降低高硬度废陶瓷的粉碎成本并提高粉碎效率,成为推动废物瓷循环利用的关键技术。

10.6.3.3　陶瓷废料用于制备多孔陶瓷

陶瓷废料制备多孔陶瓷的研究逐渐成为陶瓷行业废料资源化利用的一个重要方向。通过高温发泡原理,抛光废料在特定条件下可以形成均匀的封闭气孔结构,从而使得材料具备轻质、隔音和保温等特性。这类多孔陶瓷材料不仅有效地减少了废料对环境的负担,还为建筑和其他行业提供了优质的替代材料。采用高温砂、低温砂和黏土作为原料,掺入30%至39%的抛光废料,经过 1 170 ℃烧成,可以制备出密度约为 900 kg/m³、吸水率为19%、抗折强度为 6 MPa、导热系数为 0.23 W/(m·K)、耐火度可达 1 200 ℃的轻质保温墙体材料,其具有良好的物理性能和结构稳定性。

此外,利用更高比例的抛光废料(50%~60%)与其他原料结合,我们成功研发出新型轻质外墙砖,这种砖材不仅具备优异的热稳定性和抗冻性能,而且其体积密度和抗折强度均符合实际应用要求。随着这一技术的不断进步,越来越多的企业开始投入相关产品的研发和生产中,推动了轻质建筑材料的产业化。陶瓷行业的这种创新不仅有效利用了废弃资源,还在防火、隔音、吸热和建筑轻量化等方面展现出广泛的应用潜力。因此,陶瓷废料的高效利用将推动建筑材料向更加环保和高效的方向发展,具有显著的社会和经济价值。

10.6.3.4　陶瓷废料用于制备透水砖

透水砖作为一种新型的功能性道路铺装材料,具有透水性、保湿性和防滑性等显著优点,在缓解城市热岛效应方面展现出广泛的应用潜力。陶瓷废料制备透水砖,我们不仅有效解决了废料对环境污染的问题,还实现了资源的高效循环利用,带来了社会和经济效益。利用60%的陶瓷废料为主要原料,结合黏土和黏结剂等成分,经高温烧结处理,可以制备出透水性和强度良好的透水砖。此外,采用不同配比的废瓷粉与其他基础物料,通过干压法成型,并在较高温度下烧成,我们能够生产出具备良好抗压强度和抗折强度的透水砖。这种利用陶瓷废料的技术方案不仅具有较低的生产成本,还能显著减少陶瓷废料的积累,展示出广阔的市场前景。

10.6.3.5　陶瓷废料用于制备免烧砖

陶瓷废料的再生利用通常依赖于烧成工艺,然而这一过程不仅消耗大量能源,还会显著增加生产成本。与之相比,免烧砖的生产工艺无须经过高温烧结,而是通过自然养护或常温蒸压等方式即可实现。这使得免烧砖成为一种低能耗、高效的固体废弃物资源化利用方式。在此过程中,通过调节原料配比和骨料颗粒级配,陶瓷废料、废瓷砖等可以作为骨料,辅以生石灰作为钙质源及抛光废渣作为硅质源,在高温碱性环境下发生水热反应,生成托贝莫来石和水化硅酸钙凝胶,进而提高免烧砖的抗压强度及耐久性。通过合理添加激发剂如硫酸钠与生石灰混合物,我们可以促进水化硅酸钙和钙矾石的生成,从而提升砖坯的强度,并有效降低生产成本。免烧砖具有较强的综合性能,其抗压强度、冻融耐久性等指标均超过国家标准的最高要求,显示出较大的市场应用潜力。

10.6.3.6　陶瓷废料用于制备水泥基材料

陶瓷废料的主要成分二氧化硅和铝土矿具有与火山灰质材料相似的特性，能够在一定比例下替代水泥生产原料。通过适当的破碎和配比调整，陶瓷废料能够以最高15%的掺量参与水泥的生产，替代传统的矿物原料，进而提高水泥的强度和耐久性。此外，陶瓷废料的掺入不仅能降低生产成本，还能够有效减少废料堆积带来的环境污染，发挥其资源化利用的环保效应。

10.6.3.7　陶瓷废料用于制备混凝土材料

近年来，陶瓷废料作为混凝土骨料的再生利用方式逐渐受到重视。陶瓷废料被破碎成粗细不同的再生骨料，作为混凝土的骨料之一，不仅有效减少了废弃陶瓷对环境的负面影响，而且提升了混凝土的综合性能。陶瓷再生骨料具有一些独特的优势，在破碎过程中，陶瓷材料往往呈现出棱角状，且其吸水率较高，这一特性导致混凝土的需水量增加，从而影响水胶比。然而，陶瓷再生骨料表面的不平整性有助于增强骨料与水泥之间的结合力，从而提升混凝土的强度。

为了进一步改善陶瓷再生骨料的性能，研究者通过改性处理对其进行优化。硅烷偶联剂KH-550被广泛应用于陶瓷再生骨料的表面处理，该方法显著提高了骨料的强度、降低了孔隙率，并改善了陶瓷再生骨料与水泥浆体之间的黏结性能。这些改性措施不仅提升了再生混凝土的强度，还增强了其抗裂性能。实验结果表明，当陶瓷再生骨料的取代率达到60%时，再生混凝土的抗压强度和劈裂抗拉强度分别提高了18.9%和7.99%，证明了陶瓷再生骨料在混凝土中的应用具有显著的性能提升作用。

通过合理的改性处理和配比调整，陶瓷再生骨料不仅有效减少了废料对环境的负担，而且通过改善混凝土的力学性能，进一步拓展了其在建筑领域中的应用。总体而言，陶瓷废料的再生利用是实现建筑行业可持续发展的重要途径，既符合环保需求，又提升了再生混凝土的性能。

10.7　废　玻　璃

10.7.1　废玻璃的来源及特点

玻璃是一种无机非晶体化合物，主要成分包括二氧化硅、碳酸钠和石灰石，其物理特性表现为低吸水率、高耐久性及优异的耐腐蚀和耐酸性能。玻璃的分子结构稳定，颗粒形态规则，硬度与砂石相似，因此在多个领域中得到了广泛应用。在建筑材料中，废玻璃作为一种可持续利用资源，经过清洗、破碎等处理后，可以有效地替代混凝土中的粗骨料、细骨料及胶凝材料，满足不同粒径的需求，充分发挥其再利用价值。

废玻璃的回收和分类在实践中具有重要意义。废玻璃通常分为日用废玻璃和工业废玻璃两类，其中日用废玻璃的回收难度较大，且存在一定的污染风险，而工业废玻璃的回收则较为集中且规范化。废玻璃的化学性质稳定，不易分解或被焚烧，可能含有一定的有害物质,正因如此,其回收过程中的环境管理尤为关键。废玻璃的有效回收不仅能减少对环境的污染,还能通过减少对自然资源的依赖,促进可持续发展。

废玻璃的循环利用具有显著的环保和经济价值。它能够无限次地循环使用,用作新玻璃产品的原料或转化为其他建筑材料,如石英石板材和人造大理石。此外,部分玻璃容器经过消毒后可直接复用,进一步减少了废弃物的产生和资源的浪费。通过这种循环利用机制,我们不仅实现了资源节约,还有效减少了废气排放,保护了生态环境。

10.7.2　废玻璃的再生利用

碎玻璃回收作为玻璃产业中重要的资源再利用环节,具有悠久的历史。在早期的玻璃生产过程中,碎玻璃就已被作为关键配料使用。特种玻璃行业尤其突出,其利用严格的生产工艺,可以直接回收废碎玻璃,无须重新调整配方,这大大提高了原料的利用率。然而,碎玻璃的回收过程并非无挑战。对于大部分玻璃产业来说,碎玻璃的来源往往是垃圾堆,包含大量污染物和杂质,且其化学成分不明确,因此我们需要经过一系列处理才能实现再利用。

碎玻璃的回收首先要经过清理过程,这一环节的关键在于有效去除杂质。常见的杂质剔除技术包括磁选法,通过强磁场去除铁磁性和顺磁性金属;涡流分选器和电动气动式铝分选器则用于去除铝、铜等弱磁性金属。这些技术确保了回收碎玻璃的纯净度,提高了再利用的可能性。其次,对于含有陶瓷碎片的回收材料,采用复式重选器根据陶瓷和玻璃的密度差异进行分离,尤其在瓶罐玻璃的回收中,这一方法能够显著提升分离效果,确保玻璃回收的高效性。

10.7.2.1　用作筑路材料

将碎玻璃与沥青混合制成的"玻璃沥青"是一种性能优良的工程材料,其在道路建设中具有显著优势。作为路基材料,该材料表现出较高的稳定性。其应用包括作为路面装饰材料、铺地沥青的填充剂及适量掺入地基中使用。在实际应用中,各成分的合理级配和碎玻璃的比例调控是关键因素。试验表明,掺入废旧轮胎的玻璃沥青路面具有良好的耐磨性和防滑性,展现了广阔的应用前景。

a.废玻璃作为粗骨料

废玻璃替代骨料应用于混凝土中具备一定的潜力。废玻璃的硬度较高,且与天然砂石的硬度相似,因此具备替代传统骨料的可行性。同时,废玻璃的吸水率较低,有助于改善混凝土的性能,特别是在提升混凝土的工作性和耐久性方面具有积极作用。

研究表明,随着废玻璃替代率的提高(15%、25%、35%、50%),混凝土的工作性能,如坍落度,会有所提高。这是因为废玻璃颗粒的密度较低,且具有较好的保水性,进而改善了混凝土的流动性和保水性。然而,尽管工作性能得到改善,废玻璃粗骨料混凝土的抗压强度却普遍低于基准的普通混凝土。抗压强度的下降主要是由于废玻璃颗粒的易脆性较大,搅拌过程中容易破碎,导致骨料之间的黏结力降低。此外,废玻璃的大粒径颗粒可能引发碱硅酸盐反应,产生微裂缝,这进一步影响了混凝土的结构稳定性。废玻璃替代骨料虽然在一定程度上提升了混凝土的工作性能,但其易脆性和可能引发的化学反应也给混凝土的力学性能和耐久性带来挑战。

基于上述研究结果,尽管废玻璃作为粗骨料在环境效益方面具有显著优势,但其易脆性及碱硅酸盐反应风险限制了其在混凝土中的广泛应用。为提高可行性,优化废玻璃的粒径范围并控制其在混凝土中的使用比例成为关键研究方向。这一探索对于实现废玻璃资源化利用具有重要意义,有助于在建筑材料领域实现环保与性能的平衡。

b.废玻璃作为细骨料

废玻璃作为一种潜力巨大的再生资源,已被逐步引入混凝土生产中,作为粗骨料或替代砂的成分。废玻璃的使用有助于减少自然资源的消耗,并具有良好的环境效益。然而,废玻璃的易脆性和可能引发的碱硅酸盐反应,是其应用中面临的主要技术挑战。过度的废玻璃掺量可能导致混凝土的力学性能下降,主要表现为抗压强度减弱和微裂缝的生成。

由此可见,废玻璃的粒径和力学特性在混凝土性能中起关键作用。其易脆性限制了废玻璃在混凝土中的广泛应用,但通过进一步减少玻璃颗粒的粒径,我们有望降低微裂缝对力学性能的不利影响。这一研究方向不仅有助于提升废玻璃再生材料的实际应用价值,还为建筑材料的资源化利用提供了可行路径,体现了环境保护与性能优化的统一。

c.废玻璃作为掺和料

废玻璃因其易脆性导致以其作为骨料制备的混凝土力学性能有所下降。为弥补这一不足,研究表明,采用更细粒径的玻璃粉可以有效降低废玻璃易脆性带来的不利影响,并显著提升混凝土的整体性能。随着玻璃粉粒径的减小,混凝土的强度逐渐增加。当玻璃粉粒径达到一定范围,例如平均粒径为 21 μm 时,其掺入混凝土不仅能减少有害孔隙比例,还能改善孔隙结构,从而提高混凝土的力学性能与耐久性能。这一改善主要源于细颗粒玻璃粉对混凝土微观结构的优化作用。

尽管废玻璃存在引发碱硅酸盐反应的风险,但当废玻璃以玻璃粉形式部分替代水泥时,能够有效减少此类反应的发生概率。作为一种具有潜在活性的成分,玻璃粉在早期水化反应中的活性较低,导致混凝土的早期强度较低。然而,在自然养护条件下,混凝土的后期强度显著提升,尤其在高龄期时,强度表现优于普通混凝土。值得注意的是,玻璃粉粒径越小,其强度活动指数越高,但这一指数在长期养护后趋于稳定。

此外,研究还表明,掺有玻璃粉的混凝土中,碱骨料反应会随玻璃粉粒径的减小而逐渐减缓,同时试件的力学性能随之提高。在 90 天的养护周期后,玻璃粉替代部分水泥的混凝土抗压强度可超过普通混凝土,展现了优越的耐久性能与后期力学性能。这表明,通过优化玻璃粉的粒径及掺量,我们可以有效实现废玻璃在混凝土中的高效利用,促进其在建筑材料领域的可持续应用。

10.7.2.2　用作制砖用的助熔剂

研究表明,掺入 10% 细磨玻璃粉的黏土样品在烧制过程中能够有效降低烧结温度50 ℃,从而显著减少能源消耗和燃料成本。此外,这种改性砖体的强度与未掺玻璃粉的砖体相当,说明碎玻璃作为填充剂对材料的基本性能并未妥协。碎玻璃不仅是促进成本降低的原料,还是一种有效的环保材料,能够减少氟化物的挥发,从而在节能减排和资源化利用方面展现出巨大潜力。

10.7.2.3　用来制作玻璃瓷砖

在玻璃瓷砖生产过程中,瓷砖的性能需求因用途的不同而有所差异。屋顶瓷砖通常要求较低的气孔率,以增强其耐久性和抗风化能力。为了满足这一要求,玻璃被作为助熔剂添加到瓷砖配方中,能够显著减少气孔的形成,从而提高瓷砖的结构稳定性和使用寿命。此外,在地板砖的生产中,加入碎玻璃不仅能够提升瓷砖的外观效果,增加色彩层次感,还能够优化生产工艺。通过掺入碎玻璃,瓷砖的生产过程得以简化,同时也能有效降低成本。

10.7.2.4　用来制作泡沫玻璃砖

泡沫玻璃砖是一种高性能建筑材料,采用碎玻璃作为主要原料,具备优异的抗压强度、隔热隔音及阻燃性能,成为高层建筑理想的墙体材料。此外,碎玻璃还在瓶罐玻璃工业、餐具生产等领域得到广泛应用,其回收利用不仅减小了环境负担,还促进了资源的高效再利用。通过这些途径,碎玻璃不仅为建筑行业带来了性能优越的材料,还为环保和资源节约贡献了重要力量,充分体现了现代建筑材料的可持续发展方向。

10.7.2.5　用来制作耐火砖

在耐火砖的回收与处理方面,废弃玻璃熔窑的耐火砖通过优化拆窑流程,能够显著提高回收效率。拆解过程中的关键环节是分离不同类型的耐火砖,并利用重选、磁选等技术手段进行处理。这些方法能够有效将废弃耐火砖转化为有用的玻璃原料,进而减小环境影响,同时降低再处理成本。

氧化硅耐火材料因其成分特点较易被精选。通过高强度滚动式电感磁选设备,我们可显著降低其铁氧化物含量,使其符合玻璃原料的要求。处理后的氧化硅耐火材料可替代部分砂用于配料中。相比之下,氧化锡耐火材料处理难度较高,因其熔点较高,融入玻璃中的难度较大。然而,氧化锆耐火材料因其高价值和市场需求,处理后可创造更大的经济效益,远高于直接作为废料出售的收益。

玻化工艺的采用为废弃耐火砖的高效利用提供了新思路。将氧化硅和氧化铝耐火砖混合后,添加玻璃配料中的部分原料,可熔制性能优异的玻璃原料,这种玻璃原料因其成本效益受到广泛认可。进一步地,我们将难以处理的废料如磨光淤渣或静电集尘器粉尘加入玻璃熔制工艺,可生产出单相玻璃料。这类玻璃料不仅生产成本低,其作为铅玻璃坩埚原料的高价值特性,也为玻璃工业资源再利用开辟了新路径。通过优化废弃耐火砖的回收利用流程,我们不仅能有效减少环境污染,还能实现资源的高效循环利用,为玻璃工业的可持续发展提供重要支持。

10.7.3　碎玻璃回收与利用的意义

10.7.3.1　显著降低原料消耗

碎玻璃的使用在玻璃生产中具有显著的资源节约和环境保护作用,尤其是在降低原料消耗方面,具有较大的经济效益。通过使用分类加工后的碎玻璃,每生产 1 吨玻璃所需的原料可以减少约 1.2 吨,而生产成本仅为传统原料的 70%。以日本某玻璃公司为例,使用再生碎玻璃生产 1 吨玻璃的费用为 13 000 日元,而使用普通原料的费用则为 17 000 日元。此外,每吨碎玻璃的使用还能够显著减少纯碱的消耗,节约超过 200 kg 纯碱,从而进一步降低生产成本。

10.7.3.2　节约燃料

碎玻璃的使用同样能够显著节约燃料,尤其是在熔窑中使用 20% 以上碎玻璃时,每增加 10% 的碎玻璃用量可节能 1% 至 5%。具体而言,每使用 1 吨碎玻璃,可以节省 $30\sim40\ m^3$ 的天然气。这不仅有效降低了能源消耗,也为企业减少了能源支出,从而提高了生产的整体效益。

10.7.3.3　降低熔窑的操作温度

在熔窑中加入 20% 以上的碎玻璃,每增加 10% 的碎玻璃用量,熔窑的操作温度可降低约 5 ℃。这一变化有助于减轻高温对熔窑耐火材料的损坏,延长了熔窑的使用寿命,同时减少了设备的维护成本,为企业带来了更长远的经济效益。

10.7.3.4　减少大气污染

使用碎玻璃能够有效减少生产过程中原料和燃料的粉尘污染,并降低熔窑内分解出的有害废气(如 SO_2、NO 等)的排放。当碎玻璃的使用量占配合料总量的 60% 时,玻璃工厂对大气的污染可减少约 20%。

第11章 水泥窑协同处置技术 在"无废城市"建设中的应用

11.1 背 景 介 绍

"无废城市"建设是我国推进生态文明建设和绿色发展的重要实践之一,其核心理念强调将固体废弃物视为"放错位置的资源",通过优化资源配置和全面提升废弃物管理水平,实现可持续发展目标。2018年我国正式启动"无废城市"建设试点工作,2021年进一步出台了"十四五"时期的具体工作方案,为全国范围内的工作推进奠定了政策基础。此举标志着我国固体废弃物综合治理进入了全新阶段,并为推动绿色低碳转型提供了战略方向。

"无废城市"建设的主要任务涵盖多个层面,聚焦于固体废弃物源头减量、源头分类及资源化利用水平的提升。具体而言,任务包括推进工业生态化转型,促进一般工业固废资源化利用;强化危险废物的全过程管理,提升其无害化处置能力;完善城乡生活垃圾和建筑垃圾分类收集及高效处置体系;以及推动绿色农业发展,提高农业废弃物的资源化利用率。这些举措旨在通过系统性的治理方式,实现废弃物资源的高效利用与污染减排的协同推进,从而达成环境效益与经济效益的双赢。

以河北省为例,其"十四五"时期设定了明确的建设目标,如大宗固废综合利用率需达到95%以上,工业危险废物综合利用率达70%,强制分类区域城市生活垃圾回收利用率达35%以上。这些指标反映了我国各地在政策引导下,努力实现减污降碳协同增效的总体目标,同时对重点行业提出了更高的绿色发展要求。

作为我国碳排放的重要领域,水泥行业在"无废城市"建设和"双碳"目标实现中扮演着关键角色。当前,中国水泥行业产能全球领先,但其碳排放占全国总量的约13%。其中,生产每吨水泥熟料约释放0.86吨二氧化碳,主要源于原料分解和燃煤过程。在面临产能过剩、市场需求下降及原材料成本上升的多重挑战下,水泥行业需加快推进能耗双控、低碳技术应用及生产工艺优化,助力整体绿色转型。

"无废城市"建设作为我国可持续发展的重要抓手,不仅推动了固体废弃物治理水平的提升,还为实现资源循环利用和生态环境保护注入了动力。同时,重点行业的低碳化转型为实现全国减污降碳目标提供了有力支持,为全面建设美丽中国奠定了坚实基础。

11.2 工 艺 简 介

水泥窑协同处置技术,作为一种重要的废弃物资源化利用方式,广泛应用于固体废弃物的处理领域。通过将固体废弃物引入水泥回转窑进行高温处理,我们可以有效实现废物的无害化、减量化和资源化,使其成为推动环境保护与资源循环利用的关键途径。依据废弃物的性质与利用方式,我们可以将其分为三类:可替代原料、可替代燃料和不可替代原燃料。

对于可替代原料,其成分与水泥生产所需的原料相似,且含量较高,能够在水泥生产的生料配料系统中与传统原料共同使用,从而减少了对天然矿物原料的依赖。可替代燃料则具有较高且稳定的热值,可以替代部分传统燃料,既能降低能源消耗,又有助于减少温室气体排放,进而达到节能减排的目标。至于不可替代原燃料,这类废弃物的热值较低,且不适合作为水泥原料,但其依然能在水泥窑的高温段通过无害化焚烧被有效处理,避免了潜在的环境污染问题。

因此,水泥窑协同处置技术不仅有助于废弃物的资源化利用,还能够有效减轻环境负担,是推动可持续发展和建设环境友好型社会的重要手段。

11.3　国内水泥窑协同处置技术处置固危废现状

自20世纪90年代以来,我国在水泥窑协同处置技术处置固体废弃物方面开展了广泛的研究与实践,尽管起步较晚,但取得了显著的技术进展。根据相关统计,截至2020年底,全国已建成的水泥窑协同处置技术处置固体废弃物生产线超过160条,占新型干法水泥窑总数的约10%。这一成就标志着我国在固体废弃物处理技术应用领域持续深化,尤其是水泥窑协同处置技术的实践经验不断累积。自2010年首条生活垃圾协同处置生产线成功投产以来,水泥行业在这一领域取得了创新突破,形成了成熟的技术路径。

目前,多个省市的水泥企业已经成功实施并运营了水泥窑协同处置技术项目,涵盖了生活垃圾、建筑垃圾、污泥及危险废物等不同类型的固体废弃物处置。这些项目不仅提升了废弃物资源化利用效率,也在环境保护和经济效益方面取得了显著成果。水泥窑协同处置技术作为一种有效的固体废弃物处理方式,具有减少环境污染、节约资源、降低能源消耗的独特优势,符合现代循环经济和可持续发展的理念。

11.4　水泥窑协同处置技术处置固体废弃物的优势

11.4.1　对生产工艺影响小

水泥窑协同处置技术在处置固体废弃物时对生产工艺的影响较为有限,能够有效保证水泥熟料的质量和产量可控。这种技术的实施并未对水泥生产线的正常运作产生显著干扰,反而在部分情况下,生产出的熟料强度略有提升,进一步优化了水泥的质量。此外,该技术的应用并未对重金属的分配产生明显的负面影响,这表明其在安全性和稳定性方面具备一定优势,有助于确保水泥产品符合环保标准,且生产效率没有大幅波动。

11.4.2　产生生态效益

采用水泥窑协同处置技术处置固体废弃物时可有效减少固体废弃物对土地的占用,减少垃圾填埋带来的生态压力,同时能有效阻止废弃物中的有害物质渗透至土壤和水体中,避免了二次污染的发生。此外,该技术还能够显著减少温室气体的排放,降低大气污染,促进了资源的循环利用,充分体现了其在环境保护方面的重要作用。由此可见,水泥窑协同处置技术在推动生态文明建设方面具有很大的应用潜力。

11.4.3　产生经济效益

通过水泥窑协同处置技术处置固体废弃物,固体废弃物得以被高效利用,较传统填埋或焚烧所需费用低,同时解决了水泥行业面临的产能过剩问题,有助于提高生产的经济性。此外,该技术的实施还降低了因政策变化引发的生产停滞风险,为水泥企业提供了更加稳定的生产环境,具有较强的市场竞争力。

11.5　结论和建议

水泥窑协同处置技术作为推动固体废弃物循环利用的重要手段,对于实现"无废城市"建设目标具有重要作用。这一技术不仅减少了废弃物的堆积和环境污染,还能将固废转化为有价值的能源资源,为城市的可持续发展提供了支持。通过促进固废的分类和精细化管理,水泥窑协同处置技术有助于实现垃圾衍生燃料的高效利用,推动了垃圾分类的标准化,进而为水泥行业的绿色转型和技术推广提供了基础。

在我国水泥生产中,替代燃料利用率仍然较低,远远落后于欧洲等发达国家。这一现象表明,水泥窑协同处置技术仍具有巨大的潜力。通过提高替代燃料的利用率,我们可以有效减少对传统化石燃料的依赖,同时减少温室气体排放,推动水泥行业的绿色转型,助力实现碳达峰、碳中和目标。利用燃料性废弃物替代化石燃料,有助于在生产过程中降低二氧化碳的排放,体现了水泥行业在减排、节能方面的积极进展。

固废协同处置不仅有助于推动循环经济的发展,还能够提高资源的综合利用效率,推动水泥行业的可持续发展与高质量发展。通过创新固废处置技术,我们不仅可以促进废弃物的有效利用,还能缓解水泥行业面临的产能过剩问题,为企业创造新的收入来源。

在废弃物管理与水泥行业改革的背景下,探索固废资源化处理的新模式和路径显得尤为重要。这需要加强固废全过程管理,确保废弃物的有效分类、回收与处理。市场机制和政府政策的双重作用将进一步推动这一进程。通过优化资源配置,实施有效的政策支持,我们能够促进固废的减量化、资源化和无害化处理,为我国在全球环境保护和可持续发展中贡献力量。

参 考 文 献

[1] 赵由才,牛冬杰,柴晓利.固体废物处理与资源化[M].北京:化学工业出版社,2006.

[2] 马建立,卢学强,赵由才.可持续工业固体废物处理与资源化技术[M].北京:化学工业出版社,2015.

[3] 马丽萍,黄小凤,李剑平,等.固体废物资源化工程原理·案例解析[M].北京:化学工业出版社,2022.

[4] 李建法.煤化工概论[M].北京:化学工业出版社,2023.

[5] 李定龙,常杰云.工业固体处理技术[M].北京:中国石油出版社,2013.

[6] 聂永丰,金宜英,刘富强.固体废物处理工程技术手册[M].北京:化学工业出版社,2012.

[7] 杨骥,邱兆盛,张巍,等.废催化剂污染管理与资源化[M].北京:化学工业出版社,2022.

[8] 朱洪法,刘丽芝.炼油及石油化工"三剂"手册[M].北京:中国石化出版社,2015.

[9] 徐春明,杨朝合.石油炼制工程[M].北京:石油工业出版社,2022.

[10] 张艳敏.石油加工与石油产品生产技术[M].北京:中国纺织出版社,2020.

[11] 王效山,夏伦祝.制药工业三废处理技术[M].北京:化学工业出版社,2017.

[12] 张雪荣,陈慧.制药企业资源回收与利用[M].北京:化学工业出版社,2011.

[13] 陈莆雪,尹宏权,李欢军.制药过程安全与环保[M].北京:化学工业出版社,2017.

[14] 《火电厂废物综合利用技术》编写组.火电厂废物综合利用技术[M].北京:化学工业出版社,2015.

[15] 宋景慧.生物质燃烧发电技术[M].北京:中国电力出版社,2013.

[16] 刘汉桥.垃圾焚烧飞灰处理新技术[M].北京:中国石化出版社,2021.

[17] 李之旭,鲜广,范洪远,等.铸件生产过程中排放的"三废"及其治理方法[J].热加工工艺,2020(5):7-11.

[18] 宋安安.铸造废砂的资源化利用途径及其环境影响[J].铸造工程,2020,44(5):57-62.

[19] 冯逸凡.市政污泥和工业污泥处置利用技术[J].资源节约与环保,2020,35(10):107-108.

[20] 王新亮.废有机溶剂的处置及精馏再利用技术概述[J].科学技术创新,2019(27):144-145.

[21] 李萌,李风海,刘全润.典型工业污泥综合利用的研究进展[J].应用化工,2018,47(8):1786-1789.

[22] 李碧雄,汪知文,饶丹,等.废玻璃在水泥混凝土中的应用研究评述[J].硅酸盐通报,2020,39(8):2449-2457.

[23] 吴文贵,张红,师海霞."十四五"对"低碳混凝土"呼唤与期待[J].混凝土世界,2022(1):19-24.

［24］陈奕."双碳"目标下的废旧物资循环利用体系建设［J］.资源再生,2022(2):6-10.

［25］田博,杨朝合,杨勇.煤直接液化残渣的处理工艺进展研究［J］.当代化工研究,2022(9):144-149.

［26］曲江山,张建波,孙志刚,等.煤气化渣综合利用研究进展［J］.洁净煤技术,2020(1):184-193.

［27］韩来喜.煤直接液化工业示范装置运行情况及前景分析［J］.石油炼制与化工,2011(8):47-51.

［28］李首霖,庞焕岩.废白土处理与资源化技术研究进展［J］.石化技术,2019(9):115-118.

［29］刘富杰,黄德馨,于佳成,等.油页岩渣制备建筑材料的研究综述［J］.北方建筑,2021(5):42-48.

［30］叶佩青,朱越平,殷旭东,等.乙烯废碱液处理及综合利用研究与进展［J］.广东化工,2016(18):104-105.

［31］钱晓荣,董锐,唐帆,等.油漆废渣处理技术综述［J］.工业安全与环保,2015,41(2):52-55.

［32］卫丽,杜世勋,卢中华,等.医药行业危险废物产生与污染特性初探［J］.环境与可持续发展,2015,40(2):48-51.

［33］陈丙彤,关海滨,张越,等.抗生素菌渣无害化处理技术综合探究［J］.现代化工,2023,43(1):31-36.

［34］徐硕.含油污泥热洗-生物堆一体化处置技术研究［D］.大庆:东北石油大学,2020.

［35］丁琪.高强度建陶废渣蒸压砖的制备与性能研究［D］.淄博:山东理工大学,2017.

［36］王勇.环境规制视角下我国玻璃包装容器制造业竞争力提升研究［D］.曲阜:曲阜师范大学,2021.